修訂三版

Engineering
Economy

工程經濟

陳寬仁　著

三民書局

國家圖書館出版品預行編目資料

工程經濟／陳寬仁著.－－修訂三版二刷.－－臺北
市：三民，2005
　　面；　公分
參考書目：面
含索引
ISBN 957-14-4066-3　（平裝）

1.工程經濟學

440.016　　　　　　　　　　　　　　93012668

網路書店位址　http://www.sanmin.com.tw

© 工 程 經 濟

著作人　陳寬仁
發行人　劉振強
著作財
產權人　三民書局股份有限公司
　　　　臺北市復興北路386號
發行所　三民書局股份有限公司
　　　　地址／臺北市復興北路386號
　　　　電話／(02)25006600
　　　　郵撥／0009998-5
印刷所　三民書局股份有限公司
門市部　復北店／臺北市復興北路386號
　　　　重南店／臺北市重慶南路一段61號
初版一刷　1975年11月
初版五刷　1987年9月
增訂二版一刷　1990年10月
增訂二版五刷　2002年3月
修訂三版一刷　2004年10月
修訂三版二刷　2005年4月
編　號　S 550240
基本定價　拾　元
行政院新聞局登記證局版臺業字第○二○○號

盧　序

　　三民書局出版陳寬仁教授所著《工程經濟》，偶然翻閱，發現至少有三點特徵亟欲向社會介紹。第一、書中彙編大量國內經濟建設經過作為案例研討之用，這點實在是非常精彩，這是著者以多年收集的資料編寫的，一般不容易看到，今天大家高倡本土化更應該知道我們自己處身所在的這片土地是怎樣蛻變的，尤其是臺灣寶島土地較小，經濟建設雖然重要，但是因建設而造成的環境影響既廣又深，因此經濟建設在規劃階段應力求周全仔細比較投資方案，不但有形的報酬應求其經濟有利，無形的報酬更應為全民謀取長期的福利。今天有一些學校工業工程科系仍然採用美國教科書教學，美其名是提高學生英文程度，致學生不知道我們經濟奇蹟的一些內容，殊為可惜。學生英文程度不好，應請教英文的老師幫忙才是。第二、就工程經濟本題向初學者灌輸基本概念，不涉入定義外其他學科之領域，減輕學生負荷。我本人曾在大學中兼任教授，對於現代學生學業負荷之重深感同情，雖然說現在是知識爆炸的時代，本課仍應以核心知識為限，循序漸進，教課的或是編書的實在不必急於為學生補充額外資料。第三、本書行文流暢，文字淺顯易讀，概念交代清楚，學者可以一看就懂。而且重要名詞皆附有英文原名，尤其書末編有中英文的索引，便於學者查閱。

　　本書著者陳寬仁教授是多年老友，本書初版發行以來已三十年，三民書局願意請原著者增修再版，好奇之下偶然翻閱，實有所感，應老友之命寫此數言。寫序則非我所能也。

第六屆國家品質獎得獎人

日鑫創業投資公司董事長

盧瑞彥

修訂三版序

　　以前在美國唸書時，發現有同學使用二手書。學期一結束，不少同學趕到學校書店把書賣掉。美國教科書都是精裝本，又大又厚很有分量。後來聽一位老師說，有些書並不值得保留，更不值得千里迢迢的揹回國去，讀完就賣掉！我就問說，怎麼能知道那一本書值得保留呢？老師說，自己讀過這本書，自然知道這本書的價值；另外有一點可供參考，是看那本書的版次。就教科書來說，如果那本書已經是很多版次了，那麼書中的謬誤可能多已修正，錯誤很少自然就值得保留了。

　　很高興的是三民書局要著者為「工程經濟」再作增修。「工程經濟」初版是六十四年發行，七十九年增訂二版，問世迄今整整是二十九年了。有些教科書可說是幾乎與時間無關，基本的核心知識就是這些，並不在乎新舊。「工程經濟」應屬此類。有一本美國教科書六十年來仍然在使用。

　　這本書只是工業工程科系學生必修課程之一的一本教科書罷了！課程標準內要求的東西都要交代。這本書與其他同樣名稱的書不同的最大一點，是引用了許多國內經濟建設的資料改寫為書中的案例研討。著者一向比較重視實務，喜歡去工廠看現場工作，自知不是那種能鑽研十分理論的材料。著者以為懂得理論至少要能用於實際。「工程經濟」就是要講求實際應用的。

　　九十年暑假後，著者完全退離講壇，書籍、參考資料等送的送、丟的丟。三民書局要求再作增修，一時有措手不及之感。不得不去圖書館裏待了幾天，終於證實「工程經濟」仍然是「工程經濟」，不像有些課本今天才出版第二天就可能變成古董了。著者仍然相信在本課程中，切實把「年金法」「現值法」等概念弄清楚就可告一段落，至於說，有關變數應該用或然率去解釋等等留著將來進一步深造時再去鑽研不遲。

　　著者在講授「工程經濟」歷程中有二件比較特殊的經驗，值得記下。

　　民國五十八年十月，駐華美軍顧問團團長戚烈拉少將致函，建議我國防部修改國防預算的編列方式。顧問團認為我們編列預算的程序應該從達成目標的需求開始，要做什麼事？做這件事要多久？需要多少人？需要多少錢？最重要的是要能夠把一件事分為不同形式的多年完成之方案用金錢作比較，這才可能完成一個合理的預算。在那個時代，我們根本沒有那種觀念。美軍顧問團特別

成立一個管理科學組來協助我們，第一任組長是華裔段寶隆博士。來臺北之前他是史丹福大學教授，教「工程經濟」。著者本人原在中正理工學院任教，奉命調往國防部計畫單位工作。參加美軍邀請來專家學者主持的講習會幾次之後，才領悟「現值法」之價值及其妙用。六十一年，國防部與淡江大學簽約合作十年，成立管理科學研究所培養系統分析人才。著者應聘為兼任副教授講授「工程經濟」。

另外一件印象深刻的事，是七十年代初，陳世圯在省公路局局長任內創舉，他准許局內工程師帶職進修，到成功大學攻讀碩士學位。不知道是什麼原因，一部分課程在臺北市借工專教室上課。著者應聘去講授「工程經濟」。那些學員都有工作經驗，雖然年齡較大，但是學習情緒高昂，遠比一般學生好問，教室中討論熱烈，令人感動。好幾年後，著者帶領一班學生去國道高速公路局參觀，遇見當年學員中幾位已調昇新職在高速公路局服務的，不期再遇都很興奮。他們仔細招待著者一行參觀，異常熱切。

這是我個人在教室中講授「工程經濟」之外的二段故事，尤其前者事屬國家機密，知者極少，現在事過境遷，借增修的機會披露也算一段裨史。

話題回到增修，慚愧的是已經多年的書仍然發現一些文字錯誤，當然這次是非改正不可；七十九年增訂二版中列有的電腦程式已屬古董，當然刪掉。有一位朋友建議把書中所附的複利表刪除，因為現在使用電腦的方式已完全不同，要計算的話太方便了。他說得很正確，但是，從學生的學習過程來看，做習題時常常要計算好幾個數字，或是想要在座標紙上親手描一條曲線的話，還是直接翻書查表方便。

說到能增的，已將最近得到的一些國內建設實例增編為研討案例。老朋友盧瑞彥兄願意特別為這本書的本土性說幾句話，破例寫了一篇序，非常感謝。有關本書的特點，著者本人就不必再費詞多說了。理論方面則增加一節，舉例說明敏感分析。

有些話不必重複，所以請三民書局保留舊序。

應該要致謝協助增訂版得順利發行者，恕不一一！

謹識

九十三年四月　於康和居

七十九年版序

一

寫作本書目的有四:

㈠供大專院校有關科、系、所講授「工程經濟」一課用作教本。可供一學期,每週上課二或三小時之用。必要時有※部分可予省略;或者利用「案例研討」增加時數。

㈡供生產機構中,工業工程專業訓練之密集式講習班教材之用。可供十六至二十四小時講習。

㈢供作事業機構實施「遠程規劃」、「系統分析」基本進階講習之用。

㈣國防資源管理、系統分析、成本工程及工業工程等實際工作人員之案頭參考手冊用。

二

本書初版於民國六十四年國慶日問世,迄今已十五年,曾經修訂五版,尚受讀者歡迎。一方面原因是「工程經濟」在一些科系中是必修課程之一,許多老師開學時雖然指定英文教科書,但是學生們多數會選購一本中文書先求觀念貫通。本書行文用字、平順易讀、例題特多、說理明白,採用大量國內工程建設案例,頗受一般學生歡迎。

再者,筆者早期以英文教科書講授本課之同時,曾陸續參與實際之「系統分析」工作,對於本課程體驗深刻。因此,後來在各公私機構中辦理密集式講習,遂採用國內建設實例,促使本課程「本土化」,結果大受學員歡迎。

多年來,許多老師使用本書為教本,至為感謝。

初版迄今雖已多年,好在「工程經濟」的基本理念不變。爰利用有限時間將全書重行校讀,訂正改錯之外,增加新資料篇幅逾四成,主要的是增加了許多「案例研討」。

據說在上課時舉行討論的教學方法,是美國哈佛大學的企業管理研究所首先採用。他們認為一個學習管理的人,除了應該具備一種分析的能力,能夠在一個相當錯綜複雜的環境中,對於其中各項有關的因素予以解釋,並且評定其價值之外;更應該能夠在人群團體之中有一種鼓勵別人共同努力工作的能力。

這些能力的養成當然有賴於良好的教育。前一種能力之養成多由教師在教室中點滴講授而得；後者能力之養成則無法經由這種傳統的教學方法了。所以與管理有關的教育應該不限於講解式的傳授解惑。哈佛大學利用「案例」來使得學生面臨著某一種「真實」狀況，學生在此一狀況中必須獨自思考，得到個人的結論再經由集體的討論來獲致更好的結論，提供作採取進一步行動對策之前的參考。

今天，「案例研討」已經很普遍了。所有參加過這種研討方法的人都承認：這種方法很有意義；學習者不知不覺中會培養出一種設身處地考慮問題的態度，接受一些與自己觀點不相同的意見；這種態度和心理上的適應正是日後在現實社會中面對各種莫測變化的應有準備。

這種不以答案為重點的教育方式，甚至於許多「案例」是永遠不可能有答案的，直接的效果是訓練學生的表達能力和合乎邏輯的說服能力，這些能力可以使得學生更有自信心。

「案例研討」教學法優點已如上述，缺點亦復不少。其中尤其困難的一點，是沒有適當教材，因為學校教育大致上有課程的規定，有適宜的進度。要想找到一個可以與課程內容和進度大致相符的「案例」，太難了。所以許多「案例」實際上是找一點資料然後杜造虛構一個故事，應用小說家的筆法創作出來的。許多「案例」在教室中禁不住討論而原形畢露的也有。本書增訂過程中，強調此一觀點，除原有案例外，再據報章雜誌中實際資料編成案例，予以充實以便學習，並且另編一目次，作為引得，便利查閱。全書中英文名詞引得亦有利於學習。

此外，有一點應特別強調的，是「工程經濟」中計算複利的因子關係，在十年前的美國教本中並不統一，大致是採用文字簡寫的符號。七十年代中，美國學者們漸漸同意採用一致的數學性質的符號。本書原來仿用英文字母簡寫方式。其實符號就是符號，增訂版特將兩者並用。學者無礙，本書供案頭參考時更覺方便。

至於其他增訂，不必贅述。

三

本書初版於民國六十四年國慶日發行，原序一段，十五年後改版再讀，不勝今昔。爰不易一字抄錄以實扉語。

　　「工程經濟」為現代化管理科學思潮之中，決策學派的一支，應屬「計量管理」之範疇。所謂「計量管理」在最近一、二十年來飛躍進步，並為應用數學開拓了一片極大的園地，但「工程經濟」所使用者仍以傳統的數學方法為主。另外由於今日學生課業負擔極重，學分精簡問題方自不遑，故筆者認為應在「成本會計」、「管理會計」、「生產管理」以及「作業研究」等課程中深究之概念，本書撇開不述。

　　本書係據歷年講稿續成，思路未能一氣呵成；筆者學識亦屬有限，舛誤難免。敬請讀者不吝賜正為感。

　　民國六十四年九月恰值本書排印校勘之際，筆者　先君遽爾病逝，不勝悲悼。用誌數語，以為紀念。

著者謹識

民國七十九年　暑假

工程經濟

目　次

- 盧　序

- 修訂三版序

- 七十九年版序

- 案例研討目次

第一章　緒　論

Engineering
Economy

第二章　貨幣之時間價值

第三章　工程經濟的基本計算公式

第四章　複利表之意義及應用

第八章　生產設備的更新分析

第九章　工程經濟的成本概念

第十章　價值分析與系統分析

第十一章　決策與決策的模式

第十二章　工程經濟之報告寫作

● 附　錄

案例研討

Engineering
Economy

目　次

第一章　緒　論

第七章　經濟分析的應用

第九章　工程經濟的成本概念

第十章　價值分析與系統分析

第十一章　決策與決策的模式

第一章
緒 論

第一節 引 言

一件事，一項工程活動，在實施之前應考慮其值不值得做。這些考慮可分兩方面：一是：做一件事應有許多可行的途徑；二是：計算分析每一可行途徑的經濟價值。

這些考慮就是「工程經濟」的基本觀念。上述第二點是計算過程，比較機械；第一點比較抽象，但是卻更有意義。通常一個工程師所接受的教育訓練大概都偏重在技術方面，雖說是非常專門，但如就整個知識領域來看，一個專業工程師所知其實非常狹隘。完成一件事應可有許多不同的途徑，一方面是打開心胸聽取來自不同行業的意見，另一方面則要對自己所知更求突破性的創新。

本書是從第一個觀點敘起，大部分的篇幅用在說明第二點，即計算方法。但是，在字裏行間筆者不忘強調第一點觀念，特別希望讀者注意，要能舉一反三，融會貫通。

民國五十八年十一月十二日，本書著者參加中國工程師學會聯合年會，恭聆　嚴副總統家淦先生親作「工程師與經濟學家在經濟開發中的關係」之訓示，至感激奮。謹恭錄訓詞片羽，願與本書讀者共勉。

我覺得特別值得指出的，是工程師職能的演進，其中所包含有關於經濟的成份愈來愈重。被稱為科學管理之父的泰勒 (Frederick W. Taylor) 曾經說過一句名言：「一個工程師能以一元錢完成別人必須兩元錢方能完成的工作」，這句話充份顯示了工程師任務的經濟性。不過今日工程師所需要的經濟觀念，已經不僅是財務上在求一項計畫的最低成本而已，而更須研究它的各種效益如何？在長期經濟觀點上的價值如何？以及其他各種可行方案

的比較選擇又何如？諸如此類的許多問題，都應列入工程師的考慮範圍之內。所以從前美國紐約電話公司的總工程師卡第將軍 (General John J. Carty) 認為，每一工程師對於每一個工程計畫，都必須有三個問題先加檢討，第一是為什麼要去做？第二是為什麼要現在做？第三是為什麼要這樣做？事實上，這三個問題，如今業已發展成為一門所謂「工程經濟」(Engineering Economy) 的專門學問，因之現代的工程學也早非初期的只以傳授工藝技術 (technology) 為限。而由於技術的應用，通常較少辯論；經濟的評估，卻每因情況變遷而有不同，所以在決定一項計畫時，經濟性的衡量往往可能超過技術性的考慮。「工程經濟」的意義，也就是要以技術為基礎，從經濟的觀點，用科學分析的方法，來幫助決定工程計畫的選擇。

這一段話雖是五十八年間說的，我們絕不可以明日黃花視之，請注意文中提到的泰勒雖然是十九世紀的人物，可是他所說的話是沒有時間性的，甚至於可說是愈來愈重要，因為現代化的工程所需投入的資源也是愈來愈龐大。

卡第從軍中退伍後進入電話公司，人們為尊重他因此仍然稱他為將軍。他所說的三點，其實每一個工程師都應該引為座右銘。

所謂「工程經濟」不過是特指經濟分析方法應用於工程活動中之種種，其意義在強調如何以有限之資源以達成最有效的運用。一九六一年美國國防部部長麥納瑪拉正式以此方法用以檢核三軍預算，三軍每一計畫構想，務必求其窮舉一切可行之方案，一一比較，擇其最經濟而有最大效益者行之。麥納瑪拉本人雖因越南戰爭失敗隨詹森總統下臺，離開國防部至世界銀行擔任總裁之職，但是他在國防部部長職位上力倡理性的管理，在職七年據 *Fortune* 雜誌言已替美國國民節省公帑 1,200 多億美元。

美國國防部推行之方法，不以「工程經濟」為名而逕稱「政府投資之經濟分析」，但其主要內容仍與「工程經濟」雷同，為「年金法」及「現值法」。其中尤以「現值法」為主，且所有利息概以「連續複利」計算。其與「工程經濟」最不相同之處：「工程經濟」之計算中無論「投入」及「產出」概為同一單位之貨幣，符合工商企業活動中之習慣，利於協助決策者抉擇；美國國防部之應用固然也以貨幣單位為主，但是有些國防問題上，「投入」者固仍為貨幣，「產出」者大多數為不可計量的種種「效益」。「效益」，尤其是國防效益或軍事效益等之評價，固然有賴於極高境界的兵學、哲學上的修養才能判斷。我們僅就這一套

分析方法的整個思考過程——設定構想，窮舉方案，一一比較，制定決策——而言，兩者在觀念上卻是一致的。

再就學習的立場來說，如果能夠在學習如何處理非數量性的效益之類問題之前，先對於如何處理數量性問題具有比較完整的概念，似乎比較合乎邏輯，而且在學習過程中可能有舉一反三、事半功倍的效果。

因此，「工程經濟」(Engineering Economy) 是現代化工業工程領域中的一門科學。是大專院校各工程科系及管理科系之必修課程之一；同時也是政府機關及公私營生產事業企業團體中，各級主管人員、計畫人員及研究發展人員必具之知識。

將現代化的工業工程之理論及技術有系統的引入國內，應數台灣肥料公司的湯元吉先生（王雲五先生主持的華國出版社印行一套《台肥管理叢書》，由湯先生主編）及軍方某兵工廠為濫觴，但是工業工程的全面推廣應用，則不能不歸功於民國四十四年十一月十一日成立的「中國生產力中心」。

生產力運動是第二次世界大戰結束後，歐洲各國為求經濟復興，乃利用馬歇爾計畫中的大量美國的經濟援助，一方面派遣人員赴美國觀摩學習，另一方面聯合本國人才組成生產力中心協助國內各生產事業提高其生產力。我國生產力中心亦係由美援支持成立，由高礩瑾先生出任總經理，並由中心的首席顧問師，施政楷先生將工業工程範圍中有關課題一一編撰為小冊子向各界介紹推廣。

民國四十五年，童致誠先生在軍中各兵工廠中推動「工務管理」，兵工工程學院（今日中正理工學院的前身）同時調整課程，在各系中開設與工業工程有關之課程。施政楷先生應聘回母校教授「品質管制」、「生產管制」及「工程經濟」三門課程，允為國內第一。

現在是民國九十三年暑假，本書著者應三民書局之請為這本著作增修，至感振奮，想不到這本書歷經三十多年尚有市場，正好藉此披露一段史實。

我們可以簡單的假設：不少有關企業管理的理論源自美國國防部的應用需要。美國國防部可說是全世界最錯綜複雜的管理機構，它掌握無可比擬的龐大預算，實施長期人力資源管理和軍用物資的研發和採購，再把不勝數計的各類軍品分發到遍布全世界的各使用單位。一般人很難想像這個在過程中涉及多少人、事、物的複雜活動。以其中一點來說，今天我們都能了解在工業生產過程中，產品必須符合規格的嚴格要求，即所謂的「品質管理」。可是「品質管理」的理論和實際作法在早期乃是美國的軍事機密。

美國是一個民主國家，龐大的國防預算應適時向國會提出報告。國防預算依目標編列直到軍品製造完成非三五年無法完成。國會議員的質詢中常常會出現「這個專案本身要多少錢?」「每一年國防預算要多少錢?」「這個專案分成幾年辦，如何?」之類的問題，甚至於有些問題是更進一步的深入而且非常專業而瑣碎。國防部必須有一套符合理論的完整答覆。在這個過程中「工程經濟」因此得到重視，只是其內容不如「品質管理」之有機密價值。另一方面，私人經濟社會中民間企業也沒有這一類問題要答覆。

所以，我國內的「品質管理」和「工程經濟」是由一位資深陸軍兵工軍官首倡，就不會令人感到奇怪了。這位首倡者是施政楷先生 (1910～1982)，他曾在德國、瑞典、美國、加拿大等國的兵工廠中長期實習，多次去美國深造進修，學習「工業工程」。民國四十四年，「中國生產力中心」在美國的經濟援助下成立。成立當時只有二個人，高禩瑾任總經理，另一位就是施政楷，他的職稱名義上是工業工程部的顧問師。那時國內根本沒有這種頭銜。施政楷寫了好些薄薄的小冊子「生產管制」「品質管制」「工廠佈置」「工程經濟」「物料管理」等向各界介紹工業工程。四十四年初，寒假後開始，他兼任兵工工程學院教授，陸續開授「生產管制」「品質管制」「工程經濟」三課，是國內第一，著者本人是他的第一班學生。五十三年施政楷首倡成立中華民國品質管制學會。五十四年因李國鼎先生的推荐去新加坡擔任工業發展顧問達七年之久。回國後他曾連續當選中華民國品質管制學會理事長十年直到因心臟病去世。

民國六十年，駐華美軍顧問團團長戚烈拉正式致函建議我國防部修改國防預算的編列方式和內容。傳統上，我們國防預算的編製大致上是說有數十萬大軍要吃、要穿、要兵器，這些都要錢，於是每年編成預算送請立法院同意給錢。

顧問團的想法:認為我們編列預算的程序應該從達成目標任務的需求開始，要做什麼事? 做這件事要多久? 過程中需要多少人? 過程中需要多少錢? 需要些什麼工具? 其中牽涉到: 要把一件事分為不同形式的、多年完成的方案，而用金額來作比較。這些問題必得一一釐清，完成一個合理的預算模式，再據以向立法院要錢。

在那個時代，我們根本沒有那種觀念。國防部的主計局也承認: 軍中計算軍品生產成本的方法，向來是模仿工商業的作法，並且計入折舊。這是完全不合理的! 這是一個極重要的觀念，雖然已超越本書範疇，為免初學者踏入迷宮，有說明的必要。簡而言之，整個社會的經濟活動分為二大類型，公共經濟與私

有經濟。工商業是個人私有經濟社會中將本求利的活動，其唯一的目的是利潤，按年計算成本作盈虧比較，而且繳納稅捐是其中要項。國防支出卻是公共經濟中的一個特殊課題，但求效益而不考慮利潤，生產成本幾乎都是多年期的陸續付出，屬於所謂是一種「沉沒」的成本；國防項目中只有支出，完全沒有收益，根本不必考慮稅捐，不必考慮折舊。

　　當年，美軍顧問團特別修改組織，成立一個管理科學組來協助我們，聘用文職專家擔任組長。第一任組長是華裔的段寶隆博士。他本是上海人，民國三十七年復旦大學物理系畢業後去了美國，後來獲得猷他大學工業工程博士學位。來臺北應聘之前是史丹福大學教授，他在史丹福大學教的正是「工程經濟」。他曾參與一些美軍太平洋總部的研究工作，所以駐華顧問團才會找到他。段寶隆和顧問團的主計長，一位空軍上校都非常熱心的教導我們。並且從美國陸續請來一些國防經濟專家學者為我們開講習班。

　　曾經擔任聯合勤務總司令部參謀長多年的簡　立（元衡）先生，他在五十四歲時以中將身分出國留學，得到美國印地安那大學數量管理碩士學位，回國後任中正理工學院院長直到退伍。退伍後淡江大學聘他為教授籌設機械工程、航空工程等系。國防部聘他為顧問以配合美軍顧問團的工作。首先我們國防管理體系中設立「系統分析」組織。國防部在計畫單位中成立一個處，三軍總部中各別成立一個組。

　　廟蓋好了，必須要有和尚，和尚必須要會唸經。在美軍顧問團促進之下，於是國防部與淡江大學簽約合作十年，培養軍中系統分析的專門人才。六十一年暑假，教育部特准淡江大學成立管理科學研究所，簡　立任所長。所中分設「系統分析」與「管理經濟」二組，筆者應聘為兼任副教授講授「工程經濟」。二年後淡江大學又成立一個戰略研究所，第一任所長是留學英國回來的皮宗敢將軍，後來戰略研究所改名為國際事務研究所。

　　其後，不出五年「系統分析」體系中可說全是具有能夠從事整體遠程規劃的專家了，但是隨著全面性的進步，「系統分析」的特殊性質漸漸消失，其功能回歸到計畫部門。甚至於「系統分析」四個字也從此不見了。

第二節　工程經濟不是工業經濟

　　自五十四年九月，我教育部修訂大學課程表後，「工程經濟」出現於我大專

院校課程表上已多年矣，因為此一名詞中有「經濟」二字，而且其內容中也使用到經濟學裏面的一部分概念和名詞，一般學者尚有惑於名詞上之混淆，誤以「工程經濟」為「工業經濟」，實為魯魚亥豕之誤，願稍費篇幅，略作解釋。先自經濟學的定義開始比較。

趙蘭坪先生於其大著「經濟學」之中，開宗明義，對 economy 和 economics 兩字即有詳細之說明。economy 一字源自希臘的 oikos 和 nemein 兩字。前者表示一家之財產，後者表示管理；將二字合併而成為 Oikonomia，就表示一家財產的管理方法，與現在的「家政學」意思很接近。所以，economy 一字應解釋為：運用知識技術以處理一家之財，務使收入多而支出少之意。因此，國家的經濟政策可以說是 political economy。一八九〇年，英國經濟學家馬夏爾 (Alfred Marshall, 1842～1924)，認為經濟學既然是一門科學，應該有一個專門名詞。於是，在他的著作 *Principles of Economics* 問世時，同時創造了這個字 economics。我們通常所謂的「經濟」二字，其實是「節省」的意思，例如，時間經濟不經濟、用錢經濟不經濟；可以說其意義與上面所說的 economy 相同，都是節省的意思。我們說：「家庭經濟」就是對於全家的收入作合理的分配，以期減少支出。我們說：「事業經濟」就是指所經營的無論農工商礦事業，能夠得到利益。我們說：某公司的經濟狀況如何，是在說該公司的是否盈利抑或虧損。

源於人類本能的「經濟」行為，形成了一個「經濟原則」，就是「用最少的勞力、費用、時間……，來獲取最大的報酬」。很顯然的，正統的經濟學並不是研究如何節省的。

陸民仁先生於其大著「經濟學」一書中，說：「經濟學的本身是一實證科學，它僅對經濟現象，客觀地予以觀察、簡化、分析、歸納，以獲得一般性的原理原則。它僅研究經濟現象是如何，而不研究應當如何。」

施建生先生於其大著「經濟學原理」一書中，說：「……經濟學所研究的是如何將稀少的資源作完善利用的原則。但事實上別的科學也研究這種原則的。例如一般應用科學如工程科學和農業科學等，它所要追求的也是這一個原則。那麼它們與經濟學又有何不同呢？簡單地說，其分別乃在於此；經濟學所研究的是如何將一些資源在許多可以運用的途徑中選擇一種最有利的，以使其發揮最大的效果；而一般應用科學所研究的則為如何使一些資源在某一特定的運用途徑中發揮最大的效果。譬如現有一畝土地與十位工人，農業科學所研究的是如何將這一畝土地與十位工人在某種作物的生產過程中發揮最大的效果，獲得

最大的產量。假定，現在要想利用它們來種甘蔗，那麼農業科學所要研究的就是如何能使它們種出最多的甘蔗，或者最好的甘蔗。經濟學所研究的就不同，它所要知道的是這一畝土地與十位工人究竟應該使用到那種途徑才能使其發揮最大的效果。」

上面，引述了四位經濟學教授的意見，我們可以歸納得到一個結論：實用科學所追求的經濟原則並不是「經濟學」。我們的課題是「工程經濟」，顧名思義，這是在「工程活動中如何講求節省之道」，當然不是「經濟學」了！

而所謂「工業經濟」者，則只是經濟學中之一部分；僅以工業活動為研究對象的經濟學，就是「工業經濟」。工業的範圍很廣，凡屬以一種手段或技術或方法改變一種物質的形態，創造一種可以滿足消費者的慾望的生產活動就是工業。或者簡而言之，能夠創造一種形態效用的生產事業就是工業。所以「工業經濟」大致上應包括：工業社會的形成過程、生產理論、消費理論、產品價格、工業政策、工業計畫、工業資金與銀行、工業經營與組織、勞動力、工業獎勵措施以及國家建設等等問題的探討。嚴格的說來，上面所謂的「工業經濟」應該稱為「工業經濟學」。

所以「工程經濟」完全不是「工業經濟」！

「工程經濟」英文名稱是 Engineering Economy，中文名稱是直接譯自英文。Economics 是「經濟學」，Industrial Economics 是「工業經濟」或是「工業經濟學」。

但是，工業經濟四個字並不一定是一個專有名詞，即令是在美國也常有名詞互用的現象；本書為「工程經濟」所作之界說，在美國依然有人以 Industrial Economics 名之，那是泛指在工業中要講求節省之道，不過譯成中文卻是「工業經濟」。

第三節　工程經濟的基本觀念

現代化的工業社會是一個不斷求進步、不斷發生變化的社會。促成這種進步和促成這種變化的原動力量，固然是人類的智慧和生產技術的進步；但是，生產技術之能夠不斷進步，是需要大量資本的。所謂資本 (capital)，在經濟學家說來，那是人類有意識的勞動結合了自然資源的累積成果。最具體的代表就是貨幣。因此，現代工業活動中的一項顯著特徵是需要大量資本。尤其是所謂高級工業中以其他工業的成品為原料再予加工時，精度要求更高，製造程序更為

複雜，所要求的資本更多。除了國防軍事上的目的或者為了某種特別的紀念原因之外，人們所從事的各種活動以及絕大多數的投資都在求獲得最大可能的利潤報酬。換句話說，在近代工業活動中我們遭遇到的「值不值得花這筆錢？」這種問題的機會愈來愈多，而且問題本身的定義也愈來愈嚴重了。

「值不值得花這筆錢？」這種問題比較含混籠統，應該作更進一步的探討，那麼我們可以把它分成三個問題來分析。

第一個問題是： **為什麼要從事這個活動，是否有利可圖？** 或者是 **為什麼要從事這個活動，可能得到的效益是什麼？** 如果這個活動的目的是要更改現有的狀況，那麼現有的狀況是否可略予變更以達到增大利益的目的；抑或非從事一個全新的活動不可？抑或現有的狀況是否可予以擴充以容納新的計畫呢？對於這一個問題我們的答案必須是肯定的。即認為擬訂的新計畫的確是有利可圖的或者的確是能夠得到一些效益的。然後我們才能提出其次的問題。

第二個問題是： **為什麼要現在做呢？** 我們從事這一個活動的時機如何？什麼時候最適宜？是否要現在就做？現在的客觀情況是否能夠配合？如果是一項產品的話，原料是否可以源源供應？出品是否可以源源銷售出去？或者現在即應將設備之產量標準訂得高一點，以備爾後市場之擴展；抑即以目前估計所得資料作為產量之標準？現在投資其利率如何？有關投資之各項法令規定等等是否適宜？

如就一項公共建設而論，這個問題也是非常有價值的。例如，在一片都市計畫中的公園預定地上投資建設公園。附近人口稀少時對公園的需求不急迫，隨著社會繁榮在人口增加的過程中，時間座標上應該只有一點是開始建設公園最恰當的時機。

這個觀點在大量投資的交通建設上更為重要。一項交通工程在恰當時機開放使用，可以實現其效益；太早通車可能效益低不如預期；延遲開放又可能遭遇將來擁塞致無法改善的現象。所以適時是非常重要的一個判斷。

現代化的大都市幾乎都遭遇到何時擴建以及何時遷移市郊飛機場等等問題。常見的例子是愈拖延愈費錢。

任何活動應講求適當時機，國防問題也是如此。在部隊中裝備一項新武器，等到換裝完成訓練完畢，尚未正式應用，此新武器已可能又被更新的武器淘汰了。所以在理論上說來也應該有最恰當的時機，不過國防問題體系龐雜不是那麼簡單罷了。

　　所以如果我們已決定了要現在動手立即投資，那麼我們應該很冷靜的再考
慮一點：即為了達成一項工程上的目的，事實上我們可以經由許多不同的途徑。
因此，接下來的*第三個問題是*：我們選定採用某一種方法的理由何在？而且是
否非採用這個辦法不可呢？

　　這些問題是我們在從事任何一項工程活動之前必須逐一解答清楚的。所以
**任何一項工程設計是否為最佳，不能夠單憑這個工程本身在技術方面的設計是
否完善作為我們權衡取捨的標準了。權衡的標準應該是這項工程設計的經濟效
用是否為最大。**否則的話，即使是一項設計得天衣無縫的工程偉構，但是費用
極大又無任何收益，這個偉大構想是不可能實現的。換一句話說，基於工程經
濟之理由，任何工業活動都必須是講求現實的。

　　以上的三個問題，為了可以提供決策當局比較選擇方便起見，**應該都用貨
幣單位表示**，這一點是工程經濟的重要特徵。

　　現在試以實例一則來協助說明以上問題的含義。

　　某工廠利用人工裝配某項產品，廠中有一位工程師建議採用一種最新式的
全自動機器，經過詳細計算以後，他認為以 1,000,000 元代價購裝全自動機器來
代替人工，每年可以節省 700,000 元，而且至少在五年中不致於被淘汰。現在，
如果把整個狀況說成是：「請問應不應該裝置一套價值 1,000,000 元，在五年中
每年可節省 700,000 元的全自動機器呢？」

　　就這個問題來說，無論是誰，無論是從那一種觀點來看都會毫不遲疑的回
答說：「當然應該！」

　　但是，真正的狀況不是如此！客觀的探討應該問：「現在的情形下，請問最
好的改善辦法為何？」這時我們可能得到形形色色不同的答案。

　　假定，我們可以找到三種改善的辦法，其內容如下：

辦　法	說　明	需　款	每年可節省
I	改進現行的工作方法	50,000 元	500,000 元
II	改進為半自動化	400,000 元	600,000 元
III	全部自動化	1,000,000 元	700,000 元

　　根據表中這個情報資料來判斷的話，似乎沒有理由來採用第 III 個辦法了。
相對的來說，第 III 案比第 I 案要多支出 950,000 元 (1,000,000 – 50,000)，多支
出以後的多節省是每年 200,000 元 (700,000 – 500,000)。額外的多支出由節省來

抵銷的話大約要五年（950,000 ÷ 200,000 = 4.75）才能抵銷掉，五年後有利的條件開始喪失，所以第 III 案可能帶來的利益並不大。

這是一個故意簡化了的例子，任何簡單的實際情況都會比這例子複雜得多。本書旨在強調：**有沒有考慮所有可能解決同一問題的種種途徑？**這是我們學習「工程經濟」的最基本觀念。所謂種種途徑，我們稱之為不同的「方案」。有一句成語說，條條大路通羅馬。羅馬是目的地，想要到達這目的地可以採取很多不同的路線，就是同一意思。

現在，我們再拿臺灣省煤礦開發的問題來看看。一般來說，臺灣地下的煤礦蘊藏量不大，煤層又薄，開採不易，都是事實，過去有人從安全或經濟效益觀點主張不必發展，但也有人從能源自給的觀點認為應維持，只要有煤可採，就不計一切盡量的挖掘。越往下挖，越危險，成本也越高。問題是，政府不斷採取補貼措施，只是為了應付能源緊急情況這個理由，要使得這樣不符經濟效益和價值的煤礦業繼續存在下去，是否值得呢？

七十二年、七十三年，臺灣省內陸續發生幾次煤礦災變，一時輿論界大興評論。綜合一句話，臺灣煤礦有無繼續開發的價值，應該從事全面的評估，應該採用工程經濟的觀點深入分析。

再如，垃圾的處理也是如此。我們知道垃圾是人類的產物，自有人類以來，即有垃圾產生，只是早期由於人口少，垃圾產量少，大自然界之涵容能力足以處理人類產生之垃圾，因此不致於造成問題。後來由於人類文明之進步，工業產品日新月異，文明生活越趨複雜，致使廢棄物種類繁多，性質特異，自然界之微生物也無法加以分解；不但質的方面改變甚多，同時在量的方面，每人每日之垃圾產量也是與日俱增，再加上人口之增加，都市人口之集中和曠野郊區土地之相對減少，致使垃圾無法利用大自然界之能力，自動地加以處理，造成環境污染，人人討厭垃圾。可是大家又生產很多垃圾無處傾倒，而造成各縣市間所謂「垃圾戰」等前所未有的奇特現象出現。

我們應該採用工程經濟的觀點，工程經濟的最重要的基本觀念就是列舉方案，然後再從所有方案中作進一步的比較選擇。

為求對**方案**一詞可有更明確的認識，有下面數點可作參考：

一、方案列舉可以是不同的製造程序或生產方法。

例如某工廠面臨電源不足，則目標是滿足電源的需求，不同的方案可有：擴充自有的發電設備或者向電力公司訂約購買工業用電。

二、方案列舉可能是不同的建築設計之選擇。

例如某工廠業務發達，必須新增建築物。建築物可以利用舊有建築物擴展或者就現實需要在不同地點另建。

三、方案列舉可能是不同的原料的選用。不同的原料其市價可能不同或者新的材料有更好的性能。

總之，方案列舉可能是無限的，不過所有方案的最後目標是一致的，每一個方案可能在表面上都有其特殊的優點，引人入勝，這時應該特別注意我們絕對不可陷入成見之阱。我們應該為每一個方案至少考慮到：採購及裝置的投資成本；安裝後的日常操作費手，例如燃料、工資、保養維護、利息負擔、折舊、保險以及稅捐等等；除了安裝後所得的直接效益以外，是否尚有附帶的效益可以利用以抵銷一部分開銷，例如發電設備發電以後可能會有一些附帶產生的熱水可作其他利用；所有收支金錢在時間上的關係也是重要因素。這些問題在本書後文中將再詳論。

試以垃圾處理來說，方案列舉的內容至少應該如下。

垃圾處理之方法，主要有衛生掩埋、焚化、堆肥、填海、利用垃圾衍生燃料、熱解法等方法。除最後二法尚不普遍外，其他各項簡單說明其過程如後文。

一、衛生掩埋法

所謂「衛生掩埋法」，據美國土木工程師學會之定義，係指一種不產生公害，或對公眾健康及安全不造成危害的垃圾土地處理法。衛生掩埋作業，通常涉及三個 "C"，其特徵為應用工程方法使垃圾的體積減至最小，而將之限閉 (confinement) 在一極小之土地中，並在每天堆置的垃圾上面覆上 (covering) 一層土，最後一個 "C" 為壓實 (compaction)，使垃圾體積減至最小，壓實的方法是利用壓縮機壓縮垃圾，並用鐵絲網或鐵線包紮，有的甚或再摻和水泥予以固化，避免二次污染。

(一)優點：

1. 初期投資額低：衛生掩埋主要經費為土地購買費用，操作所需之設備及建造費用，通常較焚化或堆肥低廉；

2. 低額的年間維持費用：年間維持費用通常較其他所確定的方法為低，比焚化法或堆肥法需要較少的工作人員，因而節省工資；不需要複雜的設備與控制器具，通常可以節省維持費用；由於初期投資較其他方法為低，通常固定資本亦少；

3. 開墾荒地: 在某些情形, 過去未曾開發使用之邊際土地可以開墾使用;

4. 完備的處理技術: 衛生掩埋是一種完備的垃圾處理方法, 焚化雖減少垃圾的容積, 但是灰燼仍需掩埋; 而堆肥須將垃圾加以處理, 選別及中間處理, 且不能堆肥化的部分仍需掩埋;

5. 彈性操作: 衛生掩埋通常不受垃圾負荷變化及大型廢棄物的影響, 對於特種性質垃圾之操作, 通常要比焚化爐或堆肥廠發生的問題較少;

6. 土地馴化: 在目前情況某些無法使用的土地, 如峽谷、砂坑、採石場、礦坑等, 可利用適當且有計畫的垃圾衛生掩埋, 以馴化土地成為有價值的土地, 可作為公園、停車場、遊樂場、都市發展的緩衝地帶等。

(二)缺點:

1. 大眾意識: 正確的衛生掩埋常被誤認為空曠傾棄, 這種誤解難以克服, 同時會妨礙垃圾管理實務;

2. 土地需求: 通常需要相當廣大面積的土地, 來維持經濟而且長程的操作; 在土地狹小的狀況下, 此點變成最嚴重的缺點;

3. 運送距離: 衛生掩埋場經常位於遠離產生垃圾之人口集中區域。尤其, 當新的掩埋場需要遠離人口正在膨脹中的城市, 長遠的運送距離是需要考慮的;

4. 掩埋場使用年限: 掩埋場的使用壽命有限, 由垃圾處理的觀點來說, 完全開發後的掩埋場, 仍有惡臭發生;

5. 天候: 天候變化無常, 可能產生操作上的困難, 致增加年間的維持費用;

6. 土地沉陷及可能污染地下水: 由於垃圾長久埋於地下, 日久分解, 體積減小, 可能造成土地沉陷, 此外尚有臭味溢出及污染地下水質的可能, 故在選擇掩埋地點時, 地質因素極為重要, 如在不合適的地點進行掩埋工程, 則需建設各項基礎、排氣、收集滲水之工程, 使成本將大量提高;

7. 在垃圾收集到掩埋完畢過程中, 可能造成臭味、塵埃、小昆蟲、噪音、交通及破壞環境美感的問題, 故若不是在適當的控制之下, 將難為人所接受;

8. 可能引起火災: 垃圾掩埋日久之後, 將產生甲烷氣, 瀰漫於地層裂縫之中, 亦可能貯於礦坑、洞穴或大樓地下室內, 有易燃及爆炸的可能性。

二、焚化法

「垃圾焚化處理」, 就是在控制之情況下, 於焚化爐內將垃圾中可燃燒者處

理成為二氧化碳、其他氣體及一些不可燃之殘餘物。其中殘留之灰燼在回收有用及有價值之物質後，可送至適當處所再加以掩埋處理；所產生之氣體經洗煙或集塵設備去除各類有毒氣體後，再行排放於大氣之中。

(一)優點：

1. 運輸費用節省：因焚化廠通常建立在垃圾發生源之都市區中心或不遠處；

2. 減少垃圾體積：這一點常為採用焚化方法的主要理由，尤其是在衛生掩埋地點選擇不易的情況下，先求減少垃圾掩埋的容積，以求延長土地掩埋的壽命；

3. 廢物利用：可回收垃圾中的金屬成分，如鐵、鋅、錫、銅、鉛、鋁甚至於金銀等；

4. 能量利用：產生蒸汽，可用來發電或產生熱水提供員工及附近居民利用；

5. 安全的解決一些用其他方法處理有困難或昂貴的固體廢棄物，如醫院的垃圾或可能為病菌污染之垃圾；

6. 當使用衛生掩埋或堆肥所需之運送費用超出經濟範圍時，建於市中心之焚化爐可代之；

7. 焚化廠適當的設計及美化，在市中心區可成為一景觀工程；

8. 垃圾焚化處理較不受惡劣氣候之影響；

9. 使用土地較衛生掩埋所需者少；

10. 垃圾焚化操作時間可增長至每日二十四小時不斷，以容納垃圾的每日變化量；

11. 燃燒後之殘留物通常為無機物，較為穩定，不會造成惡臭問題，甚至可供進一步利用；

12. 焚化廠建在污水廠附近，可以把污水廠所產生的臭氣及污泥等物質焚化；

13. 使某些被固定之碳（難分解之物質，如塑膠類）迅速變成二氧化碳回到大自然，防止大自然中的碳失去平衡。

(二)缺點：

1. 費用問題：使用焚化處理垃圾費用昂貴，包括建廠費用、操作維持費以及防止空氣污染之設備費用；

2. 地點選擇：由於焚化為節省運送垃圾之費用，故通常建於都市區中心，由於分區計畫、交通、空氣污染、美觀、臭味、噪音等的問題，使得焚化廠在選擇建廠地點上造成很大的困難；

3.垃圾焚化非一完全及最終的處置，它所產生的一些殘留物、排氣及水污
染物質仍須作最後處理及處置。

三、堆肥法

所謂「堆肥法」乃是利用生物分解之方法，使垃圾中之結構複雜分子有機
物因加水分解或氧化作用，而分解為分子簡單的化合物。

(一)優點：

1.利用垃圾中之有機成分變成肥料來源，可肥化不毛之地，改良土質；

2.化無用為有用，回收垃圾中不能堆肥化之有用物質；

3.兼可解決污水廠污泥處理之問題。

(二)缺點：

1.由於價格和肥料品質之問題，致使銷路不好；

2.土地難求；

3.垃圾成分太雜，只有部分有堆肥價值。對於無法堆肥化、無法回收再利
用之物質及未售出之堆肥仍需再行掩埋。

四、填海法

所謂「垃圾填海」可分為兩種方式，一種為海域投棄，另一種為海岸掩埋。
海域投棄是把垃圾以船運載或利用管線放流至指定投棄地點拋棄。海岸掩埋乃
在近海處圍以堤岸，再以掩埋方式處理垃圾，達到填海造地，處理垃圾之目的。

(一)優點：

1.垃圾本身之前處理較少，可說為一種最終處置，操作維護費較便宜；

2.處理地點離人類群居之地區較遠，較不會引起民眾之反對；

3.不需土地，而且如採海岸掩埋，還可再生土地；

4.固化後投海可造成魚礁，促進魚類繁殖。

(二)缺點：

1.如處置不當，可能造成海水污染；

2.初期投資費大；

3.覆土不易獲得；

4.覆土後之新生地，可能造成不等沉陷、地表龜裂、沼氣等；

5.破壞海岸遊憩價值。

以上只是一些「可行方案」。實際上我們對每一方案尚必須深究，尤其是經
濟上的損益，才能決定何者是比較「好」的辦法。而所謂「好」，仍只是一時的；

一旦技術條件改變，答案也會改變。

　　而臺灣垃圾之處理情況，以民國六十九年為例，全省收集量每日七千八百八十公噸，其中有 50.6% 採用掩埋法，2.5% 採用堆肥法，3.3% 採用焚化法，其餘尚有 23.6% 是填窪地、填海、就地燃燒或曠野傾倒。高雄市每日收集一千一百一十公噸，其中九百八十公噸掩埋，一百三十公噸製造堆肥；臺北市一千七百三十七公噸使用掩埋法。很多地方政府，由於財源困難而且不易找到適合衛生掩埋之場地，因此將垃圾棄置於低窪地或河川兩旁，影響附近環境衛生並污染地面水。採用掩埋法者亦因設備不足、經費有限，以致其作法離理想之衛生掩埋法相當遠，可說是較接近於曠野傾倒，故常造成二次公害問題（惡臭味，其次為蒼蠅、蟑螂、老鼠，再其次為垃圾自然冒煙、污染地面水甚或地下水）。

　　堆肥法，過去臺灣有幾處，但由於垃圾在事先無法加以嚴格之分選，以致堆肥成品中含有玻璃、金屬碎片、石頭等硬性物，易使農夫受傷，加上化學肥料價格低廉，以致銷路不佳而停頓。

　　焚化法較有規模者，乃新店安康焚化場，但因建設經費有限，設計較為簡陋，焚化效果不甚理想。由以上分析可知臺灣之垃圾處理，目前還是不能令人滿意，尤其，臺北市要興建大型焚化爐問題，更是關心環境人士之熱門話題。民國七十年的資料，臺北市每日約產生一千八百公噸垃圾，堆置於內湖葫蘆洲之基隆河旁，該垃圾場垃圾堆積已高達三十公尺，面積十三公頃，使用已達十年以上。垃圾只是堆置不加掩埋已經沒有空間，那談得到「衛生」呢！早於民國六十五年，臺北市政府即有意興建每日三百噸之焚化爐，後因發電與否而擱置，於六十六年變更計畫，欲把垃圾運往八里鄉填海，但因地方人士及民意機構之強烈反對而放棄。六十八年再度將填海計畫恢復為興建焚化爐。臺北市議會再三討論，舉辦公聽會以決定是否採用焚化抑或壓縮掩埋措施；而焚化爐完成前，應急措施中準備在淡水下莊子掩埋，但亦遭當地居民之反對。

　　以上述實例看來，可見客觀評估一件事的經濟效益在今日社會中，已日趨重要。尤其是評估的結論應公開能讓多數人了解並且信服。

　　於是我們也可以說，所謂工程經濟就是列舉方案和比較方案。每一個方案，其內容所需的技術知識可能完全不同；但是在工程經濟的過程中，所有的方案在形式上都要以貨幣金額來表示。這一點也是我們要特別注意的。

◎討　論

近年來，臺北市有要求遷移松山機場的聲音；桃園縣有要求遷移中正機場的聲音。這類問題應如何進行評估？

第四節　工程設計與經濟分析

我們常會遇見這種情形：一位設計工程師常常誇耀他的一項設計如何精巧、優美、如何的時髦而能適應現代化水準等等。設計人很少願意把這項設計拿來與可以達到同樣效用的其他設計相提並論，或者研究其最大可能的經濟利益如何。純粹的技術人員觀念中，常認為設計者不負擔經濟責任，因為在傳統工程教育中沒有授予成本概念。所以他們對於任何經濟分析皆不重視。

這種技術至上論者的觀點不啻是紙上談兵。時代潮流已證明此項觀念的錯誤。今日各大強國莫不以各種企業為手段追求利潤以富國富民。任何活動必以經濟原則作為判斷之準繩。任何不講求實利、不講求經濟效用的事業在競爭中皆無法立足。一項工業產品的生命端視其成本而定。成本低廉的可能在市場中存在的生命較長，而成本昂貴的根本無法進入市場。那種技術第一、孤芳自賞型的設計不能得到消費者大眾的支持，此種實例國內國外隨時可以發現，不必一一列舉。

我們擬製造一種產品時，在技術上必可發現好幾種不同的生產方法，各種生產方法所適應的工廠規模大小亦不相同。所以應根據適應今日之需要，或者是今後數年的需要，來選擇適宜的生產方式。而選擇之時我們不可以有一種成見或偏好，來採取所謂是最新的方法、最新的設備等等。我們必須很客觀的就各種可能的因素來作比較以供選擇。因為每一個工廠的客觀條件不一。適合於甲廠的未必適合於乙廠。譬如：高度自動化的生產設備在工資率較高的地方，因為可以節省大量工資支出，所以值得投資採用。但在工資很低的地方便大有疑問。昂貴設備所負擔的利息、折舊以及保養操作費用等的總和可能高出節省下的工資支出甚多，反而得不償失。在這種情形之下，除非自動化設備的產品品質極佳而產量又極大，大至可使產品的單位成本降至極低來刺激市場上的大量消費。否則的話採用自動化的設備必須慎重考慮。而且當廉價產品產量太多

時，又可能令市場因飽和而滯銷，反而扼殺了自動化設備的效用。

有人認為既然如此那麼把工程設計和經濟分析分別由兩種專家來完成，求取分工合作。理論上這是一個很完美的概念；但是實際上由於彼此的觀點不同，對於彼此的知識互相了解太少，彼此會產生一種不能熱忱尊重對方意見的心理作用。常常會以自己這方面知識技術上的困難為藉口，固執己見。最後當然無法完滿合作以獲得最大的經濟效果了。

固然人生有限，一個技術人員想把有關工程方面的知識統統學好已經是很困難的了。再要求在經濟方面也求深入，當然是很不容易的。有些很有成就的工程師又兼是經濟學家的，畢竟很少。不過我們應該有一種最低限度的觀念，就是：一項最好的工程設計，必須有著最大可能的經濟效用。**一個最優秀的設計工程師，必須能使其設計符合最大經濟效用。**有了這個觀念以後，技術人員在從事工程設計時不但知所選擇；而且在遇著疑難的時候知道應該如何尋求工程經濟專家的協助，使得自己的設計臻於至善。把圖紙上的概念變成現實的產品，把抽象的概念變成一種實體的產品，在此轉變過程中我們使用了不少資源、人力、材料、時間、……。而所有這些資源一經確定使用便無可挽回的永遠消滅了。

本書主旨在說明工程經濟之重要觀念，有關之理論及方法上的技巧。簡言之，工程經濟是為了達成同樣的工程目的，尋求最節省的實施方法。舉例論證時盡量以工程方面的問題為主，但是有時為了便於解釋起見，偶亦採用一些與生活有關的事物為喻。藉能引起讀者興趣加強印象，多作思考，使能了解其原理。

案例研討

廢熱回收

七十五年十一月中，報紙上曾報導一則新聞，是經濟部能源委員會執行秘書馮大宗代表部長，頒發「節約能源貢獻卓著」的獎牌給亞洲水泥公司，獎勵亞洲水泥公司在節約能源方面的重大成就。

原來，亞洲水泥公司花蓮廠裝置了國內第一套利用廢熱回收發電的設備，

完成試車，正式運轉。

水泥在製造過程中，將有關原料加入巨大旋轉窯內，以高熱煅製。最後大量熱氣都散放空中，即所謂廢熱。現在亞洲水泥公司利用適當回收技術，將廢熱氣體導入熱氣渦輪機推動發電機發電，廢熱不再是廢物了。

全套廢熱回收發電設備的投資金額，據報導說是新臺幣 2 億 4,000 多萬元，發電每天可達十三萬度，每年四千餘萬度，每度電的成本相當新臺幣七角錢而已。估計投資金額在三年二個月即可全部回收，而且所發的電可供應水泥生產所需的三分之一，大幅節減水泥的生產成本，此外還有一項無形的效益是避免了熱廢氣對大自然環境的污染。

案例研討

金剛山水壩

開始一項工程設計之時，應同時進行經濟分析。這是一項原則。不過，有時也有特殊的例外情形。

一九八六年十月二十一日，北韓朝鮮人民共和國宣布開工興建「金剛山水壩」供作水力發電之用。由於該壩位於漢江上游的支流，韓國政府當局認為一旦該壩建設完成，勢將影響漢江流域下游包括首都漢城的安危，於是要求北韓停止施工。

南韓民眾紛紛集會抗議北韓的築壩行動，而且南韓政府主動提出要求與北韓展開有關築壩事宜的會談，但遭到北韓拒絕，十一月二十六日韓國政府四位部長發表聯合聲明宣布，韓國將在金剛山水壩的下游另築一「和平水壩」，壩高二百二十公尺，寬一千二百公尺，遇到緊急事故時不僅可以擋住金剛山水壩排出的大量洪水，而且可以使洪水回流到北韓，南韓將免於水患，為此南韓政府已展開研究及籌措反水壩計畫的必要經費，初步估計約需七億美元。新水壩預計在一九八八年春天動工，比金剛山水壩超前完成。

據南韓的資料指出，金剛山水壩位於江原道昌道郡任南里附近，位於停戰線北方十公里處；壩高二百公尺，寬一千一百公尺，總貯水量為二百億噸。北

韓將在該壩北方的准陽建造三十公里至六十公里的引水隧道，直抵安邊水力發電廠，利用落差每年將可獲得八十萬瓩的發電量。該壩估計歷時十年方能完成，北韓金剛山水壩之所以引起南韓朝野的極度關切，主要原因如下：

　　一、該壩具有國防戰略上的意義。金剛山水壩最高貯水量為二百億噸，如果北韓利用「水攻作戰」突然洩洪，則二百億噸的洪水將以每秒二百三十萬噸的流量傾洩而下，水流高度在一百公尺以上，屆時漢江流域沿岸及大漢城地區將全部被淹沒，而這些地區正是南韓政治、經濟、文化的精華區，結果必將對南韓造成致命的打擊；

　　二、影響南韓的工業與農業發展。金剛山水壩一旦完成，每年漢江的水量將減少十八億噸，約為目前水量的一半以上，如此一來漢江流域水力發電廠的發電量必然驟降，而造成工業用電的不足。此外對灌溉用水也是莫大的損失，進而影響到農業的發展；

　　三、強調憂患意識提高反共警覺。正當南韓內部的反對派人士要求民主改革，而學生運動也有日趨左傾之際，南韓政府適時提出金剛山水壩的威脅，其目的不外乎轉移人民的注意力，化解政治上不滿的情緒，以提高對北韓滲透顛覆的警覺。

案例研討

工程的環境評估

　　一項建設工程辦理環境評估，就像一個人要吃得好吃得飽，又希望不致過於肥胖，引起高血壓、心臟病等病症一樣，使建設工程能面面俱到，消除可能引起的不良後果。

　　以往，國內推動各種建設工程，只講求其經濟效益；而現在決定興建一項工程，除要求經濟效益外，也重視所帶來環境品質的提昇，這就是環境評估工作的目標。

　　中華顧問工程公司受命辦理新中橫公路的環境評估工作，特別邀請國內的植物生態、自然景觀、水土保持、地形地質、人文古蹟等專家學者，組成評估

小組，以各種不同的觀點眼光來評估開闢這條公路的效益及影響。

評估工作於六十九年十月間展開，除了蒐集這條公路沿線的氣象、雨量、水文、林相、地質等靜態資料外，這些專家還實地作沿線踏勘。

新中橫公路環境評估完成後，公路局施工單位將根據評估結果，檢討公路既定路線的效益，必要時可能會再修正路線，以使這條公路能符合長遠的利益。

同時，政府有關單位亦將依據評估結果，規劃新中橫公路的整體開發計畫，把沿線地區劃定宜林、宜農、宜牧、礦業、觀光等地區，作有系統、有計畫的開發利用，避免因濫墾濫採而帶來的禍害。

新中橫公路辦理環境評估工作，公路完成後，可避免像現有中橫公路梨山地區逾限利用，造成德基水庫遭到流砂淤積的情事發生，也不會帶來其他後患，如崩山、下游河川改道等禍害，使得這條公路能盡善盡美，符合整體利益。

尤其是因為新中橫公路所經過的地區都是人跡罕至的深山，在這種地區開闢道路，就像把人類文明帶進原始地帶，不論長期或短期，都會使這原始地帶發生多多少少的變化，環境評估工作就是要預期估計其變化，進而控制變化，並使變化產生有利的因素。

第五節　貨幣為比較的標準

前面說過，工程經濟的比較選擇要以貨幣單位表示。因為在人類的文明社會中，貨幣是計量效用的一種標準，是事物價值的具體表徵，人人願意接受。

有些企業家們在作判斷時，不根據數字的結論，僅僅是憑藉其本人經驗上的直覺而遽下斷語。對於一件事可以由不同的幾種方案來予以完成的觀念頗為模糊。至於要把各種可能的方法，將其詳細的內容一一列舉，並且化成貨幣單位來逐一比較更感陌生。尤其是在涉及較細密的技術問題時，決策者對於那些數量上極多但是又屬相當重要、相當專門的細節部分了解不夠，便更容易採取盲目的決定。

所以企業家需要工程師的意見來衡量各種差異。工程師有充分的學識可以了解任何一種方法中的全部技術上細節。因此把這些細節用貨幣表示出來也是只有工程師才能做得完整的事。

下面我們來看看一個實例報告。

有一家工廠，原有一套鍋爐設備，鍋爐產生的蒸汽用來作為加熱、作為機

械動力帶動空氣壓縮機以及用來發電，供廠內電燈和一些小型馬達之用。後來工廠業務擴展，壓縮空氣用量大增，一般用電也增加，鍋爐無法供應更多蒸汽。總經理未在技術方面多作探求，便決定了應付的辦法：購買一座大型的電動空氣壓縮機來解決壓縮空氣的供應問題；然後超過本廠自行發電範圍以外的不敷用電，簽約購用市電。這位總經理的決定不幸後來被證實是一個比較浪費的辦法。因為新購的電動空氣壓縮機容量很大，工廠在全部開工時可以充裕供應。但是在大部分時間內所耗用的壓縮空氣只及其容量的一部分。所以空氣壓縮機的運轉情形大部分時間剛好是在效率最低的範圍。另一方面，通常的市電根據契約是用電愈多單價愈低。而這廠是以不敷之數才由市電補充，所購用的市電，恰是最昂貴的部分。原有的蒸汽發電機老舊不堪，效率極低，故障頻頻迄未能改善，原有鍋爐間之操作工人亦不能減少；燃料費用、保養費用支出同前。

於是，董事會便請來一位工程經濟專家研究改善之道。這位專家來到廠裏對全廠稍作了解以後，表示意見。認為應付業務擴展，可以經由幾個不同的方法來達到同一個目的。總經理所採取的，不過是其中之一罷了。其他可能採用的方法至少可有下列四種：

第一、換置一套新的鍋爐來供應較多的蒸汽。現有的蒸汽發電機效率太差，可以購用一套耗用蒸汽相同、但效率較佳、發電較多的蒸汽渦輪機來發電；

第二、買一套柴油發電機供應用電，節省原來發電所耗用的蒸汽供作增加動力用；

第三、全廠用電全由市電供給。蒸汽僅供加熱及空氣壓縮機用；

第四、全廠用電概由市電供給，空氣壓縮機也改用電動或蒸汽僅僅留給冬季作加熱之用。

這位專家又研究了工廠業務膨脹的趨勢，以及今後生產方法上可能有的改善。然後對今後工廠動力的需求作了一個估計。根據這個估計，他把上述各種方案詳細擬訂其內容來配合這個估計。每一個方案，他要計算出目前所需的投資以及爾後每年支出的操作保養費用等等。以計算結果比較之下，發現第一案和第四案較為經濟節省。

現在我們把上面狀況列表，便於觀察比較。

用　途	原　狀	新辦法	專家意見			
			第一案	第二案	第三案	第四案
加熱 壓縮空氣 發電	舊式鍋爐一具	電動 部分市電	新鍋爐一具（渦輪機）	柴油發電機	市電	電動 市電

　　通常我們在研究一個經濟分析的問題時，會有一種現象：即所謂一個問題，常常是由好幾個較小的問題所組成；互相牽涉之下，又誘發其他的問題，最後糾纏在一起。而其中每一個問題都可能有幾種解答的方案，理論上說來，每一個方案都必須一一詳作分析。例如，在上面所述實例中：如決定裝用蒸汽渦輪發電機，那麼其形式及容量大小應如何選擇，應購買幾套，鍋爐所產生之蒸汽其壓力應多高，又發電與使用蒸汽作為機械動力是否可以一併研討；因為從渦輪機排洩出來的蒸汽仍有相當壓力可供利用。假定決定採用第四方案的話，將空氣壓縮機等各種機械工具改成電動化也有很多不同的可行方案。

　　以上兩個方案比較的結果，購置渦輪機需要較大的投資，但是以後每年支出的費用很低。由於這兩個方案對於今後工廠的每年收入無直接影響，只需比較其每年的費用即可。為了使兩個方案可以有一個共同的標準來比較，我們便把這兩個方案的投資和在其相同年限中的每年費用，統統轉化成每年的支出費用來比較其節省與否。這種辦法稱為「年金法」，其內容如何以後再作介紹。

　　利用「年金法」分析的結果，發現向電力公司購買全部電力的方案實施後，每年所需負擔的費用最少。但是我們仍然不能就此決定採用這個方案。因為這僅僅是一個經濟分析的結果。方案與方案之間尚有不能以金錢作比較的差異存在，我們也必須予以一一考慮。凡是方案中不能轉化為貨幣單位以供比較的各項因素，而且對於我們的最後決定有著重大影響的，概稱為「無形因素」。下面再詳細探討。

　　在方案比較的過程中，經濟分析和無形因素分析都是必要的。無形因素的分析有時在整個決策過程中始終佔著最重要的地位，有時也可能是沒有作用的。

　　在實際情況下，我們有時也遇到一些需要比較其孰優孰劣的問題，上面說過「工程經濟」的比較要以貨幣為共同的標準，此外其他形式的比較，對「工程經濟」而言只是一種參考性的、補充性的資料。下面實例討論一則可供讀者

加深印象，其比較的結果仍然令我們難以選擇。在現實世界中，我們常會發現
人們作這一類的比較。

案例研討

螢光燈和白熾燈的比較

螢光燈和白熾鎢絲燈比較起來，一方面的優點常常是另一方面的缺點。所
以只要單列一項的特點，即可同時知道另一方面的相反性質。茲就螢光燈的優
點來說：

1. 發光效率高，同樣電功率所得光度較強；
2. 因發光效率高，故節省電能，減少發熱量；
3. 燈管面積大，表面亮度較小，不刺目；
4. 燈座較少；
5. 燈泡更換次數少；
6. 面的光源，適合空間照明；
7. 原有線路不需重大更改，即可改進照明；
8. 光線柔和，工作環境改善；
9. 減輕工人眼睛疲勞現象；
10. 產品品質改善；
11. 工人士氣振奮；
12. 沒有陰影產生。

螢光燈也有一些缺點，例如：

1. 燈具較昂貴；
2. 燈管較昂貴；
3. 改裝時所支付之費用相當大；
4. 因改裝停止生產所遭受之損失；
5. 光線不穩定閃耀可厭；
6. 偶然有可厭聲音；

7.報廢時處理不方便，尤其管內物質有毒。

案例研討

生產特殊合金鋼

　　民國五十八年間，我國防部為發展國防工業，投資設立合金鋼廠，並且委託省屬唐榮公司代為管理。至民國六十七年又將全廠移轉由臺灣機械公司營運。合金鋼廠在設廠之初即未考慮商業效益，後來軍方所需產品漸漸減少，該廠即開始虧損，直到七十五年底累積虧損已達 8 億 4 ,000 餘萬元。行政院經濟建設委員會在進一步審議以後，發現該廠並不是管理不善造成虧損，主要原因是，建廠時設計的方向即係根據特殊任務。因此，產品的市場對象很狹小。於是，經濟建設委員會建議，認為「合金鋼廠似已無繼續經營之價值，增資亦不能徹底解決該廠經營困境」。經濟部希望國防部收回，再由國防部委託中國鋼鐵公司代為經營，中國鋼鐵公司則認為：合金鋼廠的設立有其特定目標，不可再以商業方式經營，先天上無市場出路，難免虧損；所以，合金鋼廠應由國防部收回自行管理，不要涉及商業。

案例研討

氣球吊運木材

　　據說，早在一七六六年，英國化學家波以耳 (Robert Boyle, 1627～1691) 發現氫以後不久，就有人預言：人類可以利用氫氣球昇高。後來昇空氣球的發展大概是二類，一是利用氫，一是利用熱空氣，文獻記載都是歐洲方面的狀況。我國傳說中的「孔明燈」其實就是熱氣球，可惜有關的詳細文字敘述沒有流傳下來。

　　一八八〇年以後，鋁金屬可供商業應用，同時汽油內燃機的設計已告成熟。
於是，出現了有實用價值的飛船。一九〇〇年，德國人設計了「齊伯林」(Zeppelin)
飛船供國內民航之用。第一次世界大戰期間，德國「齊伯林」還飛到英國倫敦
上空實施轟炸。一九三六年，德國製造了一艘長達八百呎的豪華飛船「興登堡」
(Hindenburg) 號，飛航德國、美國之間。不料，第二年，「興登堡」號在美國爆
炸焚毀，乘客全部罹難。因為，氫太危險了。從此，飛船的時代就告結束。

　　後來，改以氦代替氫的氣球開始出現。但是，氦的代價太昂貴，只能有小
型的氣球。

　　一九六〇年代後期，北歐及美國、加拿大等森林當局在砍伐林材以後，利
用氣球將木材吊昇，再由直昇機拖帶，方法漸漸改善。

　　加拿大沿太平洋的海岸森林，山勢陡峭，海灣曲折，陸上簡直無法接近，
但是該地區中卻有不少高達五十餘公尺的北美杉木，使用直昇機前去吊運，一
直被認為是代價太高昂。尤其，直昇機作業中受天氣影響極大，工作上規劃極
為複雜。據估計年產量應可達七千萬立方公尺木材，利用直昇機吊運只能運出
百分之一而已。

　　加拿大有一個半官方的森林研究機構，多年來研究結果，將氦氣球與直昇
機的旋槳合而為一，圓形氣球四周裝上四片翼子，像個巨型的風車，「翼氣球」
利用安全無慮的氦充填，產生大部分的浮力，另外一小部分浮力由「翼氣球」
自行旋轉而得到。四片大翼子的角度可以變換。換句話說，「翼氣球」的飛行是
可以控制的。

　　「翼氣球」在五百多呎高處飛行，最快速度每小時八十哩，使用飛機用的
發動機，馬力可達二千四，氣球中作業員二人，可以吊運十六噸重木材。

　　據說，以吊運十二噸能力來比較：直昇機一架需 700 萬美元，作業費用每
小時 3,000 美元；翼氣球一隻需 300 萬美元，作業費用每小時 1,000 美元。除了
經濟上的價值以外，翼氣球滯留在空中的時間比直昇機長，受氣候變化影響的
安全性也較高。

　　一九九〇年的消息，傳說「翼氣球」已有吊運能力二噸級的開始實驗，一
方面技術上也在作不斷的改進。稍假時日，這種嶄新的工具一定會更趨普遍的。

第六節　工程師對社會之責任

　　自從工業革命以來，科技突飛猛進，產業快速發達，使人類的物質生活日益富裕。而醫藥的進步，也使死亡率降低，短期內人口大量增加，使相對生活空間日趨擠迫。隨著天然資源與能源大量消耗，近代文明的副產物——污染，包括對空氣、水質與土壤的污染，對自然環境平衡的破壞，以及物質污染到心靈的污染，無不帶給人類以前所未有的衝擊與災害。以往對經濟發展、物質建設扮演重要角色的工程師們，實在需要擴大眼光，除了專業的職責外，如何善盡對社會責任，急需建立正確觀念，作為努力的目標。

　　「以往我們對於工程師的要求，總比較著重於他的專業訓練、知識與技能，以及良好的職業道德。任何工程建設，從規劃、設計、施工、監督到完成，每一環節絲絲相扣，一點馬虎不得。例如建造水壩，從一般地質探勘、工程地質調查、地震紀錄、水文資料及環境影響等種種資料、數據蒐集，不僅須要正確齊備，更須予以適當的評估，在認定與取捨之間，都需要高度的專業訓練，更需要遵守職業道德，不受外力影響，作正當的選擇與建議，以免造成難以彌補的嚴重後果及社會損害，故專業訓練與職業道德，為優良工程師所必具備的基本要件。

　　其次，工程師在作規劃與抉擇時，必須兼顧經濟層面的考慮與衡量，具有經濟意識。工程師與科學家最主要之不同，在於科學家在作研究與實驗時，除了理論性的研究外，即使涉及新的產品或製造方法，也多是證明它的可能性，不必考慮經濟成本與技術實用性。作為工程師，就一定要考慮經濟的可行性，工程本體的絕對完美，並非最重要。有關建設費用的考慮、是否適合當前與未來的需求、能否符合法令規定、對於業主資力之個別考慮、初期建設費用的節省與後續維修保養的花費，如何維持合理的平衡，種種因素都要加以分析，適時提供業主參考。例如房屋建築外裝如何處理，對建築物結構、鋼筋混凝土之強度，並無直接影響，惟對業主之經濟效益則大有不同。雖然以最少之費用、最短之時間完成建設，多為一般業主之目標，然而短期利益不一定符合中長期利益，如何作整體性之規劃與比較，則有賴於工程師之專業素養與經濟意識。除非規模宏大，用地廣闊之工廠可以單獨設置，如屬中型以下規模之工廠，僅為貪圖因地價低廉或自有土地而設廠，將來無論道路交通、水電供應，甚至技

術員工之訓練等，均不如設廠於規劃之工業區內，則可享有友廠互補之效益，及公共設施、土地、道路、廢棄物集中處理等經濟便利，就是一個簡單的例證。

工程師除專業訓練、職業道德及經濟意識外，今後更需重視對社會之責任。各項建設於規劃之初始，即須本於社會責任，作長遠影響之評估。不但消極的須避免可能公害的產生或減至最輕程度，以符合環境保護的標準。更須顧及今後環境保護的趨向，以及全民意願的趨勢。若非如此，不單業主在未來可能遭受重大損失，更將使整個社會受有形、無形的極大傷害。例如工業排放廢水標準是相對的，若干年前，日本水俁地區發現有怪異病例多起，經追蹤探索發現水產蛤蚌、魚類受含汞廢水污染，經居民食用為致病之禍因，導致有關單位檢討，訂定工業排放廢水之標準，成為今日之典範。

積極方面，任何工程的規劃，須具有前瞻性，不但設計要保留彈性，可隨時依需要擴充，以適應未來標準之要求，同時對於區域性及總體性規劃要兼籌並顧，才能使有限資源的利用，得到最長久的利益。除了工程技術問題外，也要注意當地文化、傳統、習俗背景等特性，在國外行之已久，多數人接受的觀念與系統引進後，卻可能不適合本地需要而不被接受。儘管各國國情不同，工程師可以因時因地制宜，基本上還是應以有限資源，作最有效之利用。不論是金屬、礦物、木材等資源需要珍惜，即使像空氣、水等較易取得之資源亦不可浪費。良好的建設雖不致千秋萬世永遠留存，至少要能夠持續長久的服務社會。最怕極短時間使用後，就不能適合時代之需求，必須拆除改建，則人力、物資之浪費非常可觀，極不經濟，故作出前瞻性的規劃，對今後發展能有彈性的因應，對業者、對大眾都是無可推卸的社會責任。

在談到若干對社會層面的考慮，諸如工業自動化的趨勢，難免對就業機會造成重大影響，基於社會政策的考量，如何於工業生產自動化的過程中，對人力規劃在事先作適當配合，使兩者相輔相成，也就成為當前一項重要之課題。

另外，所謂環境保護問題，有人認為一切應保存大自然原始景觀。但即使像『無煙囪工業』的觀光事業，也免不了有道路的開闢、設施的改善。至於所謂『零污染』的主張，更須慎重，若干極端主張，有時反而導致其他的不利後遺症。工程師之職責，在能判斷何者能容許適當之破壞，何者不能破壞；何者能再生，何者無法再生，據此作出合宜的利弊分析與取捨。即使發展農業、開闢山坡地，也有破壞，有污染，都是一種損害，有些可以補救，有些無法恢復，都須作一整體考量。工程建設所需材料諸如礦產金屬，總有耗竭之一日，縱如

可以再生的材料，如木材等，也有它的供應極限，因此我們對於任何天然資源，都希望作最珍惜有效之使用，例如一棟建築，如何能在結構不必改變情形下，使空間的運用可以適應未來的需求，充分達到物盡其用的目標；道路、停車場的修建，因為建設經費的限制，不可能一次做得太大，重要的是用地的規劃，將來需要擴充時有地可用，足以適應未來的發展，這是工程師的社會責任。其他任何設施莫不如此，亟應避免以後尚未充分使用，即需全盤拆除或改絃更張，造成有限資源的浪費。

一個好的工程師，應隨時訓練自己，有開闊長遠的眼光，善加利用有限的資源及空間。地球是一個精密而微妙的平衡體，不可輕易破壞而造成災害。像埃及尼羅河上游阿斯萬水壩的建造，所發生的後遺症就是一個重要的例證。顧前不顧後，就未善盡工程師的社會責任。要積極樹立典範，帶動潮流，形成正確的觀念和健全的制度，對社會的發展作正面的貢獻。在此特與我工程界同仁共勉共期。」

上面這段文字是民國七十五年六月六日，中國工程師學會等學術團體聯合慶祝第四十六屆工程師節，在臺北市中山堂舉行大會，邀請經濟部部長李達海先生蒞會致詞，李部長的專題演講全文。

文中所強調的數點：規劃與抉擇時必須兼顧經濟層面的考量，避免產生社會公害或將之減至最輕，工程規劃要有前瞻性保留設計彈性，自動化應避免造成重大失業以及環境保護應有合宜的利弊分析與取捨等各項，從工程經濟的觀點來看都具極深遠的啟示，值得我們仔細探索。

文中最後一段提及阿斯萬水壩的建造發生極嚴重的後遺症，更是一個最佳的典型案例。下面討論「無形因素」時再詳細說明。

第七節　無形因素的意義

方案與方案的比較除了以貨幣的收支狀況作經濟性比較之外，還有不能以金錢作比較的差異存在。我們也必須予以一一考慮。凡是方案中不能轉化為貨幣單位以供比較的各項因素；而且對於最後決定有著重大影響的，概稱為「無形因素」。在不同課程、不同的書本中，「無形因素」也稱為「非數量化因素」。

在方案比較的過程中，經濟分析和無形因素分析都是必要的。無形因素的分析有時在整個決策過程中始終佔著最重要的地位，有時也可能是沒有作用的；

也有可能會在決策以後很久才發生作用。

在實施一項工程活動之始，我們應對各項可能的設計方案逐一比較。在原則上應先以同一的貨幣單位就相同的使用年限作一經濟分析，已如上述。但是方案中所涉及的因素中有不能以貨幣單位表示的；而且這些因素的意義、影響以及對於其他因素的關係等等有時很難明確顯示，涉及工程技術者非有豐富的工程經驗者不易體會掌握；同樣理由，涉及公共建設、涉及國防建設時非得由具有該方面專門知識者才能深入。這一點也是何以要求工程人員、建設人員及國防計畫人員學習「工程經濟」的理由之一。自己的問題只有自己懂，最可靠的解答只有靠自己去找尋。

就一家企業來說，我們可從企業內部來檢討：

1. 有沒有一群夠資格的系統發展人才？
2. 配合軟體的管理制度是否已臻健全？
3. 是否已有足夠資料可供應用？
4. 是否了解本公司的業務特性？
5. 「外購」或「自製」的決定權是否合一？
6. 對於未來的展望如何？尤其是那些以後逐漸出現的影響。

至少，上述各項一一檢討以後，再輔以一些「數量化」分析的結果，合併供決策人參考，這樣應該可以有比較合理的抉擇了。

無形因素是「工程經濟」中的習慣稱呼。在現代化的管理科學範疇中，我們以為客觀的可變因素有數量化的和非數量化的兩種，也就是所謂的「定量的」和「定性的」。所謂非數量化的、定性的，也就是本書中所謂的無形因素。

我們在探討無形因素時，原則上說來，假定我們是在研求一種新穎的工業產品的話，至少我們可以分別由下面三方面說起，至於對於文化或政治方面的衝擊更難捉摸了。

一、在生產方面的考慮

我們考慮一項產品的發展一般約有三個階段。即(1)數量少，品質不均勻的試造階段；(2)數量較多，品質亦較均勻，唯生產方法尚未臻標準化的過渡階段；(3)品質適合效用，採用標準生產方法，產量大而售價低廉的發展完成階段。在這三個不同階段中，產製同一式產品其所需的技術不同，所需的方法和設備亦不相同。甚至於生產組織也不相同。所以同樣一件產品在不同的發展階段中其成本內容不相同。其中有很多因素值得我們探究。要注意的是所謂發展的三個

階段，其中並無明確的劃分點。

二、在市場方面的考慮

任何一項工程活動,在設計時所訂立的品質標準愈高則其製造成本亦愈高,乃為一定之理。固然品質水準較高可以節省爾後使用中的保養費用。但是,是否能適應市場的購買力或者迎合消費者的心理實為一大課題。所以在必要時有求降低品質水準使其成本減輕之舉，或者是維持既定的品質水準而在生產方法上尋求節省之道來減低生產成本。消費者有一個心理趨勢是希望買到東西愈便宜愈好，而且有意無意的希望將一件東西與另一件東西作比較，比較後的反應如何亦是投資決策者的重要參考資料。

行銷學（或稱市場學、市學）是專門研究這一類問題的新興科學；甚至於社會心理學也與此一方面有關。

三、在社會方面的考慮

人類社會的基本特質是互相合作，各本誠實公平的道德標準協力共同謀求全人類的進步，所以在研究工程活動，分析比較各種方案時應以不得違背倫理道德觀念及良好風俗為前提。尤其是公用事業之設施，關係社會上每一個分子的福利，更必須仔細考慮。

例如：某城市之自來水，水質過硬，擬增設軟化設備。經工程經濟專家分析後，認為此套設備每年所負擔之費用為 35,330 元。自來水軟化以後，全城市可節省之費用（自行軟化、鍋爐保養、節省衣物肥皂等）每年約為 35,000 元。此案如僅以經濟分析作成判斷則無法取決，應再從財務分析方面研究。如增設此項設備之財源何在？是否可以列入爾後工作計畫之預算科目中？是否可發行建設公債，抑或向銀行貸款？應如何償還？自來水經軟化後是否可以稍增用水費等等，皆屬財務方面之分析。然後，再作無形因素方面的分析。諸如自來水軟化後市民的心理上必有好感。尤其節省洗濯肥皂，衣服壽命延長，家庭主婦們的埋怨可以大大減少。在市政建設工作上可列為一大改革，故應亟力促成。尤其是民選市長的話,可以作為下屆競選連任之口實，作為強有力的競選資本。

所謂非數量化因素、所謂無形因素其意義有時並非指各種抽象的關係，主要在指不能以貨幣為單位以示其差異者。例如：開發地下水汲取以供灌溉時，通常有三種方法可以選用:(1)往復式水泵,(2)離心式水泵和(3)空氣抽吸式三種。各有最佳的適用情況。三種方式的個別購買安裝以及操作費用都可以精確計出。維護保養費用亦可大略估計。但是，地下水的含沙量非經長期統計觀測不易估

定其變化。水中如含沙量較大則往復式水泵之墊圈、活門等磨耗極劇！離心式的旋轉葉片之更換率也較高。故含沙量多時以選用空氣抽吸式為佳。但地下水含沙量之變化不能以貨幣單位表示，故為無形因素。

第五節中所介紹的實例，在經濟分析中已知其答案為全部購用市電。管理當局因為業務擴展是全面性的，所以希望能夠多保留一點現金在手上。財務分析的結果也以購用市電較佳。再根據無形因素分析之結果，購用市電可令本廠的作業能力增其彈性，遇到淡季產量減低、用電減少時，單位成本不致增高。過去因為是自己發電，故在減產時，發電卻不能減少，大量電力浪費。購用市電以後，發電設備拆除，其員工可以安插到其他生產單位中去。最後尚有一項問題是當夏季工廠中不需蒸汽加熱時，鍋爐間工人無事可作，經研究調配予以安插解除疑問，於是簽約購用市電。

有時，無形因素會創造出戲劇性的結果來，令決策者啼笑皆非，那只能歸之於命運，歸之於機遇了。

一九六〇年，巴基斯坦在聯合國的經濟援助計畫下，建設了一座規模龐大的竹漿廠，利用巴基斯坦東北境內的廣袤竹林，以竹為原料製造紙漿供應給造紙廠造紙。工廠業務直線上昇。一九六五年在議會堅持之下，全廠移轉為民營。民營公司管理當局陶醉於豐厚的利潤美夢尚未完畢，第二年發生竹泯。這是六七十年才可能發生一次的自然現象，竹林中所有竹樹開花，開花後竹樹腐爛無法利用。等新筍長成竹林非要好幾年不可，大紙漿廠的原料突然一夜之間完全無著了。該廠當時是積極應變，設法自別處運入原料，同時改變設備利用其他原料造漿，停頓整理了一年才恢復生產。這個例子顯然是無形因素作祟；但是事先的建廠分析如果太精細、太深入，把竹泯現象也都考慮到的話，很可能根本就不建廠了。

民國七十三、四年間，臺灣省境內山地有些竹林也發生竹泯現象，附近村落住民平日生活依賴竹筍、竹材工藝，一些利用竹材製造草紙、冥紙的小工廠一時突然原料無著，當時也造成一些社會問題，惜輿論未能深入報導，後續詳情不悉。

中國石油公司前總工程師姚恆修曾經對著者說過一個故事。民國五十年代初期，苗栗縣錦水一帶陸續鑽探至地下四千多米時發現大量天然氣。氣源豐沛，除了可與美國合作成立慕華公司把天然氣製成尿素供下游工業使用之外，尚可大量供作新竹到苗栗一帶的水泥、玻璃等化學工廠之原料。如果推廣為家庭燃

料則足可供應從基隆到彰化之間城鎮使用。但是供應天然氣必須裝置管道和控制站。最早請了著名的美國的貝泰公司 (Bechtel Corp.) 提出計畫。貝泰公司的計畫可說是相當深入、相當周全，因為後來中國石油公司自己摸索行事的許多小案子大都根據那個計畫。

敷設天然氣，第一段管道是新竹到通霄的四十多公里，依法令規定開國際標結果只能取最低價標施工。開標結果日本鋼管會社以八萬多美元得標，美國公司標價都在一倍以上，管道工程依法不得不讓日本人做。表面上我們省了很多錢，實際上事後問題重重又花了不少冤枉錢，後續的工程仍然要使用美國機械；而且在日本人施工期中，我們的工程配合人員並沒有學到任何新的技術。一般來說，石油工業中的技術仍然是美國比較領先。如果是美國公司得標的話，施工之中我們的人員可以學習到一點技術，後續工程也會方便很多。

所謂「無形因素」並沒有具體的定義，後來方便和配合人員可以學到新技術，應該就是無形因素吧!

某市區中某處，有一座約有兩百多戶的大樓群公寓，幾幢大樓圍著一處花木扶疏的庭院還有一座游泳池。說是游泳池其實是多年前建造大樓時，建築法令規定的留空的土地；另一說那裡原來是應消防法規要求建造的，可是平時無水。全池水深只有九十公分而已，每年夏季，水加滿了，幾乎都是兒童們在戲水玩樂。

不知為什麼連續幾年的夏天，游泳池裡都沒有放水進去。住戶們互相交談中有好幾種說法：因為普遍缺水或是因為鬧傳染病等。後來有一些消息公開了：因為內政部加強管理公寓大樓，規定各公寓應由住戶選出代表組成管理委員會依法管理公寓。萬事納入管理之前便要計算成本，不容許以前的方式繼續下去，以前的方式是每月向各住戶依各戶地坪大小收取管理費，然後公寓大樓各項支出統由收來的管理費支付，其中包括開放游泳池的成本。

重新選舉出來的住戶代表，以比較嚴肅的心態組成委員會，討論許多有關住戶權利和義務之後，終於談到了「游泳池問題」。決議是游泳池的開支應獨立，使用者付費，依法賣票對象只限本公寓住戶，預估賣票所得不敷成本就不開放。管理委員會中的財務委員本身原來就是學會計的，他彙集了許多有關開放游泳池的成本資料，預估幾種不同票價的總收入比較。會議中他的建議是不同意開放，開放一定虧損。除非對外賣票，而這是違法的。

每一位委員都說了一番話，大多數同意虧損不開放。有一位委員的意見最

具代表性，他說，附近沒有公共開放的游泳池，附近幾處大型公寓中也沒有，本公寓中這個游泳池在附近一般人眼中是很令人羨慕的；池水太淺當然不便讓運動專家來游，小朋友玩樂已足夠了；尤其池邊有這幾株樹，白天有幾位住戶老先生老太太們坐在這裡樹下聊天，這旁邊有一池水或是沒有水，氣氛會完全不一樣。他特別強調說，那一點氣氛就是這座公寓的價值，而這個價值甚至於會影響到公寓的市場價格。最後他建議：開放游泳池，有所虧損得由管理費補貼。

什麼是氣氛？什麼是價值？

讀者諸君認為哪一位委員說得有道理呢？

下面採取另外一些詳實資料，輯成實際案例數則，用供讀者研討，希望能深入了解無形因素的意義。

案例研討

核能電廠

根據民國五十九年到七十九年間，國內各報紙上的新聞，不斷有關於建設核能發電廠的種種意見，其中有許多應屬無形因素。

什麼是建設核能發電廠的無形因素呢？

臺灣電力公司獲得美國進出口銀行同意的 7,970 萬 4,000 美元貸款，興建一所五十萬瓩的核子動力發電廠。這項貸款，同時也已獲得行政院的核准。

電力公司的計畫，這座發電廠興建在臺北市東北十七英里的金山地區，預計在民國六十四年十二月開始發電，初步估計興建這座核子電廠的全部費用為美金 1 億 5,750 萬美元。

這座核子發電廠，最特別的是選用輕水式的反應器。臺灣電力公司選擇核子能電廠反應器的形式，須兼顧多方面的因素，諸如運轉的可靠性，運轉的經驗，本省的地理環境（如颱風、地震），經濟價值及燃料供應等。

大致上說來，迄今世界上供應發電用的核子反應器，有美國的輕水式，英國的改良氣冷式及加拿大的重水式等三種。輕水式採用一般輕水為冷卻劑，但其燃料為價格昂貴的高度濃縮鈾；重水式雖可採用較廉價的天然鈾，可是作為

冷卻劑的重水卻非常昂貴；改良氣冷式，其優點與缺點與輕水式差不多，也是採用高度濃縮鈾為燃料，以石墨為減速劑，二氧化碳為冷卻劑；其缺點是體積龐大，建設成本高。因此未為臺電列入考慮對象。

臺電採用輕水式反應器的理由是：

第一、設計成熟性：輕水式反應器已在運轉中者，全世界有二十一座，總發電容量四百一十萬瓩，其中兩座為五十萬瓩。重水式如加拿大的一個廠，容量既少（僅二十萬瓩），且重水洩漏太多，迄今尚無適當的解決辦法。

第二、運轉經驗：輕水式的運轉紀錄，最近二年來，平均使用時間，達90%，如其中包括部分換裝燃料的時間，實際發電量為裝置容量86%，與一般火力發電情形相同，且無重大故障紀錄。其他二種尚無運轉經驗。

第三、耐震設計：由於臺灣地區常發生地震，核能發電的反應器必須具有完全耐震設計。輕水式的裝置地點遍布全球，先後裝置於美國及日本的地震地帶，證明具有完全的耐震效果。重水式尚無耐震設計的經驗。氣冷式之耐震設計，則只有一座，沒有任何紀錄可尋。

第四、經濟考慮：輕水式的建廠成本低，較改良氣冷式低30%，較重水式低50%。綜合發電成本亦以輕水式為低，約較後兩者便宜15%。

第五、燃料及相關材料之供應：基本燃料即鈾燃料，在自由世界市場都可以買到。重水式所需的重水，現國際市場產量過少，無法得到如期供應的保證。

案例研討

核能發電的安全顧慮

民國七十五年，全年度臺灣電力公司發電五百八十九億度，其中 43.8%，來自核能發電。而且在臺電公司各類發電方式中，核能發電卻是最便宜的。但是，在無形因素方面卻有些顧慮。

自從一九五六年世界第一座核能電廠在英國開始運轉以來，核能發電安全問題就常引起社會大眾的關切，主要是因其在發電過程中會產生輻射。到目前為止，許多批評核能的人還是不斷以各種「如果」作理論基礎，而社會一般人

因為對此不夠了解，也抱持「寧可信其有」的態度來看問題，致肩負電源開發責任的臺電公司常有「無言以對」的痛苦。

人類自古就生活在一個充滿輻射的環境而不自覺，我們每天都不可避免的會從宇宙射線、地球外殼和我們所呼吸的空氣、喝的水、住的房子接受到或多或少的輻射；此外，由於照 X 光、搭乘飛機、看電視等人為因素也會受到輻射。

輻射性，即只要有夠厚的混凝土牆或鉛塊等屏蔽，就可以擋住，所以為使電廠所產生的輻射不致影響公眾安全，設計時特別採用「層層圍阻」的方式，如反應爐的鋼壁就厚達十五公分左右，而它外圍的包封混凝土牆更厚達一至二公尺。

這些「保護網」不但能防止任何可能意外事故所造成的輻射外溢，還能抵擋地震，或是飛機失事墜落擊中電廠等意外災害。以國內「年資」最深的核能一廠為例，根據設在核一廠周圍一百八十幾個輻射偵測站以及原子能委員會的偵測結果，都顯示電廠使附近民眾每年受到的輻射，約只等於一年內每天看半個小時電視。

有些人一提到核能電廠就聯想到原子彈。事實上，二者不管在目的上、設計上、燃料濃度上都完全不同，核能電廠不但不會像原子彈一樣的爆炸，且電廠在設計之初就以保障民眾的安全作為先決條件，除了層層輻射防護外，並以「深度防禦」作為安全設計的原則，包括：「防患於未然」——事先分析各種事故可能發生的原因，設法加以避免；以及「最壞的打算」——假定事故萬一發生而藉各種安全設備及措施減輕事故後果的嚴重性。

另外，根據行政院原子能委員會委託中央研究院對核能電廠附近進行海域生態調查，北部核一、二廠附近已進行了十二年，結果顯示核能電廠運轉前後並沒有造成生態上的差異。

太陽底下沒有絕對安全的東西，因此不管我們採用那一種能源，都難免必須承擔一些風險。然而礦坑災變時有所聞，未聞有人奢言停止用煤；油庫爆炸、鑽油平臺意外事件頻仍，卻未聞有人倡言停止用油，這是因大家都了解必須由保養維護及安全措施等方面著手，而不是一味反對、因噎廢食。核能工業已證實發生事故的機率比其他任何天災人禍都要小得多，因此，在考慮各種能源之使用時，應把核能及其他能源所帶給我們的利益與風險同時作一公平的比較衡量。

九十三年一月十三日，《中國時報》刊登一段綜合外電的報導，說歐洲的幾個開發國家如德國、荷蘭、法國等都大量儲存碘化鉀藥片，以備不時之需云云。

原來碘化鉀藥片是用以預防核子能輻射傷害的。德國境內有十八座核子能發電廠，核能電廠萬一發生輻射外洩，釋出輻射能中有大量碘元素的同位素——碘131。人們如感染碘131會導致甲狀腺癌。於是，萬一核電廠發生事故，附近居民立刻服用碘化鉀藥片就可以使身體減少吸收放射性的碘 131，降低獲致甲狀腺癌的機會。

一月十六日，《中國時報》有一版專刊是企業變革鼎談會，是台灣電力公司董事長、一位大學教授和《中國時報》總經理三人就「追求變革創新——台電如何突破挑戰?」題目討論。文字中插入一張照片顯示幾座風力發電機，照片的說明是:「為了響應乾淨能源政策，台電計畫於澎湖再增設四部風力發電風車，澎湖將成為風車新故鄉。」

這二段消息應該可以帶給我們一點理性思考的空間。

案例研討

阿斯萬水壩

阿斯萬 (Aswan) 是埃及首都開羅南方約八百公里的一處地名。地當尼羅河流域，河面寬達一千八百呎，水量豐沛。早在一九六〇年之前，納塞 (Gamal A. Nasser) 任總統之時，即籌擬建造水庫，築壩攔水，調節水利又可得到大量電力。

其實早在一八四三年，英國人早已在上游四處建成調節水位的小型水壩，年久失修，效用不彰。

納塞總統與美國一再交涉，請美國援助建造新的大型水庫，美國援助2億7,000萬美元開始動工。不久，納塞總統與美國鬧翻，又因蘇彝士運河事件與英法為敵，美國國務卿杜勒斯 (John F. Dulles) 在一九五六年七月二十日斷然宣布取消協助興建水庫計畫。

埃及轉向蘇俄求援協助建造。一九六八年第一批三座水力透平機開始發電，全部工程在一九七一年完成。

阿斯萬水壩高出河床三百六十四呎，水庫水深三百呎，壩長五公里，基礎部分厚達三千二百八十呎。水壩之下有十二座水力透平發電機，上游形成了納

塞湖，湖寬六哩長三百哩，是世界上最大的人造湖，上游有一百十一哩深入蘇
丹國境。

水壩建成之後，儲水量達一億六千萬立方公尺，效益鉅大。發電量每年可
達一萬億瓩，幾乎供應四分之一全國用電，開發農地七十萬公頃，灌溉水利咸
稱方便。

可是水壩完成數年以後，陸陸續續出現了許多前所未有的現象。

原來，尼羅河發源於赤道附近的布隆地境內，向北匯集許多支流，通過蘇
丹和埃及進入地中海，全長六千六百餘公里，是世界上第一大河流，每年定期
泛濫，造成地中海岸一片肥沃的沖積三角洲，千萬年下來這片天然的美好環境
孕育了埃及民族，創造了埃及文化。現在，尼羅河水被攔腰切斷，雖然在有形
效益方面得到了大量的水源供灌溉，大量的電力供經濟發展。但是，每年的定
期泛濫沒有了，沖積平原上的土地開始變質；原來三角洲一帶有大量河水沖淡地
中海岸的海水，現在也沒有了，嚴重影響到水中生物的繁殖，漁獲量急劇降落。

一九七四年，埃及科學技術院得到洛克菲勒基金會數百萬美元的支援，邀
請美國環境保護局、聯合國世界衛生組織和密歇根大學等機構，組成研究小組，
以三年時間研究調查，完成了阿斯萬水壩的影響報告。報告中最重要的數點是：

第一、漁獲量的損失：從前尼羅河夾帶大量上游的營養成分流入地中海，
沖淡沿岸海水，造成地中海東部的漁業資源。從前每年漁獲量是一萬八千噸，
其中有八千噸是一種名貴的沙丁魚；一九六八年的漁獲量降到五百噸，沙丁小
魚沒有了；一九七〇年全年漁獲量只有五十噸了。

第二、漁民生活改變：埃及北部原來靠地中海捕魚的人民生活改變，進入
都市求職，造成社會問題。

第三、納塞湖水面昇高以後，淹沒村莊，影響了六萬多居民的生活。

第四、得到一種怪病：有一項極嚴重的問題是，上游河水中有一種微生物
本來隨河水進入地中海，只有沿河兩岸住民才會感染，現在在水壩中得到繁殖
機會再隨渠道系統散布各地，幾乎讓全國 40%（六百多萬人）人口得到怪病。
病有二種，名為 bilharziasis 和 schistosomiasis，主因是微生物進入血液系統，病
徵是食量增大而面黃肌瘦，四肢軟弱無力。這二種病都非常難以治療。

第五、農業損失：從前尼羅河水每年泛濫一次，為下游三角洲鋪上一層肥
沃土壤，帶來農產品的豐收。現在必須改用化學肥料，是一筆額外支出；另外，
化學肥料不能代替土壤本身，造成無可彌補的損失。另外，全埃及還有因水壩

水源不能到達的四十八萬公頃土地，土地沒有淡水沖刷，積鹽愈來愈重，影響
農產。調查之時，農產量已不及從前的一半了。

案例研討

污染的海灣

一九八六年十月二十日出版的「美國新聞與世界報導」中，報導美國東岸
契沙庇克海灣 (Chesapeake Bay) 的污染情形，可以說是最好的工程經濟研討實
例，可用以說明環境保護投資之重要意義，以及其評價的觀點。我國固然不乏
實例，但相對來說，我們的資料稍欠完整，平時又不大重視紀錄，故許多統計
亦多未能反映真實狀況。因此，引用契沙庇克海灣來作說明。

契沙庇克海灣是美國東岸最富饒的海灣。把它拉直的話，它那曲折的海岸
線將長達四千英里。注入灣中的那些河流，向北伸入紐約州北部，向西則伸到
西維吉尼亞州。但是現在這個偉大的海灣卻是一片污水。看起來似乎越來越可
能永遠如此骯髒污穢不堪。花了兩年和 5,500 萬元的一項整治計畫——經費最
後可能達到幾十億美元——沒有發生多大作用：潔淨的契沙庇克灣可能永遠不
會重現。

要使該灣完全恢復往日的面貌，估計到公元二千年時，馬里蘭州、維吉尼
亞州和賓州的居民得付出 30 億到 50 億美元。這筆錢的大部分將用來翻修圍繞
該灣的幾乎每一家污水處理廠。既然華府不可能分擔這個費用，該地區的環境
決策人員可能會決定只設法維持現狀——使灌入該灣的污染物不要增加。並希
望海灣本身的復原能力會解除損害。這個願望很可能落空，而果真如此，則該
灣將會變得毫無生命與滿是惡臭。

人口是海灣污染的主要原因。靠近該灣生活的人數，由一九四○年的三百
七十萬，增加到一九八五年的一千二百五十萬，而預料到了公元二千年，會再
增加兩百萬人。首都華盛頓、巴爾的摩，和維吉尼亞州的首府李奇蒙，都在往
返上班所能及的距離之內，而且週末度假用的房屋數目也迅速增加。

為了容納新來的人，該灣周圍的社區已把它們的污水處理廠加以擴充。但

是設施一建好或改善，就有更多的人來到而增加其負擔。在索羅門斯(Solomons)
——位於巴達森河 (the Patuxent River) 河口的一個濱灣小鎮——的一座污水處
理廠於一九八五年擴建。不到六個月，即有一百一十個新家庭要求使用所增加
的污水處理能力。在契沙庇克灣大橋東端，想要徙置的高收入退休人員，尋找
第一個住家的年輕專業人員，以及物色週末別墅的富裕華盛頓人和巴爾的摩人，
使得肯特島 (Kent Island) 上的房地產日益繁榮——在該島上，一英畝整好的土
地現在可以賣到 15 萬美元左右，這是一九七六年價格的兩倍。當一座新的污水
處理廠在建好之後四年即達到其處理能力的極限時，肯特島的官員就在六月間
停止了一切住宅的建造。安妮女王郡的計畫人員擔心，到二〇〇五年，預料會
有一萬六千人遷入，這會使該郡的人口增加一半以上。

由劇增的人口所製造的廢物，已使契沙庇克灣的海產捕獲量，減少到只有
十九世紀水準的一小部分——在當時，該灣每年生產一億兩千萬磅的蠔肉，一
千七百萬磅的鯡魚和一千三百萬噸的蟹。漁業專家羅斯柴爾 (Brian Rothschild)
說，產於該灣淡水支流的魚類——例如石斑魚、鯡魚和河鯡——已生出發育不
良的後代。石斑魚——受到保護已有兩年，現在又在繁殖，但是該州的官員仍
然禁止捕捉任何不到二十四英寸長的石斑魚。蠔的收穫量自一九六〇年以來已
下降了三分之一，每年只有大約一百萬蒲式耳。該灣的北部——尤其是巴爾的
摩港和巴達普斯柯河 (Patapsco River) 周圍——在一度盛產著名的契沙庇克藍
蟹的十五英尺以下的深處，現在已無生物了。

人口的擁擠已使契沙庇克灣變成一個濾污器，收集來自五千個污染源的廢
物——這些污染源包括工廠、農場和都市的污水處理廠。廢物的大部分，尤其
是每天由該地區的一千二百萬居民所製造出來的十二億加侖經過處理的污水，
都富有氮和磷。來自草坪、道路、停車場和農地的流走物，把殺蟲劑、石油、
肥料和動物的排泄物帶到海灣裏。少量的氮和磷可以加強海洋食物的循環。但
是進入海灣的廢物中，只有 1% 被沖到海洋裏。其他的 99% 都沉到水底。在過
去的三十年，湧進該灣的大量廢物引發了一種被稱為優養化 (Eutrophication) 的
生物過程。過量的養分使藍綠藻急速繁殖。這些藻類遮斷陽光，腐爛時消耗氧
氣，因此殺死魚類和水下的草。

一九八三年，在環境保護局所作為期五年的研究使雷根政府相信該灣正日
益惡化之後，聯邦政府開始每年撥款 1,000 萬美元用於整治研究及其他研究。
此外，環境保護局已花了 2,700 萬美元。馬里蘭州、維吉尼亞州和賓州正把大

約 8,000 萬美元用於整治。自一九八三年以來，這三州所花的 2 億美元經費中，大約有三分之二是用來改善和建造新的污水處理廠。官員們擔心，在一九七七年訂的淨水法案於一九八九年期滿之後，整治工作會失去力氣。在該項法律下，聯邦政府負擔改善或擴充污水處理廠和建造新廠所需的大部分費用。自一九八三年起，聯邦的錢已有 3 億 5,000 萬美元以上用在契沙庇克灣周圍的污水處理計畫。在一九八五年，馬里蘭州禁止家庭用洗潔精和其他含磷酸鹽清潔劑的銷售。馬里蘭州也創立了一個海岸委員會，以監督和限制在海埔新生地一千呎內的沿岸建築或其他的土地利用。

案例研討

電腦軟體的價值

在現代化的電腦社會中，關於電腦軟體的發展是許多企業不得不面對的一大問題。不少企業投下巨額資金，設置了大型的電子資料處理設備，簡稱就是電腦。電腦所需要的各類應用軟體，應該由企業內部人員自行開發，抑或是向專門製作軟體的供應廠商購買現成的軟體？

這個問題，形式上是一個「自製或外購」的決策選擇；一般也都可以收集有關成本及購價等數據資料，進行「盈虧分析」，找出「盈虧平衡點」，完成一項「數量化」的分析，提供決策當局選擇採行。可是，實際上，有關軟體發展的問題涉及「非數量化」的「無形因素」相當多。

供應軟體的廠商常常會強調：他們是專業公司，有專門人才，寫作軟體的經驗豐富。企業內部主管電腦部門的人們喜歡強調：每一個企業有其獨特的環境和需要，只有自己人才了解，所以，只要稍假時日給予機會，自可完成各項軟體的設計。但是，現實上的要求是：企業應以合理的低廉價格，儘快獲得具備理想功能的應用軟體。

於是，有人建議說：發展系統的過程中所需要的軟體該買的時候就買，買不到合適的軟體就自己做。可是仍有些問題，例如：怎樣就是該買？怎樣才是不合適？怎樣又是不該買呢？

有關應用軟體有利於自己開發者，大概可有下列各項因素：

1. 企業中確有某項業務需求與其他一般不相同。這時應由需求來決定軟體的功能，而不可以由軟體功能來影響企業的業務型態；

2. 軟體供應者不能負責修改或擴充，而所供應的軟體又有不准修改的保護狀態存在；

3. 自力開發軟體的過程中，可以同時為企業儲訓一些人才；

4. 安全性能可以自己決定；現成的軟體可能不具有可與別的企業對抗競爭的能力；

5. 市場上買不到現成的需要軟體。

此外，又如自行開發可以確實掌握企業本身的一些特殊細節等。

從另一方面來看，有時直接向供應商購買也有一些好處。例如：

1. 一套應用軟體的發展成本經由多套賣出，每一企業分擔成本降低。據說，有些大型套裝應用軟體在市面上的售價可能只是其全部開發成本的百分之一而已；

2. 使用外購軟體可以避免時間上延誤的冒險，或者所謂是自力開發過程中的不確定性得以避免；

3. 專門供應軟體者擁有專門人才，常可隨時將最新的技術引入其套裝軟體中；

4. 軟體公司可能擁有各種專門行業知識的專家，而將許多特殊功能融合於一起。例如：一套軟體可能同時協助電子工程師設計網路，又可供生產計畫部門作「計畫評核」(PERT)，同時又可供會計部門計算各項應繳稅額等，這些都需要具有各種專業知識的系統設計師不可，普通企業不可能會有這些人才；

5. 供應軟體廠商為求具商譽，自會設計出具有一些巧妙構思、應用上可靠的軟體。

類似以上這些無論是對「自製」或「外購」的理由，有時看來不重要，有時也可能變成關鍵性因素。總之，每一企業的經營理念及方式各有不同，上述原則性各項可作參考。此外尚有一些因素雖然並不顯得對那方有利，但是也可能影響決策。例如某單位依預算行事，依預算已編有自行開發的人事費用而沒有購買軟體的費用，此時勢非自行開發不可；或者早編有採購預算而沒有人事費用，這時自當依預算進行採購。否則自當依法修改預算。

案例研討

地震的後果

位於桃園縣境內石門水庫上游三十餘公里處的義興電廠,是自五公里上游的榮華壩引水發電,於民國七十四年五月落成。義興電廠的發電能量,為每年二億一千三百四十八萬度,年發電收益為 3 億 540 萬 7,000 元。

七十五年三月廿二日下午,受地震影響導致電廠後山的山坡地層移動,致使引水到電廠的壓力鋼管入口「前池」結構建築裂縫、以及「前池」上游的輸水隧道末端約二十餘公尺處的數處建築縫,全告裂開,造成嚴重漏水,情勢非常緊急。石門水庫管理局於作臨時搶救無效後,乃於三月廿六日宣告停止發電,進行徹底搶修。

但經全盤勘查結果,發現鋪設壓力鋼管的整個山坡,自北橫公路以下,因地下水太多,致使山坡地層下移,影響輸水隧道末端及「前池」結構,因隨著地層下移而致建築縫裂開漏水,另外壓力鋼管也有移動現象。是個非常嚴重的危機,如不及時搶修,可能會使整個電廠報廢。

因此,石門水庫管理局乃立即採緊急措施,委託中興工程顧問社擬定搶修計畫,以鑽探方式,將地下水導出地面,另外再以灌漿方式,把地層下的岩盤裂縫堵死,使地下水不在壓力鋼管範圍內湧出,不致再造成地層與岩層分離導致地層移動。

另外並以鋼筋鑽入岩盤構築成錨錠,穩住地面上的工程結構,即使地層滑動,固定在深入岩盤中錨錠之上的工程結構,也不會隨著地層下移而滑動。

這工程日以繼夜整整做了一年,至七十六年四月一日已全部完工,試行放水發電,測試是否尚有瑕疵。據工程單位表示,試水時間要整整兩天。工程人員在四月二日趕著清除輸水隧道中於施工搶修期設置的導水管線以及鷹架等。

該發電廠自從七十五年三月廿六日起停止發電到修復,已整整一年零六天,除了 3 億餘元發電收益已損失掉外,而其因地震造成的危機,搶修補救的工程所花的錢也有數億元之鉅,詳細數字尚待精確計算。

案例研討

國際合作建造的空運飛機

第二次世界大戰結束以後，軍備生產不但沒有停頓，尤其是航空工業方面的發展，更是一日千里。

一九四七年，美國發展成功以火箭馬達噴射力量推進的飛機 Bell X－1，試飛成功。試飛員耶格爾 (C. Yeager) 首次超越聲音的速度。

一九四八年，英國空軍中隊長，戴累 (John Derry) 打破耶格爾的紀錄。

一九四九年，美軍少校史達普 (John P. Stapp) 又在愛德華空軍基地上，乘坐軌道上的火箭車，創造「有史以來最快的人」的紀錄。

一九六〇年以後，美國和蘇聯都分頭各自發展噴射動力的超音速飛機。資本龐大的美國飛機製造公司，例如道格拉斯和波音，都表現得非常積極。

英法兩國決定合作建造一種可以比美各國大型飛機的全新設計，飛行速度是最快的一種飛機——「協和號」(Concorde)。

文獻上曾經報導過，「協和號」飛機曾經創造不少世界紀錄。首先是管制整個發展過程的兩國聯合委員會。飛機發展過程中的治具、設備，以及逐步改變的各階段的原型機 (Proto-type) 等，都是要一半在法國、一半在英國製造。過程中各用各的語文，各用各的度量衡標準，但是，最後兩半要裝配成一體。過程中與其說是「很滑稽」，倒不如說是正好藉此找到妨礙合作的縫隙，設法溝通，完成合作。

一九六九年，第一號「協和機」在法國完成試飛；不久，第二號「協和機」在英國也試飛完成。速度可高達每小時二千一百七十公里，是音速的二倍。「協和號」飛機的耗油量與美國波音 747 型機差不多，可是，747 型機可載客四百多人，「協和號」只能載一百人。負責單位仍不斷改善。

一九七三年，巴黎航空展覽會場上，蘇俄發展成功的超音速飛機當眾失事墜毀。蘇俄即不再發展大型超音速飛機；同時，在美國，國會也決定停止發展超音速客運機的計畫。當時，一般輿論都認為：「協和號」的命運也不樂觀，甚

至有人逕行指出說：「協和號」的合作計畫是二十世紀中最大的笑話！

「協和號」在一九六九年首航試飛以後，不斷修改設計，繼續試飛，最後又創造了另一項紀錄——試飛時間高達五千小時以上。在處女航的七年以後，「協和號」投入商業世界，首航由巴黎飛往巴西的里約熱內盧。不過，由於「協和號」的噪音太大，紐約機場就不准許降落。

「協和號」飛行時造成的聲音很大，飛行又極費油，開發過程中，一再追加預算，據說早期的投資高達 20 億英鎊。

可是十多年來，「協和號」客機又創造了一項紀錄——完美的飛行安全。「協和號」的速度仍然沒有其他飛機可及，「協和號」可以以二倍的音速連續飛行數小時之久。從英國倫敦飛行美國華盛頓只要四小時。

處女航以後的十年，英法兩國的航空公司都因使用了「協和號」而大賺其錢，專家們認為這種飛機至少還可以使用十年以上。

另外有些專家卻認為，「協和號」的成功證明了不同語文、不同度量衡的英法二國，在技術上的合作無間。因此，後來導致了包括西班牙、荷蘭、比利時、德國等的更大合作計畫，開發了「空中巴士」客運飛機，以及歐洲的航空太空計畫等。

二〇〇〇年一架「協和號」在巴黎降落時墜毀於機場，乘客與機組人員全部罹難，打破其飛行安全的完美紀錄。「協和號」全部停飛，追究失事原因。「協和號」整頓約二年重又起飛。最後終因飛行時耗油太多、客位少（機中只有一百多個乘客座位）致票價昂貴無法與載客四百多人的「空中巴士」或波音的767等新型客機競爭。二〇〇三年十月，英國法國二國航空公司決定將全部十五架「協和號」停飛。速度可達音速二倍的「協和號」客運飛機從此走入歷史。

案例研討

蘇澳港的建設

蘇澳港之外廓防波堤工程，全長一千三百九十五公尺，工程費 14 億 1,000 餘萬元。其中南防波堤一千二百四十五公尺，北防波堤一百五十公尺，除南防

波堤中有二百六十五公尺為拋石堤外，餘皆採沉箱合成堤之設計，計使用長寬
各為二十五公尺之巨型沉箱四十五座，沉箱高度隨海底水深之變化，自十四點
五公尺至二十三點零公尺不等，為臺灣最大之沉箱。於民國六十四年十二月開
始施工製作第一座沉箱，六十九年十二月拖放最後一座沉箱，歷時五年完成，
為蘇澳港各項工程中最為艱巨之工作。

海上工程與海象關係密切。蘇澳港因面對太平洋，平常波濤洶湧，每年之
十一月至翌年三月為東北季風期間，風勁強，吹風時間長，由季風引起之波浪
有高達四～五公尺者，施工困難；而七月至九月，又為颱風期間，颱風發生次
數頻繁，施工風險極大，故外堤之施工，極為困難。況蘇澳港工程之興建，係
籌辦於倉促之間，不但施工機具缺乏，施工土地亦感不足，凡此種種，倍增施
工困難。

沉箱之製作，分乾塢法、浮塢法及沙灘工法三種；在臺灣過去築港史上，
皆用乾塢法施工，沙灘工法由臺中港率先使用，而浮塢法製作沉箱，則由蘇澳
港創施工先例。蘇澳港除利用浮船塢製作沉箱以解決沉箱製作場地之問題外，
並利用活動模板製作沉箱以增進沉箱之製作速度（有關技術部分之說明文字，
省略）。

蘇澳港三面環山，東邊面海，是一天然港灣，但缺乏施工場地。尤其外廓
堤防，必先趕工擋波，否則碼頭及新生地填土則無法安全進行，但欲趕工堤防，
首需解決沉箱製作之場地問題。

過去沉箱製作，皆係先造沉箱渠（此渠嗣後當作修造船渠用），在渠內製作
沉箱，即所謂乾塢施工法；而在蘇澳港，因受場地限制，並為積極趕工，而改
以浮船塢製作沉箱，此施工法在國內尚屬首創；茲將其與乾塢工法相較之優點
臚述如下：

第一、縮短工期：一座長一百十六公尺，寬三十公尺，渠底深六公尺之沉
箱渠（此尺寸之沉箱渠，一方面可同時製作長寬各為二十五公尺之沉箱四座，
一方面可供將來修造四千～五千噸級之船舶），從設計到完工至少須費時二年以
上，換言之：即最快到六十五年六月方可開始製作第一座沉箱。而蘇澳港之兩
艘五千噸級浮船塢（亦可同時製作 25×25 之沉箱四座），分別於六十四年十月
五日及六十五年七月八日運到，參加沉箱製作行列，相較之下，因第一座浮船
塢之準時到貨而增做了八個沉箱（#2 浮船塢本應與 #1 浮船塢同時到貨，因適
值世界性經濟萎縮，該承製廠商倒閉，重新招標，故延至六十五年七月八日到

貨；若 #2 浮船塢能準時到貨，則沉箱製作之工期將更為縮短）。

　　第二、節省經費：就設備費言，一座 116M×30M×6M 之沉箱渠之建造費用約需 2 億餘元，而兩座浮船塢之購置費（包括關稅），僅 1 億 7,000 餘萬元。就工作經費言，同噸位之乾船塢在第一批沉箱出塢後須再抽乾以製作第二批沉箱時，其抽水量約為浮船塢之三～四倍，且在沉箱製作之期間內，亦須維持經常抽水，而浮船塢則無此需要。

　　第三、機動性大、危險性小：沉箱渠之位置，若配合蘇澳港之整體規劃，應在目前之駁船碼頭邊；因塢門正對太平洋，在外堤未完工前，不但塢門有因颱風損毀之慮，且船塢之施工在無外堤保護狀況下，能否順利完工未能預卜；而浮船塢則不然，在廠內造好之浮船塢可拖至避風地點以製作沉箱；颱風來臨，可將浮塢進水下沉避風，颱風過後，再將浮塢抽水起浮繼續製作沉箱。

　　浮船塢與乾船塢相較，除具上列優點外，因其富機動性，於其他地區建港需要時，尚可支援於其他地區之建港工程，可避免施工機具之重複投資，而蘇澳港外堤工程之能順利進行，二艘浮船塢實功不可沒。

　　上面各案例中舉出不少「無形因素」，好像都值得考慮，但是也都無法直接比較，究竟應該如何決策呢？再以「無形因素」的範圍來看，我們可以設法先將狀況化繁為簡。

　　有關「無形因素」影響決策的探討，告一段落，希望讀者已能舉一反三。有關的觀念在本書後面「價值分析與系統分析」一章中將再深入討論，有興趣之讀者可直接先行跳越參考。

第八節　「工程經濟」的定義

　　民國肇建後曾應邀擔任我國教育部顧問，並有重大貢獻的美國哲學家杜威 (John Dewey, 1859～1952) 說過一句話：「明確的說出問題，就等於解決了問題的一半。」

　　前面數頁篇幅中，我們介紹了幾個典型例子，幫助我們了解一個工程設計所作的經濟分析有何意義以及所想要解決的究竟是什麼問題。事實上，真正的有關技術設計的工程問題，有時是千頭百結繁雜無比。但亦有稍作整理即能顯

示出其明確輪廓的。每一個問題，我們可以經由各種不同的方案來解決。每一個方案實施時所需要的費用亦各不相同；我們希望找到一個費用最低的。憑決策者的想像貿然決定，固然有選中最經濟合算辦法的可能，可是這種機會畢竟不大。靠盲目判斷即使是一個很有經驗的工程師其可靠程度亦不高。

　　因此，我們應該有一種比較客觀，比較可靠的選擇辦法。這就是我們要為同一工程目的而不厭其煩的設計種種內容不同的方案以供分析的原因。方案與方案的比較中，涉及工廠現有設備和研擬裝置的設備之種種特性。非在技術方面有相當造詣者無法了解。所以每一個方案的詳細內容要由工程師來擬定，方案與方案之間的種種技術細節也只有工程師能夠明細辨別其作用之異同。尤其是所謂工程活動，其中包羅萬象情況各異。每一個問題的特殊性質只有專業的工程師才能了解，所以方案內的詳細費用只有工程師可以估計。方案與方案的比較工作也應由工程師來完成。所以**研究比較為了達到同一個工程目標所設計的各個方案是否合乎節省原則的科學，即稱為工程經濟**。工程經濟要保證投資的最適運用並求最大的可能報酬能夠實現。工程經濟的目的在追求最大的經濟利益。在實施比較時借用了經濟學中的方法和術語，但其內容並非經濟學之一部分，前文已一再強調，學者應辨明此點。

　　我們已知新興的工業工程，蓬勃發展已蔚成工程科學中的一片新天地。工程經濟實為其中一環，且其本身亦為工業活動中「技術」與「成本」兩大重要部門間之橋梁。方案分析比較後，真正涉及財政問題時即可由會計人員來協助完成，工程人員既不善於處理這一類的問題，也不必處理這一類的問題。前述定義中，值得工程師特別注意的是「設計的種種方案」，不同的設計如何產生，才是更有意義的事！

第九節　想像力之運用

　　本文中所指的工程活動，是泛指一般工程而言，所以方案與方案的比較，在最簡單的情形下，可以是選擇一種工具或一件商品；可以是同一產品幾種設計之比較；可以是幾個完整的製造程序互作比較；亦可用供選擇修築一條道路之方法，甚至於用作選擇多目標水利工程之建設等等。任何一個工程計畫在實施之前皆為一構想。每一個構想有其特殊性質，必須要有專門的工程學識和經驗來應付。但事實每不能與理想盡合。所以在構想作業時偶然需要一點憑空的

想像力，想像的結果，有時結果證明為無稽之談；有時卻會產生令人驚異的結果。不過在最初分析其價值時卻應對此想像中的構想作較嚴格的考慮。

美國西部某地有一處人工灌溉區，沿一條六十哩長的運河建築了許多引水木槽導水灌溉。多年以後由於木材腐爛，漏水情形嚴重。管理當局檢討全盤以後，決定重建。經過工程師研究以後，認為應將舊水槽全部換新，需費約 120 萬元。全部灌溉區共有田兩萬畝，故每畝田負擔重建費用 60 元。管理當局為了籌措這筆費用，決定發行建設公債。公債管理機構聞訊後，即派遣一工程師前往研究實況。這位工程師經過實地勘察後，認為重建費用可以大大減少。他說水槽的最末端之一段木槽可以取消，直接在土地上挖溝引水，同樣可以達到以水灌田的目的。最後就這樣辦了。費用是 40 萬元，平均每畝田分擔 20 元，比原來的重建計畫節省三分之二。

這個實例說明在設計方案時，要多方收集意見。少數人的經驗不足，其設計之結果也許並不是最經濟節省的辦法。可以供作選擇取捨的方案愈少，則在投資上的冒險機會亦愈大。尤其是在重建的情形之下，原有的設計經過長時期的考慮以後，多少有一點可以改進。例如上例中，在最後最低的引水線路中仍用水槽，也許在早年有其設計上之必要，重建時如果依樣畫葫蘆便值得懷疑而應予檢討了。又在設計方案時應賦予一點彈性。例如在上例中，木槽全部之重建費用可以精確的估定；但在地面上挖溝便須考慮及地質情形了。地質不同影響挖溝費用亦不同。例如在公路建設中，如遇及大岩石，如果力求公路按照原定計畫必須平直，則可能耗費甚大。如果乾脆給予一點點坡度(2% 或 4% 左右)，則在以後的使用和維護上與平直道路無異。而築路費用可以節省很多。

通常所謂一個工程上的問題常常是由許多小問題組合而成的。各個小問題又是簡繁不同。事實上不可能找到一個對於全體說來是最經濟，同時對每一個附屬問題也都是最經濟的答案。

甚至於有時會碰到對某一條件說來是最經濟的時候，對於另一條件恰巧是最不經濟的。尤其當其附屬的分支問題極多時，限於時間和財力更不容我們去找尋最經濟的方案，那麼我們可以在比較經濟的答案中選擇其一。這種退而求其次的辦法，在「作業研究」或是「管理科學」中特別稱之為 Suboptimization，可譯為「次佳化」。

所以一個從事工程經濟分析的工程師必須面臨現實，而且帶一點幽默感，不可抱殘守缺地固執成見。

　　在想像中我們以為每一個方案其內容應該是完整的。不過由於事實上的困難，而且由於一部分分析工作是根據推測的假定而來；所以，一個表面上完整的方案並不能保證爾後實施時不再更改。因此原因，故在工程經濟分析中找尋一個最經濟的方案，不能使其完整時，倒也不一定非堅持這一點不可。

　　例如：在美國可適應作電線桿的圓木材，其分級之標準是按一定長度之兩端，量其直徑之差別而定。共分為 AA, A, B, C, D, E, F, G 等八級，某電力公司購來作輸電線桿之用時，向來採購 B 級以上之上等木材。以後沿襲成例未作改變。木材之自然分配狀態是最優與最劣的兩種極端較少，中間品質者最多。採購集中在優級品而令中級品滯銷，木材商為求獲得利潤必將中間木材之價格一部分轉嫁於優級材上。亦即電力公司所購之木材相當昂貴。有人建議應予檢討，建議中認為應將輸電線路按重要性予以分級，再據線路所經過地區之氣候情況決定選用標準不同的桿木。例如，在風雪交加或者潮濕多雨處應用 A 級木材，四季溫暖而乾燥的地方則可採用 D 級木材。根據此一方案可以節省極大採購費用，但其成效如何殊難預知，因為木材之腐爛率非有長期統計觀察無法估定。公司當局決定實施此一方案，重新訂立採購桿木之標準。由於中間品質之木材也有銷路，木材商同意將優等品質之木材減低其價格。

　　上面這個實例說明這個改善的建議僅是基於一項理想而已，對於輸電線路重要性之等級以及電線桿之耐久率並無明確認識，同時對於此一節約之目標亦無其他方案可供比較選擇。

　　另外有一個實例：某一工廠中實行預防保養制度，規定某種自動機器每週應作調整一次。後來有一個工程師懷疑這種頻繁調整的必要性，而為了證實他的理想，他把一部分需作調整的地方封閉起來，然後嚴密注意其工作情況。結果這座機器在一年中，在產品上所顯示的差異尚未超出規格的界限。於是他另行設計一套校正機器的辦法，替工廠節省了一筆費用。

　　以上這兩個例子都說明在實際情況中追求節省時需要一點想像力。源於想像力得來的方案構想需經嚴密的考慮，在實施後也應予以較嚴格的觀察。

　　一九八四年初，韓國政府要在南韓西部瑞山灣口築一條橫越該灣約四哩長的土堤，準備墾出一塊海埔新生地種植稻米，增加糧食生產。填海工程由現代工程公司得標。現代工程公司利用卡車裝載土石，自岸上兩端向中央填土堆堤。然而，直到三月底，由於海浪衝激，使工程處於停滯狀態。中央部分剩下八百八十六呎的缺口無法填土銜接。因為強大浪潮衝過這狹窄的缺口時，速度太快，

以致下一車的土石還沒來得及倒下，上一車倒下的土石已被浪潮捲走。

現代工程公司的董事長，六十八歲的金佑永，在親往現場查看之後，想到一個主意。現代工程公司剛剛買了一艘二十二萬六千噸的報廢超級油輪準備解體。金董事長下令將船拖到瑞山灣。將這艘一千零五十呎長的巨輪放置在缺口前，然後灌水入艙，直到船底龍骨沉至六十五呎深的水底，利用船身擋住了浪潮。運土卡車隨即趕工，一天之中就將缺口銜接好了。任務完成後，油輪再浮出水面，拖回到廢鐵場。事後據現代工程公司估計，此舉為該公司節省了約 3,500 萬美金。

這個故事說明了想像力的重要，想像力與年齡無關。最重要的一點是能夠放棄成見，不斷的去想！

多年前，屏東縣自林邊鋪設海底管道將淡水輸往十四公里外的小琉球。舉行通水儀式時，省主席林洋港當場指示建設廳進一步研究。是否可以從布袋港穿越四十公里，深達三百公尺的海峽將淡水輸往澎湖的馬公。

美國東岸，瀕臨大西洋的契沙庇克 (Chesapeake) 海灣，海港曲折，注入海灣的河流流域遍及紐約、賓夕凡尼亞、馬里蘭、維吉尼亞等四州，人口稠密，海灣南北兩岸間交通頻繁，大小汽車靠輪渡，渡過波濤洶湧的大西洋海灣，輪渡時間需九十分鐘，在渡口等待的時間不計。一九六九年底，汽車可以在兩岸間自由通行了，跨越海洋的時間是二十五分鐘。一九六五年當地居民代表組成了一個委員會，出售了接近 2 億美元的建設公債，邀來六家大規模的工程公司來建設一條「跨過水面，在水上、在水中、穿過水底」的一條公路連結兩岸。全長二十八公里的鉅構使用盡了人類已知的全部築橋和挖隧道的技術。三年半施工中，有七名工人殉難，耗費了 1 億 6,000 餘萬美元。但是，據說這是所有建築方案中最節省的。

這種在事業中運用想像力來解決問題的辦法，現在幾乎也獨立自成一科了。有人稱為「應用想像學」，有人稱為「創造性思考力」，另有人稱之為「價值分析」或是「價值工程」的。製造電子計算機馳名的 IBM 公司，每一個辦公室中掛一個銅牌子，寫著 "THINK"，隨時隨地鼓勵員工們不斷憑空想像。

此外有些美國學者更為此一思想活動創造了一些嶄新的學術名詞，例如一九六二年，首創「應用想像力」的奧斯朋 (Alex F. Osborn) 就把 Imagine 和 Engineering 二字，合併創造一個新字 Imagineering 可以譯為「想像工程學」吧！另外還有利用集體思考的一種方式，又特別名之為「腦力衝激術」，或是「腦力

激盪」。現在也變成很普遍的名詞了。

　　有一段來自瑞典的報導，敘述如何利用腦力激盪想辦法驅逐飛機場附近的鳥類，富有啟發性，錄下可供讀者參考。

案例研討

飛鳥撞擊飛機

　　為了避免鳥類與飛機相撞造成重大不幸事件，各大機場對於如何驅逐鳥類，曾經做過不少研究，有些辦法真可說是挖空心思。一般來說，現在各機場使用的驅鳥法有如下述：砍除附近樹叢、填平坑洞、抽乾水塘、割草、在適當地點替鳥築巢、直接射殺、噴灑藥劑、用爆竹加上揚聲器驚嚇、用煙火、施放瓦斯、設置稻草人、用假的老鷹、無線遙控小飛機、專用雷達等。其中以最後二項成本最高，而效果仍非理想。

　　瑞典曾有某機場，選在遠離機場一地堆置一些死魚，結果吸引了所有的飛鳥，發現是最廉價而又有效果的辦法。日本的「全日空」航空公司也因鳥擊事件，致在一九八五年一年中損失日幣 1 億 5,000 餘萬元，徵求腦力激盪創思有效的驅鳥方法。一九八六年五月，公司接受一項建議：把噴射發動機空氣進口的轉軸護罩用油漆畫成老鷹的眼睛，使鳥類望而生畏，遠離飛機。使用一年後效果相當不錯。747 型機過去平均每年撞鳥九件降為一件，767 型機自二十二件降為一件。損失金額減少了 3,000 萬元。至於油漆費用可說微不足道。

　　Discovery 電視節目中曾經報導，英國某一空軍基地因受飛鳥威脅飛機起降，影響訓練。試驗過幾種驅鳥方法無效之後，聘用一位馴鷹師帶著他的鷹隼來驅鳥，效果卓著。

　　數十年前，美國國防部曾以經費資助我國內某一大學從事研究「鳥類行為」，聽者嘖嘖稱奇。但是對照後來美軍協助擴建清泉崗機場供美國軍機起降，這就一點也不稀奇了！

案例研討

拖運冰山取水

　　沙烏地阿拉伯曾經委託專家進行研究，看看能否把南極冰山拖到這個乾燥的沙漠王國，使它融化成水，以供飲用和灌溉。

　　沙國高級灌溉專家費沙親王說，一家法國工程公司正在積極研究這項計畫。費沙是沙烏地阿拉伯國王哈立德的姪子，同時也是沙烏地鹽水保持公司的董事長。

　　從事這項研究的法國西塞羅公司的發言人布羅格萊說，第一個暫擬計畫是花 9,000 萬美元，把一座八百五十億噸重的冰山，經由印度洋和紅海五千哩的航程，拖到沙烏地阿拉伯。布羅格萊說，這座冰山將由六艘強力拖船來拖運。拖運的速度是每小時一浬，全部航程需要六個月到一年的時間。

　　布羅格萊說，速度緩慢，可以盡量減少摩擦。他說，此外，冰山還將由十八吋厚的塑膠布包起來，保護它不受海浪、洋流、以及太陽的侵蝕。他說：即使如此，這座冰山在運抵沙烏地阿拉伯的吉達港時，估計其體積所受的損失，將近 20%。

　　西塞羅公司計算過，沙烏地阿拉伯從這座冰山得到的飲水，每一立方公尺的代價是五角美金。這項花費是將海水淡化所需費用的一半。

　　不過，在冰山運抵之前，還有一個難處理的問題需要解決。冰山在水面下的深度有兩百五十碼，但是紅海入口的巴曼得海峽，水深卻不及四十碼。

　　協助西塞羅公司從事這項計畫的法國極地探險家維克多，建議把冰山切割成每個重一百萬噸的許多大冰塊。切割的工作，可以用加了熱的電線來處理。這樣，這些切割的冰塊，就可以較快的速度，拖運到吉達附近的目的地。

　　這些冰塊將留在運抵的地點予以融化。完全融化的時間，大概是十八個月。在每一個冰塊的頂端，融化的水，可能形成許多小湖泊。然後再經由一條浮在水面上的水管，抽送到岸上的儲水池。

　　拖運冰山取水的計畫，有許多要注意的問題。首先要選擇大小合適和長方形的冰山，這樣，冰山在拖運的時候，才不會翻倒。冰山的位置可以用人造衛

星來尋找。接下來的問題是試驗冰山的堅固性——必須沒有裂縫才行。這項試驗可由直昇機所攜帶的聲納裝置來作。

　　塑膠布必須固定在冰山的頂端，要從冰山的下方和周圍著手拖運。海深及洋流是必須考慮的因素。當時暫定的拖運路線，是從南極地區向西北，再向東北，成為一條長的弧形路線進入南印度洋，然後再由南印度洋向西北進入亞丁灣。

　　澳洲也派出一批科學家，前往南極，調查把冰山拖到澳洲首府的可能性。據他們估計，冰山在途中融化的損失，和抵達時可能帶來的淡水相比，微不足道。

案例研討

宋代建築的規劃

　　北宋建國，雖然在國勢上自始就積弱，但是，當時社會相當安定，人們安居樂業，經濟生產的確是繁榮了一段時候。

　　尤其是當時的都城汴梁，物豐民富，畫棟雕梁，工商業之繁榮與民間建築之華美，冠絕寰宇。著名的詞人周邦彥曾寫了一篇「汴都賦」，這樣地描寫道：*

　　　　這汴京城裏，
　　　　廣闊的疆地劃分著許多百里四方的區域
　　　　更又細分著上萬個井字地區
　　　　舟車從四面八方匯集到這中心之地
　　　　那些帶著地方色彩的各地土產廣泛流通
　　　　　　×× 　　×× 　　××
　　　　巍峨的城牆有萬雉般地高
　　　　埤堄鱗接
　　　　有如天上雲彩那般綿延不輟
　　　　又有如地上高山峻嶺般聳峭
　　　　　　×× 　　×× 　　××
　　　　二十九座城門
　　　　洞穿這條綿延高聳的長龍
　　　　華麗的門扇漆著朱紅富貴之色

金色的門環銜在那雕鏤的龍頭虎首口中

這麼美麗、宏偉的汴梁城，宋真宗祥符八年夏不幸地遭遇回祿之災，焚毀了榮親王元儼的宮室，和殿閣內庫的一部分。於是工部派當時的大建築師（大內修葺使）丁謂（晉公），負責災後重建。

汴梁城的偉大，是長時間的人力、物力造就的，重建工作不容易在短時間內奏功。由於都市的高度發展，城內已找不到重建所須的泥土可用，而從別處挖掘、搬運大量泥土，須耗費很大的人力、物力。後來，丁謂終於想出一個解決的辦法：

先在工地所在附近，沿街挖取泥土用於工事。挖到相當程度，便成為一條大溝渠巨塹，和城外的汴河相通，可以航行小船隻。於是，載運建築材料的貨船，可以直接地由四面八方駛到工地，完成了工程以後，把廢棄成堆的瓦礫、廢土再填入巨溝，這一度張帆絡繹的小河，重新恢復成為車馬喧騰的大道。如此，「一舉而三役濟，計省費以億萬計」（引沈括語）。

我們今天常以線性規劃來統籌工事，更廣用於生產、企業界。讀了這則故事，豈不覺得九百年前我們的祖先就做得十分出色嗎？取材自宋朝沈括著「夢溪補筆談」卷二。　　　　　　　　　　　　　　　　　　（諸葛行藏原作）

＊「汴都賦」見「御定歷代賦彙」正集卷三十三都邑。全賦長六千餘字。

案例研討

管線煤袋運煤法

美國正在計畫利用巨型塑膠袋裝煤，把它浮在鹽水中，經由管線從內陸礦區運到海邊去。新成立的「水火車公司」提議建築長一千二百英里，價值 25 億美元的管線，作為費用較少的替代鐵路運輸方法。跟直接載煤管線相比，這種方法在環境方面應該安全一些，因為在那種管線裏，礦砂通常用水混合，會產生污染的稀泥。而且，根據美國內政部的看法，這項提案主要吸引人的地方是，它能阻止每年多達十七萬噸的鹽污染卡羅拉多河。

直徑三十六吋的巨型管線，將從卡羅拉多州艾克色歐城附近開始，十五呎

長裝滿碎煤的袋子，在那裏捆紮連接在一起，就像燻製的香腸一樣。在西海岸的終端站，把這些煤袋卸下來，供當地使用或運往海外。來自管線中的鹽水，可以安全地洩進海裏。用這種方法運煤，每噸的運費可降低到 18 美元——比鐵路運輸少花 10 美元。「水火車公司」的主管人員說，如果這項計畫經州和聯邦政府機關批准，管線的建築將在一九八六年動工。 (取自國語日報)

◎討 論

1. 通過都市市區的鐵路，最好怎樣處置？
2. 臺北市內東西向交通，在尖峰時段無法暢通，有何方案可選？
3. 什麼是「水污染」？有何防治辦法？
4. 國內各機場曾經發生數次飛鳥撞擊飛機事件，有什麼方法可以防止？

第十節 技術效率與財政效率

前面曾經說過，一般工程人員因為鑽研於技術之發揚，常常忽略了成本因素的變化。本節中再以實例說明其間之關係，以供加深了解。

假定現有某種機械工具，市上有甲乙兩種廠牌可供選擇。預計都可使用八年。甲牌售價 10,000 元，每年燃料操作等費用 8,000 元，八年後殘值 2,000 元；乙牌售價 20,000 元，每年維持費 6,000 元，八年後殘值 3,000 元。

甲乙兩牌比較，乙牌的「技術效率」顯然要比甲牌的高；因為乙牌售價昂貴一倍，而且每年維持費節省 8,000 - 6,000 = 2,000 元，表示乙牌設計不同，製作較精。再就八年中全部收支情形考慮：甲牌淨支出 72,000 元，乙牌淨支出 65,000 元。完成同樣的工作而乙牌支出較少，所以，就「財政效率」而言，乙牌較高。因此，乙牌的技術效率高、財政效率高，優於甲牌。

現在，再假定上面的例子發生變化。

甲牌情形不變。乙牌售價 20,000 元，每年維持費 7,500 元，殘值也為 3,000 元。此時乙牌在八年中的全部淨支出是 77,000 元，甲牌同前也是 72,000 元。現在，乙牌的技術效率雖較高，可是財政效率卻低於甲牌了。

前者的情形，我們選擇乙牌，後者的情形，我們便偏愛甲牌了！

下面再把「效率」的意義表示得更具體一點。

　　我們可以這麼說，一個工程活動的目標是求每一單位投入資源的最大報酬產出。利用物理學中效率的概念，我們可以寫成

$$技術效率 = \frac{產出}{投入}$$

式中分母分子應採用同一的實質單位，以便作比較。技術效率之值通常是小於100% 的，因為機械上的磨耗是不可避免的。

　　另外一項是財政效率或者泛稱為經濟效率，可以寫成

$$經濟效率 = \frac{價值}{成本}$$

式中分母分子也應採用同一的單位，一般應是貨幣，以便作比較，但是與技術效率之永遠小於 1 不同，經濟效率是必須大於 1 的，否則不必要作此一投資。

　　假定有一具燃用天然氣的發電機，其熱能轉變成為機械能再變為電能的「技術效率」經測定為 15%；在一定時間內的消耗價值 70 元，所產生的電，價值 800元。此時可計其「總效率」

$$總效率 = 技術效率 \times 經濟效率$$
$$= \frac{產出能量}{投入能量} \times \frac{發電價值}{投入價值}$$
$$= 15\% \times \frac{800}{70}$$
$$= 1.714$$

這個例子也可以告訴我們，一件工程活動之能實現必須在技術上和經濟上雙方面兼顧，甚至於「經濟效率」佔著比較重要的地位。

　　上述發電機經過修改，技術效率增為 18%，其投入產出價值不變，則

$$總效率 = 18\% \times \frac{800}{70} = 2.057$$

2.057 比原來 1.714 較大，表示更值得採用。

　　如果，當技術效率增為 18% 後，機器價格變動，使得每發電 800 元時之消耗變成 90 元，這時

$$總效率 = 18\% \times \frac{800}{90} = 1.60$$

1.60 小於原來的 1.714，表示不值得採用了（此例中的消耗涉及機器折舊，折舊之計算以後再討論）。

◎討 論

技術效率與財政效率

假定現有同一件工作，市上此種工作機械有兩種廠牌可以選擇。

甲牌售價 10,000 元，使用八年，每年操作費 8,000 元，八年末可賣得殘值 2,000 元；乙牌售價 20,000 元，壽命相同，每年操作費 6,000 元，殘值 3,000 元，其他條件暫不考慮。

試檢討其各別之效率，應如何選擇？

如果工程變更了，換句話說，每年的操作費用減少，甲牌為 2,000 元，乙牌 1,500 元。則狀況如何？

技術效率或稱機械效率，財政效率或稱經濟效率，意義相同。

第十一節 納稅的考慮

稅收是國家向人民所作的一種強制性的徵收，是國家支出的重要財源之一。無論在財政理論上，將租稅分為若干種類，或是租稅負擔如何分配；總而言之，繳納稅金的除了個人之外，就是團體法人。企業組織是屬於後者之一，而事實上，就我國現況而言，各別企業組織所負擔之稅捐，在其總成本之支出中，佔有相當的比例。特別是所得稅，其他尚有營業稅以及各項臨時捐等。

各項稅捐之課徵計算，常隨社會工商業之發達而改變，非專司其事的不易完全了解。在工程經濟方案分析中，所有收入款項無論個人或法人都有課納所得稅的義務。

未將所得稅計入實與實際狀況不符。唯在計算所得稅時常因累進稅率致不勝繁雜；所以，我們不妨採用一種在靜力學計算中通用的辦法。靜力學中假定物體是沒有彈性的剛體，在接受力的作用時，其形狀不變。實際上凡物體皆有彈性，但如在計算問題時計入其彈性應變則其步驟必致累贅不堪。故皆略而不計直至最後應考慮其彈性時，再將所得結果數字據理修正。在分析工程經濟之方案時為令不致計算混淆，故亦可先暫時將納稅問題省略。

尤其是工程經濟的計算常常是個案進行的，課稅的對象是營業的整體；因此，在個案分析過程中可以不必考慮到稅捐。可是在整體營運的實際應用時則

應計入各項課稅，讀者宜注意此點。所以本書以後各章中所舉例題，皆對租稅忽略不提。最後真正要考慮到租稅問題時再予據理補入，一一修正即可。

　　此外，有些屬於公共建設的投資、政府的投資，特別是國防上的或是教育上的投資等，理論上是一概不予計算稅捐的。所以，暫將稅捐問題忽略不談，當不致造成讀者誤解。

第十二節　本章摘要

　　如本章所述，對於工程經濟，我們應可以得到一個明確的概念。就是以技術知識與工程經驗為基礎，對一項工程上的目標，採取一種經濟的體驗來選擇合理的方法之謂。

　　無論規模大小的工程活動，其中每一計畫，每一問題都必須根據有關的因素，詳密考慮作成多種解決方案供給我們分析比較。必須正確而合理的根據數字來講求節省之道。絕對不作任何憑藉靈感或運氣的猜測。所以**工程經濟中經濟兩字是指合乎經濟原則，以最少勞力費用和時間達到目的的意思**；而與經濟學之為一種社會科學，研究人類的經濟行為之現象與理論為對象的意義絕不相同。

　　適合作工程經濟研究的場合是很廣泛的。諸如產品設計、決定製造方法、工廠設備之變更、擬定推銷計畫、生產組織之型態等等。有時所遭遇的問題是逐步發展的，有時遇到的問題一開始就是錯綜複雜。有時先要解決上一個才能進行下一個。但在進行下一個時，可能又要回頭來考慮上一個。交互影響反覆不定。固然可見詳細分析之困難，但亦同時顯示詳細分析的重要。

　　企業之目的在求合理的獲得利潤，我們所作工程經濟分析的結果，必須以企業本身有利為前提。

　　工程經濟所研究的範圍既廣，涉及的因素又多，為使研究的結果之可行性與可靠性高，通常應將各個方案從事三個階段的不同分析，最後再予以綜合研判。三個階段不同的分析如下：

一、經濟分析 (Economic Analysis)

　　經濟分析中各個方案之比較，完全可用貨幣的數字來表示。例如：投資額、操作保養費用、設備之殘值、可能有之收益等。這些數字雖係估計值，但是，具有相當經驗的工程師們大概可作相當準確的估計。在作經濟分析時，有一點要特別注意！即所考慮者僅為目前之事實，對於已往所已經發生之事，無論其

成敗如何，一概不予考慮，除非對於現在之分析有關。因為，以往之得失，往者已矣，不得妨礙現行之決策判斷，該類成本特名之為「沉沒成本」，以後再述；如為錯誤之投資，更不容一錯再錯。

　　經濟分析中之各項金額，有時因有時間因素在內，故必須承認「金錢之時間價值」(time value of money) 俾能在相同的基礎上來作比較，尤其是在某些年限較長的方案以及幣值不穩定之時期更為重要。

　　經濟分析是最重要的一個步驟，是一般工程師應有的常識，是工業工程師必具的本領之一。

　　本書以經濟分析方法為主，介紹其基本觀念及實際作法。另外一項也對工程人員有重要關係的是無形因素的分析。

二、無形因素分析 (Intangible Analysis)

　　一項工程活動中，其所涉及之因素，有許多是不可能以金錢或數字來表示的。這些因素的意義和影響很難把握者，即屬於無形因素，也稱非數量化因素。其重要性常常在以後才逐漸顯示出來，故應視情況權衡酌定。

三、財務分析 (Financial Analysis)

　　財務分析是研究某一個方案所需資金的籌措問題，主要的目的在於確定方案中所需金額，以及研究如何獲得資金之途徑。企業所需資金其來源不外乎有三種：⑴自有資金，此部分多指流動資金而言，⑵部分借款，⑶全部借款。借款又有信用借款，抵押借款，公司債等，而其還本條件、利息高低、期間之久暫等亦各個不同；或者發行股票招人合夥等，各種籌款方式，應分別比較計算而擇其最有利之方式行之。要能嫻熟於財務分析必須具備相當的財政學及會計學知識不可。

　　工程經濟之研究，通常應先作經濟分析，然後再繼以財務分析和無形因素之分析。經濟分析旨在研判：「值不值得投資」。財務分析旨在研究最佳的資金可能來源，解決資金調度供應問題。

　　一項正式之工程經濟研究，必須依照上述次序，一一分析，方稱完善確當。因此，在掌握工程之事業單位中，各級主管人員對於任何建議，在未見到完全而可靠的上述的三種分析報告之前，不應有所選擇及決定。這是我們現代化工程人員應以成本概念為重的合理態度。

　　「工程經濟」，顧名思義，定義很簡單，對於任何一件「工程」活動追究是否「經濟」而已！一般的教科書中分析種種不同狀況而有種種不同解釋，尤其

有些數學上的推理可能相當精密深奧，但是不管如何分類，其基本觀念非常簡單！「工程經濟」的基本觀念的確是非常簡單的，也因為是非常簡單，所以「工程經濟」的應用是非常普遍的。同時也由於其普遍性使得其有相當重要的地位。

教科書上為求說理符合邏輯，理論有一致性，結論有時顯得抽象不合實際，我們如果過分執著於教科書上種種「模式」，而在現實世界中去找尋適合這種「模式」的「問題」，很可能落得一個「守株待兔」的結果！

許多專家們都同意說，展望世界之未來的二十一世紀很可能較過去之數十年更為蕭條，更為艱苦。因此，未來的工業化之現代化應是今後經濟持續發展的中心問題。

而「現代化」的定義又是相當複雜、抽象。一般說來其中涉及社會觀念、高度電子化的商業市場機能、提高服務水準，以及強化大規模事業的內部效率等。

以「經濟起飛」學說享譽世界的經濟學家羅斯陶 (Walt W. Rostow) 於七十一年六月五日來臺灣出席第五屆中美「中國大陸問題」討論會時，曾在報上發表對我國經濟發展的意見，指出我們的經濟已經過了「起飛」階段，已進入高度成長時期，更應適度調整技術水準繼續發展，特別要注意的是節約能源。二十多年以來，我們的經濟應該是飛得很高了。

這些專家談話所及的概念令人深深覺得「工程經濟」之重要性，因時勢關係而有愈來愈重要之勢。「工程經濟」不僅是一些計算而已，有些問題該深入想想。因此就找些實際案例來談談罷！

六十九年七月二十日的《民生報》第六版有一篇專論談本省的超高層建築。文中談到臺北市重慶南路上的第一商業銀行總行大樓的建築過程，依本省的建築業習慣，大樓的建築一面進行結構體建造，一方面利用吊車或特設的工作電梯運送材料；國外的作法《民生報》報導的是我國旅日建築師郭茂林先生在一九六○年，建造日本東京最高大廈，三十六層的霞關大廈的經過）是完成基礎結構以後，即先行建造防火梯及電梯，然後就利用防火梯及電梯供建築施工人員上下及搬運材料，因此，可以縮短工期完成建築。不同的施工方式對建造成本的影響很大。

上面這個實例是不是「工程經濟」呢？兩種施工方式根本不必計算，憑常識就可判斷，真所謂是「一念之間」！當然有時有些問題必須「計算」（並不一定依「工程經濟」教科書中的標準公式計算）一下，才能訴之於決策的。同一天的報紙上另有一段新聞：瑞士某公司來華與南亞塑膠公司合作投資產製「塑

膠窗框」。市面上已有的窗框有木質的、鋼質的、鋁質的了，再投資製造塑膠的，經濟不經濟呢？我們要回答這個問題就不能憑常識、憑直覺了。

前面所舉同一天報紙上所看見的兩個實例，後者可說是個很「好」的例子，前者毋寧說在創新觀念上是個很「好」的例子。基於這個出發點，筆者再就手邊一時所有資料臚列如下，藉供讀者諸君咀嚼。

1. 國產冷氣機的熱效率：據說「大電力研究試驗中心」的報告，臺灣地區消費性用電中，冷氣用電佔 20% 左右，如果生產廠商產製的窗型冷氣機提高其「熱效率」的話，每年至少可以節省 10% 的冷氣用電。值得不值得呢？生產廠商又應如何考慮？

2. 造紙消耗大量能源和水：據說日本政府決定在國內停止牛皮紙卡板的製造，改自我國進口牛皮紙卡板到日本再加工製造瓦楞紙箱。因為製造牛皮紙卡板過程要消耗大量的淡水，而且又會造成環境污染。

3. 六十八年二月遠東航空公司向美國花旗銀行貸款 8,000 萬美元，訂購七架波音公司的 737 型客機。

4. 經濟部製訂年產二十萬輛汽車的建廠計畫，許多國家的汽車公司都有興趣。而據說自六十一年開始，臺北市每年大約增加汽車一萬輛，迄六十九年底統計臺北市約有汽車十二萬輛，未來停車場地應如何解決？民國九十三年的今天，談到停車仍然令人頭痛。

5. 風力發電：電源多元化的進展過程中，如何利用風力發電？實際上，台灣電力公司已在澎湖地區安置了幾座風力發電機試驗其效益。

6. 台電公司建設「明湖抽蓄水力發電廠」，利用用電離峰時間的剩餘電力抽水，將水力發電廠用過的水，揚高三百公尺，送回日月潭儲蓄。等到尖峰用電時間再將日月潭水放出用水力發電。估計用一度離峰電可發生 0.7 度尖峰用電。

7. 家庭用熱源（五口之家約需五千大卡）：

電	每度合	860 大卡	效率 75%	月用 233 度
液態瓦斯	每公斤合	12,000	50%	25 公斤
天然瓦斯	每度合	8,900	50%	34 度
煤 氣	每度合	5,000	50%	60 度

8. 石油工業：一般分上游、中游、下游三段，中國石油公司可否由上而中

而下？民營的石油公司可否由下而中而上？

9. 臺電核能三廠在恆春半島南灣之排水系統，應將廢水放流到多遠才最適當？

10. 北部濱海公路，原來設計每天一萬輛車通行，實際上，六十八年八月十二日通車後之第一個星期日，一天中通行車輛是三萬二千輛。於是，公路局要改善工程標準。

11. 石門水庫原來（五十二年）估計容量為五千七百萬立方公尺，壽命八十年。但是迄六十九年三月，水庫中淤沙已達二千八百八十萬立方公尺，挖沙約需臺幣 3 億元。

12. 屏東地區佳冬海水倒灌：省府撥 1,000 萬元延長海堤三百公尺。

案例研討

臺中港的建設

臺灣全島對外海運的港口，北是基隆，南是高雄。隨著經濟快速發展的結果，南北二港口將趨於飽和，同時中部地區腹地廣大，發展潛勢直追南北。島上西岸必須增加一處港口的需求，日漸明顯。

醞釀數年爭議已久的臺灣省新港港址問題，六十三年，終經行政院院會決定，先建梧棲港，後建淡水港，並即設置建設工程處，負責辦理梧棲港、淡水港及港區新都市的規劃設計與籌建事宜。這是臺灣省經濟建設上一件大事，尤其是中部及北部地方人士，為了地方利益，大家對港址爭取甚烈，後來塵埃落定。大家認為行政院所作決定，非常合理，因為就臺灣省經濟發展長期趨勢來看，梧棲與淡水闢建新港，均有必要，但為財力所限，不可能同時開闢，現在衡量緩急，梧棲港優先闢建，淡水港稍後而已。

我們政府對新港港址的選擇，相當慎重，除了成立專案小組請國內專家詳加分析研究外，並邀請日本專家實地調查研究，於五十八年七月底完成調查報告。根據專家的研究，基隆港最大營運能量，於六十一年以後已達飽和，必須另闢新港，方能配合中部及北部進出口需要。專家們對於新港地點，曾就內陸運輸、工程經費、區域開發以及港區自然條件等，詳加分析比較，然後建議首

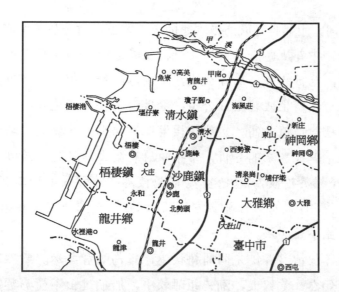

先興建梧棲港，並使該港在六十二年時有一部分船席可以開放使用。到六十七年以後，再行考慮興建淡水港。

因為從經濟觀點來說，開闢淡水港需要工程費 51 億元，闢建梧棲港只需要 43 億元，後者較前者可以節省 8 億元，故就政府財力來說，應以梧棲居先。其次，為使臺灣省經濟平衡發展，並減輕北部地區人口過多之壓力，在中部開闢新港有許多益處。根據統計，在四十二年中部腹地人口，佔全省總人口之比例為43%，其後逐年降低，到五十六年已降至36%，北部都市由於人口激增，乃帶來許多社會問題。梧棲港開闢後，不但可促使中部地區工商各業的繁榮，對避免人口過分集中於北部，自有很大幫助。再則，發展對外貿易是國家當前決策，而中部地區物產豐饒，尤其是農產品方面如柑桔、香蕉、鳳梨、洋菇、蘆筍……等；據統計，在出口貨品總量中，中部產品約佔百分之四十左右，這些外銷貨品運往北部港口所需運費甚巨，將來中部開闢新港後，運費可節省三分之二，對降低出口成本與增強競爭力量有莫大幫助。

還有，臺灣省鐵路及公路運量早已達到飽和，亟待鋪設雙軌和增闢快速公路，將來中部有了港口以後，若干物資可以就近出口或進口，對減輕鐵路與公路負荷，裨益甚大，兼可節省運輸費用。同時，中部地區面積廣達一萬二千八百平方公里，人口有四百七十萬，勞動力相當充沛；在電力供應方面位於日月潭及大甲溪兩大水力電源區，有安定充足的電力，可供工業界之用；此外，又有大安溪、大甲溪和大肚溪，可提供豐裕的工業用水；而中部又為南北交通之中樞，內陸交通運輸便捷，對於工業原料的運入以及成品的輸出，均甚便利，故

配合新港的開闢，中部將可成為很理想的大工業區，對發展工業有極大的便利。

不但如此，中部地區除了氣候良好、位置適中、物產豐富外，梧棲港附近腹地面積廣闊，估計約有一萬餘公頃，可供港區發展新都市之用。此外，因建港挖濬之砂泥可填新生地約七百公頃，除供港區公共設施外，並可作為臨港之工業用地，其經濟價值甚高。當然梧棲港也有缺點，其最大之缺點則在流砂太多，易於淤積。但據專家們分析，當年政府建築上海港時，流砂量每年高達四百萬立方公尺，終於建設為優良港口。而梧棲港之流砂每年約二百萬立方公尺，德基水壩建成後，可減為一百萬立方公尺，以目前疏濬技術遠較若干年前進步，故此一問題，並不難解決。

基於上述各種情形，優先開闢梧棲港，確為明智之舉。當然，淡水港也有很多優點，諸如吞吐量較大，潮差距離較小，船舶進出不受影響；距離臺北市較近等等。不過，政府並未放棄開闢淡水港的計畫，只是在時間上延緩數年而已。因為政府的財力和物力有限，這種大規模的建設，不能不按緩急程度以確定優先順序，而且要從當前需要和未來的發展遠景著眼。老實說，除了淡水港以外，蘇澳、安平、新港……等港口，在若干年後都有繼續擴建或闢建的必要，「多港政策」將為必然的趨勢。因此，我們希望部分人士不要因為新港港址選定了中部而感到失望，大家要放遠眼光，為國家整體利益著想。須知，新港雖直接有利於中部，但中部繁榮以後，北部也會間接受惠，這是國家整體的利益。

梧棲港首期工程，將先建一道三千公尺長的防波堤，其次為深水碼頭、港區內鐵公路、通棧倉庫等工程，預計施工三年，即可通航。分析稱：梧棲港為一人工港，其北端靠近縱貫線的甲南站，兼有商港、工業港及漁港各種條件。

該港工程費第一期 24 億 8,230 萬元，完成後港口吞吐量為一百五十萬噸，第二期 8 億 8,732 萬 3,000 元，完成後吞吐量為二百五十萬噸，第三期為 8 億 8,556 萬 5,000 元，完成後吞吐量為六百萬噸。

省府官員說，在施工之先必須採取三項措施：

第一、整治大安溪、大甲溪，使洪汛時沙石量減低。

第二、港址以北與大安溪之間的海埔地，應先完成規劃開發。

第三、預防大安、大甲溪沙石，應在港址以北建丁壩。

梧棲港建港經費初步估計共需 42 億 5,180 萬 8,000 元，籌措財源的方法由中央及省方指撥專款，發行公債，以及向國外貸款等方法，但將來將以延長「港工捐」征收時限，以償還貸款及兌換公債。

◎實　習

現在臺中港已經建成多年，效益顯著。許多當年從未預料到的現象也逐漸浮現，各校學生班級應可組團前去參觀。管理當局有許多資料可供研究。

◎實　習

近年來國內陸續完成許多重大工程建設。建設過程中不乏「選擇適宜方案」之舉。例如：高速公路、高速鐵路及港口建設等。可組隊前去參觀見學。

習　題

1–1. 山中某牧場迄今尚未用電，牧場離最近之電力輸送線相當遠，今擬用電，有何方案可供選擇？假定，牧場本身之大小不予考慮。

1–2. 為了改善某大城市中的交通，市區鐵路平交道太多，應如何改善？試列舉不同方案。（請注意問題的目標！）

1–3. 現有甲、乙兩案可供投資。甲案的投資報酬率是 50%；乙案的投資報酬率是 10%，兩方案可能遭遇的風險相同。請問應如何投資？又如果乙案所需資本為甲案的十倍則如何？

1–4. 下列各項是現有狀況，試列舉不同之代替方案。

a. 兩片鐵板用六隻螺栓固定。

b. 自來水鋼筆的螺旋筆套。

c. 用手指挖取玻璃瓶中的漿糊。

d. 用小型手推車運送翻砂鑄件。

e. 某公司在臺北訂製玻璃瓶，再交鐵路運往嘉義。

f. 黑板擦子擦黑板。

g. 用繩子細包裹。

h. 房間照明的方式。

i. 以油漆刷子漆牆壁。

j. 機器上某處，偶然要用螺絲起子調整一個螺絲。

k. 一處公共建設，其大廳中回音很大，如何可以避免？

1-5.　試就下列各項，列舉爾後之種種可能費用支出。

　　　a.購買全新機器腳踏車一輛。

　　　b.購買全新六呎車床一座。

　　　c.廠房中安裝了一套照明系統。

　　　d.餐廳中安裝了一套冷氣系統。

　　　e.購置一套個人使用的微電腦。

　　　f.汽車一輛。

　　　g.送貨專用冷凍卡車一輛。

　　　h.購置一套「老人茶」茶具。

1-6.　第十節中舉例云：技術效率為 15%，則總效率為 1.714。

　　　a.假如技術效率改善增至 22%，則其總效率可以增至 2.514。如仍以總效率為 1.714
　　　　作為比較標準，則發電價值不得低於若干？

　　　b.假如技術效率只能維持在 11%，則又如何？

1-7.　試就個人經驗，舉出技術效率及經濟效率的實例一則。

1-8.　試舉出舊報紙有什麼用途？

1-9.　飲料用寶特瓶，如何可作廢物利用？

1-10.　各縣市都為垃圾問題煩惱無已，臺北市試行分類並收集廚餘，應如何分類處理？

第二章
貨幣之時間價值

　　一般原來研習工程技術科系的讀者們，可能很少涉獵有關經濟學或財政學之類的書籍，而今天的社會卻像一個經濟波濤洶湧澎湃的大海一般，每天我們耳濡目染許多經濟現象，自己也許未暇深究，便隨著一些新聞媒體的人云亦云，胡亂用上許多名詞，在許多情形之下，連名詞的基本定義是什麼也弄不清楚。

　　自本章開始，我們希望盡量將每一個有專門意義的名詞澄清，不過，「工程經濟」不像一些科學或工程技術可以把一個名詞定義得非常清楚，例如，圓的半徑、電位差、平行力偶等。總之，最主要的一點，我們希望有關的人們在一起討論一個「工程經濟」的問題的時候，彼此所使用的名詞和術語，都應該代表同樣的概念，便於溝通才能進一步合作。

第一節　貨幣與資本

　　「貨幣」，我們且不去理會在「經濟學」或「財政學」或是「貨幣學」中對於「貨幣」一詞的解釋是什麼，簡單的說，貨幣就是金錢。說得更直接一點，就是代價。我們使用人力必須給予報酬，那就是薪水或是工資；購買材料必須支付價格；甚至於使用了別人的資本也必須支付一點報酬，那就是利息。所有這些薪水、工資、物價、利息等全都可以用貨幣支付。貨幣是經濟活動中的媒介，它本身是一種價值的象徵。這種象徵由政府保證，否則一張紙幣只是一張紙而已，怎麼可能有價值呢？在工程經濟的活動中我們有興趣的是「值得不值得」，所謂值得不值得是指金錢而言，所以工程經濟的計算過程中一定要有一種貨幣作為比較標準。計算的單位是「元」。

　　「資本」(Capital) 一詞是一個相當抽象的概念。就生產者的觀點來看：在整個生產程序之中，對於生產無論在直接方面或間接方面有所幫助的機器設備，廠房土地，工具原料以及成品存貨等，都是資本。但是，像這樣的「資本」，種

類既多，品質不一，無法一一分析。我們不妨將上述的那些統統以同一的貨幣單位來表示，這樣就便於我們作經濟分析了。

經濟學中說，我們在從事生產時，應對生產因素，例如：土地、勞力、資本、企業家精神等給予報酬。土地酬以地租，勞力酬以工資，資本酬以利息，企業家精神酬以利潤。至於利息與利潤的意義如何，有何理論根據等，那是經濟學所探討的問題，與本書無涉。本書中所要強調的是：使用貨幣應有以報酬。尤其在工程活動中，有的投資期限很長，有的投資風險很大。無論是對資本的酬謝，抑是對企業家精神的酬謝，今天所投資的一塊錢到了明年今天必定要產生一點額外價值出來，否則無利可圖的事業，是無法吸引企業家投資的。所以，在工程經濟的分析研究中，有時我們是將「利息」和「利潤」兩個概念混為一談，其中並沒有嚴格的劃分。因此，我們特別以「**貨幣的時間價值**」(Time Value of Money) 來說明這一個概念。

我們假定社會是不斷進步的，企業家手中的每一分錢必求能有最大效用之利用，投資在有利可圖的情況下；所以，社會上也大致會有一個資本報酬率的平均數字，所謂是「**機會成本**」(Opportunity Cost)，未予使用的資本存放在銀行裏也有最低利率的保障。我們特別強調這一點，所以資本之價值是隨時間之變化而變的。

因此，在本書以後各章中，討論到資本之時間價值，究竟是利息，還是利潤並無嚴格劃分。一般情況中概以利息稱之，除非有特別區分之必要時，再予說明。

機會成本的意義，容在第九章中再進一步說明。

第二節　償付的方式

確定利息之大小，習慣上以「利率」來表示。**利率是經過一定期限後，所獲得利息與原來投資金額之比，通常以百分率表示。**例如：投資 100 元，一年以後獲利 6 元，則其年利率為 6 ÷ 100 = 0.06 或 6%。除了特別指明者以外，一般習慣上所謂利率，皆指年利率而言。

每年償付本金之 0.06；或每半年償付 1/2 × 0.06 = 0.03；或每季償付 1/4 × 0.06 = 0.015；或每月償付 1/12 × 0.06 = 0.005；在一般說來，其意義完全相同，僅表示償付利息的次數不同而已。習慣上人們也是如此做。但是，在真實的情

形下並非如此，各種期限不同的償付方式其利息總額是不相等的。此點以下再作討論。

現在請看下表。表中表示一筆 10,000 元借款，在十年以內以年利率 6% 償還的四種不同償還方式。時間的單位是「年」，此一筆借款額 10,000 元稱為「本金」(Principal)。

就一般情形而言，工程投資上的經濟分析之償付情形，不出下列四種主要的方式；或者是將之稍作變化而已。

方式 I 之中，本金未曾分割，僅在每年年底償付利息 600 元。最後一次償付利息時，本金一併歸還，故為 10,600 元。

方式 II 之特點在於將原借本金作有計畫的分期攤還，於到期償付利息之時，同時攤還本金 1,000 元；故以後借款本金遞減，利息也隨之遞減，至十年到期，全部還清。

方式 III 也是將本金作有計畫之分期攤還，其方式為將本金加上十年的複利利息總和，再均勻分攤於各期中。詳細計算過程以後再說明。

借款 10,000 元，年利率 6% 的四種償付方式（單位：元）

① 方式	② 年數	③ 每年利息	④ 到期前欠	到期償付		⑦ 每年到期後尚欠本金
				⑤ 本　金	⑥ 總　額	
第 I 方式	0					10,000
	1	600	10,600	0	600	10,000
	2	600	10,600	0	600	10,000
	3	600	10,600	0	600	10,000
	4	600	10,600	0	600	10,000
	5	600	10,600	0	600	10,000
	6	600	10,600	0	600	10,000
	7	600	10,600	0	600	10,000
	8	600	10,600	0	600	10,000
	9	600	10,600	0	600	10,000
	10	600	10,600	10,000	10,600	0

① 方式	② 年數	③ 每年利息	④ 到期前欠	到期償付		⑦ 每年到期後尚欠
				⑤ 本　金	⑥ 總　額	
第II方式	0					10,000
	1	600	10,600	1,000	1,600	9,000
	2	540	9,540	1,000	1,540	8,000
	3	480	8,480	1,000	1,480	7,000
	4	420	7,420	1,000	1,420	6,000
	5	360	6,360	1,000	1,360	5,000
	6	300	5,300	1,000	1,300	4,000
	7	240	4,240	1,000	1,240	3,000
	8	180	3,180	1,000	1,180	2,000
	9	120	2,120	1,000	1,120	1,000
	10	60	1,060	1,000	1,060	0
第III方式	0					10,000.00
	1	600.00	10,600.00	756.68	1,358.68	9,241.32
	2	554.48	9,795.80	804.20	1,358.68	8,437.12
	3	506.23	8,943.35	852.45	1,358.68	7,584.67
	4	455.08	8,039.75	903.60	1,358.68	6,681.07
	5	400.86	7,081.93	957.82	1,358.68	5,723.25
	6	343.40	6,066.65	1,015.28	1,358.68	4,707.98
	7	282.48	4,990.45	1,076.20	1,358.68	3,631.77
	8	217.91	3,849.68	1,140.77	1,358.68	2,491.00
	9	149.46	2,640.46	1,209.22	1,358.68	1,281.78
	10	76.90	1,358.68	1,281.78	1,358.68	0
第IV方式	0					10,000.00
	1	600.00	10,600.00		0	10,600.00
	2	636.00	11,236.00		0	11,236.00
	3	674.16	11,910.16		0	11,910.16
	4	714.61	12,624.77		0	12,624.77
	5	757.49	13,382.26		0	13,382.26
	6	802.94	14,185.20		0	14,185.20
	7	851.11	15,036.31		0	15,036.31
	8	902.18	15,938.49		0	15,938.49
	9	956.31	16,984.80		0	16,984.80
	10	1,013.69	17,908.49		17,908.49	0

　　方式 IV，則在借款期限中對本金或利息不作任何攤還償付。直至十年期末，

本利和全部一次償付。因為在第一年末應有利息 600 元，併入本金中而為第二年之借款本金。所以，第二年末到期計算利息時，其本金為 10,000 + 600 = 10,600元。以後每年依此累加遞增。其計算利息的方式稱為複利，與前三種方式不同。方式 IV 複利的結果，十年後的本利和是 17,908 元；如以單利計算，則每年所生之利息不再計算，僅按本金計息，每年利息 600 元，十年的本利和共 16,000 元。

習慣上，在工業活動上，利息的計算，通常是採取複利計算的。一年計算一次，或一年計算多次。例如在方案 I 中，全部本利和為 16,000 元，如果在每次得到利息 600 元，以後再以年利率 6% 出借，則其十年末的全部所得為 17,908元；同樣在借款人方面在付出每年之利息後，即不能將之運用再來投資求利了。所以在工商業習慣上，所稱利息咸指複利而言。單利的情形則多出現在一年或一年以內的短期借款中才有。本書所討論的是以工程活動上的投資及其收益為對象，投資的年限通常都很長，所以，本書中所論皆以複利為主。

現在，再將上述四種方式之 I、II、III 併列比較，其中只有③⑤⑥三欄有比較意義。下表中同一筆款項因表示不同名稱不一，原意未變。為求簡便小數點後數字略去。

綜合比較

年數	借款總額	第 I 方式			第 II 方式			第 III 方式		
		⑤ 資本回收	③ 資本成本	⑥ 總額	⑤ 資本回收	③ 資本成本	⑥ 總額	⑤ 資本回收	③ 資本成本	⑥ 總額
0	10,000									
1		0	600	600	1,000	600	1,600	758	600	1,358
2		0	600	600	1,000	540	1,540	804	554	1,358
3		0	600	600	1,000	480	1,480	852	506	1,358
4		0	600	600	1,000	420	1,420	903	455	1,358
5		0	600	600	1,000	360	1,360	957	400	1,358
6		0	600	600	1,000	300	1,300	1,015	343	1,358
7		0	600	600	1,000	240	1,240	1,076	282	1,358
8		0	600	600	1,000	180	1,180	1,140	218	1,358
9		0	600	600	1,000	120	1,120	1,209	149	1,358
10		10,000	600	10,600	1,000	60	1,060	1,281	77	1,358
合計		10,000			10,000			10,000		

每一種方式的內容是不同的，其中有不同的方法，不同的技術等，當然其

中也有財務狀況的考慮，但是都以同一的貨幣表示。此點在前文提過，請讀者注意。

第三節　貨幣流向圖解

在研究應用力學或靜力學的時候，我們根據已知的諸力來計算未知的諸力大小；根據全部的受力作用來作各種預測。為了使得觀念清晰，計算方便起見，我們採用一種所謂「**自由體圖解**」(Free-Body Diagram) 來解釋一個結構體上某一個元件的諸力分布情形。工程經濟在分析一個問題時，通常要探究其在一段時期的收支情形。這種收支情形我們亦可以用一種類似自由體圖解的辦法，來使得在計算時容易了解其各別的關係，而有利於計算工作的進行。當然在作圖時，如果觀念不正確導致作圖錯誤，那麼爾後，根據所作圖解所作之各項計算也不可能正確。這一點與計算力學問題是完全一樣的。

工程經濟的作圖分析計算方法極為簡單。在紙上適當位置畫一條水平直線，線上畫出相等之間隔分劃，自 0 開始向右手方向遞增，表示時間之歷程。整條水平線，我們又可將之看成是一項工程活動，或是投資之對象，或者所謂是「**系統**」(System)。

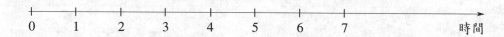

上圖中，時間的單位通常是「年」，也就是上面所說計算利息的時間單位。在本書中以後都以英文小寫字母 n 表示，稱為「**期數**」(Periods)。期數在事先說明情形下，也可以是半年、一季、一月或者一週。

相對於時間座標的垂直線，代表這個「系統」的收支金額。垂線的長度並不一定按比例畫成；箭頭向水平線的表示對該系統之「**投入**」(Input)；自水平線向外的箭頭表示是該系統的「**產出**」(Output)。這裏的「投入」和「產出」容與經濟學中原有的意義略有出入！所謂的「投入」和「產出」只是相對於那個特定的水平線的「系統」而說。而且，兩者的單位都以貨幣為標準。

有些工程經濟的教科書中，不採圖解方法；有些工程經濟書中，使用圖解；但尚未見以垂直線上之箭頭方向表示，對於一個「系統」的投入及產出的意義者。以著者之經驗，採用本書之辦法，教室中講解時有事半功倍之效，讀者極

容易體會了解。因此著者積極鼓勵讀者以圖解辦法協助分析之計算工作。尤其在各種會議中作簡報時，圖解的效果遠比完全口頭報告要好得太多。

　　請特別注意一點：傳統的商業會計中的問題其時限多在一年之內，無論有沒有圖解都不致於會錯意；但是在工程經濟中討論到的問題，常常是多年期的，口頭上的說明常常糾纏不清，造成錯誤。避免錯誤以及節省口頭報告的浪費時間，畫圖表示是最好的方法。

　　民國六十五年間，美國海軍研究院教授彼爾士博士 (Dr. Burton R. Pierce) 來華，在臺北市麗水街淡江大學管理科學研究所舉辦「高階層主管決策會議」中，彼爾士即以非常淺顯的事例，讓與會者自行討論。道理很淺，與會者人人印象深刻。

　　彼爾士也用水平線表示時間，時間不同點上有 A、B 二案，各為 100 萬元。

　　彼爾士說，如果二案都是支付的成本，你如何選擇？如果二案都表示收益，選擇的準則又如何？

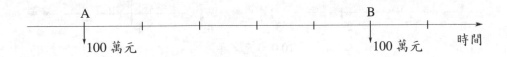

上面情形，如果時間長短不變，但絕對數字變了。這時又該如何判斷？

如果不用圖解，我們幾乎很難想像。

　　在圖解上，逐筆投入或產出不妨按比例大小畫成不同長短來表示；但是，有時金額數字相差很大，依比例畫變成不可能了，所以，圖解上宜注意，不可依圖上相對大小作判斷。

　　例如：某君以 100,000 元購得汽車一輛，每年付出維護費用 10,000 元；五年後該車一共為某君賺得收益 200,000 元。可以將之表示為圖解如下。注意：時間座標之上下兩方面，意義相同，並且可以避免混淆。例如，圖中在 $n = 5$ 時，同時有「投入」又有「產出」之情形發生，分畫在兩邊不易錯誤。又除非是特別說明，每一個系統的壽命都假定從 $n = 0$ 之一點開始。事實上 $n = 0$ 即為第一

年之一月一日；同理，當 $n = 1$ 時，固然可以說是第一年的十二月三十一日，亦可說是第二年的一月一日。所以，問題中的時間與圖解中水平線上之一點之間的關係，必須仔細認清楚方不致錯誤。

這種圖解稱為「貨幣流向圖解」(Cash-Flow Diagram)。

這時，我們又可將這條水平線看成是我們研究的對象，是那輛汽車，或者也是一個「生產系統」。假定，此一「系統」每年尚需負擔稅捐 1,000 元，請問應如何表示？

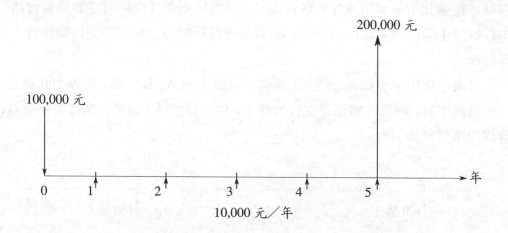

第四節 等值與現值

在本書所討論的經濟分析範圍之中，有一項非常重要的觀念，就是「**等值**」(Equivalence)。

所謂等值是指在不同時期，償付不同數目的款項其總和的數字絕對值雖然不相同；但是，其「價值」是相等的。為說明此點，我們再以本章第二節所舉 10,000 元之四種償付方式為例。唯為簡便計概以四位有效數字為準，整理後得到下表，見次頁。

如果年利率是 6% 的話，下表中四個不同的償還方式與原來的 10,000 元本金，其價值是相等的。在投資者的立場來看，今後以四種方式中之任何一種都可以償付他現在的投資 10,000 元。從借款人的立場看來，他如果同意在今後以四種方式中的任何一種來償付，那麼他今日即可得到此 10,000 元的使用權。

同理很明顯的，我們除了這四種彼此等值的方式可以償付這 10,000 元外，

我們尚可以設計出其他各種不同的等值償還方式。

年數	投資	四種等值的償還方式			
		I	II	III	IV
0	10,000				
1		600	1,600	1,359	
2		600	1,540	1,359	
3		600	1,480	1,359	
4		600	1,420	1,359	
5		600	1,360	1,359	
6		600	1,300	1,359	
7		600	1,240	1,359	
8		600	1,180	1,359	
9		600	1,120	1,359	
10		10,600	1,060	1,359	17,910
合計	10,000	16,000	13,300	13,590	17,910

拿以後的一次付款或多次付款辦法來償還一筆借款，使得各方式彼此相等的條件是利率。

每一個方式都必須以同一的利率為根據。利率改變，各方式的價值都變了。

上面的例子告訴我們，一筆借款，以十年為期可以不同時期的不同款額償付。對投資者來說，投下資本為求能在將來以某種利息保證償還。為求能得將來付款的這筆投資稱為「現值」(Present Worth)。

所謂「現值」的意義並非指今日的價值而言，這點認識非常重要，切切不可誤會。在借款人的立場看來，在能以提出以後之各期償還承諾後，被准許使用的款項稱為現值。故所謂「現值」，除為今日之實際投資之外，亦可為以前的一筆投資或以後的一筆投資；或者是圖解中水平線上任何指定的一點。這點務請注意辨別。

換句話說，「現值」之發生並不一定在 $n = 0$ 之時。

第五節　利率的作用

上節的表中說明：投資 10,000 元，年利率 6%，以十年為期，則其各別不同的償付方式的總額是 16,000 元、13,300 元、13,590 元和 17,910 元，償還的期限愈長則總額的差別亦愈大，期限如為二十年，則上述各償付方式之償還總額

各別為 22,000 元、16,300 元、17,436 元和 32,070 元。見下表係利率不同之結果。

投資 10,000 元，利率不同時十年末之總額

方　式	$i=6\%$	$i=12\%$	$i=20\%$	說　明
I	16,000	22,000	30,000	逐年計息
II	13,300	16,000	21,000	
III	13,590	17,698	23,852	
IV	17,910	31,060	61,920	

　　表中，請注意：第 IV 方式係長期複利之結果；第 I 方式逐年計息就是單利；第 II 方式是本金分期攤還；第 III 方式是本利混合均勻攤還。

　　工程經濟中作此項各種不同時期之償付研究之目的，是在若干個方式中求能配合工程活動而作一選擇。上表中的各種付款方式，如果都可以適合工程活動上的需要，則以年利率 6% 而言，這些方式都是合乎經濟的，換言之，各方式都與今日之 10,000 元現值等值。這一點亦告訴我們：不相同的方式其付款總額不相等，有時無法比較，如按一定的利率將之轉化成一筆同時期的等值，便可互作比較。這種轉化方法稱為「現值法」(Present Worth Method)。其法以後再作詳細介紹。

　　另外一法，是將方式中各期付款之總額，轉化為每年相等的一種均勻付款方式來作比較。這種轉化的方法稱為「年金法」(Annual Cost-Method)。後文亦將詳細介紹，如上表之 IV。

　　工程經濟中常以各時期的轉化值作為決策的參考標準。上頁上面表中 I、II、III、IV 四個付款方式與投資 10,000 元，合計欄中這五個付款總額等值，其利率為 6%；如果利率小於 6% 則四個償還方式對本金 10,000 元之償付過高；如果利率大於 6% 則四個方式所償付的總額尚不足。當年利率不同時，表中的四個償付方式的現值，可如下頁上面表中所示。

　　按某一定的利率所計算的一筆現款的價值，是與將來的一筆較大款項等值的。列表的方法提供了一種找尋投資收回率的線索，這點非常重要，後文再詳論。

　　在工程經濟所分析的問題中，有時我們希望知道要令不同時期的兩筆不同數目款項等值應有的利率為若干。尤其是在研究投資收回時更常論及。在本書之中將再作討論。

利率	四種償還方式之現值			
	I	II	III	IV
0%	16,000	13,300	13,590	17,910
2%	13,590	12,030	12,210	14,690
4%	11,620	10,940	11,020	12,100
6%	10,000	10,000	10,000	10,000
8%	8,660	9,180	9,120	8,300
10%	7,540	8,460	8,350	6,900

第六節　本章摘要

　　在工程經濟的經濟分析中所探討的大都是各別方案的長期經濟性比較之問題，是指在一段時間內是否經濟而言。所以時間之久暫是其中重要因素。現有的一塊錢，其價值比一年後的一塊錢要大，這一個簡單的概念可以說明利息的意義。廣義的說，利息是使用貨幣所付的代價，或是在一定期限內資本投資在生產方面所能得到的收益。工程經濟上所考慮的是廣義的利息觀念。

　　這種關於利息的觀念與「商用數學」中所談的利息，完全一致。不過「商用數學」大多數沿襲許多商業上的習慣和傳統，有特殊的術語、名詞；另外在「商用數學」中著重短期資金的問題，有計算日息之例。在工程經濟的實例中大多是以年為計算單位的長期投資。

　　為了便於比較時，對於某一個方案可以一目了然，本章介紹一種圖解方法，以水平線代表一個企業體系，或是投資的對象；圖中可以很方便看出其作用年限，資金流出流入的收支情形。箭頭方向表示「投入」或「產出」，是本書著者所慣用，極有利於說明不同時間之貨幣關係，尤其在管理體系中協助溝通。故請讀者特別注意此一簡單的水平線圖解方法。

　　「現值法」和「年金法」事實上是工程經濟的經濟分析範圍中最重要方法。本書之重點亦在於此。總之，一切要以時間價值出發，以後各章將一一作詳細說明。

習　題

2-1.　請將本章第二節中之四個等值方式，作成圖解。

2-2. 某新開工廠機器設備之投資為 80,000 元。每年保養費前三年為每年 10,000 元，以後每年增加 5,000 元。員工薪水每年 20,000 元。十年後，全廠出讓賣得 50,000 元。此時，發現十年來共計賺得 300,000 元。請將之作成貨幣流向圖解。

2-3. 某工廠有一項產品，產品計畫生產十年。某工廠在每年初付出材料費 10,000 元；三年以後，該廠付出 30,000 元改善設備後，每年可以節省材料費 2,000 元。請將之作成貨幣流向圖解。

2-4. 某甲對某乙說：「請借給我 100 元。三天之內你要的話，我還你 100 元；如果你不急用，那麼明年今天，我再還你!」
如果你是某乙，如何？

2-5. 何謂「等值」？

2-6. 何謂「現值」？

2-7. 何謂「年金」？

2-8. 「等值」與時間之關係如何？

2-9. 「等值」與利率之關係如何？

2-10. 利用本章第五節所表示的四種償還方式之現值，在一方格座標紙上，以水平座標表示利率，以垂直座標表示現值金額，畫出代表四種方式的曲線來。

第三章
工程經濟的基本計算公式

　　工程經濟在計算過程中所使用的一些公式，有人稱之為「複利公式」，也就是計算複利息的一些關係，但是，工程經濟的目的並不是在計算利息，而且工程經濟中的確利用這些關係表達另外的一些意念，因此，最好不要稱之為複利公式。

　　本章題目在初版原稱「經濟分析的基本公式」，因為「經濟分析」一詞意義廣泛，定義不肯定，因此更換題目。再者，就工程經濟立場而言，美國學者們曾召開會議，為專有名詞賦以一定符號，新的教科書大致都已標準化了。

第一節　基本符號

　　在本書中有關工程經濟進行分析計算時所用的符號不多，下述之五個，其意義一定不變。其他的符號於出現時，再說明其意義。

　　茲將本書中五個最重要符號說明如下：

r　利　率　通常以百分率表示，在不作其他說明時，概指年利率而言。其意即在一年內，投資所得之利益與原來投資額之百分比率。有時，利率也用 *i* 表示，二者意義相同。

n　期　數　投入以迄產出的期限內計算利息的次數 (periods)。通常不作其他說明時，其單位都是〔年〕。當 *n* 為某值時，可能指時間涵蓋的久暫，也可能指時間座標上的一點，請注意其不同的意義。一些計算題發生錯誤，常因 *n* 之緣故，宜特別注意。利用圖解表示，一格一格計數就不致於錯誤。以後，文中常以年期之末表示。例如文中會說是 *n* 年之末，而不說 *n* 年。

P　本　金　表示一筆可供投資之現款，其單位是〔元〕。很多情形中，*P* 即為整個系統的〔現值〕。但注意，所謂「現值」並不是「現在之價值」，此點

以後再解釋。「現值」不一定就是「本金」。

F 終 值 按利率 r，本金 P 經過 n 次計算利息後，本金與全部利息之總和，俗稱本利和，又稱「未來值」(Future Sum)。在同一個系統之中，F 之值都大於 P 之值，除非是虧損。

或者，我們可以換一句話說：F 就是在 r 的利率條件之下，經過 n 次計算利息以後，本金 P 的「等值」。或者，也是現值 P 的「等值」。

在比較早期的資料中，終值因為也就是本利和，多以 S 表示。

A 等額年金 在 n 期中，每期期末在 r 利率之條件下，對於本金 P 所作每期數字相同的償還額。故又可稱為「償債基金」(Sinking Fund)。通常簡稱為「年金」(Annual Cost)。又有稱為「普通年金」(Ordinary Annuity)。在全部 n 期中 nA 與 P 為「等值」；雖然，就絕對值而言，nA 必定大於 P。

這五個符號的意義及其彼此間的關係，學者務必嫺熟。茲再利用圖解協助說明這五個符號意義。

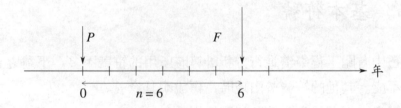

圖中 $n=0$ 時與 $n=6$ 時，是指時間座標上一點而言，請注意 $n=6$ 也表示「一段六年長的時間」。圖中 $n=0$ 時之 P 為本金或現值，經過 $n=6$ 變成 F 了。$F>P$ 意思是 P 要再加上一點利息才會是 F，至於利息應為多少，視 r 值大小而定。

符號 A 的意義，下面再詳細說明。

第二節 基本複利公式

上面介紹的五個基本符號，在概念上可以分之為兩組。一組是有 r, n, P, F 四個因素，稱為「一次付款」(Single Payment)。另外一組是有 r, n, A，三者加上 P 或者是 F，一共也是四個因素的關係，因為其中有 A，故稱為「**等額多次付款**」(Uniform Annual Series)，或者是「等額年金」。

茲將兩組關係，分別說明如下：

一、一次付款的情形

P 元本金以年利率 r 投資。第一年中所獲之利息為 Pr 元，故至第一年之末日共有本利和，應為

$$P + Pr = P(1 + r) \text{ 元}$$

現再將此 $P(1 + r)$ 元作為第二年之投資，利率仍為 r，則第二年中應得之利息為 $P(1 + r)$ 元，故至第二年之末日該日，共有的本利和應為

$$P(1 + r) + rP(1 + r) = P(1 + r)(1 + r)$$
$$= P(1 + r)^2$$

同理，投資直至 n 年之末日，共有之本利和 F，應為 $P(1 + r)^n$，即

$$F = P(1 + r)^n \qquad ①$$

上式中，如將 F 及 P 移項，則可得到以 F、r、n 三個因素表示 P 之關係式如下：

$$P = F[\frac{1}{(1 + r)^n}] \qquad ②$$

公式①、②兩式表示：n 年後付款 F 元之現值為 P 元，P 必小於 F。以後為了整理方便起見，我們把公式①中的 $(1 + r)^n$ 稱為「一次付款複合因子」(Single Payment Compound Amount Factor)，簡記為 CAF'。新的統一表示方法，是擺脫英文的影響記為 $[F/P]$，一看可知是已知 P 要求計算 F 之情形，符號讀為 given P to find F，不過我們用中文唸起來卻不大方便。

公式②中的 $1/(1 + r)^n$ 稱為「一次付款現值因子」(Single Payment Present Worth Factor)，簡記為 PWF'。新的表示方法是 $[P/F]$，一看可知是已知 F，求算 P 的情形。

於是，公式①、②又可簡記為

$$F = P[CAF'] \qquad ①'$$
$$\text{或}\quad F = P[F/P] \qquad ①''$$
$$P = F[PWF'] \qquad ②'$$
$$\text{或}\quad P = F[P/F] \qquad ②''$$

二、等額多次付款的情形

如在 n 年中，每年年末投資 A 元，則在 n 年年末之終值 F 應為各期投資金額與其複利之總和。

第一年年末投資 A 元在 $n-1$ 年中可獲得利息，其本利和為 $A(1+r)^{n-1}$。第二年末投資 R 元可獲利息之年數為 $n-2$，本利和為 $A(1+r)^{n-2}$。依此類推。最後之 n 年末所投資 A 不能獲得利息。故 n 年中每年年末付款 A 元之本利和為

$$F = A(1+r)^{n-1} + A(1+r)^{n-2} + \cdots + A(1+r) + A$$
$$= A[1 + (1+r) + \cdots + (1+r)^{n-1}]$$

兩邊乘以 $(1+r)$ 得到

$$F(1+r) = A[(1+r) + (1+r)^2 + \cdots + (1+r)^n]$$

減去原式，得

$$Fr = A(1+r)^n - A$$
$$= A[(1+r)^n - 1]$$

整理後即得

$$A = F[\frac{r}{(1+r)^n - 1}] \qquad \text{③}$$

公式③表示：如希望在 n 年後得到一筆資金 F，可在每年末以利率 r 之條件下投資 A 元，每年一次，n 年後即得。

仿照上面同樣方法，我們將公式③之中的 $[\frac{r}{(1+r)^n - 1}]$ 命名為「償債基金存款因子」(Sinking Fund Deposit Factor)，簡記為 SFF。於是，公式③亦可簡記為

$$A = F[SFF] \qquad \text{③′}$$
$$\text{或} \quad A = F[A/F] \qquad \text{③″}$$

公式③中之 F 為 n 年末之一次付款，我們可利用公式①將之轉化為 n 年前之現值 P，今將公式①之關係代入③之中

$$A = F[\frac{r}{(1+r)^n - 1}]$$
$$= P(1+r)^n[\frac{r}{(1+r)^n - 1}]$$

（利用 $A = F[SFF] = P[CAF'][SFF]$ 關係）亦即

$$A = P[\frac{r(1+r)^n}{(1+r)^n - 1}] \qquad \text{④}$$

公式④表示投資一筆現金 P 元，可以按 r 利率在 n 年中，每年年末收回 A 元而償還。式中的 $[\frac{r(1+r)^n}{(1+r)^n - 1}]$ 稱之為「資本收回因子」(Capital Recovery Fac-

tor)，簡記為 CRF。故公式④簡記為

$$A = P[CRF] \tag{4'}$$

或　$A = P[A/P]$ ④"

這一個因子是工程經濟問題分析中很重要的一個關係，經常會用到。

公式③整理之，可用 A 表示 F，即

$$F = A[\frac{(1+r)^n - 1}{r}] \tag{5}$$

公式⑤中之 $[\frac{(1+r)^n - 1}{r}]$ 部分稱為「等額多次複合因子」(Uniform Series Compound Amount Factor)，簡記為 CAF。故公式⑤亦可簡記為

$$F = A[CAF] \tag{5'}$$

或　$F = A[F/A]$ ⑤"

公式④，可用 A 表示 P，即

$$P = A[\frac{(1+r)^n - 1}{r(1+r)^n}] \tag{6}$$

式中之 $[\frac{(1+r)^n - 1}{r(1+r)^n}]$ 稱為「等額多次現值因子」(Uniform Series Present Worth Factor)，簡記為 PWF。故公式⑥簡記為

$$P = A[PWF] \tag{6'}$$

或　$P = A[P/A]$ ⑥"

以上六個公式幾乎是工程經濟的分析計算中僅有的公式。六個因子隨 r 值與 n 值而變，可將之先行計算編列其結果為表格，即是複利表，用時一查即得，非常方便。其用法下文再述。

現在，為了查閱參考方便起見，將上面六個公式一併用簡記法表示如附表。請注意「一次付款」和「等額多次付款」的情形不同，以英文意義表示，故有 CAF 與 PWF 兩個因子是類似的，宜特別注意辨別。有些書本上用 $[PWFS]$ 代替 $[PWF']$，用 $[CAFS]$ 代替 $[CAF']$。因為，各因子之值隨 r 及 n 之變而變，參閱附表可以一目了然。

一次付款	$[CAF'] = (1+r)^n,$ $F = P[CAF']_r^n,$ 或 $F = P[F/P]$	①
	$[PWF'] = 1/(1+r)^n,$ $P = F[PWF']_r^n,$ 或 $P = F[P/F]$	②
等額多次付款	$[SFF] = \dfrac{r}{(1+r)^n - 1},$ $A = F[SFF]_r^n,$ 或 $A = F[A/F]$	③
	$[CRF] = \dfrac{r(1+r)^n}{(1+r)^n - 1},$ $A = P[CRF]_r^n,$ 或 $A = P[A/P]$	④
	$[CAF] = \dfrac{(1+r)^n - 1}{r},$ $F = A[CAF]_r^n,$ 或 $F = A[F/A]$	⑤
	$[PWF] = \dfrac{(1+r)^n - 1}{r(1+r)^n},$ $P = A[PWF]_r^n,$ 或 $P = A[P/A]$	⑥

　　上面表中，各因子符號方括弧後附記之上下標示小字 n, r 表示與 n, r 有關之意，並非指數。

　　以下在實際計算過程中，簡記法所表示的關係是非常重要的，讀者務求熟悉其意義，那麼以後在進行分析計算時才能得心應手。

第三節　各因子間的數學關係

　　上述的六個基本因子，其相互間的數學關係約有下列數種。明瞭其數學關係後，在作計算問題時可以選擇較方便的途徑。下面之敘述中，除非在文字中另作說明，否則 r 與 n 為一定數值時，各項數學關係才能成立。

一、倒數關係

　　六個因子中互成倒數關係的共有三組，即

$$\frac{1}{[CAF']} = [PWF'] \quad 或 \quad \frac{1}{[F/P]} = [P/F]$$

$$\frac{1}{[SFF]} = [CAF] \quad 或 \quad \frac{1}{[A/F]} = [F/A]$$

$$\frac{1}{[CRF]} = [PWF] \quad 或 \quad \frac{1}{[A/P]} = [P/A]$$

其理極為明顯，不待證明。

二、〔等額多次現值〕與〔資本收回〕

　　上述之公式⑥為由公式④變來；但亦可由下法推得

　　　公式①　$F = P[CAF']$

公式⑤　　$F = A[CAF]$

如兩者所表示的 F 值相等，則

$$P[CAF'] = A[CAF]$$

$$\therefore P = A\frac{[CAF]}{[CAF']}$$

即

$$P = A\frac{\frac{(1+r)^n - 1}{r}}{(1+r)^n}$$

$$= A[\frac{(1+r)^n - 1}{r(1+r)^n}]$$

上式即係公式⑥，$P = A[PWF]$

三、〔等額多次現值〕與〔一次付款現值〕

公式⑥表示，在 n 年中每年末投下 A 元之現值為 P。又公式②，$P = F[PWF']$ 表示在 n 年末一次投下 F 元之現值為 P。

如令兩式中，當 $n = 1, 2, 3 \cdots$ 時之 F 與 A 相等，則可知

$$P = p_1 + p_2 + p_3 + p_4 + \cdots + p_n$$

式中 $p_1, p_2 \cdots$ 表示 $n = 1, 2 \cdots$ 時之現值。故有下列之關係：

$$[PWF]_r^n = [PWF']_r^1 + [PWF']_r^2 + \cdots + [PWF']_r^n$$

四、「資本收回因子」[CRF] 與「償債基金存款因子」[SFF] 間之差為 r

茲證明如下：

$$[CRF] = \frac{r(1+r)^n}{(1+r)^n - 1}$$

$$= \frac{r(1+r)^n - r + r}{(1+r)^n - 1}$$

$$= \frac{r[(1+r)^n - 1] + r}{(1+r)^n - 1}$$

$$= r + \frac{r}{(1+r)^n - 1}$$

而　$\dfrac{r}{(1+r)^n - 1} = [SFF]$

$\therefore$　$[CRF] = r + [SFF]$

或者 $[SFF] = [CRF] - r$

五、n 項「等額多次複合因子」[CAF] 之值為 $n-1$ 項「一次付款複合因子」[CAF'] 之和加 1

茲證明如下：

當　$n = 1$　時　　　　　　　　$[CAF'] = (1+r)$

　　$n = 2$　　　　　　　　　　$[CAF'] = (1+r)^2$

　　$n = 3$　　　　　　　　　　$[CAF'] = (1+r)^3$

$\cdots\cdots\cdots\cdots\cdots\cdots\cdots\cdots\cdots\cdots\cdots\cdots$

至　$n-1$　時　　　　　　　　$[CAF'] = (1+r)^{n-1}$

$n-1$ 項 $[CAF']$ 之和 $= (1+r) + (1+r)^2 + (1+r)^3 + \cdots + (1+r)^{n-1}$

$$= \frac{(1+r)[(1+r)^{n-1} - 1]}{(1+r) - 1}$$

$$= \frac{(1+r)^n - 1 - r}{r} = \frac{(1+r)^n - 1}{r} - 1$$

而　$\dfrac{(1+r)^n - 1}{r} = [CAF]$

$\therefore \quad [CAF]^n = \sum_{j=1}^{n-1} [CAF']^j + 1$

六、以上所討論之諸公式中之 *A*，皆指在每年年末之投資（或收回），所謂是「普通年金」。

如果，在 n 年中每年開始時即投資 T 元，按利率 r 複利計算，令至 n 次後其本利和為 S。則其關係如下：

$$S = T(1+r)^n + T(1+r)^{n-1} + \cdots + T(1+r)$$

上式兩端乘以 $(1+r)$

$$(1+r)S = T[(1+r)^{n+1} + (1+r)^n + \cdots + (1+r)^2]$$

以此式減去原式，得

$$Sr = T[(1+r)^{n+1} - (1+r)]$$

整理之，可得下面之關係：

$$S = T[\frac{(1+r)[(1+r)^n - 1]}{r}] \qquad ⑦$$

或　$T = S[\dfrac{r}{(1+r)[(1+r)^n - 1]}] \qquad ⑧$

公式⑦、⑧兩式之用處在工程經濟的分析計算中較少，故未予以特別名稱，其數值亦無現成表格可查。如有計算之必要時，必須自行計算。此處之 T 在商

用數學中稱為「期首年金」(Annuity Due)。為供讀者參考茲計算三組數值，如下表：

已知 $r = 10\%$ 時因子數值

n	⑦式因子，已知 T 求 S	⑧式因子，已知 S 求 T
1	1.1000	0.9090
5	6.7156	0.1489
10	17.5312	0.0570

第四節　資本收回率

上面第二節中介紹公式④時，命名為「資本收回因子」；並且強調這個關係是工程經濟的問題分析中，相當重要的一個關係。

公式④的意義是：在已知 r 及 n 的條件下，企業投資如為 P 元，則每年必須收回 A 元才足以補償。換句話說，n 年中每年如自事業中得到收益 A 元，則表示已將原來之投資 P 元收回了。因此，如果實際上每年之收益小於 A，表示投資未能收回；如果實際上每年之收益大於 A，則表示投資必可收回，且有額外贏利。

所以，利用公式④所算出來的 A，實際上代表一個臨界值；是對於原來的理想究竟是虧損抑或有贏餘，提供了一個比較的標準。

但是，實際上，有時我們並不過問 A 究竟如何，反而直接問道：「投資以後得到了多大好處？」最便捷的答案是指出：收益與投資之比率如何，也就是上面介紹過的諸因素之一的 r。

在習慣上，r 幾乎是指導企業家投資的指南針。舉例說明如下：如果一般銀行對於客戶存款每年給予 6% 的利息；現在有某一新事業，投資後每年可獲得之利益為 6%。此時，企業家寧願將資本儲蓄於銀行，坐享其利息；而不必擔心冒風險去贏取該 6% 之利益矣。因此，在作經濟分析時，有時我們應為每一個方案，計算其可能有之獲利能力（以年利率來表示，如上面說的每年 6%）為若干，來作比較。

不幸的是，根據上面所介紹的六個基本公式，我們知道：如果想直接利用其他幾個因素來表示 r 的話，是非常麻煩的，即使能將數學關係寫出來；但是，在實際運算上仍是很不方便的。六個公式之中，唯一最簡單的是可以利用公式

①變化得到下式:

$$r = \sqrt[n]{\frac{F}{P}} - 1$$

⑨

公式⑨的計算非利用對數不可；而且，僅僅限於一次付款的情形下才能利用。本書附錄中備有「常用對數表」可以應用。

如果，系統中的收支情形涉及了多次付款的情形時，我們只能採用一種近似的方法，求取其近似值了。好在有關利率的數字精確程度，在實際應用上，要求得並不如理論上之高；實際上，沒有必要把利率算得很精確。所以，各種近似的方法都是實際上可行的方法。詳細作法，容後再述。

第五節　名目利率與實質利率

在經濟學中，利率的定義是從利息的定義中衍生出來的。換句話說，我們在理論上先承認了利息，再以利息來解釋何謂利率。在實際的工程經濟的計算分析方面卻正好相反，我們常常是以利率為方案比較的標準，以利率之大小來作為決策的參考。依據利率來計算利息。

在單利的情形中，即一次付款的情形，利率的問題很簡單；可是，在複利的情形中，利息是隨時間之增加而累積的，其變化比較複雜。茲說明如下：

在實際應用中，利率之期數並不一定以每年一期為準。我們亦可以按半年一次，按每季一次或每月一次計算利息。各種不同的分期法計得之結果各不相同。例如存款於銀行，計息或每月一次或每季一次；各種債券可能是每六個月或每三個月付息一次；各種私人借款大多以每月計息一次為準。商場上更有以日計息的，此處不贅。

假如按月計算利息，且其月利率為1%；在通常即說是年利率12%，每月計息一次。這個年利率12%，我們就稱之為是「名目利率」(Nominal Interest Rate)。在我國商業習慣上，一般稱之為「虛利率」。

今設借款本金是1,000元，按月利率12% ÷ 12 = 1%計息，每月一次，十二個月以後（一年後）的本利和，利用公式①計算，可得

$$F = P[CAF']_{1\%}^{12}$$
$$= 1,000 \times 1.127 = 1,127 \, 元$$

如果借款本金是1,000元，以年利率12%計息，一年到期後之本利和，同

樣利用公式①計算，可得

$$F = P[CAF']_{1\%}^{12}$$

$$= 1,000 \times 1.120 = 1,120 \, 元$$

兩者比較一下，前者多了

$$1,127 - 1,120 = 7 \, 元$$

換一句話說，月利率 1% 計息之結果稍大於年利率 12% 之計息；月利率 1%
計息十二個月之結果，在實際上大約相當於年利率 12.68% 之一次計息。

同一時期中，如果計算利息之次數愈多，則結果應得之利息愈大於按「名
目利率」所計得之利息。上面的年利率 12% 就是「名目利率」；12.68% 則為「**實
質利率**」(Effective Interest Rate)。在我國商業習慣上，稱之為「**實利率**」。

現在，我們把這兩個名詞的定義，再解釋得更精確一點。

設每年計算利息的「名目利率」為 i，但於一年之中，計算利息 n 次，則每
期之利率為

$\dfrac{i}{n}$，將此利率代入前面的公式①

$$F = P(1 + r)^n$$

之中，求得其 n 次計息之全部本利和為

$$F = P(1 + \frac{i}{n})^n$$

為一年之中，借款 P 元，計息 n 次後之全部本利和；其中利息之部分應為本利
和與本金之差，即

$$P(1 + \frac{i}{n})^n - P$$

乃為實際上所應得之利息。又按定義，利息與本金之比，是為利率；故「實質
利率」為

$$\frac{P(1 + \frac{i}{n})^n - P}{P} = (1 + \frac{i}{n})^n - 1$$

即　$r = (1 + \frac{i}{n})^n - 1$ ⑩

現在，再將上式移項，開 n 次方後整理之，即得每年之「名目利率」為

$$i = n[(1 + r)^{\frac{1}{n}} - 1]$$ ⑪

上面兩式中，⑪式的應用情形極少極少。

工程經濟之方案比較研究中，每年中計算利息次數不同的各個「名目利率」

（即 n 值各不相等），無法彼此比較優劣。要作比較時，應先將之全部化成「實質利率」後再行之。

上面兩式中，當 n 之值愈大時，「名目利率」與「實質利率」相差亦甚大。如上述例中，$n = 12$，則當名目利率為 12% 時，實質利率為 12.68%，相差 0.68%。當名目利率為 24% 時，實質利率為 26.8%，相差 2.8%。

事實上，由上面任一式中可見：

如果 $n = 1$，即一年之中僅計息一次，則 $r = i$

如果 $n > 1$，即一年之中計息多次，則可見：

$$r = (1 + \frac{i}{n})^n - 1$$

$$= 1 + n \cdot \frac{i}{n} + \frac{n(n-1)}{2!}(\frac{i}{n})^2 + \cdots - 1$$

$$= i + \frac{n(n-1)}{2!}(\frac{i}{n})^2 + \cdots$$

上式中右端第二項以後皆為正值，即 $r = i + \cdots$

$$\therefore \quad r > i$$

故可見一年之中計息多次，則「實際利率」r 大於「名稱利率」i。n 愈大，兩者相差愈大。

如果 $n < 1$，亦即要在一年以上始行計息一次。在工程經濟所研究的問題中，無此種情形出現，不必討論。

總結以上，在工程經濟的分析中，有關投資利率之計算，概以「實際利率」為準。下面討論連續利率時會再說明。

今以 $n = 12$，列表比較名稱利率與實際利率如下：

名目利率，i	.06	.08	.10	.12	.14	.16	.20
實質利率，r	.06158	.08294	.10472	.12682	.14935	.17219	.2194

例題3.1

有兩個投資方案可供選擇。估計甲案每年可獲利 16%；乙案係年利率 15%，但每月複利一次。請問兩個方案那一案值得採用？

解：利用公式⑩，乙案的名目利率 $i = 15\%$，代入解出 r，

$$r = (1 + \frac{15\%}{12})^{12} - 1 = 16.0754518\%$$

故乙案較甲案略優。

第六節 連續複利

上節中所舉之例題，本來是按一定的年利率一年到期計其利息的；但是，如果以十二分之一的年利率，按十二個月，每月一次計息的結果，多了 7 元。同樣理由，我們可追究下去：如果以二十四分之一的年利率，每半個月計息一次，則其結果如何？如果以五十二分之一的年利率，每週計息一次，則其結果如何？如果以三百六十五分之一的年利率，每天計息一次，則其結果如何？

這樣，每一個月，每半個月，甚至於每一天，仍然都是間斷的 (discrete) 數據；不過，我們已經知道，這樣算出來的利息數字會愈來愈大。但是，如果我們把一年中的計息次數再細分下去，甚至於細分到變成連續狀態；那麼，最後利息之增加會大到什麼程度呢？

現在，假定以本金 P 元，投資 n 年，估計其獲利之名目年利率為 i。如果，一年之中計算利息 m 次，則 n 年到期以後之本利和可以下式表示：

$$F = P(1 + \frac{i}{m})^{nm}$$

茲令 $m = ik$ 代入上式之中，得到

$$F = P(1 + \frac{i}{ik})^{nik} = P[(1 + \frac{1}{k})^{k}]^{ni}$$

當一年之中計算利息之次數無限增大的話，即 $m \to \infty$；但在 $m = ik$，式中，i 為名稱年利率為一常數，故 $k \to \infty$，據微積分學可知

$$\lim_{k \to \infty}(1 + \frac{1}{k})^{k} = 2.718281828459045 \cdots = e$$

e 為自然對數之底。於是，上式變為

$$F = Pe^{ni} \qquad\qquad ⑫$$

或可寫為

$$P = Fe^{-ni} \qquad\qquad ⑬$$

公式⑫表示：當計算利息之次數為無限大時，本利和之極限值為 F。公式⑬表示，自本利和 F 求現值 P。兩式互成倒數關係，且僅能適用於一次付款的情形中。

　　在公式⑩中，n 為計息次數，上面將之化為十二個月。同樣我們如果將之化為五十二週、三百六十五天、……，類推下去，又可得到什麼結果呢？

　　公式⑩中，先令 $n = ik$，則當 $n \to \infty$ 時，$k \to \infty$ 由公式⑩

$$r = (1 + \frac{i}{ik})^{ik} - 1$$

$$= \lim_{k \to \infty} [(1 + \frac{1}{k})^{k}]^{i} - 1$$

$$= e^{i} - 1$$

$$r = e^{i} - 1 \qquad\qquad ⑭$$

　　公式⑭表示：名稱利率為 i 時，則在連續計息的情形下，其實際利率為 r。當 i 數值愈大時，r 與 i 間之相差也愈大。下表可作參考。

名稱利率，i	.01	.03	.05	.10	.15	.20	.25	.30
實際利率，r	.01005	.03045	.05127	.10517	.16183	.22139	.28402	.34985

　　試以公式⑫來看，設 $n = 1$，故 $F = Pe^{i}$。據利率之定義，可得實際利率 r 之關係為：$r = \dfrac{Pe^{i} - P}{P}$；化簡得到 $r = e^{i} - 1$ 即⑭式。所以，$i = \log(1 + r)$，這類計算利用掌上計算機一按就得。

　　傳統的資本市場上，很少採用這種連續的方式來計算利息的。但是，這一個極限觀念，在作企業決策，制定其數學模型時極為重要。有一種說法是，以連續方式計得利息較高，故投資成本偏高可以提醒企業決策人的警覺。在高深的數學分析中，連續是一個必要的前提，所以一些高深的工程經濟教科書中，便全以連續情形為出發點去作更進一步的分析。實際的情形中，也有些工程活動中，其資金之投入以及收益之產出，並非集中於某一個固定的日期上，而是一種遍布於全期的均勻散布方式。那麼，計算其各項因素，當然應該採用公式⑫或公式⑬比較合理。此點以後會再談到。

　　今天，電腦已是極普遍的設備，計算方算，許多私人經濟都改以合理的連續複利方式計息了。

◎注　意

　　公式⑫和公式⑬之中僅有 F 和 P 兩個因素的變化，顯然是集中於一個固定

日期上的一次付款；但是，其利息之產生卻是遍布於全期的，觀念上與公式①和公式②截然不同，應仔細辨別。

第七節　本章摘要

工程經濟中所要研究的問題是「某筆投資值得不值得?」也就是說投資所得之利益為若干? 所以工程經濟的研究過程中，與經濟學中的利息理論之關係很密切。本章中所介紹的複利公式與商用數學中所介紹的，在原則上說來是相同的，但由於彼此所據的習慣不同，表達方式略異，本書中原來採用 [CAF][PWF] ……等記號，為美國史丹福大學工業工程學系的 E. L. Grant 教授所創，用英文唸起來便於記憶，觀念明確是其優點。六個記號，讀者務必熟悉，以後計算方不致錯誤。

但是，漸漸的有些意見認為：這六個符號只對說英語的人們方便，尤其在一九七〇年以後，全球反美情緒高漲，學者們提倡採用數學觀念的符號，改各因子型態為下表所示：

已知	求算	原來的英文記號	改用數學記號	本書公式編號
P	F	CAF'	F/P	①
F	P	PWF'	P/F	②
F	A	SFF	A/F	③
P	A	CRF	A/P	④
A	F	CAF	F/A	⑤
A	P	PWF	P/A	⑥

本書改版增訂資料，採用新的表示方法，但仍保留舊法供參考。

我們在判斷一項投資決策時，所根據的將來狀況是一種估計；故各項計算在先天上即不可免的有著錯誤之可能。尤其是工程經濟所作之研究分析，是在設計工作真正實現之前，所以計算的結果是有某種程度的冒險的。一般說來，估計的支出費用都有相當程度的變動；因此，在計算利息時算至七位小數等等實無此必要，實用上計其三位即足，甚至可以利用電算器解答。因計息期數不同而生之微小差異亦可略而不計。

連續的計算利息之概念在實用上由於電腦之方便，因此在國外已甚普遍，尤其是在公共投資方面更非採用連續計息方式不可。讀書宜掌握正確觀點，詳

細計算，後文再述。

習　題

3-1. 複習 $[CAF]$ 與 $[CAF'][SFF][CRF]$ 及 $[PWF]$ 之關係。

3-2. 複習 $[CRF]$ 與 $[CAF'][PWF'][SFF][CAF]$ 及 $[PWF]$ 之關係。

3-3. 某項借款之月利率為 $1\frac{1}{2}\%$。試求每年名目利率及實質利率。

3-4. 名目利率 12%。試求每月計息之實際利率為若干？

3-5. 下列各圖中，利用本章介紹的各因子簡記法用已知項表示未知項。假定各題中之利率 r 不變。

a.

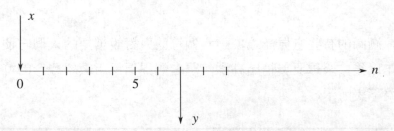

已知 x，問 $y=?$ $\qquad\qquad (y=x[CAF']^7)$

b.

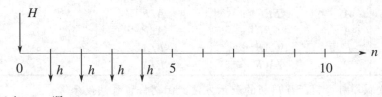

已知 H，問 $h=?$ $\qquad\qquad (h=H[CRF]^4)$

c.

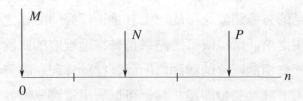

$n=0$ 時，購買機器一套價值 M 元，$n=2, n=4$ 時又添置附帶設備各為 N 元及 P 元。問 $n=5$ 時「總價值」$=?$

d.

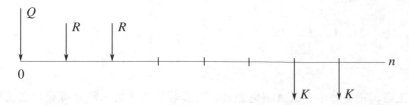

原來以分期付款方式，購入系統設備，付款為 Q, R, R，其中 $Q = R + T$，後來系
統又以分二次付款，每次付 K 元讓出，假定

①已知 Q, R，問 $K = ?$

②已知 K, R，問 $T = ?$

③K 為 K_1, K_2 並不相等，已知 Q, R, K_1，問 $K_2 = ?$

e.

原來有一個分期付款辦法，如圖：

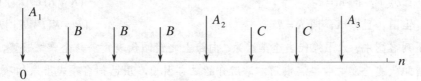

後來改為下圖方式：

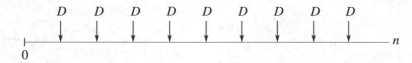

問 $D = ?$

f.

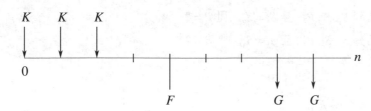

有一等值之系統如上圖，已知其中之 K 及 G，試問：

①如果 F 是投入，則 $F = ?$

②如果 F 是產出，則 $F = ?$

g.

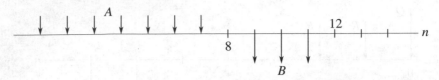

上圖，七年每年一筆 A 投入系統，恰與若干年後之三筆 B 等值；但在第八年之年底，年利率突然增大，由原來的 10% 昇為 12%。雙方同意在 $n=12$ 時，結清餘額 H。試以 A, B 表示 H。

h.

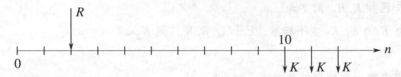

已知 R，問 $K=?$ $(K = R[CAF']^7[CRF]^3)$

上圖，已知 K，問 $R=?$ $(R = K[PWF]^3[PWF']^7)$

3-6. 下列各圖中，水平線代表企業體系，向線上之箭頭代表對於該企業之投資，離開之箭頭代表企業之收益。利用本章所介紹之各因子，用已知各項表出未知項。

a.

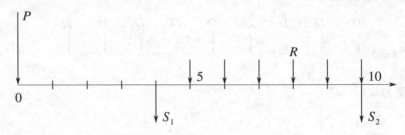

① 已知 S_1, S_2, R, 且 $S_1 = S_2$, 問 $P=?$

② 已知 S_1, S_2, P, 且 $S_1 \neq S_3$, 問 $R=?$

b.

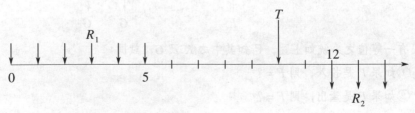

① 已知 R_1, R_2 且 $R_1 \neq R_2$, 問 $T=?$

② 已知 T, R_2 問 $R_1=?$

3–7.

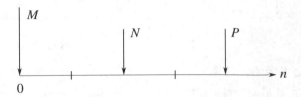

假定利率已知，$n=0$ 時購買機器一套價值 M 元，$n=2, n=4$ 時又添置附帶設備各為 N 元及 P 元，據估計，此機器使用到 $n=8$ 時，尚可賣得 R 元，問 $n=5$ 時，機器之〔總價值〕$=$？

3–8.

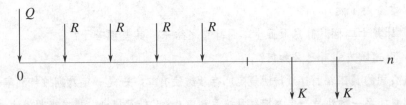

原來以分期付款方式，購入系統設備，付款為 Q, R, R, R, R，設備在 $n=7$ 時，估計有殘值 S，其中 $Q=R+T$，後來系統以分二次付款，每次付 K 元讓出。假定：

a. 已知 Q, R, S，問 $K=$？

b. 已知 K, R, S，問 $T=$？

c. K 為 K_1, K_2 並不相等，已知 Q, R, K_1, S，問 $K_2=$？

3–9. 原來有一個分期付款辦法：

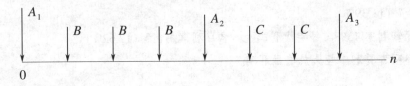

後來改為

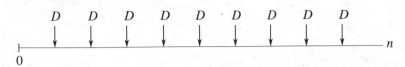

問 $A_1=$？　　$A_2=$？　　$A_3=$？

3–10. 已知利率一定，有一等值之系統，

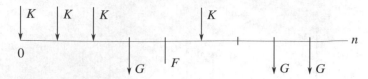

已知其中之 K 及 G，試問

    a. 如果 F 是投入，則 $F = ?$

    b. 如果 F 是產出，則 $F = ?$

3-11. 一等值系統，$n = 3$ 時投入 W 元，$n = 11$ 時有一產出為 Q 元，而 $Q < W$；如在 $n = 7$ 時發現另一筆 K。問 K 之性質，並以 W 及 Q 表示 K 之價值。(假定利率條件已知)

3-12. 某公司的員工福利存款辦法規定：存款以一年為期，按年利率 10% 計算利息。試以本金為 1 元

    a. 計算十二個月計息及五十二週計息之結果，其差額若干？

    b. 以連續方式計息又如何？

3-13. 某公司的員工福利存款辦法規定；存款辦法有二：一是一年為期按年利率 11% 計算利息；另一辦法是一年為期每月按月利率 0.8% 計算複利。問二存款辦法是否相同？

3-14. 本金 1 元，年利率 25%，試以 $m = 1$ 開始，在一年中

    a. 計算 m 漸大時，所得之一年本利和。

    b. 在一方格座標紙上，以水平座標為一年中計息項數，以垂直座標為一年本利和，描其曲線。

3-15. 本章習題 5. a. 中，此一系統之投資報酬率為何？

3-16. 某工廠向某銀行借得資金一筆，每月按年利率 9% 付息。問每年之實質利率約為若干？ (11.39%)

3-17. 實質利率 13%，每年複利二次。名目利率為何？ (12.62%)

3-18. 證明實質利率恆大於名目利率。

第四章
複利表之意義及應用

第一節 普通複利之計算

上面第三章中所介紹的公式：公式①至⑥等六個公式，有六個便於記憶的簡號，這些簡號是配合來查表的。

為便於配合查表解題，茲將前述的新舊二套六個簡號以及其數學關係，整理如下表：

類　別	已　知	求　解	舊簡號；新簡號；公式代號	
一次付款	P, r, n	F	$F = P[CAF']$; $[F/P]$;	①
	F, r, n	P	$P = F[PWF']$; $[P/F]$;	②
等額多次	F, r, n	A	$A = F[SFF]$; $[A/F]$;	③
	P, r, n	A	$A = P[CRF]$; $[A/P]$;	④
	A, r, n	F	$F = A[CAF]$; $[F/A]$;	⑤
	A, r, n	P	$P = A[PWF]$; $[P/A]$;	⑥

從 101 頁起的〔表 4.1〕直到 119 頁的〔表 4.19〕，為利率 r 等於 1%、$1\frac{1}{4}$%、$1\frac{1}{2}$%、$1\frac{3}{4}$%、2%、$2\frac{1}{2}$%、3%、$3\frac{1}{2}$%、4%、$4\frac{1}{2}$%、5%、$5\frac{1}{2}$%、6%、7%、8%、10%、12%、15%、20% 不同之利率時，六種因子隨計息次數 n 之變化之數值。六種因子分列六欄；前二欄為「一次付款」的兩種因子；後四欄為「等額多次付款」的情形。下面例題中，將說明查表方法。

在每一個問題分析之前，首先應就其中 r、n、P、F、A 等各個變數仔細觀察，何項為已知，何項為未知，畫成圖解，確定其關係，方不易錯誤。然後，選用適當公式，將原來題意寫成數學模型，再佐以圖解，即可令人有極明確之認識。如果，必須計算其數字結果，恰當之 r 及 n 值可利用普通複利表查得各因子之數值，代入計算；r 及 n 之值不恰當而無現成之複利表可用時，則應根據

公式之原型（參見第三章第二節①②③④⑤⑥六式），利用對數方法或者一般計算工具計算之。計算工具上所得之近似結果，在一般的工程經濟分析中可以採用。現今掌中計算機日益方便，計算此類問題已不再麻煩，尤其設計較精細者，專供工程經濟使用者，可以直接按鍵找出每一因子之值。今天利用電腦計算已極方便。

下面在十九個普通複利表之後，將介紹幾個例題說明如何根據前述之公式，查閱適當的複利表，簡化計算。每一個例題暫都以一種方式的說明為主；但是，在實用上幾乎包括了在工程經濟中的基本解題的方法，讀者宜細加體會熟悉，以後遇到複雜情形，也不過是多算幾次而已，道理是一樣的。

〔表 4.1〕直至〔表 4.19〕格式相同，表中左右兩側 n 表「期數」，中間分為六欄，前二欄與後四欄用雙線分開。前二欄係「一次付款」；後四欄係「等額多次付款」。在各欄之下分列各因子名稱及其新舊二種簡號，已知條件，所求者為何，以及本書中之公式代號。

原則上，複利表係用以解求適當之 F, P 及 A 等值，而且工程經濟中的大多數計算題亦屬此類。但是有時我們也有想要解求 r 值，或是 n 值的機會，直接利用各數學關係求解，會不勝其煩，不如利用複利表倒查找尋其近似值，特別是想解求投資報酬率時，此法更為實用。查表的方法以後再作介紹。

表中數值雖然現在利用掌中計算機計算按鍵即得非常方便，但在教室中為便於舉例講解，詳列數字的表格有其必要，故本書仍然保留如後。

表 4.1　1% 普通複利表

期數 *n*	一　次　付　款		等　額　多　次　付　款				期數 *n*
	已知 *P* 求 *F* 公式 ①	已知 *F* 求 *P* 公式 ②	已知 *F* 求 *A* 公式 ③	已知 *P* 求 *A* 公式 ④	已知 *A* 求 *F* 公式 ⑤	已知 *A* 求 *P* 公式 ⑥	
	CAF'	PWF'	SFF	CRF	CAF	PWF	
	F/P	P/F	A/F	A/P	F/A	P/A	
1	1.010	0.9901	1.00000	1.01000	1.000	0.990	1
2	1.020	0.9803	0.49751	0.50751	2.010	1.970	2
3	1.030	0.9706	0.33002	0.34002	3.030	2.941	3
4	1.041	0.9610	0.24628	0.25628	4.060	3.902	4
5	1.051	0.9515	0.19604	0.20604	5.101	4.853	5
6	1.062	0.9420	0.16255	0.17255	6.152	5.795	6
7	1.072	0.9327	0.13863	0.14863	7.214	6.728	7
8	1.083	0.9235	0.12069	0.13069	8.286	7.652	8
9	1.094	0.9143	0.10674	0.11674	9.369	8.566	9
10	1.105	0.9053	0.09558	0.10558	10.462	9.471	10
11	1.116	0.8963	0.08645	0.09645	11.567	10.368	11
12	1.127	0.8874	0.07885	0.08885	12.683	11.255	12
13	1.138	0.8787	0.07241	0.08241	13.809	12.134	13
14	1.149	0.8700	0.06690	0.07690	14.947	13.004	14
15	1.161	0.8613	0.06212	0.07212	16.097	13.865	15
16	1.173	0.8528	0.05794	0.06794	17.258	14.718	16
17	1.184	0.8444	0.05426	0.06426	18.430	15.562	17
18	1.196	0.8360	0.05098	0.06098	19.615	16.398	18
19	1.208	0.8277	0.04805	0.05805	20.811	17.226	19
20	1.220	0.8195	0.04542	0.05542	22.019	18.046	20
21	1.232	0.8114	0.04303	0.05303	23.239	18.857	21
22	1.245	0.8034	0.04086	0.05086	24.472	19.660	22
23	1.257	0.7954	0.03889	0.04889	25.716	20.456	23
24	1.270	0.7876	0.03707	0.04707	26.973	21.243	24
25	1.282	0.7798	0.03541	0.04541	28.243	22.023	25
26	1.295	0.7720	0.03387	0.04387	29.526	22.795	26
27	1.308	0.7644	0.03245	0.04245	30.821	23.560	27
28	1.321	0.7568	0.03112	0.04112	32.129	24.316	28
29	1.335	0.7493	0.02990	0.03990	33.450	25.066	29
30	1.348	0.7419	0.02875	0.03875	34.785	25.808	30
31	1.361	0.7346	0.02768	0.03768	36.133	26.542	31
32	1.375	0.7273	0.02667	0.03667	37.494	27.270	32
33	1.389	0.7201	0.02573	0.03573	38.869	27.990	33
34	1.403	0.7130	0.02484	0.03484	40.258	28.703	34
35	1.417	0.7059	0.02400	0.03400	41.660	29.409	35
40	1.489	0.6717	0.02046	0.03046	48.886	32.835	40
45	1.565	0.6391	0.01771	0.02771	56.481	36.095	45
50	1.645	0.6080	0.01551	0.02551	64.463	39.196	50
55	1.729	0.5785	0.01373	0.02373	72.852	42.147	55
60	1.817	0.5504	0.01224	0.02224	81.670	44.955	60
65	1.909	0.5237	0.01100	0.02100	90.937	47.627	65
70	2.007	0.4983	0.00993	0.01993	100.676	50.169	70
75	2.109	0.4741	0.00902	0.01902	110.913	52.587	75
80	2.217	0.4511	0.00822	0.01822	121.672	54.888	80
85	2.330	0.4292	0.00752	0.01752	132.979	57.078	85
90	2.449	0.4084	0.00690	0.01690	144.863	59.161	90
95	2.574	0.3886	0.00636	0.01636	157.354	61.143	95
100	2.705	0.3697	0.00587	0.01587	170.481	63.029	100

表 4.2　$1\frac{1}{4}\%$ 普通複利表

期數 n	一　次　付　款		等　額　多　次　付　款				期數 n
	已知 P 求 F 公式 ①	已知 F 求 P 公式 ②	已知 F 求 A 公式 ③	已知 P 求 A 公式 ④	已知 A 求 F 公式 ⑤	已知 A 求 P 公式 ⑥	
	CAF'	PWF'	SFF	CRF	CAF	PWF	
	F/P	P/F	A/F	A/P	F/A	P/A	
1	1.012	0.9877	1.00000	1.01250	1.000	0.988	1
2	1.025	0.9755	0.49689	0.50939	2.012	1.963	2
3	1.038	0.9634	0.32920	0.34170	3.038	2.927	3
4	1.051	0.9515	0.24536	0.25786	4.076	3.878	4
5	1.064	0.9398	0.19506	0.20756	5.127	4.818	5
6	1.077	0.9282	0.16153	0.17403	6.191	5.746	6
7	1.091	0.9167	0.13759	0.15009	7.268	6.663	7
8	1.104	0.9054	0.11963	0.13213	8.359	7.568	8
9	1.118	0.8942	0.10567	0.11817	9.463	8.462	9
10	1.132	0.8832	0.09450	0.10700	10.582	9.346	10
11	1.146	0.8723	0.08537	0.09787	11.714	10.218	11
12	1.161	0.8615	0.07776	0.09026	12.860	11.079	12
13	1.175	0.8509	0.07132	0.08382	14.021	11.930	13
14	1.190	0.8404	0.06581	0.07831	15.196	12.771	14
15	1.205	0.8300	0.06103	0.07353	16.386	13.601	15
16	1.220	0.8197	0.05685	0.06935	17.591	14.420	16
17	1.235	0.8096	0.05316	0.06566	18.811	15.230	17
18	1.251	0.7996	0.04988	0.06238	20.046	16.030	18
19	1.266	0.7898	0.04696	0.05946	21.297	16.819	19
20	1.282	0.7800	0.04432	0.05682	22.563	17.599	20
21	1.298	0.7704	0.04194	0.05444	23.845	18.370	21
22	1.314	0.7609	0.03977	0.05227	25.143	19.131	22
23	1.331	0.7515	0.03780	0.05030	26.457	19.882	23
24	1.347	0.7422	0.03599	0.04849	27.788	20.624	24
25	1.364	0.7330	0.03432	0.04682	29.135	21.357	25
26	1.381	0.7240	0.03279	0.04529	30.500	22.081	26
27	1.399	0.7150	0.03137	0.04387	31.881	22.796	27
28	1.416	0.7062	0.03005	0.04255	33.279	23.503	28
29	1.434	0.6975	0.02882	0.04132	34.695	24.200	29
30	1.452	0.6889	0.02768	0.04018	36.129	24.889	30
31	1.470	0.6804	0.02661	0.03911	37.581	25.569	31
32	1.488	0.6720	0.02561	0.03811	39.050	26.241	32
33	1.507	0.6637	0.02467	0.03717	40.539	26.905	33
34	1.526	0.6555	0.02378	0.03628	42.045	27.560	34
35	1.545	0.6474	0.02295	0.03545	43.571	28.208	35
40	1.644	0.6084	0.01942	0.03192	51.490	31.327	40
45	1.749	0.5718	0.01669	0.02919	59.916	34.258	45
50	1.861	0.5373	0.01452	0.02702	68.882	37.013	50
55	1.980	0.5050	0.01275	0.02525	78.422	39.602	55
60	2.107	0.4746	0.01129	0.02379	88.575	42.035	60
65	2.242	0.4460	0.01006	0.02256	99.377	44.321	65
70	2.386	0.4191	0.00902	0.02152	110.872	46.470	70
75	2.539	0.3939	0.00812	0.02062	123.103	48.489	75
80	2.701	0.3702	0.00735	0.01985	136.119	50.387	80
85	2.875	0.3479	0.00667	0.01917	149.968	52.170	85
90	3.059	0.3269	0.00607	0.01857	164.705	53.846	90
95	3.255	0.3072	0.00554	0.01804	180.386	55.421	95
100	3.463	0.2887	0.00507	0.01757	197.072	56.901	100

表 4.3　$1\frac{1}{2}$% 普通複利表

期數 n	一 次 付 款		等 額 多 次 付 款				期數 n
	已知 P 求 F 公式 ①	已知 F 求 P 公式 ②	已知 F 求 A 公式 ③	已知 P 求 A 公式 ④	已知 A 求 F 公式 ⑤	已知 A 求 P 公式 ⑥	
	CAF'	PWF'	SFF	CRF	CAF	PWF	
	F/P	P/F	A/F	A/P	F/A	P/A	
1	1.015	0.9852	1.00000	1.01500	1.000	0.985	1
2	1.030	0.9707	0.49628	0.51128	2.015	1.956	2
3	1.046	0.9563	0.32838	0.34338	3.045	2.912	3
4	1.061	0.9422	0.24444	0.25944	4.091	3.854	4
5	1.077	0.9283	0.19409	0.20909	5.152	4.783	5
6	1.093	0.9145	0.16053	0.17553	6.230	5.697	6
7	1.110	0.9010	0.13656	0.15156	7.323	6.598	7
8	1.126	0.8877	0.11858	0.13358	8.433	7.486	8
9	1.143	0.8746	0.10461	0.11961	9.559	8.361	9
10	1.161	0.8617	0.09343	0.10843	10.703	9.222	10
11	1.178	0.8489	0.08429	0.09929	11.863	10.071	11
12	1.196	0.8364	0.07668	0.09168	13.041	10.908	12
13	1.214	0.8240	0.07024	0.08524	14.237	11.732	13
14	1.232	0.8118	0.06472	0.07972	15.450	12.543	14
15	1.250	0.7999	0.05994	0.07494	16.682	13.343	15
16	1.269	0.7880	0.05577	0.07077	17.932	14.131	16
17	1.288	0.7764	0.05208	0.06708	19.201	14.908	17
18	1.307	0.7649	0.04881	0.06381	20.489	15.673	18
19	1.327	0.7536	0.04588	0.06088	21.797	16.426	19
20	1.347	0.7425	0.04325	0.05825	23.124	17.169	20
21	1.367	0.7315	0.04087	0.05587	24.471	17.900	21
22	1.388	0.7207	0.03870	0.05370	25.838	18.621	22
23	1.408	0.7100	0.03673	0.05173	27.225	19.331	23
24	1.430	0.6995	0.03492	0.04992	28.634	20.030	24
25	1.451	0.6892	0.03326	0.04826	30.063	20.720	25
26	1.473	0.6790	0.03173	0.04673	31.514	21.399	26
27	1.495	0.6690	0.03032	0.04532	32.987	22.068	27
28	1.517	0.6591	0.02900	0.04400	34.481	22.727	28
29	1.540	0.6494	0.02778	0.04278	35.999	23.376	29
30	1.563	0.6398	0.02664	0.04164	37.539	24.016	30
31	1.587	0.6303	0.02557	0.04057	39.102	24.646	31
32	1.610	0.6210	0.02458	0.03958	40.688	25.267	32
33	1.634	0.6118	0.02364	0.03864	42.299	25.879	33
34	1.659	0.6028	0.02276	0.03776	43.933	26.482	34
35	1.684	0.5939	0.02193	0.03693	45.592	27.076	35
40	1.814	0.5513	0.01843	0.03343	54.268	29.916	40
45	1.954	0.5117	0.01572	0.03072	63.614	32.552	45
50	2.105	0.4750	0.01357	0.02857	73.683	35.000	50
55	2.268	0.4409	0.01183	0.02683	84.530	37.271	55
60	2.443	0.4093	0.01039	0.02539	96.215	39.380	60
65	2.632	0.3799	0.00919	0.02419	108.803	41.338	65
70	2.835	0.3527	0.00817	0.02317	122.364	43.155	70
75	3.055	0.3274	0.00730	0.02230	136.973	44.842	75
80	3.291	0.3039	0.00655	0.02155	152.711	46.407	80
85	3.545	0.2821	0.00589	0.02089	169.665	47.861	85
90	3.819	0.2619	0.00532	0.02032	187.930	49.210	90
95	4.114	0.2431	0.00482	0.01982	207.606	50.462	95
100	4.432	0.2256	0.00437	0.01937	228.803	51.625	100

表 4.4　$1\frac{3}{4}$% 普通複利表

期數 n	一　次　付　款		等　額　多　次　付　款				期數 n
	已知 P 求 F 公式 ①	已知 F 求 P 公式 ②	已知 F 求 A 公式 ③	已知 P 求 A 公式 ④	已知 A 求 F 公式 ⑤	已知 A 求 P 公式 ⑥	
	CAF'	PWF'	SFF	CRF	CAF	PWF	
	F/P	P/F	A/F	A/P	F/A	P/A	
1	1.018	0.9828	1.00000	1.01750	1.000	0.983	1
2	1.035	0.9659	0.49566	0.51316	2.018	1.949	2
3	1.053	0.9493	0.32757	0.34507	3.053	2.898	3
4	1.072	0.9330	0.24353	0.26103	4.106	3.831	4
5	1.091	0.9169	0.19312	0.21062	5.178	4.748	5
6	1.110	0.9011	0.15952	0.17702	6.269	5.649	6
7	1.129	0.8856	0.13553	0.15303	7.378	6.535	7
8	1.149	0.8704	0.11754	0.13504	8.508	7.405	8
9	1.169	0.8554	0.10356	0.12106	9.656	8.260	9
10	1.189	0.8407	0.09238	0.10988	10.825	9.101	10
11	1.210	0.8263	0.08323	0.10073	12.015	9.927	11
12	1.231	0.8121	0.07561	0.09311	13.225	10.740	12
13	1.253	0.7981	0.06917	0.08667	14.457	11.538	13
14	1.275	0.7844	0.06366	0.08116	15.710	12.322	14
15	1.297	0.7709	0.05888	0.07638	16.984	13.003	15
16	1.320	0.7576	0.05470	0.07220	18.282	13.850	16
17	1.343	0.7446	0.05102	0.06852	19.002	14.595	17
18	1.367	0.7318	0.04774	0.06524	20.945	15.327	18
19	1.390	0.7192	0.04482	0.06232	22.311	16.046	19
20	1.415	0.7068	0.04219	0.05969	23.702	16.753	20
21	1.440	0.6947	0.03981	0.05731	25.116	17.448	21
22	1.465	0.6827	0.03766	0.05516	26.556	18.130	22
23	1.490	0.6710	0.03569	0.05319	28.021	18.801	23
24	1.516	0.6594	0.03389	0.05139	29.511	19.461	24
25	1.543	0.6481	0.03223	0.04973	31.027	20.109	25
26	1.570	0.6369	0.03070	0.04820	32.570	20.746	26
27	1.597	0.6260	0.02929	0.04679	34.140	21.372	27
28	1.625	0.6152	0.02798	0.04548	35.738	21.987	28
29	1.654	0.6046	0.02676	0.04426	37.363	22.592	29
30	1.683	0.5942	0.02563	0.04313	39.017	23.186	30
31	1.712	0.5840	0.02457	0.04207	40.700	23.770	31
32	1.742	0.5740	0.02358	0.04108	42.412	24.344	32
33	1.773	0.5641	0.02265	0.04015	44.154	24.908	33
34	1.804	0.5544	0.02177	0.03927	45.927	25.462	34
35	1.835	0.5449	0.02095	0.03845	47.731	26.007	35
40	2.002	0.4996	0.01747	0.03497	57.234	28.594	40
45	2.183	0.4581	0.01479	0.03229	67.599	30.966	45
50	2.381	0.4200	0.01267	0.03017	78.902	33.141	50
55	2.597	0.3851	0.01096	0.02846	91.230	35.135	55
60	2.832	0.3531	0.00955	0.02705	104.675	36.964	60
65	3.088	0.3238	0.00838	0.02588	119.339	38.641	65
70	3.368	0.2969	0.00739	0.02489	135.331	40.178	70
75	3.674	0.2722	0.00655	0.02405	152.772	41.587	75
80	4.006	0.2496	0.00582	0.02332	171.794	42.880	80
85	4.369	0.2289	0.00519	0.02269	192.539	44.065	85
90	4.765	0.2098	0.00465	0.02215	215.165	45.152	90
95	5.197	0.1924	0.00417	0.02167	239.840	46.148	95
100	5.668	0.1764	0.00375	0.02125	266.752	47.061	100

表 4.5　2% 普通複利表

	一　次　付　款		等　額　多　次　付　款				
期數 *n*	已知 *P* 求 *F* 公式 ①	已知 *F* 求 *P* 公式 ②	已知 *F* 求 *A* 公式 ③	已知 *P* 求 *A* 公式 ④	已知 *A* 求 *F* 公式 ⑤	已知 *A* 求 *P* 公式 ⑥	期數 *n*
	CAF'	PWF'	SFF	CRF	CAF	PWF	
	F/P	P/F	A/F	A/P	F/A	P/A	
1	1.020	0.9804	1.00000	1.02000	1.000	0.980	1
2	1.040	0.9612	0.49505	0.51505	2.020	1.492	2
3	1.061	0.9423	0.32675	0.34675	3.060	2.884	3
4	1.082	0.9238	0.24262	0.26262	4.122	3.808	4
5	1.104	0.9057	0.19216	0.21216	5.204	4.713	5
6	1.126	0.8880	0.15853	0.17853	6.308	5.601	6
7	1.149	0.8706	0.13451	0.15451	7.434	6.472	7
8	1.172	0.8535	0.11651	0.13651	8.583	7.325	8
9	1.195	0.8368	0.10252	0.12252	9.755	8.162	9
10	1.219	0.8203	0.09133	0.11133	10.950	8.983	10
11	1.243	0.8043	0.08218	0.10218	12.169	9.787	11
12	1.268	0.7885	0.07456	0.09456	13.412	10.575	12
13	1.294	0.7730	0.06812	0.08812	14.680	11.348	13
14	1.319	0.7579	0.06260	0.08260	15.974	12.106	14
15	1.346	0.7430	0.05783	0.07783	17.293	12.849	15
16	1.373	0.7284	0.05365	0.07365	18.639	13.578	16
17	1.400	0.7142	0.04997	0.06997	20.012	14.292	17
18	1.428	0.7002	0.04670	0.06670	21.412	14.992	18
19	1.457	0.6864	0.04378	0.06378	22.841	15.678	19
20	1.486	0.6730	0.04116	0.06116	24.297	16.351	20
21	1.516	0.6598	0.03878	0.05780	25.783	17.011	21
22	1.546	0.6468	0.03663	0.05663	27.299	17.658	22
23	1.577	0.6342	0.03467	0.05467	28.845	18.292	23
24	1.608	0.6217	0.03287	0.05287	30.422	18.914	24
25	1.641	0.6095	0.03122	0.05122	32.030	19.523	25
26	1.673	0.5976	0.02970	0.04970	33.671	20.121	26
27	1.707	0.5859	0.02829	0.04829	35.344	20.707	27
28	1.741	0.5744	0.02699	0.04699	37.051	21.281	28
29	1.776	0.5631	0.02578	0.04578	38.792	21.844	29
30	1.811	0.5521	0.02465	0.04465	40.568	22.396	30
31	1.848	0.5412	0.02360	0.04360	42.379	22.938	31
32	1.885	0.5306	0.02261	0.04261	44.227	23.468	32
33	1.922	0.5202	0.02169	0.04169	46.112	23.989	33
34	1.961	0.5100	0.02082	0.04082	48.034	24.499	34
35	2.000	0.5000	0.02000	0.04000	49.994	24.999	35
40	2.208	0.4529	0.01656	0.03656	60.402	27.355	40
45	2.438	0.4102	0.01391	0.03391	71.893	29.490	45
50	2.692	0.3715	0.01182	0.03182	84.579	31.424	50
55	2.972	0.3365	0.01014	0.03014	98.587	33.175	55
60	3.281	0.3048	0.00877	0.02877	114.052	34.761	60
65	3.623	0.2761	0.00763	0.02763	131.126	36.197	65
70	4.000	0.2500	0.00667	0.02667	149.978	37.499	70
75	4.416	0.2265	0.00586	0.02586	170.792	38.677	75
80	4.875	0.2051	0.00516	0.02516	193.772	39.745	80
85	5.383	0.1858	0.00456	0.02456	219.144	40.711	85
90	5.943	0.1683	0.00405	0.02405	247.157	41.587	90
95	6.562	0.1524	0.00360	0.02360	278.085	42.380	95
100	7.245	0.1380	0.00320	0.02320	312.232	43.098	100

表 4.6 $2\frac{1}{2}\%$ 普通複利表

期數 n	一 次 付 款		等 額 多 次 付 款				期數 n
	已 知 P 求 F 公式 ①	已 知 F 求 P 公式 ②	已 知 F 求 A 公式 ③	已 知 P 求 A 公式 ④	已 知 A 求 F 公式 ⑤	已 知 A 求 P 公式 ⑥	
	CAF'	PWF'	SFF	CRF	CAF	PWF	
	F/P	P/F	A/F	A/P	F/A	P/A	
1	1.025	0.9756	1.00000	1.02500	1.000	0.976	1
2	1.051	0.9518	0.49383	0.51883	2.025	1.927	2
3	1.077	0.9286	0.32514	0.35014	3.076	2.856	3
4	1.104	0.9060	0.24082	0.26582	4.153	3.762	4
5	1.131	0.8839	0.19025	0.21525	5.256	4.646	5
6	1.160	0.8623	0.15655	0.18155	6.388	5.508	6
7	1.189	0.8413	0.13250	0.15750	7.547	6.349	7
8	1.218	0.8207	0.11447	0.13947	8.736	7.170	8
9	1.249	0.8007	0.10046	0.12546	9.955	7.971	9
10	1.280	0.7812	0.08926	0.11426	11.203	8.752	10
11	1.312	0.7621	0.08011	0.10511	12.483	9.514	11
12	1.345	0.7436	0.07249	0.09749	13.796	10.258	12
13	1.379	0.7254	0.06605	0.09105	15.140	10.983	13
14	1.413	0.7077	0.06054	0.08554	16.519	11.691	14
15	1.448	0.6905	0.05577	0.08077	17.932	12.381	15
16	1.485	0.6736	0.05160	0.07660	19.380	13.055	16
17	1.522	0.6572	0.04793	0.07293	20.865	13.712	17
18	1.560	0.6412	0.04467	0.06967	22.386	14.353	18
19	1.599	0.6255	0.04176	0.06676	23.946	14.979	19
20	1.639	0.6103	0.03915	0.06415	25.545	15.589	20
21	1.680	0.5954	0.03679	0.06179	27.183	16.185	21
22	1.722	0.5809	0.03465	0.05965	28.863	16.765	22
23	1.765	0.5667	0.03270	0.05770	30.584	17.332	23
24	1.809	0.5529	0.03091	0.05591	32.349	17.885	24
25	1.854	0.5394	0.02928	0.05428	34.158	18.424	25
26	1.900	0.5262	0.02777	0.05277	36.012	18.951	26
27	1.948	0.5134	0.02638	0.05138	37.912	19.464	27
28	1.996	0.5009	0.02509	0.05009	39.860	19.965	28
29	2.046	0.4887	0.02389	0.04889	41.856	20.454	29
30	2.098	0.4767	0.02278	0.04778	43.903	20.930	30
31	2.150	0.4651	0.02174	0.04674	46.000	21.395	31
32	2.204	0.4538	0.02077	0.04577	48.150	21.849	32
33	2.259	0.4427	0.01986	0.04486	50.354	22.292	33
34	2.315	0.4319	0.01901	0.04401	52.613	22.724	34
35	2.373	0.4214	0.01821	0.04321	54.928	23.145	35
40	2.685	0.3724	0.01484	0.03984	67.403	25.103	40
45	3.038	0.3292	0.01227	0.03727	81.516	26.833	45
50	3.437	0.2909	0.01026	0.03526	97.484	28.362	50
55	3.889	0.2572	0.00865	0.03365	115.551	29.714	55
60	4.400	0.2273	0.00735	0.03235	135.992	30.909	60
65	4.978	0.2009	0.00628	0.03128	159.118	31.965	65
70	5.632	0.1776	0.00540	0.03040	185.284	32.898	70
75	6.372	0.1569	0.00465	0.02965	214.888	33.723	75
80	7.210	0.1387	0.00403	0.02903	248.383	34.452	80
85	8.157	0.1226	0.00349	0.02849	286.279	35.096	85
90	9.229	0.1084	0.00304	0.02804	329.154	35.666	90
95	10.442	0.0958	0.00265	0.02765	377.664	36.169	95
100	11.814	0.0846	0.00231	0.02731	432.549	36.614	100

表 4.7　3% 普通複利表

期數 n	一　次　付　款		等　額　多　次　付　款				期數 n
	已知 P 求 F 公式 ①	已知 F 求 P 公式 ②	已知 F 求 A 公式 ③	已知 P 求 A 公式 ④	已知 A 求 F 公式 ⑤	已知 A 求 P 公式 ⑥	
	CAF'	PWF'	SFF	CRF	CAF	PWF	
	F/P	P/F	A/F	A/P	F/A	P/A	
1	1.030	0.9709	1.00000	1.03000	1.000	0.971	1
2	1.061	0.9426	0.49261	0.52261	2.030	1.913	2
3	1.093	0.9151	0.32353	0.35353	3.091	2.829	3
4	1.126	0.8885	0.23903	0.26903	4.184	3.717	4
5	1.159	0.8626	0.18835	0.21835	5.309	4.580	5
6	1.194	0.8375	0.15460	0.18460	6.468	5.417	6
7	1.230	0.8131	0.13051	0.16051	7.662	6.230	7
8	1.267	0.7894	0.11246	0.14246	8.892	7.020	8
9	1.305	0.7664	0.09843	0.12843	10.159	7.786	9
10	1.344	0.7441	0.08723	0.11723	11.464	8.530	10
11	1.384	0.7224	0.07808	0.10808	12.808	9.253	11
12	1.426	0.7014	0.07046	0.10046	14.192	9.954	12
13	1.469	0.6810	0.06403	0.09403	15.618	10.635	13
14	1.513	0.6611	0.05853	0.08853	17.086	11.296	14
15	1.558	0.6419	0.05377	0.08377	18.599	11.938	15
16	1.605	0.6232	0.04961	0.07961	20.157	12.561	16
17	1.653	0.6050	0.04595	0.07595	21.762	13.166	17
18	1.702	0.5874	0.04271	0.07271	23.414	13.754	18
19	1.754	0.5703	0.03981	0.06981	25.117	14.324	19
20	1.806	0.5537	0.03722	0.06722	26.870	14.877	20
21	1.860	0.5375	0.03487	0.06487	28.676	15.415	21
22	1.916	0.5219	0.03275	0.06275	30.537	15.937	22
23	1.974	0.5067	0.03081	0.06081	32.453	16.444	23
24	2.033	0.4919	0.02905	0.05905	34.426	16.936	24
25	2.094	0.4776	0.02743	0.05743	36.459	17.413	25
26	2.157	0.4637	0.02594	0.05594	38.553	17.877	26
27	2.221	0.4502	0.02456	0.05456	40.710	18.327	27
28	2.288	0.4371	0.02329	0.05329	42.931	18.764	28
29	2.357	0.4243	0.02211	0.05211	45.219	19.188	29
30	2.427	0.4120	0.02102	0.05102	47.575	19.600	30
31	2.500	0.4000	0.02000	0.05000	50.003	20.000	31
32	2.570	0.3883	0.01905	0.04905	52.503	20.389	32
33	2.652	0.3770	0.01816	0.04816	55.078	20.766	33
34	2.732	0.3660	0.01732	0.04732	57.730	21.132	34
35	2.814	0.3554	0.01654	0.04654	60.462	21.487	35
40	3.262	0.3066	0.01326	0.04326	75.401	23.115	40
45	3.782	0.2644	0.01079	0.04079	92.720	24.519	45
50	4.384	0.2281	0.00887	0.03887	112.797	25.730	50
55	5.082	0.1968	0.00735	0.03735	136.072	26.774	55
60	5.892	0.1697	0.00613	0.03613	163.053	27.676	60
65	6.830	0.1464	0.00515	0.03515	194.333	28.453	65
70	7.918	0.1263	0.00434	0.03434	230.594	29.123	70
75	9.179	0.1089	0.00367	0.03367	272.631	29.702	75
80	10.641	0.0940	0.00311	0.03311	321.363	30.201	80
85	12.336	0.0811	0.00265	0.03265	377.857	30.631	85
90	14.300	0.0699	0.00226	0.03226	443.349	31.002	90
95	16.578	0.0603	0.00193	0.03193	519.272	31.323	95
100	19.219	0.0520	0.00165	0.03165	607.288	31.599	100

表 4.8　$3\frac{1}{2}\%$ 普通複利表

期數 n	一　次　付　款		等　額　多　次　付　款				期數 n
	已 知 P 求　　F 公式 ①	已 知 F 求　　P 公式 ②	已 知 F 求　　A 公式 ③	已 知 P 求　　A 公式 ④	已 知 A 求　　F 公式 ⑤	已 知 A 求　　P 公式 ⑥	
	CAF'	PWF'	SFF	CRF	CAF	PWF	
	F/P	P/F	A/F	A/P	F/A	P/A	
1	1.035	0.9662	1.00000	1.03500	1.000	0.966	1
2	1.071	0.9335	0.49140	0.52640	2.035	1.900	2
3	1.109	0.9019	0.32193	0.35693	3.106	2.802	3
4	1.148	0.8714	0.23725	0.27225	4.215	3.673	4
5	1.188	0.8420	0.18648	0.22148	5.362	4.515	5
6	1.229	0.8135	0.15267	0.18767	6.550	5.329	6
7	1.272	0.7860	0.12854	0.16354	7.779	6.115	7
8	1.317	0.7594	0.11048	0.14548	9.052	6.874	8
9	1.363	0.7337	0.09645	0.13145	10.368	7.608	9
10	1.411	0.7089	0.08524	0.12024	11.731	8.317	10
11	1.460	0.6849	0.07609	0.11109	13.142	9.002	11
12	1.511	0.6618	0.06848	0.10348	14.602	9.663	12
13	1.564	0.6394	0.06206	0.09706	16.113	10.303	13
14	1.619	0.6178	0.05657	0.09157	17.677	10.921	14
15	1.675	0.5969	0.05183	0.08683	19.296	11.517	15
16	1.734	0.5767	0.04768	0.08268	20.971	12.094	16
17	1.795	0.5572	0.04404	0.07904	22.705	12.651	17
18	1.857	0.5384	0.04082	0.07582	24.500	13.190	18
19	1.923	0.5202	0.03794	0.07294	26.357	13.710	19
20	1.990	0.5026	0.03536	0.07036	28.280	14.212	20
21	2.059	0.4856	0.03304	0.06804	30.269	14.698	21
22	2.132	0.4692	0.03093	0.06593	32.329	15.167	22
23	2.206	0.4533	0.02902	0.06402	34.460	15.620	23
24	2.283	0.4380	0.02727	0.06227	36.667	16.058	24
25	2.363	0.4231	0.02567	0.06067	38.950	16.482	25
26	2.446	0.4088	0.02421	0.05921	41.313	16.890	26
27	2.532	0.3950	0.02285	0.05785	43.759	17.285	27
28	2.620	0.3817	0.02160	0.05660	46.291	17.667	28
29	2.712	0.3687	0.02045	0.05545	48.911	18.036	29
30	2.807	0.3563	0.01937	0.05437	51.623	18.392	30
31	2.905	0.3442	0.01837	0.05337	54.429	18.736	31
32	3.007	0.3326	0.01744	0.05244	57.335	19.069	32
33	3.112	0.3213	0.01657	0.05157	60.341	19.390	33
34	3.221	0.3105	0.01576	0.05076	63.453	19.701	34
35	3.334	0.3000	0.01500	0.05000	66.674	20.001	35
40	3.959	0.2526	0.01183	0.04683	84.550	21.355	40
45	4.702	0.2127	0.00945	0.04445	105.782	22.495	45
50	5.585	0.1791	0.00763	0.04263	130.998	23.456	50
55	6.633	0.1508	0.00621	0.04121	160.947	24.264	55
60	7.878	0.1269	0.00509	0.04009	196.517	42.945	60
65	9.357	0.1069	0.00419	0.03919	238.763	25.518	65
70	11.113	0.0900	0.00346	0.03846	288.938	26.000	70
75	13.199	0.0758	0.00287	0.03787	348.530	26.407	75
80	15.676	0.0638	0.00238	0.03738	419.307	26.749	80
85	18.618	0.0537	0.00199	0.03699	503.367	27.037	85
90	22.112	0.0452	0.00166	0.03666	603.205	27.279	90
95	26.262	0.0381	0.00139	0.03639	721.781	27.484	95
100	31.191	0.0321	0.00116	0.03616	862.612	27.655	100

表 4.9　4% 普通複利表

期數 n	一　次　付　款		等　額　多　次　付　款				期數 n
	已　知　P 求　　　F 公　式　①	已　知　F 求　　　P 公　式　②	已　知　F 求　　　A 公　式　③	已　知　P 求　　　A 公　式　④	已　知　A 求　　　F 公　式　⑤	已　知　A 求　　　P 公　式　⑥	
	CAF'	PWF'	SFF	CRF	CAF	PWF	
	F/P	P/F	A/F	A/P	F/A	P/A	
1	1.040	0.9615	1.00000	1.04000	1.000	0.962	1
2	1.082	0.9246	0.49020	0.53020	2.040	1.886	2
3	1.125	0.8890	0.32035	0.36035	3.122	2.775	3
4	1.170	0.8548	0.23549	0.27549	4.246	3.630	4
5	1.217	0.8219	0.18463	0.22463	5.416	4.452	5
6	1.265	0.7903	0.15076	0.19076	6.633	5.242	6
7	1.316	0.7599	0.12661	0.16661	7.898	6.002	7
8	1.369	0.7307	0.10853	0.14853	9.214	6.733	8
9	1.423	0.7026	0.09449	0.13449	10.583	7.435	9
10	1.480	0.6756	0.08329	0.12329	12.006	8.111	10
11	1.539	0.6496	0.07415	0.11415	13.486	8.760	11
12	1.601	0.6246	0.06655	0.10655	15.026	9.385	12
13	1.665	0.6006	0.06014	0.10014	16.627	9.986	13
14	1.732	0.5775	0.05467	0.09467	18.292	10.563	14
15	1.801	0.5553	0.04994	0.08994	20.024	11.118	15
16	1.873	0.5339	0.04582	0.08582	21.825	11.652	16
17	1.948	0.5134	0.04220	0.08220	23.698	12.166	17
18	2.026	0.4936	0.03899	0.07899	25.645	12.659	18
19	2.107	0.4746	0.03614	0.07614	27.671	13.134	19
20	2.191	0.4564	0.03358	0.07358	29.778	13.590	20
21	2.279	0.4388	0.03128	0.07128	31.969	14.029	21
22	2.370	0.4220	0.02920	0.06920	34.248	14.451	22
23	2.465	0.4057	0.02731	0.06731	36.618	14.857	23
24	2.563	0.3901	0.02559	0.06559	39.083	15.247	24
25	2.666	0.3751	0.02401	0.06401	41.646	15.622	25
26	2.772	0.3607	0.02257	0.06257	44.312	15.983	26
27	2.883	0.3468	0.02124	0.06124	47.084	16.330	27
28	2.999	0.3335	0.02001	0.06001	49.968	16.663	28
29	3.119	0.3207	0.01888	0.05888	52.966	16.984	29
30	3.243	0.3083	0.01783	0.05783	56.085	17.292	30
31	3.373	0.2965	0.01686	0.05686	59.328	17.588	31
32	3.508	0.2851	0.01595	0.05595	62.701	17.874	32
33	3.648	0.2741	0.01510	0.05510	66.210	18.148	33
34	3.794	0.2636	0.01431	0.05431	69.858	18.411	34
35	3.946	0.2534	0.01358	0.05358	73.652	18.665	35
40	4.801	0.2083	0.01052	0.05052	95.026	19.793	40
45	5.841	0.1712	0.00826	0.04826	121.029	20.720	45
50	7.107	0.1407	0.00655	0.04655	152.667	21.482	50
55	8.646	0.1157	0.00523	0.04523	191.159	22.109	55
60	10.520	0.0951	0.00420	0.04420	237.991	22.623	60
65	12.799	0.0781	0.00339	0.04339	294.968	23.047	65
70	15.572	0.0642	0.00275	0.04275	364.290	23.395	70
75	18.945	0.0528	0.00223	0.04223	448.631	23.680	75
80	23.050	0.0434	0.00181	0.04181	551.245	23.915	80
85	28.044	0.0357	0.00148	0.04148	676.090	24.109	85
90	34.119	0.0293	0.00121	0.04121	827.983	24.267	90
95	41.511	0.0241	0.00099	0.04099	1012.785	24.398	95
100	50.505	0.0198	0.00081	0.04081	1237.624	24.505	100

表 4.10 $4\frac{1}{2}$% 普通複利表

期數 n	一 次 付 款		等 額 多 次 付 款				期數 n
	已 知 P 求 F 公式 ①	已 知 F 求 P 公式 ②	已 知 F 求 A 公式 ③	已 知 P 求 A 公式 ④	已 知 A 求 F 公式 ⑤	已 知 A 求 P 公式 ⑥	
	CAF'	PWF'	SFF	CRF	CAF	PWF	
	F/P	P/F	A/F	A/P	F/A	P/A	
1	1.045	0.9569	1.00000	1.04500	1.000	0.957	1
2	1.092	0.9157	0.48900	0.53400	2.045	1.873	2
3	1.141	0.8763	0.31877	0.36377	3.137	2.749	3
4	1.193	0.8386	0.23374	0.27874	4.278	3.588	4
5	1.246	0.8025	0.18279	0.22779	5.471	4.390	5
6	1.302	0.7679	0.14888	0.19388	6.717	5.158	6
7	1.361	0.7348	0.12470	0.16970	8.019	5.893	7
8	1.422	0.7032	0.10661	0.15161	9.380	6.590	8
9	1.486	0.6729	0.09257	0.13757	10.802	7.269	9
10	1.553	0.6439	0.08138	0.12638	13.288	7.913	10
11	1.623	0.6162	0.07225	0.11725	13.841	8.529	11
12	1.696	0.5897	0.06467	0.10967	15.464	9.119	12
13	1.772	0.5643	0.05828	0.10328	17.160	9.683	13
14	1.852	0.5400	0.05282	0.09782	18.932	10.223	14
15	1.935	0.5167	0.04811	0.09311	20.784	10.740	15
16	2.022	0.4945	0.04402	0.08902	22.719	11.234	16
17	2.113	0.4732	0.04042	0.08542	24.742	11.707	17
18	2.208	0.4528	0.03724	0.08224	26.855	12.160	18
19	2.308	0.4333	0.03441	0.07941	29.064	12.593	19
20	2.412	0.4146	0.03188	0.07688	31.371	13.008	20
21	2.520	0.3968	0.02960	0.07460	33.783	13.405	21
22	2.634	0.3797	0.02755	0.07255	36.303	13.784	22
23	2.752	0.3634	0.02568	0.07068	38.937	14.148	23
24	2.876	0.3477	0.02399	0.06899	41.689	14.495	24
25	3.005	0.3327	0.02244	0.06744	44.565	14.828	25
26	3.141	0.3184	0.02102	0.06602	47.571	15.147	26
27	3.282	0.3047	0.01972	0.06472	50.711	15.451	27
28	3.430	0.2916	0.01852	0.06352	53.993	15.743	28
29	3.584	0.2790	0.01741	0.06241	57.423	16.022	29
30	3.745	0.2670	0.01639	0.06139	61.007	16.289	30
31	3.914	0.2555	0.01544	0.06044	64.752	16.544	31
32	4.090	0.2445	0.01456	0.05956	68.666	16.789	32
33	4.274	0.2340	0.01374	0.05874	72.756	17.023	33
34	4.466	0.2239	0.01298	0.05798	77.030	17.247	34
35	4.667	0.2143	0.01227	0.05727	81.497	17.461	35
40	5.816	0.1719	0.00934	0.05434	107.030	18.402	40
45	7.248	0.1380	0.00720	0.05220	138.850	19.156	45
50	9.033	0.1107	0.00560	0.05060	178.503	19.762	50
55	11.256	0.0888	0.00439	0.04939	227.918	20.248	55
60	14.027	0.0713	0.00345	0.04845	289.498	20.638	60
65	17.481	0.0572	0.00273	0.04773	366.238	20.951	65
70	21.784	0.0459	0.00217	0.04717	461.870	21.202	70
75	27.147	0.0368	0.00172	0.04672	581.044	21.404	75
80	33.830	0.0296	0.00137	0.04637	729.558	21.565	80
85	42.158	0.0237	0.00109	0.04609	914.632	21.695	85
90	52.537	0.0190	0.00087	0.04587	1145.269	21.799	90
95	65.471	0.0153	0.00070	0.04570	1432.684	21.883	95
100	81.589	0.0123	0.00056	0.04556	1790.856	21.950	100

表 4.11 5% 普通複利表

期數 n	一 次 付 款		等 額 多 次 付 款				期數 n
	已知 P 求 F 公式 ①	已知 F 求 P 公式 ②	已知 F 求 A 公式 ③	已知 P 求 A 公式 ④	已知 A 求 F 公式 ⑤	已知 A 求 P 公式 ⑥	
	CAF'	PWF'	SFF	CRF	CAF	PWF	
	F/P	P/F	A/F	A/P	F/A	P/A	
1	1.050	0.9524	1.00000	1.05000	1.000	0.952	1
2	1.103	0.9070	0.48780	0.53780	2.050	1.859	2
3	1.158	0.8638	0.31721	0.36721	3.153	2.723	3
4	1.216	0.8227	0.23201	0.28201	4.310	3.546	4
5	1.276	0.7835	0.18097	0.23097	5.526	4.329	5
6	1.340	0.7462	0.14702	0.19702	6.802	5.076	6
7	1.407	0.7107	0.12282	0.17282	8.142	5.786	7
8	1.477	0.6768	0.10472	0.15472	9.549	6.463	8
9	1.551	0.6446	0.09069	0.14069	11.027	7.108	9
10	1.629	0.6139	0.07950	0.12950	12.578	7.722	10
11	1.710	0.5847	0.07039	0.12039	14.207	8.306	11
12	1.796	0.5568	0.06283	0.11283	15.917	8.863	12
13	1.886	0.5303	0.05646	0.10646	17.713	9.394	13
14	1.980	0.5051	0.05102	0.10102	19.599	9.899	14
15	2.079	0.4810	0.04634	0.09634	21.579	10.380	15
16	2.183	0.4581	0.04227	0.09227	23.657	10.838	16
17	2.292	0.4363	0.03870	0.08870	25.840	11.274	17
18	2.407	0.4155	0.03555	0.08555	28.132	11.690	18
19	2.527	0.3957	0.03275	0.08275	30.539	12.085	19
20	2.653	0.3769	0.03024	0.08024	33.066	12.462	20
21	2.786	0.3589	0.02800	0.07800	35.719	12.821	21
22	2.925	0.3418	0.02597	0.07597	38.505	13.163	22
23	3.072	0.3256	0.02414	0.07414	41.430	13.489	23
24	3.225	0.3101	0.02247	0.07247	44.502	13.799	24
25	3.386	0.2953	0.02095	0.07095	47.727	14.094	25
26	3.556	0.2812	0.01956	0.06956	51.113	14.375	26
27	3.733	0.2678	0.01829	0.06829	54.669	14.643	27
28	3.920	0.2551	0.01712	0.06712	58.403	14.898	28
29	4.116	0.2429	0.01605	0.06605	62.323	15.141	29
30	4.322	0.2314	0.01505	0.06505	66.439	15.372	30
31	4.538	0.2204	0.01413	0.06413	70.761	15.593	31
32	4.765	0.2099	0.01328	0.06328	75.299	15.803	32
33	5.003	0.1999	0.01249	0.06249	80.064	16.003	33
34	5.253	0.1904	0.01176	0.06176	85.067	16.193	34
35	5.516	0.1813	0.01107	0.06107	90.320	16.374	35
40	7.040	0.1420	0.00828	0.05828	120.800	17.159	40
45	8.985	0.1113	0.00626	0.05626	159.700	17.774	45
50	11.467	0.0872	0.00478	0.05478	209.348	18.256	50
55	14.636	0.0683	0.00367	0.05367	272.713	18.633	55
60	18.679	0.0535	0.00283	0.05283	353.584	18.929	60
65	23.840	0.0419	0.00219	0.05219	456.798	19.161	65
70	30.426	0.0329	0.00170	0.05170	588.529	19.343	70
75	38.833	0.0258	0.00132	0.05132	756.654	19.485	75
80	49.561	0.0202	0.00103	0.05103	971.229	19.596	80
85	63.254	0.0158	0.00080	0.05080	1245.087	19.684	85
90	80.730	0.0124	0.00063	0.05063	1594.607	19.752	90
95	103.035	0.0097	0.00049	0.05049	2040.694	19.806	95
100	131.501	0.0076	0.00038	0.05038	2610.025	19.848	100

表 4.12 $5\frac{1}{2}$ % 普通複利表

期數 n	一 次 付 款		等 額 多 次 付 款				期數 n
	已知 P 求 F 公式①	已知 F 求 P 公式②	已知 F 求 A 公式③	已知 P 求 A 公式④	已知 A 求 F 公式⑤	已知 A 求 P 公式⑥	
	CAF'	PWF'	SFF	CRF	CAF	PWF	
	F/P	P/F	A/F	A/P	F/A	P/A	
1	1.055	0.9479	1.00000	1.05500	1.000	0.948	1
2	1.113	0.8985	0.48662	0.54162	2.055	1.846	2
3	1.174	0.8516	0.31565	0.37065	3.168	2.698	3
4	1.239	0.8072	0.23029	0.28529	4.342	3.505	4
5	1.307	0.7651	0.17918	0.23418	5.581	4.270	5
6	1.379	0.7252	0.14518	0.20018	6.888	4.996	6
7	1.455	0.6874	0.12096	0.17596	8.267	5.683	7
8	1.535	0.6516	0.10286	0.15786	9.722	6.335	8
9	1.619	0.6176	0.08884	0.14384	11.256	6.952	9
10	1.708	0.5854	0.07767	0.13267	12.875	7.538	10
11	1.802	0.5549	0.06857	0.12357	14.583	8.093	11
12	1.901	0.5260	0.06103	0.11603	16.386	8.619	12
13	2.006	0.4986	0.05468	0.10968	18.287	9.117	13
14	2.116	0.4726	0.04928	0.10428	20.293	9.590	14
15	2.232	0.4479	0.04463	0.09963	22.409	10.038	15
16	2.355	0.4246	0.04058	0.09558	24.641	10.462	16
17	2.485	0.4024	0.03704	0.09204	26.996	10.865	17
18	2.621	0.3815	0.03392	0.08892	29.481	11.246	18
19	2.766	0.3616	0.03115	0.08615	32.103	11.608	19
20	2.918	0.3427	0.02868	0.08368	34.868	11.950	20
21	3.078	0.3249	0.02646	0.08146	37.786	12.275	21
22	3.248	0.3079	0.02447	0.07947	40.864	12.583	22
23	3.426	0.2919	0.02267	0.07767	44.112	12.875	23
24	3.615	0.2767	0.02104	0.07604	47.538	13.152	24
25	3.813	0.2622	0.01955	0.07455	51.153	13.414	25
26	4.023	0.2486	0.01819	0.07319	54.966	13.662	26
27	4.244	0.2356	0.01695	0.07195	58.989	13.898	27
28	4.478	0.2233	0.01581	0.07081	63.234	14.121	28
29	4.724	0.2117	0.01477	0.06977	67.711	14.333	29
30	4.984	0.2006	0.01381	0.06881	72.435	14.534	30
31	5.258	0.1902	0.01292	0.06792	77.419	14.724	31
32	5.547	0.1803	0.01210	0.06710	82.677	14.904	32
33	5.852	0.1709	0.01133	0.06633	88.225	15.075	33
34	6.174	0.1620	0.01063	0.06563	94.077	15.237	34
35	6.514	0.1535	0.00997	0.06497	100.251	15.391	35
40	8.513	0.1175	0.00732	0.06232	136.606	16.046	40
45	11.127	0.0899	0.00543	0.06043	184.119	16.548	45
50	14.542	0.0688	0.00406	0.05906	246.217	16.932	50
55	19.006	0.0526	0.00305	0.05805	327.377	17.225	55
60	24.840	0.0403	0.00231	0.05731	433.450	17.450	60
65	32.465	0.0308	0.00175	0.05675	572.083	17.622	65
70	42.430	0.0236	0.00133	0.05633	753.271	17.753	70
75	55.545	0.0180	0.00101	0.05601	990.076	17.854	75
80	72.476	0.0138	0.00077	0.05577	1299.571	17.931	80
85	94.724	0.0106	0.00059	0.05559	1704.069	17.990	85
90	123.800	0.0081	0.00045	0.05545	2232.731	18.035	90
95	161.802	0.0062	0.00034	0.05534	2923.671	18.069	95
100	211.469	0.0047	0.00026	0.05526	3826.702	18.096	100

表 4.13　6% 普通複利表

期數 n	一　次　付　款		等　額　多　次　付　款				期數 n
	已知 P 求 F 公式 ①	已知 F 求 P 公式 ②	已知 F 求 A 公式 ③	已知 P 求 A 公式 ④	已知 A 求 F 公式 ⑤	已知 A 求 P 公式 ⑥	
	CAF'	PWF'	SFF	CRF	CAF	PWF	
	F/P	P/F	A/F	A/P	F/A	P/A	
1	1.060	0.9434	1.00000	1.06000	1.000	0.943	1
2	1.124	0.8900	0.48544	0.54544	2.060	1.833	2
3	1.191	0.8396	0.31411	0.37411	3.184	2.673	3
4	1.262	0.7921	0.22859	0.28859	4.375	3.465	4
5	1.338	0.7473	0.17740	0.23740	5.637	4.212	5
6	1.419	0.7050	0.14336	0.20336	6.975	4.917	6
7	1.504	0.6651	0.11914	0.17914	8.394	5.582	7
8	1.594	0.6274	0.10104	0.16104	9.897	6.210	8
9	1.689	0.5919	0.08702	0.14702	11.491	6.802	9
10	1.791	0.5584	0.07587	0.13587	13.181	7.360	10
11	1.898	0.5268	0.06679	0.12679	14.972	7.887	11
12	2.012	0.4970	0.05928	0.11928	16.870	8.384	12
13	2.133	0.4688	0.05296	0.11296	18.882	8.853	13
14	2.261	0.4423	0.04758	0.10758	21.015	9.295	14
15	2.397	0.4173	0.04296	0.10296	23.276	9.712	15
16	2.540	0.3936	0.03895	0.09895	25.673	10.106	16
17	2.693	0.3714	0.03544	0.09544	28.213	10.477	17
18	2.854	0.3503	0.03236	0.09236	30.906	10.828	18
19	3.026	0.3305	0.02962	0.08962	33.760	11.158	19
20	3.207	0.3118	0.02718	0.08718	36.786	11.470	20
21	3.400	0.2942	0.02500	0.08500	39.993	11.764	21
22	3.604	0.2775	0.02305	0.08305	43.392	12.042	22
23	3.820	0.2618	0.02128	0.08128	46.996	12.303	23
24	4.049	0.2470	0.01968	0.07968	50.816	12.550	24
25	4.292	0.2330	0.01823	0.07823	54.865	12.783	25
26	4.549	0.2198	0.01690	0.07690	59.156	13.003	26
27	4.822	0.2074	0.01570	0.07570	63.706	13.211	27
28	5.112	0.1956	0.01459	0.07459	68.528	13.406	28
29	5.418	0.1846	0.01358	0.07358	73.640	13.591	29
30	5.743	0.1741	0.01265	0.07265	79.058	13.765	30
31	6.088	0.1643	0.01179	0.07179	84.802	13.929	31
32	6.453	0.1550	0.01100	0.07100	90.890	14.084	32
33	6.841	0.1462	0.01027	0.07027	97.343	14.230	33
34	7.251	0.1379	0.00960	0.06960	104.184	14.368	34
35	7.686	0.1301	0.00897	0.06897	111.435	14.498	35
40	10.286	0.0972	0.00646	0.06646	154.762	15.046	40
45	13.765	0.0727	0.00470	0.06470	212.744	15.456	45
50	18.420	0.0543	0.00344	0.06344	290.336	15.762	50
55	24.650	0.0406	0.00254	0.06254	394.172	15.991	55
60	32.988	0.0303	0.00188	0.06188	533.128	16.161	60
65	44.145	0.0227	0.00139	0.06139	719.083	16.289	65
70	59.076	0.0169	0.00103	0.06103	967.932	16.385	70
75	79.057	0.0126	0.00077	0.06077	1300.949	16.456	75
80	105.796	0.0095	0.00057	0.06057	1746.600	16.509	80
85	141.579	0.0071	0.00043	0.06043	2342.982	16.549	85
90	189.465	0.0053	0.00032	0.06032	3141.075	16.579	90
95	253.546	0.0039	0.00024	0.06024	4209.104	16.601	95
100	339.302	0.0029	0.00018	0.06018	5638.368	16.618	100

表 4.14　7% 普通複利表

期數 n	一 次 付 款		等 額 多 次 付 款				期數 n
	已知 P 求 F 公式 ①	已知 F 求 P 公式 ②	已知 F 求 A 公式 ③	已知 P 求 A 公式 ④	已知 A 求 F 公式 ⑤	已知 A 求 P 公式 ⑥	
	CAF'	PWF'	SFF	CRF	CAF	PWF	
	F/P	P/F	A/F	A/P	F/A	P/A	
1	1.070	0.9346	1.00000	1.07000	1.000	0.935	1
2	1.145	0.8734	0.48309	0.55309	2.070	1.808	2
3	1.225	0.8163	0.31105	0.38105	3.215	2.624	3
4	1.311	0.7629	0.22523	0.29523	4.440	3.387	4
5	1.403	0.7130	0.17389	0.24389	5.751	4.100	5
6	1.501	0.6663	0.13980	0.20980	7.153	4.767	6
7	1.606	0.6227	0.11555	0.18555	8.654	5.389	7
8	1.718	0.5820	0.09747	0.16747	10.260	5.971	8
9	1.838	0.5439	0.08349	0.15349	11.978	6.515	9
10	1.967	0.5083	0.07238	0.14238	13.816	7.024	10
11	2.105	0.4751	0.06336	0.13336	15.784	7.499	11
12	2.252	0.4440	0.05590	0.12590	17.888	7.943	12
13	2.410	0.4150	0.04965	0.11965	20.141	8.358	13
14	2.579	0.3878	0.04434	0.11434	22.550	8.745	14
15	2.759	0.3624	0.03979	0.10979	25.129	9.108	15
16	2.952	0.3387	0.03586	0.10586	27.888	9.447	16
17	3.159	0.3166	0.03243	0.10243	30.840	9.763	17
18	3.380	0.2959	0.02941	0.09941	33.999	10.059	18
19	3.617	0.2765	0.02675	0.09675	37.379	10.336	19
20	3.870	0.2584	0.02439	0.09439	40.995	10.594	20
21	4.141	0.2415	0.02229	0.09229	44.865	10.836	21
22	4.430	0.2257	0.02041	0.09041	49.006	11.061	22
23	4.741	0.2109	0.01871	0.08871	53.436	11.272	23
24	5.072	0.1971	0.01719	0.08719	58.177	11.469	24
25	5.427	0.1842	0.01581	0.08581	63.249	11.654	25
26	5.807	0.1722	0.01456	0.08456	68.676	11.826	26
27	6.214	0.1609	0.01343	0.08343	74.484	11.987	27
28	6.649	0.1504	0.01239	0.08239	80.698	12.137	28
29	7.114	0.1406	0.01145	0.08145	87.347	12.278	29
30	7.612	0.1314	0.01059	0.08059	94.461	12.409	30
31	8.145	0.1228	0.00980	0.07980	102.073	12.532	31
32	8.715	0.1147	0.00907	0.07907	110.218	12.647	32
33	9.325	0.1072	0.00841	0.07841	118.933	12.754	33
34	9.978	0.1002	0.00780	0.07780	128.259	12.854	34
35	10.677	0.0937	0.00723	0.07723	138.237	12.948	35
40	14.974	0.0668	0.00501	0.07501	199.635	13.332	40
45	21.002	0.0476	0.00350	0.07350	285.749	13.606	45
50	29.457	0.0339	0.00246	0.07246	406.529	13.801	50
55	41.315	0.0242	0.00174	0.07174	575.929	13.940	55
60	57.946	0.0173	0.00123	0.07123	813.520	14.039	60
65	81.273	0.0123	0.00087	0.07087	1146.755	14.110	65
70	113.989	0.0088	0.00062	0.07062	1614.134	14.160	70
75	159.876	0.0063	0.00044	0.07044	2269.657	14.196	75
80	224.234	0.0045	0.00031	0.07031	3189.063	14.222	80
85	314.500	0.0032	0.00022	0.07022	4478.576	14.240	85
90	441.103	0.0023	0.00016	0.07016	6287.185	14.253	90
95	618.670	0.0016	0.00011	0.07011	8823.854	14.263	95
100	867.716	0.0012	0.00008	0.07008	12381.662	14.269	100

表 4.15 8% 普通複利表

期數 n	一 次 付 款		等 額 多 次 付 款				期數 n
	已知 P 求 F 公式 ①	已知 F 求 P 公式 ②	已知 F 求 A 公式 ③	已知 P 求 A 公式 ④	已知 A 求 F 公式 ⑤	已知 A 求 P 公式 ⑥	
	CAF'	PWF'	SFF	CRF	CAF	PWF	
	F/P	P/F	A/F	A/P	F/A	P/A	
1	1.080	0.9259	1.00000	1.08000	1.000	0.926	1
2	1.166	0.8573	0.48077	0.56077	2.080	1.783	2
3	1.260	0.7938	0.30803	0.38803	3.246	2.577	3
4	1.360	0.7350	0.22192	0.30192	4.506	3.312	4
5	1.469	0.6806	0.17046	0.25046	5.867	3.993	5
6	1.587	0.6302	0.13632	0.21632	7.336	4.623	6
7	1.714	0.5835	0.11207	0.19207	8.923	5.206	7
8	1.851	0.5403	0.09401	0.17401	10.637	5.747	8
9	1.999	0.5002	0.08008	0.16008	12.488	6.247	9
10	2.159	0.4632	0.06903	0.14903	14.487	6.710	10
11	2.332	0.4289	0.06008	0.14008	16.645	7.139	11
12	2.518	0.3971	0.05270	0.13270	18.977	7.536	12
13	2.720	0.3677	0.04652	0.12652	21.495	7.904	13
14	2.937	0.3405	0.04130	0.12130	24.215	8.244	14
15	3.172	0.3152	0.03683	0.11683	27.152	8.559	15
16	3.426	0.2919	0.03298	0.11298	30.324	8.851	16
17	3.700	0.2703	0.02963	0.10963	33.750	9.122	17
18	3.996	0.2502	0.02670	0.10670	37.450	9.372	18
19	4.316	0.2317	0.02413	0.10413	41.446	9.604	19
20	4.661	0.2145	0.02185	0.10185	45.762	9.818	20
21	5.034	0.1987	0.01983	0.09983	50.423	10.017	21
22	5.437	0.1839	0.01803	0.09803	55.457	10.201	22
23	5.871	0.1703	0.01642	0.09642	60.893	10.371	23
24	6.341	0.1577	0.01498	0.09498	66.765	10.529	24
25	6.848	0.1460	0.01368	0.09368	73.106	10.675	25
26	7.396	0.1352	0.01251	0.09251	79.954	10.810	26
27	7.988	0.1252	0.01145	0.09145	87.351	10.935	27
28	8.627	0.1159	0.01049	0.09049	95.339	11.051	28
29	9.317	0.1073	0.00962	0.08962	103.966	11.158	29
30	10.063	0.0994	0.00883	0.08883	113.283	11.258	30
31	10.868	0.0920	0.00811	0.08811	123.346	11.350	31
32	11.737	0.0852	0.00745	0.08745	134.214	11.435	32
33	12.676	0.0789	0.00685	0.08685	145.951	11.514	33
34	13.690	0.0730	0.00630	0.08630	158.627	11.587	34
35	14.785	0.0676	0.00580	0.08580	172.317	11.655	35
40	21.725	0.0460	0.00386	0.08386	259.057	11.925	40
45	31.920	0.0313	0.00259	0.08259	386.506	12.108	45
50	46.902	0.0213	0.00174	0.08174	573.770	12.233	50
55	68.914	0.0145	0.00118	0.08118	848.923	12.319	55
60	101.257	0.0099	0.00080	0.08080	1253.213	12.377	60
65	148.780	0.0067	0.00054	0.08054	1847.248	12.416	65
70	218.606	0.0046	0.00037	0.08037	2720.080	12.443	70
75	321.205	0.0031	0.00025	0.08025	4002.557	12.461	75
80	471.955	0.0021	0.00017	0.08017	5886.935	12.474	80
85	693.456	0.0014	0.00012	0.08012	8655.706	12.482	85
90	1018.915	0.0010	0.00008	0.08008	12723.939	12.488	90
95	1497.121	0.0007	0.00005	0.08005	18701.507	12.492	95
100	2199.761	0.0005	0.00004	0.08004	27484.516	12.494	100

表 4.16 10% 普通複利表

期數 n	一 次 付 款		等 額 多 次 付 款				期數 n
	已知 P 求 F 公式 ①	已知 F 求 P 公式 ②	已知 F 求 A 公式 ③	已知 P 求 A 公式 ④	已知 A 求 F 公式 ⑤	已知 A 求 P 公式 ⑥	
	CAF'	PWF'	SFF	CRF	CAF	PWF	
	F/P	P/F	A/F	A/P	F/A	P/A	
1	1.100	0.9091	1.00000	1.10000	1.000	0.909	1
2	1.210	0.8264	0.47619	0.57619	2.100	1.736	2
3	1.331	0.7513	0.30211	0.40211	3.310	2.487	3
4	1.464	0.6830	0.21547	0.31547	4.641	3.170	4
5	1.611	0.6209	0.16380	0.26380	6.105	3.791	5
6	1.772	0.5645	0.12961	0.22961	7.716	4.355	6
7	1.949	0.5132	0.10541	0.20541	9.487	4.868	7
8	2.144	0.4665	0.08744	0.18744	11.436	5.335	8
9	2.358	0.4241	0.07364	0.17364	13.579	5.759	9
10	2.594	0.3855	0.06275	0.16275	15.937	6.144	10
11	2.853	0.3505	0.05396	0.15396	18.531	6.495	11
12	3.138	0.3186	0.04676	0.14676	21.384	6.814	12
13	3.452	0.2897	0.04078	0.14078	24.523	7.103	13
14	3.797	0.2633	0.03575	0.13575	27.975	7.667	14
15	4.177	0.2394	0.03147	0.13147	31.772	7.606	15
16	4.595	0.2176	0.02782	0.12782	35.950	7.824	16
17	5.054	0.1978	0.02466	0.12466	40.545	8.022	17
18	5.560	0.1799	0.02193	0.12193	45.599	8.201	18
19	6.116	0.1635	0.01955	0.11955	51.159	8.365	19
20	6.727	0.1486	0.01746	0.11746	57.275	8.514	20
21	7.400	0.1351	0.01562	0.11562	64.002	8.649	21
22	8.140	0.1228	0.01401	0.11401	71.403	8.772	22
23	8.954	0.1117	0.01257	0.11257	79.543	8.883	23
24	9.850	0.1015	0.01130	0.11130	88.497	8.985	24
25	10.835	0.0923	0.01017	0.11017	98.347	9.077	25
26	11.918	0.0839	0.00916	0.10916	109.182	9.161	26
27	13.110	0.0763	0.00826	0.10826	121.100	9.237	27
28	14.421	0.0693	0.00745	0.10745	134.210	9.307	28
29	15.863	0.0630	0.00673	0.10673	148.631	9.370	29
30	17.449	0.0573	0.00608	0.10608	164.494	9.427	30
31	19.194	0.0521	0.00550	0.10550	181.943	9.479	31
32	21.114	0.0474	0.00497	0.10497	201.138	9.526	32
33	23.225	0.0431	0.00450	0.10450	222.252	9.569	33
34	25.548	0.0391	0.00407	0.10407	245.477	9.609	34
35	28.102	0.0356	0.00369	0.10369	271.024	9.644	35
40	45.259	0.0221	0.00226	0.10226	442.593	9.779	40
45	72.890	0.0137	0.00139	0.10139	718.905	9.863	45
50	117.391	0.0085	0.00086	0.10086	1163.909	9.915	50
55	189.059	0.0053	0.00053	0.10053	1880.591	9.947	55
60	304.482	0.0033	0.00033	0.10033	3034.816	9.967	60
65	490.371	0.0020	0.00020	0.10020	4893.707	9.980	65
70	789.747	0.0013	0.00013	0.10013	7887.470	9.987	70
75	1271.895	0.0008	0.00008	0.10008	12708.954	9.992	75
80	2048.400	0.0005	0.00005	0.10005	20474.002	9.995	80
85	3298.969	0.0003	0.00003	0.10003	32979.690	9.997	85
90	5313.023	0.0002	0.00002	0.10002	53120.226	9.998	90
95	8556.676	0.0001	0.00001	0.10001	85556.760	9.999	95
100	13780.612	0.0001	0.00001	0.10001	137796.123	9.999	100

表 4.17　12% 普通複利表

期數 n	一　次　付　款		等　額　多　次　付　款				期數 n
	已知 P 求 F 公式 ①	已知 F 求 P 公式 ②	已知 F 求 A 公式 ③	已知 P 求 A 公式 ④	已知 A 求 F 公式 ⑤	已知 A 求 P 公式 ⑥	
	CAF'	PWF'	SFF	CRF	CAF	PWF	
	F/P	P/F	A/F	A/P	F/A	P/A	
1	1.120	0.8929	1.00000	1.12000	1.000	0.893	1
2	1.254	0.7972	0.47170	0.59170	2.120	1.690	2
3	1.405	0.7118	0.29635	0.41635	3.374	2.402	3
4	1.574	0.6355	0.20923	0.32923	4.779	3.037	4
5	1.762	0.5674	0.15741	0.27741	6.353	3.605	5
6	1.974	0.5066	0.12323	0.24323	8.115	4.111	6
7	2.211	0.4523	0.09912	0.21912	10.089	4.564	7
8	2.476	0.4039	0.08130	0.20130	12.300	4.968	8
9	2.773	0.3606	0.06768	0.18768	14.776	5.328	9
10	3.106	0.3220	0.05698	0.17698	17.549	5.650	10
11	3.479	0.2875	0.04842	0.16842	20.655	5.938	11
12	3.896	0.2567	0.04144	0.16144	24.133	6.194	12
13	4.363	0.2292	0.03568	0.15568	28.029	6.424	13
14	4.887	0.2046	0.03087	0.15087	32.393	6.628	14
15	5.474	0.1827	0.02682	0.14682	37.280	6.811	15
16	6.130	0.1631	0.02339	0.14339	42.753	6.974	16
17	6.866	0.1456	0.02046	0.14046	48.884	7.120	17
18	7.690	0.1300	0.01794	0.13794	55.750	7.250	18
19	8.613	0.1161	0.01576	0.13576	63.440	7.366	19
20	9.646	0.1037	0.01388	0.13388	72.052	7.469	20
21	10.804	0.0926	0.01224	0.13224	81.699	7.562	21
22	12.100	0.0826	0.01081	0.13081	92.502	7.645	22
23	13.552	0.0738	0.00956	0.12956	104.603	7.718	23
24	15.179	0.0659	0.00846	0.12846	118.155	7.784	24
25	17.000	0.0588	0.00750	0.12750	133.334	7.843	25
26	19.040	0.0525	0.00665	0.12665	150.334	7.896	26
27	21.325	0.0469	0.00590	0.12590	169.374	7.943	27
28	23.884	0.0419	0.00524	0.12524	190.699	7.984	28
29	26.750	0.0374	0.00466	0.12466	214.582	8.022	29
30	29.960	0.0334	0.00414	0.12414	241.332	8.055	30
31	33.555	0.0298	0.00369	0.12369	271.292	8.085	31
32	37.582	0.0266	0.00328	0.12328	304.847	8.112	32
33	42.091	0.0238	0.00292	0.12292	342.429	8.135	33
34	47.142	0.0212	0.00260	0.12260	384.520	8.157	34
35	52.799	0.0189	0.00232	0.12232	431.663	8.176	35
40	93.051	0.0107	0.00130	0.12130	767.088	8.244	40
45	163.987	0.0061	0.00074	0.12074	1358.224	8.283	45
50	289.001	0.0035	0.00042	0.12042	2400.008	8.305	50
∞				0.12000		8.333	∞

表 4.18　15% 普通複利表

期數 n	一 次 付 款		等 額 多 次 付 款				期數 n
	已知 P 求 F 公式 ①	已知 F 求 P 公式 ②	已知 F 求 A 公式 ③	已知 P 求 A 公式 ④	已知 A 求 F 公式 ⑤	已知 A 求 P 公式 ⑥	
	CAF'	PWF'	SFF	CRF	CAF	PWF	
	F/P	P/F	A/F	A/P	F/A	P/A	
1	1.150	0.8696	1.00000	1.15000	1.000	0.870	1
2	1.322	0.7561	0.46512	0.61512	2.150	1.626	2
3	1.521	0.6575	0.28798	0.43798	3.472	2.283	3
4	1.749	0.5718	0.20026	0.35027	4.993	2.855	4
5	2.011	0.4972	0.14832	0.29832	6.742	3.352	5
6	2.313	0.4323	0.11424	0.26424	8.754	3.784	6
7	2.660	0.3759	0.09036	0.24036	11.067	4.160	7
8	3.059	0.3269	0.07285	0.22285	13.727	4.487	8
9	3.518	0.2843	0.05957	0.20957	16.786	4.772	9
10	4.046	0.2472	0.04925	0.19925	20.304	5.019	10
11	4.652	0.2149	0.04107	0.19107	24.349	5.234	11
12	5.350	0.1869	0.03448	0.18448	29.002	5.421	12
13	6.153	0.1625	0.02911	0.17911	34.352	5.583	13
14	7.076	0.1413	0.02469	0.17469	40.505	5.724	14
15	8.137	0.1229	0.02102	0.17102	47.580	5.847	15
16	9.358	0.1069	0.01795	0.16795	55.717	5.954	16
17	10.716	0.0929	0.01537	0.16537	65.075	6.047	17
18	12.375	0.0808	0.01319	0.16319	75.836	6.128	18
19	14.232	0.0703	0.01134	0.16134	88.212	6.198	19
20	16.367	0.0611	0.00976	0.15976	102.443	6.259	20
21	18.821	0.0531	0.00842	0.15842	118.810	6.312	21
22	21.645	0.0462	0.00727	0.15727	137.631	6.359	22
23	24.891	0.0402	0.00628	0.15628	159.276	6.399	23
24	28.625	0.0349	0.00543	0.15543	184.167	6.434	24
25	32.919	0.0304	0.00470	0.15470	212.793	6.464	25
26	37.857	0.0264	0.00407	0.15407	245.711	6.491	26
27	43.535	0.0230	0.00353	0.15353	283.568	6.514	27
28	50.065	0.0200	0.00306	0.15306	327.103	6.534	28
29	57.575	0.0174	0.00265	0.15265	377.169	6.551	29
30	66.212	0.0151	0.00230	0.15230	434.744	6.566	30
31	76.143	0.0131	0.00200	0.15200	500.956	6.579	31
32	87.565	0.0114	0.00173	0.15173	577.099	6.591	32
33	100.700	0.0099	0.00150	0.15150	664.664	6.600	33
34	115.805	0.0086	0.00131	0.15131	765.364	6.609	34
35	133.175	0.0075	0.00113	0.15113	881.168	6.617	35
40	267.862	0.0037	0.00056	0.15056	1779.1	6.642	40
45	538.767	0.0019	0.00028	0.15028	3585.1	6.654	45
50	1083.652	0.0009	0.00014	0.15014	7217.7	6.661	50
∞				0.15000		6.667	∞

表 4.19　20% 普通複利表

期數 n	一 次 付 款		等 額 多 次 付 款				期數 n
	已知 P 求 F 公式①	已知 F 求 P 公式②	已知 F 求 A 公式③	已知 P 求 A 公式④	已知 A 求 F 公式⑤	已知 A 求 P 公式⑥	
	CAF'	PWF'	SFF	CRF	CAF	PWF	
	F/P	P/F	A/F	A/P	F/A	P/A	
1	1.200	0.8333	1.00000	1.20000	1.000	0.833	1
2	1.440	0.6944	0.45455	0.65455	2.200	1.528	2
3	1.728	0.5787	0.27473	0.47473	3.640	2.106	3
4	2.074	0.4823	0.18629	0.38629	5.368	2.589	4
5	2.488	0.4019	0.13438	0.33438	7.442	2.991	5
6	2.986	0.3349	0.10071	0.30071	9.930	3.326	6
7	3.583	0.2791	0.07742	0.27742	12.916	3.605	7
8	4.300	0.2326	0.06061	0.26061	16.499	3.837	8
9	5.160	0.1938	0.04808	0.24808	20.799	4.031	9
10	6.192	0.1615	0.03852	0.23852	25.959	4.192	10
11	7.430	0.1346	0.03110	0.23110	32.150	4.327	11
12	8.916	0.1122	0.02526	0.22526	39.580	4.439	12
13	10.699	0.0935	0.02062	0.22062	48.497	4.533	13
14	12.839	0.0779	0.01689	0.21689	59.196	4.611	14
15	15.407	0.0649	0.01388	0.21388	72.035	4.675	15
16	18.488	0.0541	0.01144	0.21144	87.442	4.730	16
17	22.186	0.0451	0.00944	0.20944	105.931	4.775	17
18	26.623	0.0376	0.00781	0.20781	128.117	4.812	18
19	31.948	0.0313	0.00646	0.20646	154.740	4.844	19
20	38.338	0.0261	0.00536	0.20536	186.688	4.870	20
21	46.005	0.0217	0.00444	0.20444	225.025	4.891	21
22	55.206	0.0181	0.00369	0.20369	271.031	4.909	22
23	66.247	0.0151	0.00307	0.20307	326.237	4.925	23
24	79.497	0.0126	0.00255	0.20255	392.484	4.937	24
25	95.396	0.0105	0.00212	0.20212	471.981	4.948	25
26	114.475	0.0087	0.00176	0.20176	567.377	4.956	26
27	137.370	0.0073	0.00147	0.20147	681.852	4.964	27
28	164.845	0.0061	0.00122	0.20122	819.223	4.970	28
29	197.813	0.0051	0.00102	0.20102	984.067	4.975	29
30	237.376	0.0042	0.00085	0.20085	1181.881	4.979	30
31	284.851	0.0035	0.00070	0.20070	1419.257	4.982	31
32	341.822	0.0029	0.00059	0.20059	1704.108	4.985	32
33	410.186	0.0024	0.00049	0.20049	2045.930	4.988	33
34	492.223	0.0020	0.00041	0.20041	2456.116	4.990	34
35	590.668	0.0017	0.00034	0.20034	2948.339	4.992	35
40	1469.771	0.0007	0.00014	0.20014	7343.9	4.997	40
45	3657.258	0.0003	0.00005	0.20005	18281.3	4.999	45
50	9100.427	0.0001	0.00002	0.20002	45497.1	4.999	50
∞				0.20000		5.000	∞

例題 4.1

等值之意義

本書第二章中介紹過「等值」的意義。現在以實際數字舉例說明，其中每次變化分別以(一)(二)(三)……表示。請注意其間之關係。為簡便計，小數點之後暫取二位。

(一)如果年利率定為 6%（以下各變化全同）。某君以民國八十八年一月一日投資 1,000 元，按複利計算，問至民國九十八年一月一日共有本利和若干？

解：題中 $P = 1,000$, $n = 10$，所求者為 F，用公式①：

$$F = P[CAF']_{6\%}^{10} \quad 查〔表 4.13〕，又，新的簡記符號是什麼？$$

$$= 1,000 \times (1.\underline{\hspace{2cm}})$$

$$= 1,791 \ 元$$

(二)如果希望在九十八年一月一日得到 1,791 元，則在民國九十二年一月一日應投下資金若干？

解：題中 $F = 1,791$, $n = 6$，所求者為 P，用公式②：

$$P = F[PWF']_{6\%}^{6} \quad 查〔表 4.13〕$$

$$= 1,791 \times (0.\underline{\hspace{2cm}})$$

$$= 1262.66 \ 元$$

(三)九十二年一月一日之此筆 1,262.66 元，換算至八十五年一月一日應值若干？

解：題中 $F = 1,262.66$, $n = 7$，所求者為 P，用公式②：

$$P = F[PWF']_{6\%}^{7}$$

$$= 1,262.66 \times (0.\underline{\hspace{2cm}})$$

$$= 839.79 \ 元$$

(四)八十五年一月一日之此筆 839.79 元，如將之變換為以後十年，每年年底均勻取得款額之方式，將之用完，問每年每次可取若干？

解：題中 $P = 839.79$, $n = 10$，所求者為 A，由公式④：

$$A = P[CRF]_{6\%}^{10}$$

$$= 839.79 \times (0.\underline{\hspace{2cm}})$$

$$= 114.10 \ 元$$

(五)如果自八十五年開始每年年底存款 114.10 元，問在十年後可累積得到整筆基金若干？

解：題中 $A = 114.10$, $n = 10$，所求者為 F，由公式⑤：

$$F = A[CAF]_{6\%}^{10}$$

$$= 114.10 \times (\underline{\qquad})$$

$$= 1,503.98 \text{ 元}$$

(六)在八十八年一月一日開始，連續七年，問每年之年底應存入若干元，則在最後存款之同一日，即九十五年一月一日，可得到 1,503.98 元？

解：題中 $F = 1,503.98$，$n = 7$，所求者為 A，用公式③：

$$A = F[SFF]_{6\%}^{7}$$

$$= 1,506 \times (0.\underline{\qquad})$$

$$= 179.18 \text{ 元}$$

(七)如果想在七年中，每年年底得到一筆款 179.18 元，則請問在八十八年一月一日應存入現金共若干元？

解：題中 $A = 179.18$，$n = 7$，所求者為 P，用公式⑥：

$$P = A[PWF]_{6\%}^{7}$$

$$= 179.18 \times (\underline{\qquad})$$

$$= 1,000.21 \text{ 元}$$

以上七個變化之中，每一個變化可以看成一個方案，這七個方案是彼此「相等」的。特別應予注意。尤其是下列數點：

1. 每一個問題中，必有五項要素 (r, n, P, F, A) 中之任四個。四個因素之中有三個是已知，一個為未知，在上面例題中 r 和 n 是始終已知者。

2. 七個變化中可以看出，令此七個方案等值之條件是在於 r 不變。換言之，只要利率不變，我們可以在不同的時間上得到等值的貨幣。如果「現在」表示民國八十八年一月一日，那麼「現在」的 1,000 元與下列各項等值：

　　十年後的一筆 1,791.00 元，或是

　　四年後的一筆 1,262.00 元，或是

　　三年前的一筆 840.00 元，或是

　　三年前開始，共十年的每年一筆 114.10 元，或是

　　七年後的一筆 1,506.00 元，或是

　　以後七年，每年的一筆 179.42 元。

3. n 之值是計算問題中最易錯誤的，必須予以多多注意。年頭年尾雖同在一年中，但其間相差亦為一年，尤其是在 F 與 A 之轉化時，最後一個 A 與 F 同時發生，這是公式推演的結果，與實際情形不符，因此極易弄錯，此點特應注意。一個正確的圖解可以避免 n 的錯誤。

4. 計算過程中，假設前一年的最後一天與後一年的第一天是沒有差異的。

5. 開始的 1,000 元, 經過多次計算後並不剛好又是 1,000 元。因為計算過程中是用普通
複利表, 而且小數點之後計算位數不同。理論上來說, 如果使用連續複利表計算,
其結果應該完全一致。

等值變化之圖解, 參照〔例題 4.1〕

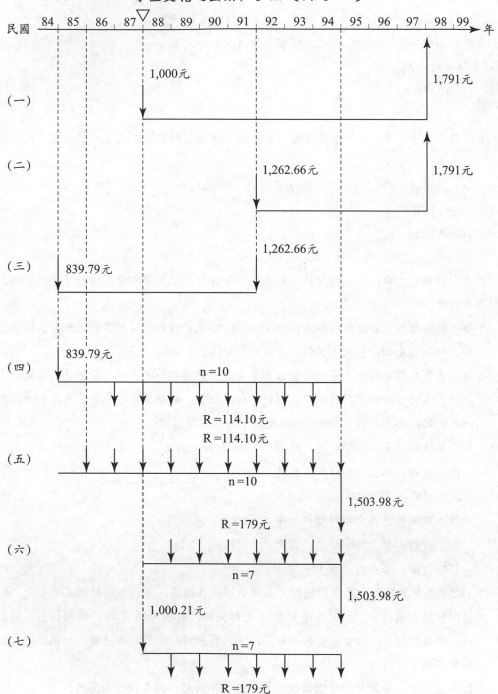

例題　4.2

多項本利和之和

　　某工廠擬購置某項設備，四年方能完成。決定採用時應立即投資 20,000 元，二年後再投資15,000元，四年後 10,000 元；市場利率 4%，如果折舊不計，則十年後此項生產設備價值若干？

解：根據題意我們應該先就該項設備畫出一個收支圖解來：

等值變化之圖解，參照〔例題 4.1〕

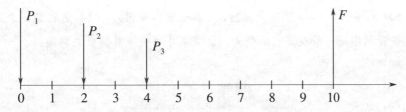

　　從上圖可以很清楚的看出，本題應經三次計算，即

$$r = 4\% \begin{cases} n_1 = 10, & P_1 = 20{,}000 & 求 F_1 \\ n_2 = 8, & P_2 = 15{,}000 & 求 F_2 \\ n_3 = 6, & P_3 = 10{,}000 & 求 F_3, 故 \end{cases}$$

$F_1 = P_1[\qquad]^{10} = 20{,}000 \times 1.480 = 29{,}600$

$F_2 = P_2[\qquad]^{8} = 15{,}000 \times (\qquad) = 20{,}530$

$F_3 = P_3[\qquad]^{6} = 10{,}000 \times (\qquad) = 12{,}650$；三項相加

$F = F_1 + F_2 + F_3$

$\quad = 29{,}600 + 20{,}530 + 12{,}650$

$\quad = 62{,}780$ 元

（圖中並未表示 F_1, F_2, F_3）

例題　4.3

最低的投資收益

　　機器一部現值 3,500 元，如果一般投資收回利率為 4.25%，機器壽命為十八年，問十八年後，此機器生產之收益總和為若干則可恰巧符合一般的投資利率？或者換一句話說，該機器生產之收益總和至少應為若干，方才值得投資設置該機器？

解: 題中 $P = 3,500$ 元，$r = 4.25\%$, $n = 18$，求 F。即

$$F = P[\qquad]^{18}$$

但是因為 $r = 4.25\%$ 無現成之利率表可供查用，我們必須自行計算，首先將上式全形寫出，即

$$F = P(1 + 0.0425)^{18}$$

再利用對數方法解之。

$$\log F = \log P + 18\log 1.0425$$
$$= \log 3,500 + 18 \times 0.018076$$
$$= 3.54407 + 0.32537 = 3.86944$$
$$\therefore F = 7,404 \text{ 元}$$

答案 7,404 元係根據 $r = 4.25\%$ 計算出，即與一般投資相同；機器之收益至少應大於此數，亦即其投資利率比一般投資利率較大，企業家才有投資買機器之興趣。

例題 4.4

計息期數之變化

經營某事業需款 40,000 元，預計每年獲利 6%，在八年中可將全部資金收回。今擬每半年計算複利一次，則八年後到期應可收回全部本利若干元？空白處請自行填入並查表核對數字。

解: 題中 $P = 40,000$

$$r = 6\% \div 2 = 3\%$$
$$n = 8 \times 2 = 16, \text{ 求 } F$$
$$F = P[\qquad]^{16}$$
$$= 40,000 \times 1.605 = 64,200 \text{ 元}$$

〔討 論〕

本題如以每年計息一次計算，則 $r = 6\%$，其結果為

$$F = P[\qquad]^{8}$$
$$= 40,000 \times 1.594 = 63,760 \text{ 元；}$$

同理如按月計息一次，則其結果為 $F = P[\qquad]^{8 \times 12}$，

$r = \dfrac{1}{12} \times 6\%$，則其結果將大於 64,200 甚多！

例題　4.5

長期之本利和

　　某事業徵求長期資本，投資六十四年，保證每年可獲利潤在 4% 以上。某君持有 10,000 元擬前往投資，如以一次付款計算，到期共有本利若干元？

解：題中 $P = 10,000, r = 4\%, n = 64$，求 F

　　但書中所附複利表中無 64 期者，可按指數計算法將期數各為 60 與 4 者，相乘即可。即

$$F = P[\quad]^{64}$$
$$= P[\quad]^{60}[\quad]^{4}$$
$$= 10,000 \times (\quad) \times (\quad)$$
$$= 123,084 \text{ 元}$$

例題　4.6

整存零付之計算

　　如果利率為 5%，今擬在五年後，十年後，十五年後及二十年後，各期都有 1,200 元可供運用，則今日應預行儲存基金若干？

解：根據題意，可以先畫圖解如下：

$$F_5 = F_{10} = F_{15} = F_{20} = 1,200$$

$$P = P_5 + P_{10} + P_{15} + P_{20}$$

　　圖中可看出利用 $P = F[\quad]^{n}$ 公式計算四次，將所得四項 P 值再予加總即可。查 $r = 5\%$ 複利表計算如下：

$$P_5 = F_5[\quad]^{5} = 1,200 \times 0.7835 = 940.20$$
$$P_{10} = F_{10}[\quad]^{10} = 1,200 \times 0.6139 = 736.70$$
$$P_{15} = F_{15}[\quad]^{15} = 1,200 \times 0.4810 = 577.20$$

$$P_{20} = F_{20}[\quad]^{20} = 1,200 \times 0.3769 = 452.30$$

$$\therefore \quad P = P_5 + P_{10} + P_{15} + P_{20} = 2,706.40 \text{ 元}$$

例題　4.7

年期之計算

假定市場利率為 3%，則今日之 1,000 元，在若干年後可以值 2,000 元？

解：題中 $P = 1,000$ 元，$F = 2,000$ 元，$r = 3\%$，求 n

前面說過，求 n 如果利用數學方法會不勝其煩，結果得不償失；所以利用複利表倒查反而便捷，本題可以利用

$$P = F[PWF']^n \text{ 或者}$$

$F = P[CAF']^n$ 之關係，在複利表中找出適宜之 n 值皆可。今以前者計算，先將各項已知數值代入，得

$$1,000 = 2,000[PWF']^n，亦即$$

$$[PWF']^n = \frac{1,000}{2,000} = 0.50，查閱〔表 4.7〕3\% 普通複利表，可知，當利率為 3\% 且$$

$$n = 23 \text{ 時} \quad [PWF']^{23} = 0.5067$$

$$n = 24 \text{ 時} \quad [PWF']^{24} = 0.4919$$

故本題所求之 n 約為 23.5 年。如果要求比較精確一點的答案，可利用比例內插法求之。

例題　4.8

利率之計算

如果現在支出 8,000 元的話，即可在五年後避免 10,000 元之損失，問其利率約為若干？

解：$F = P[\quad]^5$，將已知數值代入，得

$$10,000 = 8,000[CAF']^5，即$$

$$[CAF']^5 = \frac{10,000}{8,000} = 1.25，試查普通複利表得$$

$$〔表 4.11〕 r = 5\% \quad 則 [CAF']^5 = 1.276$$

$$〔表 4.10〕 r = 4\frac{1}{2}\% \quad 則 [CAF']^5 = 1.246$$

$$\therefore r = 0.045 + 0.005 \times \frac{1.25 - 1.246}{1.276 - 1.246}$$

$$= 0.0457 = 4.57\%$$

本題亦可直接利用公式⑨，將已知各項代入直接計算：

$$r = \sqrt[n]{\frac{F}{P}} - 1$$

$$= \sqrt[5]{\frac{10,000}{8,000}} - 1 = \sqrt[5]{1.25} - 1$$

取常用對數，先計算前一半：

$$\log \sqrt[5]{1.25} = \frac{1}{5}\log 1.25 = \frac{1}{5} \times 0.09691 = 0.019382$$

$$\sqrt[5]{1.25} = 1.04564$$

$$\therefore r = 1.04564 - 1 = 0.04564 \qquad 即\ r = 4.564\%$$

例題　4.9

借款償還

　　某大公司向國外銀行集團貸款得到 2 億元，年利率 7%。合約訂明十年後，本利一次償還。該公司的還款計畫是在十年內平均攤籌。問每年至少應自營業額中提列若干作為償債基金? 償還時之總額為若干?

解: 先據題意畫圖:

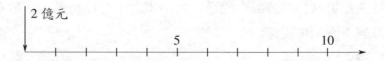

圖中已知 P，求解的是十年的 A，公式為

$$A = P[\qquad]^{10}_{7\%}$$

$$= 200,000,000 \times 0.14238$$

$$= 28,476,000\ 元$$

每年提列 $28,476,000 \times 10 = 284,760,000$ 元為十年之總額，其中 $84,760,000$ 元為利息。

例題　4.10

償債基金

　　某大公司根據借款合約，預定在十年後應一次償還本利和 2 億元，年利率 7%。問在借款時實得若干? 又十年中平均攤列基金償債，應提列若干?

解: 畫圖:

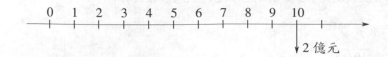

據題意：已知 F，要求解的是 $n = 0$ 時的 P 以及十年的 A，

①求 P

$$P = F[\qquad]_{7\%}^{10}$$

$$= 200,000,000 \times 0.5083 = 101,660,000 \text{ 元}$$

②求 A

$$A = F[\qquad]_{7\%}^{10}$$

$$= 200,000,000 \times 0.07238 = 14,476,000 \text{ 元}$$

十年總額為 144,760,000 元，似乎不足還債。再利用 $[CAF]^{10}$ 的關係，看看：

$$14,476,000 \times 13.816 = 200,000,416 \text{ 元}$$

為什麼選用 13.816？

第二節　連續複利之計算

本書第三章第六節中曾經介紹過：當一年之中計算利息之次數無限增多的話，即可得到下面兩個關係：

$$F = Pe^{ni} \qquad ⑫$$

$$P = Fe^{-ni} \qquad ⑬$$

式中，P 為現值，F 為本利和或終值，n 為計息次數，i 為名目利率，e 為自然對數之底。

公式⑫⑬是「一次付款」的情形；現在，我們再導入「等額多次」的關係。

在一個 n 年投資系統中，整個系統之現值應為 n 個個別現值之和，利用⑬公式，可得

$$P = Ae^{-1i} + Ae^{-2i} + Ae^{-3i} + \cdots + Ae^{-ni}$$

$$= Ae^{-i}(1 + e^{-i} + e^{-2i} + \cdots + e^{-(n-1)i})$$

上式中，括弧中為一幾何級數，其一般式為 $\sum_{j=0}^{n-1}(\frac{1}{e^i})^i$， 　⑭

幾何級數之和為 $[\frac{1 - e^{-ni}}{1 - e^{-i}}]$，因此

$$P = Ae^{-i}[\frac{1-e^{-ni}}{1-e^{-i}}]$$

即　　$P = A[\frac{1-e^{-ni}}{e^{i}-1}]$　　　　　　　　　　　　⑮

此式與以前介紹過的公式⑥，$P = A[PWF]$（或 $P = A[P/A]$）意義相同，只不過公式⑥中的利息是按期計算；公式⑮中的利息是在 n 期中遍布全期無限多次連續產生的。

利用公式⑮，作代數處理，令以 P 表示 A，即得

$$A = P[\frac{e^{i}-1}{1-e^{-ni}}]$$　　　　　　　　　　　　⑯

公式⑯與以前介紹過的公式④，$A = P[CRF]$（或 $A = P[A/P]$）意義相同，只是公式④是間斷的屆期計息，而公式⑯是無限多次的連續計息。

在公式⑯中，將公式⑬代入其中之 P，則得

$$A = Fe^{-ni}[\frac{e^{i}-1}{1-e^{-ni}}]$$

或　　$A = F[\frac{e^{i}-1}{e^{ni}-1}]$　　　　　　　　　　　　⑰

公式⑰與以前介紹過的公式③，$A = F[SFF]$（或 $A = F[A/F]$）意義相同。公式③是間斷計息，公式⑰是連續計息。

同理，利用公式⑰，可得

$$F = A[\frac{e^{ni}-1}{e^{i}-1}]$$　　　　　　　　　　　　⑱

公式⑱是類似於公式⑤，$F = A[CAF]$（或 $F = A[F/A]$）的連續計息的型態。

公式⑱可以應用到在一年之內的等額付款的情形。應用時只需將名目年利率除以一年內的付款次數即可。

例題　4.11

試求五年後的系統總值。假定在五年中每月月終存入 1,000 元，利息以年利率 15% 連續複利計算。

解：期數 $n = 12 \times 5 = 60$

每月利率 $r = 15\% \div 12 = 1.25\%$

應用公式⑱

$$F = A[\frac{e^{ni} - 1}{e^i - 1}] = 1,000[\frac{e^{60 \times 0.0125} - 1}{e^{0.0125} - 1}]$$

$$= 1,000[\frac{1.1170}{0.0126}]$$

$$= 88,651 \text{ 元}$$

※ 均勻年金 在進一步的工程經濟研究中，我們可以再深入考慮：一切資金也是連續而遍布於全期的。我們以前考慮年金 A 只是一年發生一次，集中於年末；現在我們改變一點說法，想像這是一年中均勻流入（或流出）的年金，為了不致混淆，這種均勻遍布於一年中的單位年金暫以 U 表之，於是在時間座標上一瞬間，Δt 中所有的 P 可以 U 表示，即

$$\Delta P = U \Delta t$$

上式兩端乘以 e^{ni}，變成

$$\Delta P e^{ni} = U e^{ni} \Delta t$$

左端據公式⑫，應為 ΔF；右端 n 應為變數 t，於是

$$\Delta F = U e^{ti} \Delta t$$

則從 $t = 0$ 到 $t = n$ 之時期中全部 F，應為

$$F = \int_0^n dF = \int_0^n U e^{ti} dt$$

$$= U \int_0^n e^{ti} dt$$

$$= U[\frac{e^{ti}}{i}]_0^n$$

$$= U[\frac{e^{ni}}{i}] - [\frac{e^0}{i}]$$

$$= U[\frac{e^{ni} - 1}{i}]$$

即　$$F = U[\frac{e^{ni} - 1}{i}] \tag{19}$$

公式⑲是表示連續資金連續複利的本利和或是終值，同理我們可以得到下列一組公式：

$$U = F[\frac{i}{e^{ni} - 1}] \tag{20}$$

$$U = P[\frac{ie^{ni}}{e^{ni} - 1}] \tag{21}$$

$$P = U[\frac{e^{ni} - 1}{ie^{ni}}] \tag{22}$$

公式⑲到公式㉒等四式在數學理論上非常健全，但是實際上我們很難以接受應用。高等的工程經濟研究中所利用的數學模型為求理論嚴謹，其推理過程都由此出發，再加入隨機變化的關係等。本書中只作有限的介紹。

例題　4.12

　　某一系統，每年流入資金 8,000 元，假定流入狀況是均勻分布於全年，年利率 6%，試以連續複利計算投資六年之現值約為若干元？

解：本題是連續均勻年金 U 的關係，要解求 P，應用公式㉒

$$P = 8,000[\frac{e^{6\times0.06}-1}{0.06e^{6\times0.06}}]$$

$$= 40,309.21 \text{ 元}$$

例題　4.13

　　某小學為培養學童儲蓄習慣，要求小朋友每人每天存款 5 元。假定全年三百六十五天，年利率 7%，每一小朋友在第六年畢業時，應可取回本利和若干？

解：存款每天一次，全年共存 $365\times5 = 1,825$ 元，假定視為「均勻存入」，故其六年之終值 F，應據公式⑲計算

$$F = U[\frac{e^{ni}-1}{i}]$$

$$= 1,825 \times [\frac{e^{6\times0.07}-1}{0.07}]$$

$$= 1,825 \times 7.4566$$

$$= 13,608.28 \text{ 元}$$

例題　4.14

　　以上面例題狀況而言，其相反的情形是：假設某小學規定小朋友每天存款，依連續狀況計息，在六年後得到一筆款額 13,608 元。問小朋友在過去六年中每天存款若干元？設年利率為 7%。

解：以上一例題情形可知，即係原來數字，每天存款 5 元。

　　如果，再進一步問：存款六年之本利和為 13,608 元，係過去六年中每一小時存若干之結果？利用公式⑳，已知 $F = 13,608$ 求算均勻年金 U

$$U = 13,608 \times [\frac{0.07}{e^{6\times0.07}-1}]$$

$$= 13,608 \times 0.1341$$

$\doteqdot 1,825$ 元

全年共有 $365 \times 24 = 8,760$ 小時，故

$1,825 \div 8,760 = 0.20833$ 元，每小時

意謂，過去六年中每 1 小時存入 0.20833 元，六年以後的本利和為 13,608 元。

在本書中主要使用的，是公式⑫，⑬，⑮，⑯，⑰及⑱。為幫助讀者熟悉其關係意義起見，茲將工程經濟的計算中所需的六個因子，分為普通複利及連續複利兩組對照如下表：

類	已　知	求	使用公式		符號
			普通複利	連續複利	
一次付款	現值，P	終值，F	①，$F = P[CAF']$	⑫，$F = Pe^{ni}$	$[F/P]$
	終值，F	現值，P	②，$P = F[PWF']$	⑬，$P = Fe^{-ni}$	$[P/F]$
等額多次付款	終值，F	年金，A	③，$A = F[SFF]$	⑰，$A = F[\dfrac{e^i - 1}{e^{ni} - 1}]$	$[A/F]$
	現值，P	年金，A	④，$A = P[CRF]$	⑯，$A = P[\dfrac{e^i - 1}{1 - e^{-ni}}]$	$[A/P]$
	年金，A	終值，F	⑤，$F = A[CAF]$	⑱，$F = A[\dfrac{e^{ni} - 1}{e^i - 1}]$	$[F/A]$
	年金，A	現值，P	⑥，$P = A[PWF]$	⑮，$P = A[\dfrac{1 - e^{-ni}}{e^i - 1}]$	$[P/A]$

前面文中曾經說明，以後實際上在計算投資報酬時以公式④及公式⑥較為有用；同理如果是同樣問題考慮連續複利的話，則類似的公式⑯及公式⑮也是比較有用。下面仿照前面普通複利表的格式，編入連續複利的用表，利率變化為 1%, 2%, 3%, 4%, 5%, 6%, 7%, 8%, 9%, 10%, 12%, 15%, 20%, 25% 及 30% 共計十五個連續複利表。

例題　4.15

連續複利表之應用

複習前面〔例題 4.1〕直到〔例題 4.8〕各題，模仿解題方式，改以連續複利計算，並逐題比較其結果，了解其影響。

例題　4.16

某工廠投資 K 元裝置 M–150 過濾設備一套。K 元係向貸款機構借得，言明在取得款

項後三年開始，一連五年均勻攤還應付本息。年利率為 8%，採用普通複利及連續複利的不同計息方法，其差額為若干？

解：按題意先作成圖解，注意年數關係！

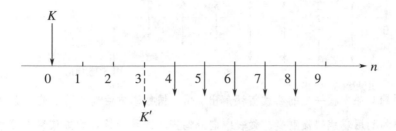

由圖中可以看出，應先將 K 化為 K'，再化為爾後的五個等值年金 A 即得。故

$$A = K[CAF']^3[CRF]^5，或 A = K[F/P]^3[A/P]^5$$

現在 $i = 8\%$，在兩種不同計息情形下，查表：

普通複利：

$$A_1 = K(1.260)(0.25046) = 0.31563K$$

連續複利：

$$A_2 - K(1.271)(0.2526) = 0.32105K$$

連續複利比普通複利應多付出之部分為

$$A_2 - A_1 = 0.00542K$$

現在請讀者自行在一方格座標紙上，以水平座標表示 K，以垂直座標表示 $A_2 - A_1$，將上式在座標上畫成一直線，我們可以很方便的讀出當 K 為任何值時，連續複利多付之款項。

例題　4.17

連續的投資報酬率

　　某工廠籌備購置某一種設備。據估計設置以後在四年中，每年可以收益 10,000 元；然後，第五年可收益 8,000 元，第六年收益 6,000 元，第七年收益 4,000 元，第八年收益 2,000 元，第八年末之殘值為 25,000 元，如果該項設備之設置成本為 50,000 元，請問此項投資系統之報酬率如何？

解：根據題意，可以得到圖解如下：

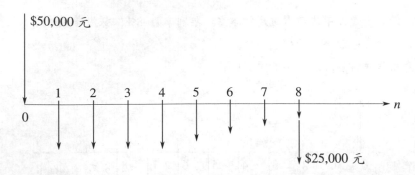

此類問題如果想據一定的公式設法解出 r 值，循數學方法進行可能陷入非常繁雜的場合；因此不如利用現成的複利表，從表中向外倒查，找尋最接近的數值選為答案即可。現在我們利用本書中的連續複利表進行倒查如下。

所謂投資報酬率的意義，可以說來自系統報酬的全部現值之和恰恰等於投入資本時之 r 值。因此我們可將整個系統化為現值，假定投入值是負值，則當淨現值也為負時，表示選用 r 值太大；如果所得淨現值為正值時，則表示所選用之利率 r 值太小。於是恰當之利率應在此兩次選定者之間。

現在選定 12% 及 10% 兩種利率，查表試算如下表：

年　數	各項現值	$r=12\%$，試算結果	$r=10\%$，試算結果
0	P	$-50,000$	$-50,000$
1 2 3 4	$A[PWF]^4$	$10,000 \times 2.990 = 29,900$	$10,000 \times 3.1347 = 31,347$
5	$F[PWF']^5$	$8,000 \times 0.5488 = 4,390$	$8,000 \times 0.6065 = 4,852$
6	$F[PWF']^6$	$6,000 \times 0.4868 = 2,921$	$6,000 \times 0.5488 = 3,293$
7	$F[PWF']^7$	$4,000 \times 0.4317 = 1,727$	$4,000 \times 0.4966 = 1,986$
8	$F[PWF']^8$	$2,000 \times 0.3829 = 766$	$2,000 \times 0.4493 = 899$
8	$F[PWF']^8$	$25,000 \times 0.3829 = 9,573$	$25,000 \times 0.4493 = 11,232$
現　值　合　計		-723	$3,609$

上表結果可見令該一投資系統之現值總額為零之利率，應在 12% 及 10% 之間，利用內插比例法：

$$\frac{12\% - 10\%}{3,609 + 723} = \frac{x - 10\%}{3,609}$$

解出 $x = 11.67\%$

故該項投資之報酬率為 11.67%

內插比例法也可以利用方格座標紙估計得到，其法如下：

在一方格座標紙上，選定垂直座標適當之長度代表現值，在現值為 0 之處作水平座標

代表利率。將上面計算表所得結果在座標上得到兩點，連兩點為一直線，直線交水平座標之處即為所求之投資報酬率。茲以上面例題數字舉例如下圖，在方格座標紙上可讀出答案約為 11.66%。

同一例題，如果按普通複利計算，其答案應為 12.4%。請讀者仿照上述方法求此答案。

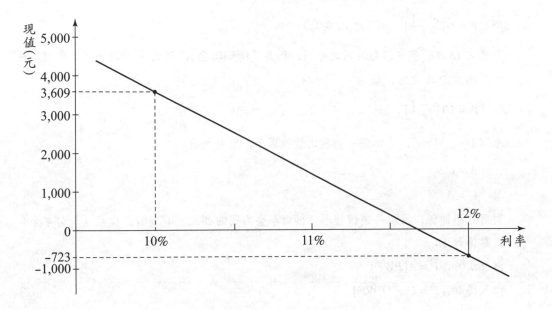

有關投資報酬率的意義，後文再述。

均勻年金的連續複利

試求某工廠十年，全部某一種工資支出之現值為若干？假定每日付出工資 28.5 元，年利率 9%。

解：依題意先畫成圖解：

每天 28.5 元

0 1 2 3 4 5 6 7 8 9 10 11 → 年數

等值之現值

由公式⑱，$F = A[CAF]$，連續複利關係式之原形

$$F = A(\frac{e^{ni}-1}{e^i-1})$$

式中，將 A（期末年金）均勻細分為 m 份，並令 m 為極大，於是

$$\frac{A}{m}(\frac{e^{n(i/m)}-1}{e^{i/m}-1})$$

$$\lim_{m \to \infty}\frac{A}{m}(\frac{e^{n(i/m)}-1}{e^{i/m}-1}) = U[\frac{e^i-1}{i}]$$

即　$F = U[\frac{e^i-1}{i}]$　　（比較公式⑲）

此處之 U 為一年中均勻流入之金額，稱為〔均勻年金〕，又式中 F 為一年之終值，在此處相當於 A 之意，故

$$A = U[\frac{e^i-1}{r}]$$

今以 $[\frac{e^i-1}{r}] = \mathscr{F}$，表示係一特別之變換因子，於是可得

$$A = U\mathscr{F},$$

及　$U = A/\mathscr{F}$

利用這組關係，可以將連續複利三個與年金有關的公式⑮⑯及⑰，變成〔均勻年金〕的關係如下：

由公式⑮，$P = A[PWF]$

代入得到，$P = U\mathscr{F}[PWF]$ ⟨23⟩

由公式⑯，$A = P[CRF]$

代入得到，$U = P[CRF]/\mathscr{F}$ ⟨24⟩

由公式⑰，$A = F[SFF]$

代入得到，$U = F[SFF]/\mathscr{F}$ ⟨25⟩

我們可以應用〔表4.20〕至〔表4.34〕等十五個連續複利表來計算⟨23⟩⟨24⟩及⟨25⟩等三種關係。

問題中已知每日工資 28.5 元，一年姑且以 300 天計，故〔均勻年金〕應為

$$U = 28.5 \times 300 = 8,550 \text{ 元／年}$$

應用公式⟨23⟩，可計得十年之現值為：（查用〔表4.28〕）

$$P = U\mathscr{F}[PWF]$$

$$= 8,550 \times \frac{e^{0.09}-1}{e^{0.09}} \times 6.3014$$

$$= 53,876.97 \times 1.0463$$

$$= 56,373.27 \text{ 元}$$

※例題　4.19

變化的均勻年金

試求某工廠十年來全部工資支出之現值為若干？假定前六年中每日付出工資 28.5 元，第七年開始之工資遞增。即第七、第八之二年中每日 30.5 元，第九年中每日 32.5 元，第十年每日 34.5 元，假定年利率為 9%，每年以三百天計。

解：

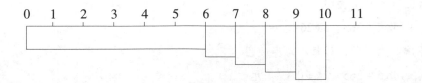

題意可表示如上圖，前六年可以一次算得等值之現值，以後各年中必須分別計得各年一年之現值（注意！），再按〔一次付款〕的情形轉化為 $n=0$ 時之現值。以算式表示為

$$P = P_{1-6} + P_{7-8} + P_9 + P_{10}$$

現在，

$U_{1-6} = 28.5 \times 300 = 8,550$

$U_{7-8} = 30.5 \times 300 = 9,150$

$U_9 = 32.5 \times 300 = 9,750$

$U_{10} = 34.5 \times 300 = 10,350$

$\mathscr{F} = (e^{0.09} - 1)\,0.09 = 1.04633$，查〔表 4.28〕

$P = 8,550 \times 1.04633 \times 4.4306$

　　$+ 9,150 \times 1.04633 \times 1.7492$

　　$+ 9,750 \times 1.04633 \times 0.9139$

　　$+ 10,350 \times 1.04633 \times 0.9139$

　$= 39,636.7 + 16,746.7 + 9,323.4 + 9,897.1$

　$= 75,603.9$ 元

※例題　4.20

均勻年金收回

投資一項設備 10,000 元，希望在四年中收回投資。如按均勻年金計算，每年至少應收

回若干？年利率 12%。

解：應用公式㉔，先計算 $\mathscr{F} = \dfrac{e^{0.12}-1}{0.12} = 1.0624$

$\qquad U = P[CRF]/\mathscr{F}$

$\qquad\qquad = 10{,}000 \times 0.3345 \div 1.0624$

$\qquad\qquad = 3{,}148.5$ 元

　　所謂〔均勻年金〕的意義可利用此一例題略作解釋：如連續複利按期末年金計利用〔表 4.30〕，即 $A = 3{,}345$ 元，意謂每年年底一次收回 3,345 元，即可抵償 10,000 元之投資。$U = 3{,}148.5$ 元之意思是指 3,148.5 元係〔均勻〕於一年中收回的。因此如以〔日〕為單位，則每日應收回（利息略去！）

$\qquad 3{,}148.5 \div 365 = 8.626$ 元

如以〔小時〕為單位，則每小時應收回

$\qquad 3{,}148.5 \div 365 \div 24 = 0.3594$ 元

如此類推，讀者可以想像一種連續的狀態，在那連續狀態中的每一個〔時間單位〕都有那麼一點收入。全年中的這種連綿不斷平均分攤的收入，我們即稱之為〔均勻年金〕，本書中以 U 表示。

表 4.20　1% 連續複利表

期數 n	一 次 付 款		等 額 多 次 付 款				等差變額
	已知 P 求 F 公式 ⑫	已知 F 求 P 公式 ⑬	已知 A 求 F 公式 ⑱	已知 F 求 A 公式 ⑰	已知 A 求 P 公式 ⑮	已知 P 求 A 公式 ⑯	已知 g 求 A 公式 ㉘ *
	CAF'	PWF'	CAF	SFF	PWF	CRF	
	F/P	P/F	F/A	A/F	P/A	A/P	
1	1.010	0.9901	1.000	1.0000	0.9901	1.0101	0.0000
2	1.020	0.9802	2.010	0.4975	1.9703	0.5076	0.4975
3	1.030	0.9705	3.030	0.3300	2.9407	0.3401	0.9933
4	1.041	0.9608	4.061	0.2463	3.9015	0.2563	1.4875
5	1.051	0.9512	5.102	0.1960	4.8527	0.2061	1.9800
6	1.062	0.9418	6.153	0.1625	5.7945	0.1726	2.4708
7	1.073	0.9324	7.215	0.1386	6.7269	0.1487	2.9600
8	1.083	0.9231	8.287	0.1207	7.6500	0.1307	3.4475
9	1.094	0.9139	9.370	0.1063	8.5639	0.1168	3.9334
10	1.105	0.9048	10.465	0.0956	9.4688	0.1056	4.4175
11	1.116	0.8958	11.570	0.0864	10.3646	0.0965	4.9000
12	1.128	0.8869	12.686	0.0788	11.2515	0.0889	5.3809
13	1.139	0.8781	13.814	0.0724	12.1296	0.0825	5.8600
14	1.150	0.8694	14.952	0.0669	12.9990	0.0769	6.3376
15	1.162	0.8607	16.103	0.0621	13.8597	0.0722	6.8134
16	1.174	0.8522	17.264	0.0579	14.7118	0.0680	7.2876
17	1.185	0.8437	18.438	0.0542	15.5555	0.0643	7.7601
18	1.197	0.8353	19.623	0.0510	16.3908	0.0610	8.2310
19	1.209	0.8270	20.821	0.0480	17.2177	0.0581	8.7002
20	1.221	0.8187	22.030	0.0454	18.0365	0.0555	9.1677
21	1.234	0.8106	23.251	0.0430	18.8470	0.0531	9.6336
22	1.246	0.8025	24.485	0.0409	19.6496	0.0509	10.0978
23	1.259	0.7945	25.731	0.0389	20.4441	0.0489	10.5604
24	1.271	0.7866	26.990	0.0371	21.2307	0.0471	11.0213
25	1.284	0.7788	28.261	0.0354	22.0095	0.0454	11.4806
26	1.297	0.7711	29.545	0.0339	22.7806	0.0439	11.9381
27	1.310	0.7634	30.842	0.0324	23.5439	0.0425	12.3941
28	1.323	0.7558	32.152	0.0311	24.2997	0.0412	12.8484
29	1.336	0.7483	33.475	0.0299	25.0480	0.0399	13.3010
30	1.350	0.7408	34.811	0.0287	25.7888	0.0388	13.7520
31	1.363	0.7335	36.161	0.0277	26.5223	0.0377	14.2013
32	1.377	0.7262	37.525	0.0267	27.2484	0.0367	14.6490
33	1.391	0.7189	38.902	0.0257	27.9673	0.0358	15.0950
34	1.405	0.7118	40.293	0.0248	28.6791	0.0349	15.5394
35	1.419	0.7047	41.698	0.0240	29.3838	0.0340	15.9821
40	1.492	0.6703	48.937	0.0204	32.8034	0.0305	18.1711
45	1.568	0.6376	56.548	0.0177	36.0563	0.0277	20.3190
50	1.649	0.6065	64.548	0.0155	39.1505	0.0256	22.4261
55	1.733	0.5770	72.959	0.0137	42.0939	0.0238	24.4926
60	1.822	0.5488	81.802	0.0122	44.8936	0.0223	26.5187
65	1.916	0.5221	91.097	0.0110	47.5569	0.0210	28.5045
70	2.014	0.4966	100.869	0.0099	50.0902	0.0200	30.4505
75	2.117	0.4724	111.142	0.0090	52.5000	0.0191	32.3567
80	2.226	0.4493	121.942	0.0082	54.7922	0.0183	34.2235
85	2.340	0.4274	133.296	0.0075	56.9727	0.0176	36.0513
90	2.460	0.4066	145.232	0.0069	59.0468	0.0169	37.8402
95	2.586	0.3868	157.779	0.0063	61.0198	0.0164	39.5907
100	2.718	0.3679	170.970	0.0059	62.8965	0.0159	41.3032

* 參見第六章第六節

表 4.21 2% 連續複利表

期數 n	一 次 付 款		等 額 多 次 付 款				等差變額
	已 知 P 求 F 公式 ⑫	已 知 F 求 P 公式 ⑬	已 知 A 求 F 公式 ⑱	已 知 F 求 A 公式 ⑰	已 知 A 求 P 公式 ⑮	已 知 P 求 A 公式 ⑯	已 知 g 求 A 公式 ㉘ *
	CAF'	PWF'	CAF	SFF	PWF	CRF	
	F/P	P/F	F/A	A/F	P/A	A/P	
1	1.020	0.9802	1.000	1.0000	0.9802	1.0202	0.0000
2	1.041	0.9608	2.020	0.4950	1.9410	0.5152	0.4950
3	1.062	0.9418	3.061	0.3267	2.8828	0.3469	0.9867
4	1.083	0.9231	4.123	0.2426	3.8059	0.2628	1.4750
5	1.105	0.9048	5.206	0.1921	4.7107	0.2123	1.9600
6	1.128	0.8869	6.311	0.1585	5.5976	0.1787	2.4417
7	1.150	0.8694	7.439	0.1344	6.4670	0.1546	2.9200
8	1.174	0.8522	8.589	0.1164	7.3191	0.1366	3.3951
9	1.197	0.8353	9.763	0.1024	8.1544	0.1226	3.8667
10	1.221	0.8187	10.960	0.0913	8.9731	0.1115	4.3351
11	1.246	0.8025	12.181	0.0821	9.7757	0.1023	4.8002
12	1.271	0.7866	13.427	0.0745	10.5623	0.0947	5.2619
13	1.297	0.7711	14.699	0.0680	11.3333	0.0882	5.7203
14	1.323	0.7558	15.995	0.0625	12.0891	0.0827	6.1754
15	1.350	0.7408	17.319	0.0578	12.8299	0.0780	6.6272
16	1.377	0.7262	18.668	0.0536	13.5561	0.0738	7.0757
17	1.405	0.7118	20.046	0.0499	14.2679	0.0701	7.5209
18	1.433	0.6977	21.451	0.0466	14.9655	0.0668	7.9628
19	1.462	0.6839	22.884	0.0437	15.6494	0.0639	8.4015
20	1.492	0.6703	24.346	0.0411	16.3197	0.0613	8.8368
21	1.522	0.6571	25.838	0.0387	16.9768	0.0589	9.2688
22	1.553	0.6440	27.360	0.0366	17.6208	0.0568	9.6976
23	1.584	0.6313	28.913	0.0346	18.2521	0.0548	10.1231
24	1.616	0.6188	30.497	0.0328	18.8709	0.0530	10.5453
25	1.649	0.6065	32.113	0.0312	19.4774	0.0514	10.9643
26	1.682	0.5945	33.762	0.0296	20.0719	0.0498	11.3801
27	1.716	0.5828	35.444	0.0282	20.6547	0.0484	11.7925
28	1.751	0.5712	37.160	0.0269	21.2259	0.0471	12.2018
29	1.786	0.5599	38.910	0.0257	21.7858	0.0459	12.6078
30	1.822	0.5488	40.696	0.0246	22.3346	0.0448	13.0106
31	1.859	0.5380	42.518	0.0235	22.8725	0.0437	13.4102
32	1.896	0.5273	44.377	0.0225	23.3998	0.0427	13.8065
33	1.935	0.5169	46.274	0.0216	23.9167	0.0418	14.1997
34	1.974	0.5066	48.209	0.0208	24.4233	0.0410	14.5897
35	2.014	0.4966	50.182	0.0199	24.9199	0.0401	14.9765
40	2.226	0.4493	60.666	0.0165	27.2591	0.0367	16.8630
45	2.460	0.4066	72.253	0.0139	29.3758	0.0341	18.6714
50	2.718	0.3679	85.058	0.0118	31.2910	0.0320	20.4028
55	3.004	0.3329	99.210	0.0101	33.0240	0.0303	22.0588
60	3.320	0.3012	114.850	0.0087	34.5921	0.0289	23.6409
65	3.669	0.2725	132.135	0.0076	36.0109	0.0278	25.1507
70	4.055	0.2466	151.238	0.0066	37.2947	0.0268	26.5899
75	4.482	0.2231	172.349	0.0058	38.4564	0.0260	27.9604
80	4.953	0.2019	195.682	0.0051	39.5075	0.0253	29.2640
85	5.474	0.1827	221.468	0.0045	40.4585	0.0247	30.5028
90	6.050	0.1653	249.966	0.0040	41.3191	0.0242	31.6786
95	6.686	0.1496	281.461	0.0036	42.0978	0.0238	32.7937
100	7.389	0.1353	316.269	0.0032	42.8024	0.0234	33.8499

* 參見第五章第六節

表 4.22　3% 連續複利表

期數 n	一　次　付　款		等　額　多　次　付　款				等差變額
	已知 P 求 F 公式 ⑫	已知 F 求 P 公式 ⑬	已知 A 求 F 公式 ⑱	已知 F 求 A 公式 ⑰	已知 A 求 P 公式 ⑮	已知 P 求 A 公式 ⑯	已知 g 求 A 公式 ㉘ *
	CAF'	PWF'	CAF	SFF	PWF	CRF	
	F/P	P/F	F/A	A/F	P/A	A/P	
1	1.030	0.9705	1.000	1.0000	0.9705	1.0305	0.0000
2	1.062	0.9418	2.030	0.4925	1.9122	0.5230	0.4925
3	1.094	0.9139	3.092	0.3234	2.8262	0.3538	0.9800
4	1.128	0.8869	4.186	0.2389	3.7131	0.2693	1.4625
5	1.162	0.8607	5.314	0.1882	4.5738	0.2186	1.9400
6	1.197	0.8353	6.476	0.1544	5.4090	0.1849	2.4126
7	1.234	0.8106	7.673	0.1303	6.2196	0.1608	2.8801
8	1.271	0.7866	8.907	0.1123	7.0063	0.1427	3.3427
9	1.310	0.7634	10.178	0.0983	7.7696	0.1287	3.8003
10	1.350	0.7408	11.488	0.0871	8.5105	0.1175	4.2529
11	1.391	0.7189	12.838	0.0779	9.2294	0.1084	4.7006
12	1.433	0.6977	14.229	0.0703	9.9271	0.1007	5.1433
13	1.477	0.6771	15.662	0.0639	10.6041	0.0943	5.5811
14	1.522	0.6571	17.139	0.0584	11.2612	0.0888	6.0139
15	1.568	0.6376	18.661	0.0536	11.8988	0.0841	6.4419
16	1.616	0.6188	20.229	0.0494	12.5176	0.0799	6.8650
17	1.665	0.6005	21.845	0.0458	13.1181	0.0762	7.2831
18	1.716	0.5828	23.511	0.0425	13.7008	0.0730	7.6964
19	1.768	0.5655	25.227	0.0397	14.2663	0.0701	8.1049
20	1.822	0.5488	26.995	0.0371	14.8152	0.0675	8.5085
21	1.878	0.5326	28.817	0.0347	15.3477	0.0652	8.9072
22	1.935	0.5169	30.695	0.0326	15.8646	0.0630	9.3012
23	1.994	0.5016	32.629	0.0307	16.3662	0.0611	9.6904
24	2.054	0.4868	34.623	0.0289	16.8529	0.0593	10.0748
25	2.117	0.4724	36.678	0.0273	17.3253	0.0577	10.4545
26	2.181	0.4584	38.795	0.0258	17.7837	0.0562	10.8294
27	2.248	0.4449	40.976	0.0244	18.2286	0.0549	11.1996
28	2.316	0.4317	43.224	0.0231	18.6603	0.0536	11.5652
29	2.387	0.4190	45.540	0.0220	19.0792	0.0524	11.9261
30	2.460	0.4066	47.927	0.0209	19.4858	0.0513	12.2823
31	2.535	0.3946	50.387	0.0199	19.8803	0.0503	12.6339
32	2.612	0.3829	52.921	0.0189	20.2632	0.0494	12.9810
33	2.691	0.3716	55.533	0.0180	20.6348	0.0485	13.3235
34	2.773	0.3606	58.224	0.0172	20.9954	0.0476	13.6614
35	2.858	0.3499	60.998	0.0164	21.3453	0.0469	13.9948
40	3.320	0.3012	76.183	0.0131	22.9459	0.0436	15.5953
45	3.857	0.2593	93.826	0.0107	24.3235	0.0411	17.0874
50	4.482	0.2231	114.324	0.0088	25.5092	0.0392	18.4750
55	5.207	0.1921	138.140	0.0072	26.5297	0.0377	19.7623
60	6.050	0.1653	165.809	0.0060	27.4081	0.0365	20.9538
65	7.029	0.1423	197.957	0.0051	28.1642	0.0355	22.0540
70	8.166	0.1225	235.307	0.0043	28.8149	0.0347	23.0677
75	9.488	0.1054	278.702	0.0036	29.3750	0.0341	23.9996
80	11.023	0.0907	329.119	0.0030	29.8570	0.0335	24.8543
85	12.807	0.0781	387.696	0.0026	30.2720	0.0330	25.6368
90	14.880	0.0672	455.753	0.0022	30.6291	0.0327	26.3516
95	17.288	0.0579	534.823	0.0019	30.9365	0.0323	27.0033
100	20.086	0.0498	626.690	0.0016	31.2010	0.0321	27.5963

* 參見第五章第六節

表 4.23　4% 連續複利表

期數 n	一　次　付　款		等　額　多　次　付　款				等差變額
	已知 P 求 F 公式 ⑫	已知 F 求 P 公式 ⑬	已知 A 求 F 公式 ⑱	已知 F 求 A 公式 ⑰	已知 A 求 P 公式 ⑮	已知 P 求 A 公式 ⑯	已知 g 求 A 公式 ㉘ *
	CAF'	PWF'	CAF	SFF	PWF	CRF	
	F/P	P/F	F/A	A/F	P/A	A/P	
1	1.041	0.9608	1.000	1.0000	0.9608	1.0408	0.0000
2	1.083	0.9231	2.041	0.4900	1.8839	0.5308	0.4900
3	1.128	0.8869	3.124	0.3201	2.7708	0.3609	0.9734
4	1.174	0.8522	4.252	0.2352	3.6230	0.2760	1.4500
5	1.221	0.8187	5.425	0.1843	4.4417	0.2251	1.9201
6	1.271	0.7866	6.647	0.1505	5.2283	0.1913	2.3835
7	1.323	0.7558	7.918	0.1263	5.9841	0.1671	2.8402
8	1.377	0.7262	9.241	0.1082	6.7103	0.1490	3.2904
9	1.433	0.6977	10.618	0.0942	7.4079	0.1350	3.7339
10	1.492	0.6703	12.051	0.0830	8.0783	0.1238	4.1709
11	1.553	0.6440	13.543	0.0738	8.7223	0.1147	4.6013
12	1.616	0.6188	15.096	0.0663	9.3411	0.1071	5.0252
13	1.682	0.5945	16.712	0.0598	9.9356	0.1007	5.4425
14	1.751	0.5712	18.394	0.0544	10.5068	0.0952	5.8534
15	1.822	0.5488	20.145	0.0497	11.0556	0.0905	6.2578
16	1.896	0.5273	21.967	0.0455	11.5829	0.0863	6.6558
17	1.974	0.5066	23.863	0.0419	12.0895	0.0827	7.0474
18	2.054	0.4868	25.837	0.0387	12.5763	0.0795	7.4326
19	2.138	0.4677	27.892	0.0359	13.0440	0.0767	7.8114
20	2.226	0.4493	30.030	0.0333	13.4933	0.0741	8.1840
21	2.316	0.4317	32.255	0.0310	13.9250	0.0718	8.5503
22	2.411	0.4148	34.572	0.0289	14.3398	0.0697	8.9105
23	2.509	0.3985	36.983	0.0270	14.7383	0.0679	9.2644
24	2.612	0.3829	39.492	0.0253	15.1212	0.0661	9.6122
25	2.718	0.3679	42.104	0.0238	15.4891	0.0646	9.9539
26	2.829	0.3535	44.822	0.0223	15.8425	0.0631	10.2896
27	2.945	0.3396	47.651	0.0210	16.1821	0.0618	10.6193
28	3.065	0.3263	50.596	0.0198	16.5084	0.0606	10.9431
29	3.190	0.3135	53.661	0.0186	16.8219	0.0595	11.2609
30	3.320	0.3012	56.851	0.0176	17.1231	0.0584	11.5730
31	3.456	0.2894	60.171	0.0166	17.4125	0.0574	11.8792
32	3.597	0.2780	63.626	0.0157	17.6905	0.0565	12.1797
33	3.743	0.2627	67.223	0.0149	17.9576	0.0557	12.4746
34	3.896	0.2567	70.966	0.0141	18.2143	0.0549	12.7638
35	4.055	0.2466	74.863	0.0134	18.4609	0.0542	13.0475
40	4.953	0.2019	96.862	0.0103	19.5562	0.0511	14.3845
45	6.050	0.1653	123.733	0.0081	20.4530	0.0489	15.5918
50	7.389	0.1353	156.553	0.0064	21.1872	0.0472	16.6775
55	9.025	0.1108	196.640	0.0051	21.7883	0.0459	17.6498
60	11.023	0.0907	245.601	0.0041	22.2805	0.0449	18.5172
65	13.464	0.0743	305.403	0.0033	22.6834	0.0441	19.2882
70	16.445	0.0608	378.445	0.0027	23.0133	0.0435	19.9710
75	20.086	0.0498	467.659	0.0021	23.2834	0.0430	20.5737
80	24.533	0.0408	576.625	0.0017	23.5045	0.0426	21.1038
85	29.964	0.0334	709.717	0.0014	23.6856	0.0422	21.5687
90	36.598	0.0273	872.275	0.0012	23.8338	0.0420	21.9751
95	44.701	0.0224	1070.825	0.0009	23.9552	0.0418	22.3295
100	54.598	0.0183	1313.333	0.0008	24.0545	0.0416	22.6376

* 參見第五章第六節

表 4.24 5% 連續複利表

期數 n	一 次 付 款		等 額 多 次 付 款				等差變額
	已知 P 求 F 公式⑫	已知 F 求 P 公式⑬	已知 A 求 F 公式⑱	已知 F 求 A 公式⑰	已知 A 求 P 公式⑮	已知 P 求 A 公式⑯	已知 g 求 A 公式㉘ *
	CAF'	PWF'	CAF	SFF	PWF	CRF	
	F/P	P/F	F/A	A/F	P/A	A/P	
1	1.051	0.9512	1.000	1.0000	0.9512	1.0513	0.0000
2	1.105	0.9048	2.051	0.4875	1.8561	0.5388	0.4875
3	1.162	0.8607	3.156	0.3168	2.7168	0.3681	0.9667
4	1.221	0.8187	4.318	0.2316	3.5355	0.2829	1.4376
5	1.284	0.7788	5.540	0.1805	4.3143	0.2318	1.9001
6	1.350	0.7408	6.824	0.1466	5.0551	0.1978	2.3544
7	1.419	0.7047	8.174	0.1224	5.7598	0.1736	2.8004
8	1.492	0.6703	9.593	0.1043	6.4301	0.1555	3.2382
9	1.568	0.6376	11.084	0.0902	7.0678	0.1415	3.6678
10	1.649	0.6065	12.653	0.0790	7.6743	0.1303	4.0892
11	1.733	0.5770	14.301	0.0699	8.2513	0.1212	4.5025
12	1.822	0.5488	16.035	0.0624	8.8001	0.1136	4.9077
13	1.916	0.5221	17.856	0.0560	9.3221	0.1073	5.3049
14	2.014	0.4966	19.772	0.0506	9.8187	0.1019	5.6941
15	2.117	0.4724	21.786	0.0459	10.2911	0.0972	6.0753
16	2.226	0.4493	23.903	0.0418	10.7404	0.0931	6.4487
17	2.340	0.4274	26.129	0.0383	11.1678	0.0896	6.8143
18	2.460	0.4066	28.468	0.0351	11.5744	0.0864	7.1721
19	2.586	0.3868	30.928	0.0323	11.9611	0.0836	7.5222
20	2.718	0.3679	33.514	0.0298	12.3290	0.0811	7.8646
21	2.858	0.3499	36.232	0.0276	12.6789	0.0789	8.1996
22	3.004	0.3329	39.090	0.0256	13.0118	0.0769	8.5270
23	3.158	0.3166	42.094	0.0238	13.3284	0.0750	8.8471
24	3.320	0.3012	45.252	0.0221	13.6296	0.0734	9.1599
25	3.490	0.2865	48.572	0.0206	13.9161	0.0719	9.4654
26	3.669	0.2725	52.062	0.0192	14.1887	0.0705	9.7638
27	3.857	0.2593	55.732	0.0180	14.4479	0.0692	10.0551
28	4.055	0.2466	59.589	0.0168	14.6945	0.0681	10.3395
29	4.263	0.2346	63.644	0.0157	14.9291	0.0670	10.6170
30	4.482	0.2231	67.907	0.0147	15.1522	0.0660	10.8877
31	4.711	0.2123	72.389	0.0138	15.3645	0.0651	11.1517
32	4.953	0.2019	77.101	0.0130	15.5664	0.0643	11.4091
33	5.207	0.1921	82.054	0.0122	15.7584	0.0635	11.6601
34	5.474	0.1827	87.261	0.0115	15.9411	0.0627	11.9046
35	5.755	0.1738	92.735	0.0108	16.1149	0.0621	12.1429
40	7.389	0.1353	124.613	0.0080	16.8646	0.0593	13.2435
45	9.488	0.1054	165.546	0.0061	17.4485	0.0573	14.2024
50	12.183	0.0821	218.105	0.0046	17.9032	0.0559	15.0329
55	15.643	0.0639	285.592	0.0035	18.2573	0.0548	15.7480
60	20.086	0.0498	372.247	0.0027	18.5331	0.0540	16.3604
65	25.790	0.0388	483.515	0.0021	18.7479	0.0533	16.8822
70	33.115	0.0302	626.385	0.0016	18.9152	0.0529	17.3245
75	42.521	0.0235	809.834	0.0012	19.0455	0.0525	17.6979
80	54.598	0.0183	1045.387	0.0010	19.1469	0.0522	18.0116
85	70.105	0.0143	1347.843	0.0008	19.2260	0.0520	18.2742
90	90.017	0.0111	1736.205	0.0006	19.2875	0.0519	18.4931
95	115.584	0.0087	2234.871	0.0005	19.3354	0.0517	18.6751
100	148.413	0.0067	2875.171	0.0004	19.3728	0.0516	18.8258

* 參見第五章第六節

表 4.25　6% 連續複利表

期數 n	一 次 付 款		等 額 多 次 付 款				等差變額
	已 知 P 求 F 公式 ⑫	已 知 F 求 P 公式 ⑬	已 知 A 求 F 公式 ⑱	已 知 F 求 A 公式 ⑰	已 知 A 求 P 公式 ⑮	已 知 P 求 A 公式 ⑯	已 知 g 求 A 公式 ㉘ *
	CAF'	PWF'	CAF	SFF	PWF	CRF	
	F/P	P/F	F/A	A/F	P/A	A/P	
1	1.062	0.9418	1.000	1.0000	0.9418	1.0618	0.0000
2	1.128	0.8869	2.062	0.4850	1.8287	0.5469	0.4850
3	1.197	0.8353	3.189	0.3136	2.6640	0.3754	0.9600
4	1.271	0.7866	4.387	0.2280	3.4506	0.2898	1.4251
5	1.350	0.7408	5.658	0.1768	4.1914	0.2386	1.8802
6	1.433	0.6977	7.008	0.1427	4.8891	0.2045	2.3254
7	1.522	0.6571	8.441	0.1185	5.5461	0.1803	2.7607
8	1.616	0.6188	9.963	0.1004	6.1649	0.1622	3.1862
9	1.716	0.5828	11.579	0.0864	6.7477	0.1482	3.6020
10	1.822	0.5488	13.295	0.0752	7.2965	0.1371	4.0080
11	1.935	0.5169	15.117	0.0662	7.8133	0.1280	4.4044
12	2.054	0.4868	17.052	0.0587	8.3001	0.1205	4.7912
13	2.181	0.4584	19.106	0.0523	8.7585	0.1142	5.1685
14	2.316	0.4317	21.288	0.0470	9.1902	0.1088	5.5363
15	2.46	0.4066	23.604	0.0424	9.5968	0.1042	5.8949
16	2.612	0.3829	26.064	0.0384	9.9797	0.1002	6.2442
17	2.773	0.3606	28.676	0.0349	10.3403	0.0967	6.5845
18	2.945	0.3396	31.449	0.0318	10.6799	0.0936	6.9157
19	3.127	0.3198	34.393	0.0291	10.9997	0.0909	7.2379
20	3.320	0.3012	37.520	0.0267	11.3009	0.0885	7.5514
21	3.525	0.2837	40.840	0.0245	11.5845	0.0863	7.8562
22	3.743	0.2671	44.366	0.0225	11.8517	0.0844	8.1525
23	3.975	0.2516	48.109	0.0208	12.1032	0.0826	8.4403
24	4.221	0.2369	52.084	0.0192	12.3402	0.0810	8.7199
25	4.482	0.2231	56.305	0.0178	12.5633	0.0796	8.9913
26	4.759	0.2101	60.786	0.0165	12.7734	0.0783	9.2546
27	5.053	0.1979	65.545	0.0153	12.9713	0.0771	9.5101
28	5.366	0.1864	70.598	0.0142	13.1577	0.0760	9.7578
29	5.697	0.1755	75.964	0.0132	13.3332	0.0750	9.9980
30	6.050	0.1653	81.661	0.0123	13.4985	0.0741	10.2307
31	6.424	0.1557	87.711	0.0114	13.6542	0.0732	10.4561
32	6.821	0.1466	94.135	0.0106	13.8008	0.0725	10.6743
33	7.243	0.1381	100.956	0.0099	13.9389	0.0718	10.8855
34	7.691	0.1300	108.198	0.0093	14.0689	0.0711	11.0899
35	8.166	0.1225	115.889	0.0086	14.1914	0.0705	11.2876
40	11.023	0.0907	162.091	0.0062	14.7046	0.0680	12.1809
45	14.880	0.0672	224.458	0.0045	15.0849	0.0663	12.9295
50	20.086	0.0498	308.645	0.0032	15.3665	0.0651	13.5519
55	27.113	0.0369	422.235	0.0024	15.5752	0.0642	14.0654
60	36.598	0.0273	575.683	0.0017	15.7298	0.0636	14.4862
65	49.402	0.0203	782.748	0.0013	15.8443	0.0631	14.8288
70	66.686	0.0150	1062.257	0.0010	15.9292	0.0628	15.1060
75	90.017	0.0111	1439.555	0.0007	15.9920	0.0625	15.3291
80	121.510	0.0082	1948.854	0.0005	16.0386	0.0624	15.5078
85	164.022	0.0061	2636.336	0.0004	16.0731	0.0622	15.6503
90	221.406	0.0045	3564.339	0.0003	16.0986	0.0621	15.7633
95	298.867	0.0034	4817.012	0.0002	16.1176	0.0621	15.8527
100	403.429	0.0025	6507.944	0.0002	16.1316	0.0620	15.9232

* 參見第五章第六節

表 4.26 7% 連續複利表

期數 n	一 次 付 款		等 額 多 次 付 款				等差變額
	已知 P 求 F 公式 ⑫	已知 F 求 P 公式 ⑬	已知 A 求 F 公式 ⑱	已知 F 求 A 公式 ⑰	已知 A 求 P 公式 ⑮	已知 P 求 A 公式 ⑯	已知 g 求 A 公式 ㉘ *
	CAF'	PWF'	CAF	SFF	PWF	CRF	
	F/P	P/F	F/A	A/F	P/A	A/P	
1	1.073	0.9324	1.000	1.0000	0.9324	1.0725	0.0000
2	1.150	0.8694	2.073	0.4825	1.8018	0.5550	0.4825
3	1.234	0.8106	3.223	0.3103	2.6123	0.3828	0.9534
4	1.323	0.7558	4.456	0.2244	3.3681	0.2969	1.4126
5	1.419	0.7047	5.780	0.1730	4.0728	0.2455	1.8603
6	1.522	0.6571	7.199	0.1389	4.7299	0.2114	2.2965
7	1.632	0.6126	8.721	0.1147	5.3425	0.1872	2.7211
8	1.751	0.5712	10.353	0.0966	5.9137	0.1691	3.1344
9	1.878	0.5326	12.104	0.0826	6.4463	0.1551	3.5364
10	2.014	0.4966	13.981	0.0715	6.9429	0.1440	3.9272
11	2.160	0.4630	15.995	0.0625	7.4059	0.1350	4.3069
12	2.316	0.4317	18.155	0.0551	7.8376	0.1276	4.6756
13	2.484	0.4025	20.471	0.0489	8.2401	0.1214	5.0334
14	2.664	0.3753	22.955	0.0436	8.6154	0.1161	5.3804
15	2.858	0.3499	25.620	0.0390	8.9654	0.1161	5.7168
16	3.065	0.3263	28.478	0.0351	9.2917	0.1076	6.0428
17	3.287	0.3042	31.542	0.0317	9.5959	0.1042	6.3585
18	3.525	0.2837	34.829	0.0287	9.8795	0.1012	6.6640
19	3.781	0.2645	38.355	0.0261	10.1440	0.0986	6.9596
20	4.055	0.2466	42.136	0.0237	10.3906	0.0963	7.2453
21	4.349	0.2299	46.191	0.0217	10.6205	0.0942	7.5215
22	4.665	0.2144	50.540	0.0198	10.8349	0.0923	7.7882
23	5.003	0.1999	55.205	0.0181	11.0348	0.0906	8.0456
24	5.366	0.1864	60.208	0.0166	11.2212	0.0891	8.2940
25	5.755	0.1738	65.573	0.0153	11.3949	0.0878	8.5335
26	6.172	0.1620	71.328	0.0140	11.5570	0.0865	8.7643
27	6.619	0.1511	77.500	0.0129	11.7080	0.0854	8.9867
28	7.099	0.1409	84.119	0.0119	11.8489	0.0844	9.2009
29	7.614	0.1313	91.218	0.0110	11.9802	0.0835	9.4070
30	8.166	0.1225	98.833	0.0101	12.1027	0.0826	9.6052
31	8.758	0.1142	106.999	0.0094	12.2169	0.0819	9.7958
32	9.393	0.1065	115.757	0.0086	12.3233	0.0812	9.9790
33	10.047	0.0993	125.150	0.0080	12.4226	0.0805	10.1550
34	10.805	0.0926	135.225	0.0074	12.5151	0.0799	10.3239
35	11.588	0.0863	146.030	0.0069	12.6014	0.0794	10.4860
40	16.445	0.0608	213.006	0.0047	12.9529	0.0772	11.2017
45	23.336	0.0429	308.049	0.0033	13.2006	0.0758	11.7769
50	33.115	0.0302	442.922	0.0023	13.3751	0.0748	12.2347
55	46.993	0.0213	634.316	0.0016	13.4981	0.0741	12.5957
60	66.686	0.0150	905.916	0.0011	13.5847	0.0736	12.8781
65	94.632	0.0106	1291.336	0.0008	13.6458	0.0733	13.0974
70	134.290	0.0075	1838.272	0.0006	13.6889	0.0731	13.2664
75	190.566	0.0053	2614.412	0.0004	13.7192	0.0729	13.3959
80	270.426	0.0037	3715.807	0.0003	13.7406	0.0728	13.4946
85	383.753	0.0026	5278.761	0.0002	13.7556	0.0727	13.5695
90	544.572	0.0019	7496.698	0.0001	13.7662	0.0727	13.6260
95	772.784	0.0013	10644.100	0.0001	13.7737	0.0726	13.6685
100	1096.633	0.0009	15110.476	0.0001	13.7790	0.0726	13.7003

* 參見第五章第六節

表 4.27　8% 連續複利表

期數 n	一次付款		等額多次付款				等差變額
	已知 P 求 F 公式 ⑫	已知 F 求 P 公式 ⑬	已知 A 求 F 公式 ⑱	已知 F 求 A 公式 ⑰	已知 A 求 P 公式 ⑮	已知 P 求 A 公式 ⑯	已知 g 求 A 公式 ㉘ *
	CAF'	PWF'	CAF	SFF	PWF	CRF	
	F/P	P/F	F/A	A/F	P/A	A/P	
1	1.083	0.9231	1.000	1.0000	0.9231	1.0833	0.0000
2	1.174	0.8522	2.083	0.4800	1.7753	0.5633	0.4800
3	1.271	0.7866	3.257	0.3071	2.5619	0.3903	0.9467
4	1.377	0.7262	4.528	0.2209	3.2880	0.3041	1.4002
5	1.492	0.6703	5.905	0.1694	3.9584	0.2526	1.8405
6	1.616	0.6188	7.397	0.1352	4.5772	0.2185	2.2676
7	1.751	0.5712	9.013	0.1110	5.1484	0.1942	2.6817
8	1.896	0.5273	10.764	0.0929	5.6757	0.1762	3.0829
9	2.054	0.4868	12.660	0.0790	6.1624	0.1623	3.4713
10	2.226	0.4493	14.715	0.0680	6.6117	0.1513	3.8470
11	2.411	0.4148	16.940	0.0590	7.0265	0.1423	4.2102
12	2.612	0.3829	19.351	0.0517	7.4094	0.1350	4.5611
13	2.829	0.3535	21.963	0.0455	7.7629	0.1288	4.8998
14	3.065	0.3263	24.792	0.0403	8.0891	0.1236	5.2265
15	3.320	0.3012	27.857	0.0359	8.3903	0.1192	5.5415
16	3.597	0.2780	31.177	0.0321	8.6684	0.1154	5.8449
17	3.896	0.2567	34.774	0.0288	8.9250	0.1121	6.1369
18	4.221	0.2369	38.670	0.0259	9.1620	0.1092	6.4178
19	4.572	0.2187	42.891	0.0233	9.3807	0.1066	6.6879
20	4.953	0.2019	47.463	0.0211	9.5826	0.1044	6.9473
21	5.366	0.1864	52.416	0.0191	9.7689	0.1024	7.1963
22	5.812	0.1721	57.781	0.0173	9.9410	0.1006	7.4352
23	6.297	0.1588	63.594	0.0157	10.0998	0.0990	7.6642
24	6.821	0.1466	69.890	0.0143	10.2464	0.0976	7.8836
25	7.389	0.1353	76.711	0.0130	10.3818	0.0963	8.0937
26	8.004	0.1249	84.100	0.0119	10.5067	0.0952	8.2948
27	8.671	0.1153	92.105	0.0109	10.6220	0.0942	8.4870
28	9.393	0.1065	100.776	0.0099	10.7285	0.0932	8.6707
29	10.176	0.0983	110.169	0.0091	10.8267	0.0924	8.8461
30	11.023	0.0907	120.345	0.0083	10.9175	0.0916	9.0136
31	11.941	0.0838	131.368	0.0076	11.0012	0.0909	9.1734
32	12.936	0.0773	143.309	0.0070	11.0785	0.0903	9.3257
33	14.013	0.0714	156.245	0.0064	11.1499	0.0897	9.4708
34	15.180	0.0659	170.258	0.0059	11.2157	0.0892	9.6090
35	16.445	0.0608	185.439	0.0054	11.2765	0.0887	9.7405
40	24.533	0.0408	282.547	0.0035	11.5173	0.0868	10.3069
45	36.598	0.0273	427.416	0.0023	11.6786	0.0856	10.7426
50	54.598	0.0183	643.535	0.0016	11.7868	0.0849	11.0738
55	81.451	0.0123	965.947	0.0010	11.8593	0.0843	11.3230
60	121.510	0.0082	1446.928	0.0007	11.9079	0.0840	11.5088
65	181.272	0.0055	2164.469	0.0005	11.9404	0.0838	11.6461
70	270.426	0.0037	3234.913	0.0003	11.9623	0.0836	11.7469
75	403.429	0.0025	4831.828	0.0002	11.9769	0.0835	11.8203
80	601.845	0.0017	7214.146	0.0002	11.9867	0.0834	11.8735
85	897.847	0.0011	10768.146	0.0001	11.9933	0.0834	11.9119
90	1339.431	0.0008	16070.091	0.0001	11.9977	0.0834	11.9394
95	1998.196	0.0005	23979.664	0.0001	12.0007	0.0833	11.9591
100	2980.958	0.0004	35779.360	0.0000	12.0026	0.0833	11.9731

* 參見第五章第六節

表 4.28　9% 連續複利表

期數 n	一 次 付 款		等 額 多 次 付 款				等差變額
	已知 P 求 F 公式 ⑫	已知 F 求 P 公式 ⑬	已知 A 求 F 公式 ⑱	已知 F 求 A 公式 ⑰	已知 A 求 P 公式 ⑮	已知 P 求 A 公式 ⑯	已知 g 求 A 公式 ㉘ *
	CAF'	PWF'	CAF	SFF	PWF	CRF	
	F/P	P/F	F/A	A/F	P/A	A/P	
1	1.094	0.9139	1.000	1.0000	0.9139	1.0942	0.0000
2	1.197	0.8353	2.094	0.4775	1.7492	0.5717	0.4775
3	1.310	0.7634	3.291	0.3038	2.5126	0.3980	0.9401
4	1.433	0.6977	4.601	0.2173	3.2103	0.3115	1.3878
5	1.568	0.6376	6.035	0.1657	3.8479	0.2599	1.8206
6	1.716	0.5828	7.603	0.1315	4.4306	0.2257	2.2388
7	1.878	0.5326	9.319	0.1073	4.9632	0.2015	2.6424
8	2.054	0.4868	11.197	0.0893	5.4500	0.1835	3.0316
9	2.248	0.4449	13.251	0.0755	5.8948	0.1697	3.4065
10	2.460	0.4066	15.499	0.0645	6.3014	0.1587	3.7674
11	2.691	0.3716	17.959	0.0557	6.6730	0.1499	4.1145
12	2.945	0.3396	20.650	0.0484	7.0126	0.1426	4.4479
13	3.222	0.3104	23.594	0.0424	7.3230	0.1366	4.7680
14	3.525	0.2837	26.816	0.0373	7.6066	0.1315	5.0750
15	3.857	0.2593	30.342	0.0330	7.8658	0.1271	5.3691
16	4.221	0.2369	34.199	0.0293	8.1028	0.1234	5.6507
17	4.618	0.2165	38.420	0.0260	8.3193	0.1202	5.9201
18	5.053	0.1979	43.038	0.0232	8.5172	0.1174	6.1776
19	5.529	0.1809	48.091	0.0208	8.6981	0.1150	6.4234
20	6.050	0.1653	53.620	0.0187	8.8634	0.1128	6.6579
21	6.619	0.1511	59.670	0.0168	9.0144	0.1109	6.8815
22	7.243	0.1381	66.289	0.0151	9.1525	0.1093	7.0945
23	7.925	0.1262	73.532	0.0136	9.2787	0.1078	7.2972
24	8.671	0.1153	81.457	0.0123	9.3940	0.1065	7.4900
25	9.488	0.1054	90.128	0.0111	9.4994	0.1053	7.6732
26	10.381	0.0963	99.616	0.0100	9.5958	0.1042	7.8471
27	11.359	0.0880	109.997	0.0091	9.6838	0.1033	8.0122
28	12.429	0.0805	121.356	0.0083	9.7643	0.1024	8.1686
29	13.599	0.0735	133.784	0.0075	9.8378	0.1017	8.3169
30	14.880	0.0672	147.383	0.0068	9.9050	0.1010	8.4572
31	16.281	0.0614	162.263	0.0062	9.9664	0.1003	8.5900
32	17.814	0.0561	178.544	0.0056	10.0225	0.0998	8.7155
33	19.492	0.0513	196.358	0.0051	10.0739	0.0993	8.8341
34	21.328	0.0469	215.850	0.0046	10.1207	0.0988	8.9460
35	23.336	0.0429	237.178	0.0042	10.1636	0.0984	9.0516
40	36.598	0.0273	378.004	0.0027	10.3285	0.0968	9.4950
45	57.397	0.0174	598.863	0.0017	10.4336	0.0959	9.8207
50	90.017	0.0111	945.238	0.0011	10.5007	0.0952	10.0569
55	141.175	0.0071	1488.463	0.0007	10.5434	0.0949	10.2263
60	221.406	0.0045	2340.410	0.0004	10.5707	0.0946	10.3464
65	347.234	0.0029	3676.528	0.0003	10.5880	0.0945	10.4309
70	544.572	0.0019	5771.978	0.0002	10.5991	0.0944	10.4898
75	854.059	0.0012	9058.298	0.0001	10.6062	0.0943	10.5307
80	1339.431	0.0008	14212.274	0.0001	10.6107	0.0943	10.5588
85	2100.646	0.0005	22295.318	0.0001	10.6136	0.0942	10.5781
90	3294.468	0.0003	34972.053	0.0000	10.6154	0.0942	10.5913
95	5166.754	0.0002	54853.132	0.0000	10.6166	0.0942	10.6002
100	8103.084	0.0001	86032.870	0.0000	10.6173	0.0942	10.6063

* 參見第五章第六節

表 4.29　10% 連續複利表

期數 *n*	一 次 付 款		等 額 多 次 付 款				等差變額
	已知 *P* 求 *F* 公式 ⑫	已知 *F* 求 *P* 公式 ⑬	已知 *A* 求 *F* 公式 ⑱	已知 *F* 求 *A* 公式 ⑰	已知 *A* 求 *P* 公式 ⑮	已知 *P* 求 *A* 公式 ⑯	已知 *g* 求 *A* 公式 ㉘ *
	CAF'	PWF'	CAF	SFF	PWF	CRF	
	F/P	P/F	F/A	A/F	P/A	A/P	
1	1.105	0.9048	1.000	1.0000	0.9048	1.1052	0.0000
2	1.221	0.8187	2.105	0.4750	1.7236	0.5802	0.4750
3	1.350	0.7408	3.327	0.3006	2.4644	0.4058	0.9335
4	1.492	0.6703	4.676	0.2138	3.1347	0.3190	1.3754
5	1.649	0.6065	6.168	0.1621	3.7412	0.2673	1.8009
6	1.822	0.5488	7.817	0.1279	4.2901	0.2331	2.2101
7	2.014	0.4966	9.639	0.1038	4.7866	0.2089	2.6033
8	2.226	0.4493	11.653	0.0858	5.2360	0.1910	2.9806
9	2.460	0.4066	13.878	0.0721	5.6425	0.1772	3.3423
10	2.718	0.3679	16.338	0.0612	6.0104	0.1664	3.6886
11	3.004	0.3329	19.056	0.0525	6.3433	0.1577	4.0198
12	3.320	0.3012	22.060	0.0453	6.6445	0.1505	4.3362
13	3.669	0.2725	25.381	0.0394	6.9170	0.1446	4.6381
14	4.055	0.2466	29.050	0.0344	7.1636	0.1396	4.9260
15	4.482	0.2231	33.105	0.0302	7.3867	0.1354	5.2001
16	4.953	0.2019	37.587	0.0266	7.5886	0.1318	5.4608
17	5.474	0.1827	42.540	0.0235	7.7713	0.1287	5.7086
18	6.050	0.1653	48.014	0.0208	7.9366	0.1260	5.9437
19	6.686	0.1496	54.063	0.0185	8.0862	0.1237	6.1667
20	7.389	0.1353	60.749	0.0165	8.2215	0.1216	6.3780
21	8.166	0.1225	68.138	0.0147	8.3440	0.1199	6.5779
22	9.025	0.1108	76.305	0.0131	8.4548	0.1183	6.7669
23	9.974	0.1003	85.330	0.0117	8.5550	0.1169	6.9454
24	11.023	0.0907	95.304	0.0105	8.6458	0.1157	7.1139
25	12.183	0.0821	106.327	0.0094	8.7279	0.1146	7.2727
26	13.464	0.0743	118.509	0.0084	8.8021	0.1136	7.4223
27	14.880	0.0672	131.973	0.0076	8.8693	0.1128	7.5631
28	16.445	0.0608	146.853	0.0068	8.9301	0.1120	7.6954
29	18.174	0.0550	163.297	0.0061	8.9852	0.1113	7.8198
30	20.086	0.0498	181.472	0.0055	9.0349	0.1107	7.9365
31	22.198	0.0451	201.557	0.0050	9.0800	0.1101	8.0459
32	24.533	0.0408	223.755	0.0045	9.1208	0.1097	8.1485
33	27.113	0.0369	248.288	0.0040	9.1576	0.1092	8.2446
34	29.964	0.0334	275.400	0.0036	9.1910	0.1088	8.3345
35	33.115	0.0302	305.364	0.0033	9.2212	0.1085	8.4185
40	54.598	0.0183	509.629	0.0020	9.3342	0.1071	8.7620
45	90.017	0.0111	846.404	0.0012	9.4027	0.1064	9.0028
50	148.413	0.0067	1401.653	0.0007	9.4443	0.1059	9.1692
55	244.692	0.0041	2317.104	0.0004	9.4695	0.1056	9.2826
60	403.429	0.0025	3826.427	0.0003	9.4848	0.1054	9.3592
65	665.142	0.0015	6314.879	0.0002	9.4940	0.1053	9.4105
70	1096.633	0.0009	10417.644	0.0001	9.4997	0.1053	9.4445
75	1808.042	0.0006	17181.959	0.0001	9.5031	0.1052	9.4668
80	2980.958	0.0004	28334.430	0.0001	9.5052	0.1052	9.4815
85	4914.769	0.0002	46721.745	0.0000	9.5064	0.1052	9.4910
90	8103.084	0.0001	77037.303	0.0000	9.5072	0.1052	9.4972
95	13359.727	0.0001	127019.209	0.0000	9.5076	0.1052	9.5012
100	22026.466	0.0001	209425.440	0.0000	9.5079	0.1052	9.5038

* 參見第五章第六節

表 4.30　12% 連續複利表

期數 *n*	一　次　付　款		等　額　多　次　付　款				等差變額
	已知 *P* 求　　*F* 公式 ⑫	已知 *F* 求　　*P* 公式 ⑬	已知 *A* 求　　*F* 公式 ⑱	已知 *F* 求　　*A* 公式 ⑰	已知 *A* 求　　*P* 公式 ⑮	已知 *P* 求　　*A* 公式 ⑯	已知 *g* 求　　*A* 公式 ㉘ *
	CAF'	PWF'	CAF	SFF	PWF	CRF	
	F/P	P/F	F/A	A/F	P/A	A/P	
1	1.128	0.8869	1.000	1.0000	0.8869	1.1275	0.0000
2	1.271	0.7866	2.128	0.4700	1.6736	0.5975	0.4700
3	1.433	0.6977	3.399	0.2942	2.3712	0.4217	0.9202
4	1.616	0.6188	4.832	0.2070	2.9900	0.3345	1.3506
5	1.822	0.5488	6.448	0.1551	3.5388	0.2826	1.7615
6	2.054	0.4868	8.270	0.1209	4.0256	0.2484	2.1531
7	2.316	0.4317	10.325	0.0969	4.4573	0.2244	2.5257
8	2.612	0.3829	12.641	0.0791	4.8402	0.2066	2.8796
9	2.945	0.3396	15.253	0.0656	5.1798	0.1931	3.2153
10	3.320	0.3012	18.197	0.0550	5.4810	0.1825	3.5332
11	3.743	0.2671	21.518	0.0465	5.7481	0.1740	3.8337
12	4.221	0.2369	25.261	0.0396	5.9850	0.1671	4.1174
13	4.759	0.2101	29.482	0.0339	6.1952	0.1614	4.3848
14	5.366	0.1864	34.241	0.0292	6.3815	0.1567	4.6364
15	6.050	0.1653	39.606	0.0253	6.5468	0.1528	4.8728
16	6.821	0.1466	45.656	0.0219	6.6935	0.1494	5.0947
17	7.691	0.1300	52.477	0.0191	6.8235	0.1466	5.3025
18	8.671	0.1153	60.167	0.0166	6.9388	0.1441	5.4969
19	9.777	0.1023	68.838	0.0145	7.0411	0.1420	5.6785
20	11.023	0.0907	78.615	0.0127	7.1318	0.1402	5.8480
21	12.429	0.0805	89.638	0.0112	7.2123	0.1387	6.0058
22	14.013	0.0714	102.067	0.0098	7.2836	0.1373	6.1528
23	15.800	0.0633	116.080	0.0086	7.3469	0.1361	6.2893
24	17.814	0.0561	131.880	0.0076	7.4031	0.1351	6.4160
25	20.086	0.0498	149.694	0.0067	7.4528	0.1342	6.5334
26	22.646	0.0442	169.780	0.0059	7.4970	0.1334	6.6422
27	25.534	0.0392	192.426	0.0052	7.5362	0.1327	6.7428
28	28.789	0.0347	217.960	0.0046	7.5709	0.1321	6.8358
29	32.460	0.0308	246.749	0.0041	7.6017	0.1316	6.9215
30	36.598	0.0273	279.209	0.0036	7.6290	0.1311	7.0006
31	41.264	0.0242	315.807	0.0032	7.6533	0.1307	7.0734
32	46.525	0.0215	357.071	0.0028	7.6748	0.1303	7.1404
33	52.457	0.0191	403.597	0.0025	7.6938	0.1300	7.2020
34	59.145	0.0169	456.054	0.0022	7.7107	0.1297	7.2586
35	66.686	0.0150	515.200	0.0020	7.7257	0.1294	7.3105
40	121.510	0.0082	945.203	0.0011	7.7788	0.1286	7.5114
45	221.406	0.0045	1728.720	0.0006	7.8079	0.1281	7.6392
50	403.429	0.0025	3156.382	0.0003	7.8239	0.1278	7.7191

* 參見第五章第六節

表 4.31　15% 連續複利表

期數 n	一次付款		等額多次付款				等差變額
	已知 P 求 F 公式 ⑫	已知 F 求 P 公式 ⑬	已知 A 求 F 公式 ⑱	已知 F 求 A 公式 ⑰	已知 A 求 P 公式 ⑮	已知 P 求 A 公式 ⑯	已知 g 求 A 公式 ㉘*
	CAF'	PWF'	CAF	SFF	PWF	CRF	
	F/P	P/F	F/A	A/F	P/A	A/P	
1	1.162	0.8607	1.000	1.0000	0.8607	1.1618	0.0000
2	1.350	0.7408	2.162	0.4626	1.6015	0.6244	0.4626
3	1.568	0.6376	3.512	0.2848	2.2392	0.4466	0.9004
4	1.822	0.5488	5.080	0.1969	2.7880	0.3587	1.3137
5	2.117	0.4724	6.902	0.1449	3.2603	0.3067	1.7029
6	2.460	0.4066	9.019	0.1109	3.6669	0.2727	2.0685
7	2.858	0.3499	11.479	0.0871	4.0168	0.2490	2.4110
8	3.320	0.3012	14.336	0.0698	4.3180	0.2316	2.7311
9	3.857	0.2593	17.657	0.0566	4.5773	0.2185	3.0295
10	4.482	0.2231	21.514	0.0465	4.8004	0.2083	3.3070
11	5.207	0.1921	25.996	0.0385	4.9925	0.2003	3.5645
12	6.050	0.1653	31.203	0.0321	5.1578	0.1939	3.8028
13	7.029	0.1423	37.252	0.0269	5.3000	0.1887	4.0228
14	8.166	0.1225	44.281	0.0226	5.4225	0.1844	4.2255
15	9.488	0.1054	52.447	0.0191	5.5279	0.1809	4.4119
16	11.023	0.0907	61.935	0.0162	5.6186	0.1780	4.5829
17	12.807	0.0781	72.958	0.0137	5.6967	0.1756	4.7394
18	14.880	0.0672	85.765	0.0117	5.7639	0.1735	4.8823
19	17.288	0.0579	100.645	0.0099	5.8217	0.1718	5.0127
20	20.086	0.0498	117.933	0.0085	5.8715	0.1703	5.1313
21	23.336	0.0429	138.018	0.0073	5.9144	0.1691	5.2390
22	27.113	0.0369	161.354	0.0062	5.9513	0.1680	5.3367
23	31.500	0.0318	188.467	0.0053	5.9830	0.1672	5.4251
24	36.598	0.0273	219.967	0.0046	6.0103	0.1664	5.5050
25	42.521	0.0235	256.566	0.0039	6.0339	0.1657	5.5771
26	49.402	0.0203	299.087	0.0034	6.0541	0.1652	5.6420
27	57.397	0.0174	348.489	0.0029	6.0715	0.1647	5.7004
28	66.686	0.0150	405.886	0.0025	6.0865	0.1643	5.7529
29	77.478	0.0129	472.573	0.0021	6.0994	0.1640	5.8000
30	90.017	0.0111	550.051	0.0018	6.1105	0.1637	5.8422
31	104.585	0.0096	640.068	0.0016	6.1201	0.1634	5.8799
32	121.510	0.0082	744.653	0.0014	6.1283	0.1632	5.9136
33	141.175	0.0071	866.164	0.0012	6.1354	0.1630	5.9438
34	164.022	0.0061	1007.339	0.0010	6.1415	0.1628	5.9706
35	190.566	0.0053	1171.361	0.0009	6.1467	0.1627	5.9945
40	403.429	0.0025	2486.673	0.0004	6.1639	0.1622	6.0798
45	854.059	0.0012	5271.188	0.0002	6.1719	0.1620	6.1264
50	1808.042	0.0006	11166.008	0.0001	6.1758	0.1619	6.1515

* 參見第五章第六節

表 4.32　20% 連續複利表

| 期數 *n* | 一　次　付　款 | | 等　額　多　次　付　款 | | | | 等差變額 |
	已 知 *P* 求 *F* 公式 ⑫ CAF' F/P	已 知 *F* 求 *P* 公式 ⑬ PWF' P/F	已 知 *A* 求 *F* 公式 ⑱ CAF F/A	已 知 *F* 求 *A* 公式 ⑰ SFF A/F	已 知 *A* 求 *P* 公式 ⑮ PWF P/A	已 知 *P* 求 *A* 公式 ⑯ CRF A/P	已 知 *g* 求 *A* 公式 ㉘ *
1	1.221	0.8187	1.000	1.0000	0.8187	1.2214	0.0000
2	1.492	0.6703	2.221	0.4502	1.4891	0.6716	0.4502
3	1.822	0.5488	3.713	0.2693	2.0379	0.4907	0.8676
4	2.226	0.4493	5.535	0.1807	2.4872	0.4021	1.2528
5	2.718	0.3679	7.761	0.1289	2.8551	0.3503	1.6068
6	3.320	0.3012	10.479	0.0954	3.1563	0.3168	1.9306
7	4.055	0.2466	13.799	0.0725	3.4029	0.2939	2.2255
8	4.953	0.2019	17.854	0.0560	3.6048	0.2774	2.4929
9	6.050	0.1653	22.808	0.0439	3.7701	0.2653	2.7344
10	7.389	0.1353	28.857	0.0347	3.9054	0.2561	2.9515
11	9.025	0.1108	36.246	0.0276	4.0162	0.2490	3.1460
12	11.023	0.0907	45.271	0.0221	4.1069	0.2435	3.3194
13	13.464	0.0743	56.294	0.0178	4.1812	0.2392	3.4736
14	16.445	0.0608	69.758	0.0143	4.2420	0.2357	3.6102
15	20.086	0.0498	86.203	0.0116	4.2918	0.2330	3.7307
16	24.533	0.0408	106.288	0.0094	4.3326	0.2308	3.8368
17	29.964	0.0334	130.821	0.0077	4.3659	0.2291	3.9297
18	36.598	0.0273	160.785	0.0062	4.3933	0.2276	4.0110
19	44.701	0.0224	197.383	0.0051	4.4156	0.2265	4.0819
20	54.598	0.0183	242.084	0.0041	4.4339	0.2255	4.1435
21	66.686	0.0150	296.683	0.0034	4.4489	0.2248	4.1970
22	81.451	0.0123	363.369	0.0028	4.4612	0.2242	4.2432
23	99.484	0.0101	444.820	0.0023	4.4713	0.2237	4.2831
24	121.510	0.0082	544.304	0.0018	4.4795	0.2232	4.3175
25	148.413	0.0067	665.814	0.0015	4.4862	0.2229	4.3471
26	181.272	0.0055	814.228	0.0012	4.4917	0.2226	4.3724
27	221.406	0.0045	995.500	0.0010	4.4963	0.2224	4.3942
28	270.426	0.0037	1216.906	0.0008	4.5000	0.2222	4.4127
29	330.300	0.0030	1487.333	0.0007	4.5030	0.2221	4.4286
30	403.429	0.0025	1817.632	0.0006	4.5055	0.2220	4.4421
31	492.749	0.0020	2221.061	0.0005	4.5075	0.2219	4.4536
32	601.845	0.0017	2713.810	0.0004	4.5092	0.2218	4.4634
33	735.095	0.0014	3315.655	0.0003	4.5105	0.2217	4.4717
34	897.847	0.0011	4050.750	0.0003	4.5116	0.2217	4.4788
35	1096.633	0.0009	4948.598	0.0002	4.5125	0.2216	4.4847
40	2980.958	0.0004	13459.444	0.0001	4.5152	0.2215	4.5032
45	8103.084	0.0001	36594.322	0.0000	4.5161	0.2214	4.5111
50	22026.466	0.0001	99481.443	0.0000	4.5165	0.2214	4.5144

* 參見第五章第六節

表 4.33 25% 連續複利表

期數 n	一 次 付 款		等 額 多 次 付 款				等差變額
	已知 P 求 F 公式 ⑫	已知 F 求 P 公式 ⑬	已知 A 求 F 公式 ⑱	已知 F 求 A 公式 ⑰	已知 A 求 P 公式 ⑮	已知 P 求 A 公式 ⑯	已知 g 求 A 公式 ㉘ *
	CAF'	PWF'	CAF	SFF	PWF	CRF	
	F/P	P/F	F/A	A/F	P/A	A/P	
1	1.284	0.7788	1.000	1.0000	0.7788	1.2840	0.0000
2	1.649	0.6065	2.284	0.4378	1.3853	0.7219	0.4378
3	2.117	0.4724	3.933	0.2543	1.8577	0.5383	0.8351
4	2.718	0.3679	6.050	0.1653	2.2256	0.4493	1.1929
5	3.490	0.2865	8.768	0.1141	2.5121	0.3981	1.5131
6	4.482	0.2231	12.258	0.0816	2.7352	0.3656	1.7975
7	5.755	0.1738	16.740	0.0597	2.9090	0.3438	2.0486
8	7.389	0.1353	22.495	0.0445	3.0443	0.3285	2.2687
9	9.488	0.1054	29.884	0.0335	3.1497	0.3175	2.4605
10	12.183	0.0821	39.371	0.0254	3.2318	0.3094	2.6266
11	15.643	0.0639	51.554	0.0194	3.2957	0.3034	2.7696
12	20.086	0.0498	67.197	0.0149	3.3455	0.2989	2.8921
13	25.790	0.0388	87.282	0.0115	3.3843	0.2955	2.9964
14	33.115	0.0302	113.072	0.0089	3.4145	0.2929	3.0849
15	42.521	0.0235	146.188	0.0069	3.4380	0.2909	3.1596
16	54.598	0.0183	188.709	0.0053	3.4563	0.2893	3.2223
17	70.105	0.0143	243.307	0.0041	3.4706	0.2881	3.2748
18	90.017	0.0111	313.413	0.0032	3.4817	0.2872	3.3186
19	115.584	0.0067	403.430	0.0025	3.4904	0.2865	3.3550
20	148.413	0.0067	519.014	0.0019	3.4971	0.2860	3.3851
21	190.566	0.0053	667.427	0.0015	3.5023	0.2855	3.4100
22	244.692	0.0041	857.993	0.0012	3.5064	0.2852	3.4305
23	314.191	0.0032	1102.685	0.0009	3.5096	0.2849	3.4474
24	403.429	0.0025	1416.876	0.0007	3.5121	0.2847	3.4612
25	518.013	0.0019	1820.305	0.0006	3.5140	0.2846	3.4725
26	665.142	0.0015	2338.318	0.0004	3.5155	0.2845	3.4817
27	854.059	0.0012	3003.459	0.0003	3.5167	0.2844	3.4892
28	1096.633	0.0009	3857.518	0.0003	3.5176	0.2843	3.4953
29	1408.105	0.0007	4954.151	0.0002	3.5183	0.2842	3.5002
30	1808.042	0.0006	6362.256	0.0002	3.5189	0.2842	3.5042
31	2321.572	0.0004	8170.298	0.0001	3.5193	0.2842	3.5075
32	2980.958	0.0004	10491.871	0.0001	3.5196	0.2841	3.5101
33	3827.626	0.0003	13472.829	0.0001	3.5199	0.2841	3.5122
34	4914.769	0.0002	17300.455	0.0001	3.5201	0.2841	3.5139
35	6310.688	0.0002	22215.223	0.0001	3.5203	0.2841	3.5153

* 參見第五章第六節

表 4.34　30% 連續複利表

期數 n	一 次 付 款		等 額 多 次 付 款				等差變額
	已知 P 求 F 公式 ⑫	已知 F 求 P 公式 ⑬	已知 A 求 F 公式 ⑱	已知 F 求 A 公式 ⑰	已知 A 求 P 公式 ⑮	已知 P 求 A 公式 ⑯	已知 g 求 A 公式 ㉘ *
	CAF'	PWF'	CAF	SFF	PWF	CRF	
	F/P	P/F	F/A	A/F	P/A	A/P	
1	1.350	0.7408	1.000	1.0000	0.7408	1.3499	0.0000
2	1.822	0.5488	2.350	0.4256	1.2896	0.7754	0.4256
3	2.460	0.4066	4.172	0.2397	1.6962	0.5896	0.8030
4	3.320	0.3012	6.632	0.1508	1.9974	0.5007	1.1343
5	4.482	0.2231	9.952	0.1005	2.2205	0.4504	1.4222
6	6.050	0.1653	14.433	0.0693	2.3858	0.4192	1.6701
7	8.166	0.1225	20.483	0.0488	2.5083	0.3987	1.8815
8	11.023	0.0907	28.649	0.0349	2.5990	0.3848	2.0602
9	14.880	0.0672	39.672	0.0252	2.6662	0.3751	2.2099
10	20.086	0.0498	54.552	0.0183	2.7160	0.3682	2.3343
11	27.113	0.0369	74.638	0.0134	2.7529	0.3633	2.4371
12	36.598	0.0273	101.750	0.0098	2.7802	0.3597	2.5212
13	49.402	0.0203	138.349	0.0072	2.8004	0.3571	2.5897
14	66.686	0.0150	187.751	0.0053	2.8154	0.3552	2.6452
15	90.017	0.0111	254.437	0.0039	2.8266	0.3538	2.6898
16	121.510	0.0082	344.454	0.0029	2.8348	0.3528	2.7255
17	164.022	0.0061	465.965	0.0022	2.8409	0.3520	2.7540
18	221.406	0.0045	629.987	0.0016	2.8454	0.3515	2.7766
19	298.867	0.0034	851.393	0.0012	2.8487	0.3510	2.7945
20	403.429	0.0025	1150.261	0.0009	2.8512	0.3507	2.8086
21	544.572	0.0018	1553.689	0.0007	2.8531	0.3505	2.8197
22	735.095	0.0014	2098.261	0.0005	2.8544	0.3503	2.8283
23	992.275	0.0010	2833.356	0.0004	2.8554	0.3502	2.8351
24	1339.431	0.0008	3825.631	0.0003	2.8562	0.3501	2.8404
25	1808.042	0.0006	5165.062	0.0002	2.8567	0.3501	2.8445
26	2440.602	0.0004	6973.104	0.0002	2.8571	0.3500	2.8476
27	3294.468	0.0003	9413.706	0.0001	2.8574	0.3500	2.8501
28	4447.067	0.0002	12708.174	0.0001	2.8577	0.3499	2.8520
29	6002.912	0.0002	17155.241	0.0001	2.8578	0.3499	2.8535
30	8103.084	0.0001	23158.153	0.0001	2.8580	0.3499	2.8546
31	10938.019	0.0001	31261.237	0.0000	2.8580	0.3499	2.8555
32	14764.782	0.0001	42199.257	0.0000	2.8581	0.3499	2.8561
33	19930.370	0.0001	56964.038	0.0000	2.8582	0.3499	2.8566
34	26903.186	0.0001	76894.409	0.0000	2.8582	0.3499	2.8570
35	36315.503	0.0000	103797.595	0.0000	2.8582	0.3499	2.8573

* 參見第五章第六節

第三節　本章摘要

　　本章內容可說是「工程經濟」的基石之一。本章中所介紹的基本觀念及計算方法，查表程序等務必了解清楚。那麼，以後的應用才能順利施展。

　　「工程經濟」中計算複利的著眼點是長程多年期的，這一點與「商用數學」不同。另外，在「工程經濟」中一方面要考慮到「利率」、考慮到「投資利率」等，另一方面也要想到種種不同的「可行方案」。因為，「工程經濟」是「工程導向」的課目，不是「財務導向」的課目！

　　連續，是一個重要的觀念。採用連續觀念計算利息，理論上比較完整嚴密；另外計得的利息較高，在現實世界中也比較有警惕作用。尤其是政府的長期投資計畫所負擔的「機會成本」（詳見第十章第二節）必須以連續複利為計算之出發點。

　　「複利因子」為了使用上的方便，我們利用符號表示。最早，「工程經濟」是從美國開始，美國自然而然的利用字母表示，早期各家符號不一，漸漸統一，變成 [*CAF*] [*PWF*] ……等，的確是很方便。但是，後來美國人覺得有「優越自大」的嫌疑，另一方面也受到「管理科學」的影響，將「複利因子」改成：[*F/P*] [*A/P*] ……等形式。從數學意義上來說，是嚴謹多了；但是，在講解時反而不便，倒不如舊式的文字符號。至於說，我國文化受美國影響太多云云，可說已泛濫成災了。學術上使用的幾個符號，筆者本人並不覺得美國人的「優越自大」。因此，本書舊版使用舊符號，現在增訂改版，筆者決定引入新符號也保留舊符號。相信可讓使用本書的覺得方便。

　　在〔例題 4.14〕之後，編有一張對照表，初學者不妨將之影印下來，單獨留置案邊作參考之用。

　　本章中㉓㉔㉕三個公式表示「更徹底的連續」，較抽象，不太實用。但是，在「高等工程經濟」中發展數學模式，必須由此出發。準備深入進修的讀者，以後自然會再遇見。一般講授，此部分可以跳開不談。

習　題

4–1.　某公司估計在民國九十一年投資 20,000 元，按投資報酬率 5% 計算，則在民國九十

九年元旦可得本利和若干?

  a.按普通複利法計算。（29,540 元）

  b.按連續複利法計算。（29,840 元）

4-2. 每年定期存款 400 元,如果年利率為 6%,則經過七年以後,本利和一併應為若干?

  a.按普通複利法計算。（3,357.6 元）

  b.按連續複利法計算。（3,376.4 元）

4-3. 一套運輸設備價值 30,000 元,市場利率為 6% 時,希望在五年中收回全部投資,問
  每年至少應收回若干?

  a.按普通複利法計算。（7,122 元）

  b.按連續複利法計算。（7,158 元）

  c.如果按連續複利計算,並且考慮每年收回是一種均勻遍布於一年之中者,則
   又如何?（提示: 應用 $U = P[CRF]/\mathscr{F}$）（6,946.1 元）

4-4. 有一投資系統,在第六年末投入 3,000 元;第九年末起一連四年每年 600 元;第十
  三年末投入 2,100 元;第十五年末一連三年每年 800 元。假定

  a.年利率 5%,按普通複利計息,試求此系統之等值現值。（5,893 元）

  b.現值為 4,000 元,試求其投資報酬率為若干? 又普通複利計息與連續複利計息
   之差異若干?

4-5. 某公司考慮購買一套空氣壓縮機。空氣壓縮機的價格為 25,000 元, 每年之維護費
  用, 假定集中於年底計算, 使用後三年內每年 4,000 元, 以後每年遞增 1,000 元至
  第八年末為 9,000 元為止。該公司為求將之與其他方案比較, 以 12% 為參考利率,
  則其現值應為若干?

4-6. 有一位石油工程師估計在其服務的油田區中的十口油井,現在每年 300,000 桶的油
  產量,在今後的十九年中將以每年減少 15,000 桶的減少率減產。他又估計在今後
  的十三年中,石油值美金 37 元一桶,然後升到 38 元一桶。試以普通複利年利率 9%
  計算,此一未來收益的現值是若干?

4-7. 若一連十年的每年年金為 900 元,希望找到一個等值方案,該方案是三筆相等的款
  項, 發生在第十二、第十五及第二十年之末。假定利率為 6%。

4-8. 有一工廠得到一項專利,希望向銀行借款 170,000 元來生產正式的產品。經過市場
  調查後,銀行方面對此產品信心大增,同意貸款。銀行方面的條件是根據該工廠已
  接受的在五年內交貨的訂單面額折成現值之 90% 貸給。現在該工廠接到今後五年
  中交貨的訂單狀況為:

  第一年   20,000 件

  第二年   16,000 件

  第三年   12,000 件

第四年	8,000 件
第五年	4,000 件

假定該產品的定價為每件 4 元，年利率為 10%，請問就上面已有之訂單，是否可以獲得希望要的貸款數額？如果市場趨向不景氣，利率降為 5%，情況如何？

4-9. 某企業機構有下列三筆債務：

　㈠四年前，以 5,000 元借款買了一套機器，言明以每月複利 9% 分六十次償還。現在尚有十二次未償；

　㈡二十四個月的每月付款 200 元，利率是按欠款計算並且每月增加 1% 計算；

　㈢二年後到期應付款 1,000 元。

某銀行云可以代理清償，但是要在五年中每月繳付 143.14 元。

請問如果他接受了銀行的借款辦法，請問該公司每月負擔之利率為何？名稱利率為何？實際利率又為何？

4-10. 愛格蒙公司現有兩個發展方案。兩案所需之立刻投資皆為 $25,000。甲案投資後每年之年末可獲收益 $10,000，一共三年。乙案投資後一年即可得收益 $28,000。兩案皆無殘值。如果除去稅損以後，投資所期望的報酬率為 5%；請問應該選擇那一個方案較佳？

　　a. 利用普通複利計算；

　　b. 利用連續複利計算。

4-11. 有兩個投資方案。A 案需一項投資 $10,000，以後兩年中計每年可得淨利 $6,200，使用壽命二年，無殘值。B 案也需一項投資 $10,000，使用壽命二十年，無殘值；但是二十年每年可得淨利 $2,050。a. 利用連續複利法求投資收回率為若干？b. 利用不連續複利法求投資收回率為若干？

　　（a. A 14%；B 17%；b. A 15.6%；B 20%）

4-12. 使用本章中所介紹的十九個普通複利表，以及內插比例法，求下列各小題之利率為何？以兩位小數為準。

　　a. 以現在的 4,000 元換取今後十五年的每年 300 元。

　　b. 以現在的 5,000 元換取今後十五年的每年 575 元。

　　c. 以現在的 2,000 元換取今後五年的每年 400 元。

　　d. 以現在的 1,500 元以及五年後的一筆 1,500 元，換取自現在起一年以後開始的十年中每年的 400 元，並作圖解。

　　e. 以現在的 5,000 元換取今後永遠的每年 125 元。

　　f. 以現在的 6,000 元換取三十七年後的一筆 12,000 元。

4-13. 某君以 160,000 元購買小汽車一輛作營業用，整整四年以後，無意經營，乃以 75,000 元出售。某君估計在四年之中，平均每半年可收入 48,000 元，油料保養保險等支

出約 13,000 元。請問某君四年來就該小汽車而言，其投資所得之報酬如何？

　　a.以普通複利計算。

　　b.以連續複利計算。

4–14. 在座標紙上，以橫軸表 n，以縱軸表本利和金額，試以 $P=1$ 時，計算當 $i=6\%$ 及 20% 時之各點 S 值，並繪出其軌跡。

　　a.以普通複利計算。　b.以連續複利計算。

4–15. 在一方格座標紙上，以橫軸表年利率 i，以縱軸表均勻年金及 U/R 二項，就 $n=5$ 及 $n=10$，應用本書連續複利表描繪二曲線。

4–16. 本章 4.12 例題，水平橫座標表示 K 值，垂直座標表示 $(A_2 - A_1)$，連續複利與普通複利之差。已有一曲線係年利率為 8% 之情形，現在另以 6% 及 10% 再分別畫出二曲線，觀察其不同點何在？

4–17. 某金融機關招攬客戶，創立「自強存款」，如下表：

自強存款（零存整付存款）	期　間	每　月存入額	到　期領取額	每　月存入額	到　期領取額
	一年期	3,880 元	5 萬元	7,760 元	10 萬元
	二年期	1,805 元	5 萬元	3,610 元	10 萬元
	三年期	1,115 元	5 萬元	2,230 元	10 萬元

試從「年利率」觀點，予以分析比較。

4–18. 一套機器設備價值 250,000 元，使用十五年後之殘值為 80,000 元；使用期間每年操作費用為 15,000 元，每年保養費 8,000 元，作一圖解說明此一投資系統；設市場利率為 10%，試求此一投資系統在 $n=0$ 時之現值。

4–19. 某計畫之原始投資為 120,000 元，估計每年費用 15,060 元，二十五年後收回殘值 20,000 元。假定市場利率為 8%，則在二十五年中應自該系統中每年收回若干？如按普通複利及連續複利計算，相差若干？

4–20. 某一決策如立即採用應立即投資 20,000 元，二年後再投資 15,000 元，四年後 10,000 元。假定利率為 12%，問在十年後此一系統之價值，如按普通複利計算及連續複利計算之差額為若干？

第五章
常用經濟分析方法

第一節　概　述

　　「經濟分析」(Economic Analysis) 這一個名詞，在今天似乎仍然是因使用人的想法而決定其意義，尚無確定解釋的定義。有時候，「經濟分析」是指利用數理的方法更深入一層的來研究經濟學，例如一九七〇年諾貝爾獎金得主，美國的薩姆遜 (P. A. Samuelson) 教授與其他兩位經濟學教授陶夫曼 (R. Dorfman) 和蘇羅 (R. M. Solow) 三人合著的一本名著「線型規畫與經濟分析」。所謂經濟分析在該書中就是經濟理論。大經濟學家熊彼得 (J. A. Schumpeter) 之最後遺作列舉古代希臘、羅馬直至其逝世前之二十世紀五十年代的各種經濟學說，經濟理論無不臚列，其書名為 *History of Economic Analysis*。並且說過：經濟分析就是經濟理論的別名。

　　就狹義方面來解釋，「經濟分析」是泛指對於某一個經濟現象作某種程度了解的意思。在此，「分析」是與「綜合」相對的一種科學方法，從結果倒回來找因素就是「分析」，是對一個邏輯結構的了解。例如「化學分析」、「應力分析」以及「財務分析」等。經過分析，我們對於過去所發生的種種現象，可以得到「解釋」，根據這些「解釋」，我們可以對未來的現象，予以相當程度的「預測」。

　　因此我們可以說，「經濟分析」的通俗解釋就是指對一件事的代價及所得效益作一探討，究竟經濟不經濟之意；或者是就一項經濟行為或經濟現象，深入探究其中的種種原因的意思。

　　所謂「經濟分析」可以說是一個思考的過程，或者是計算的過程。在這個過程之中，就許多可能實際採用的種種方案，一一檢討計算，以求分配及使用之資源，能帶來最佳的效率和效果。

　　所以，經濟分析不僅是針對現在的投資決策提供建議；還要試圖面對將來

的未知狀況也能作明智的抉擇。

因為現代企業管理中有很多管理思想及方法發源於美國的國防軍事管理，最早把「經濟分析」具體化的也是美國國防部，故我們不妨看看美軍對於「經濟分析」的解釋。

美國國防部一九六九年二月發布的 DOD 7041.3 號文件是最早有關「經濟分析」的一篇訓令，其中指出：

「‥‥‥‥‥‥‥‥‥‥‥‥‥‥‥‥‥‥‥‥‥‥‥‥‥‥‥‥‥‥‥‥‥‥

定義　『經濟分析』是對於一個已知問題的一套有系統的求解方法，用以協助決策者解決如何『選擇』的問題。

『經濟分析』是一連串的觀念，其中包括：

(1)與目標有關的資源之分析及評價；

(2)可能達到目標的各個可行方案之間的辨認；

(3)決定各個可行方案中相對的優先關係；

‥‥‥‥‥‥‥‥‥‥‥‥‥‥‥‥‥‥‥‥‥‥‥‥‥‥‥‥‥‥‥‥‥‥‥‥

目的　‥‥‥研擬中的各項投資計畫，在實施經濟分析時，應有系統的對於與資源有關的成本及利益一一辨認；然後，對於達到目標所能採取的種種方法和手段，才能夠作有用的比較。

適用範圍

(1)研擬中的投資計畫涉及二個以上的方案比較取捨之時，應作經濟分析。

(2)有關修理抑或更換，租用抑或購買等兩者之間的比較選擇，以及增加效率之現代化計畫等，應作經濟分析。

‥‥‥‥‥‥‥‥‥‥‥‥‥‥‥‥‥‥‥‥‥‥‥‥‥‥‥‥‥‥‥‥。」

以上的這一段文字，可以看出就美國軍方的解釋，經濟分析的意思就是在事先檢討一個投資方案，研究如何才能夠得到最佳的節省。

在「工程經濟」中所追求的一項原則，是「可以達到同樣的工程目標，究竟那一個方案最節省」。其中「工程目標」一詞，我們可以將之改換為「管理目標」，那麼，這一個原則就與上面引述美軍所解釋的「經濟分析」化為一體了。

由此可見「經濟分析」就是本書在前文中所謂的「節省原則」，分析一個工程計畫或是一件事以求是否經濟，所以，兩種說法其實是同一回事。

本書第一章中介紹「工程經濟」的定義時，強調要合乎節省原則；但是，有些工程上的目標不可能完全講求節省。因此，我們對於任何一個方案所持的

態度，有三個步驟：

1. 那一個方案最節省，而又可達到同樣的工程目標；
2. 節省的結果是否違反了某些條件，而這些條件屬於所謂是「無形因素」；
3. 無論節省與否，所要的款項有沒有著落，應該如何籌措。這是「財務分析」。

三個步驟中的第一個，純粹在白紙上計算比較，因為計算所據的都是「金額」，我們便名之為「經濟分析」。

所以，在本書中所謂的「經濟分析」，其意義是很狹窄的。這種紙上的事先計算比較，通常由於其著眼點不同，實用上乃有不同之方法，本章中將一一介紹。其中尤以「年金法」和「現值法」是兩種相當重要的觀念，除了在企業管理的學術領域中常常出現外，有關國防問題的系統分析中也廣泛採用這兩種方法。

當然，除此以外，事實上我們另有許多方法來分析某一個投資方案是否有利。例如在「投資學」、「管理會計」、「作業研究」、「邊際分析」、「線型規劃」等學科中，所探討的問題，有些是類似的，有些有重疊的部分，本書限於題旨不贅。

「無形因素」前面討論過了。「財務分析」請另詳專門書籍。

第二節　年金法原理

經濟分析的主要方法有三項：

1. 年金法 (Annual Cost Method)
2. 現值法 (Present Worth Method)
3. 預期之資本收回率 (Prospective Rate of Return)

本節將以許多例題之計算過程來說明，如何以「年金法」來分析一項工程問題。

年金 (Annuity) 原指每年定期支付一次之金額而言，事實上，此種意義已被擴張，凡屬分期付款，無論其為一年一次、半年一次、每月一次者幾乎都稱為**年金**，付款期則另有文字說明。例如每月支付的養老金，或房租，每季支付的保險費，每半年末或每年末支付的債券利息等均為年金。係由社會習慣造成。但在工程經濟的計算題中，一般情形仍指一年一次者為年金。

年金的種類，可按各種標準予以分類如下：

㈠按每期年金收支之時期分類，年金之收支在每期之末者，稱為**普通年金**

(Ordinary Annuity)；在每期之初者，稱為**期初年金**或**期首年金** (Annuity Due)。本書以普通年金為主，複利表之數值皆係根據普通年金計算所得。

㈡按年金每期金額有無變動分類，在規定期間內，每期收支之年金額，固定不變者，稱為**定額年金** (Constant Annuity)；若任意變動或依一定規律變動者，稱為**變額年金** (Varying Annuity)。

㈢按年金起訖時期有無確定分類，年金有確定起訖時期者，稱為**確實年金** (Certain Annuity)。年金之起訖繫於某種特別事故之發生，而其發生事先無法預定者，稱為**或有年金** (Contingent Annuity)，「或有年金」之終止繫於某一個人的死亡者，又特別稱為**生命年金** (Life Annuity)，生命年金適用於人壽保險。本書以確實年金為主，即在規定的起訖時期內，不受任何事故之影響，必須繼續按期付款。

㈣按年金支付期數是否有限分類，可分下列四種：

⑴**有限年金** 年金之支付期數為有限者，稱為「有限年金」(Temporary Annuity)。

⑵**延期有限年金** 有限年金在訂約後規定延遲若干期始支付者，稱為「延期有限年金」(Defferred Annuity)。

⑶**永續年金** 年金之支付期數為永久無限者，稱為「永續年金」(Perpetual Aunuity（但英文中常以 Perpetuity 表示）。

⑷**延期永續年金** 永續年金自訂約之日起延遲若干期始支付者，稱為「延期永續年金」(Defferred Perpetuity)。

「確實年金」包含內容甚廣，茲為便於記憶列表於下，並分述其計算方法。

計算年金之方法，有年金終值與年金現值二類。年金終值即普通所謂零存整付之數，因其每期應繳之數，乃零存之數，而到期後之本利和則為整付之數也。

年金現值,即普通所謂整存零付之數,因其整存之數即為此後各期所付款項之現值總額也。無論年金之終值或現值其零存之次數或零付之次數,有一年一次,有一年數次及數年一次三種。但在本書之中,大部分狀況皆屬一年一次者。

　　在工程經濟中所謂「年金法」之意義,如果用文字來解釋的話,是指在達到同一個工程目標的不同方案之中,方案與方案之間的比較,是藉各方案中每年支付之費用大小,來比較其是否經濟可取的意思。但是,在各種不同情況中有其不同之技巧,故利用實際例題來說明其方法較易於明白。

　　下列各例題,其深淺程度是漸進的,讀者必須一一體會。

例題5.1

年金的基本意義（直至〔例題 5.7〕）

　　有一個基金,其目標是在三十年之末建立 2,000,000 元。如果孳息的利率為 4%,則每年年底所應儲入之相等存款應為若干?

解：題中 $F = 2,000,000, n = 30, i = 4\%$,　求 $A = ?$

$$A = F[SFF]^{30}　\text{或}　A = F[\quad\quad]　\text{（請讀者查表計算）}$$

$$= 2,000,000 \times (\quad\quad) = 35,660 \text{ 元}$$

例題5.2

等額年金

　　以年利率為 6% 之條件下借款 10,000 元,如在十年中,每年年底償還之（等額償付）,則每次應付若干?

解：題中 $P = 10,000, n = 10, i = 6\%$,　求 $A = ?$

$$A = P[CRF]^{10}$$

$$= 10,000 \times (\quad\quad) = 1,358.68 \text{ 元}$$

（此一數字,請參閱本書第二章第二節〔償付的方式〕一節所述之方案 III,讀者當可了然其來源矣。）

例題5.3

上題中，請問在第四期付款以後，當時尚欠若干？

解：題中 $A = 1,358.7, i = 6\%, n = 6$，求 $P = ?$

$$P = A[PWF]^6$$
$$= 1,358.7 \times (\qquad) = 6,681 \text{ 元}$$

例題5.4

教育基金

某君獲一子後，即擬替其子建立一筆大學教育基金。定於每年其子生日時以一筆款項存入銀行，一共十八年。其子於 18 歲、19 歲、20 歲及 21 歲四個生日，每次可提出 2,000 元。如果銀行存款利率為4%，則每年年底應均勻存入若干？

解：根據題意，本題可有三種解法，其結果相同。三法之計算如果採用了五位數複利表，則其結果可能略有差異。

首先可據題意，得到圖解如下：

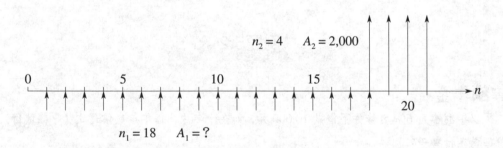

圖中注意：存款之最後一次與取款之第一次為同一日。圖示所見之關係為 $i = 4\%$，$n_1 = 18, n_2 = 4$

$$A_1 = ? \qquad A_2 = 2,000$$

茲將三法分述如下：

第一解法：將 $n = 18, n = 19, n = 20, n = 21$ 之四次取款 2,000 元，求其為 $n = 0$ 之現值總和；再將此總現值轉化為 $n = 18$ 之每年年金 A_1，即

$$A_1 = A_2 \{ [PWF']^{21} + [PWF']^{20} + [PWF']^{19} + [PWF']^{18} \}[CRF]^{18}$$
$$= 2,000(0.4388 + 0.4564 + 0.4746 + 0.4936)0.07899$$

$$= 294.38 \text{ 元}$$

第二解法: 將四項 A_2 皆化成 $n = 18$ 時之現值，再以此值看作為 $[F]$，求十八年前 $n = 0$
時開始，每年應有之 $[A]$，即

$$A_1 = \{A_2 + A_2[PWF]^3\}[SFF]^{18}$$

$$= [2,000 + 2,000(2.775)]0.03899$$

$$= 294.37 \text{ 元}$$

第三解法: 將四項 A_2 轉化成 $n = 21$ 時之總和，再將此總和變成二十一年前之現值，再
將此現值平均分配於爾後之十八年中，即可得到每年應付之 A_1，即

$$A_1 = A_2[CAF]^4[PWF']^{21}[CRF]^{18}$$

$$= 2,000 \times 4.246 \times 0.4388 \times 0.07899$$

$$= 294.37 \text{ 元}$$

例題5.5

等額償還

某一工程，今日投資 1,000 元，五年後應再投下 1,500 元，十年後須再投入 2,000 元。
今如洽妥由一銀行貸款投資，利率為 8%，貸款在十五年中每年等額償還銀行，每次償還
若干?

解: 首先根據題意可得到圖解如下:

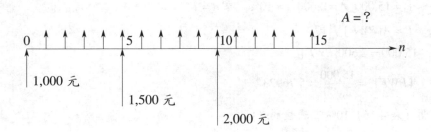

似此類問題之解法不外是將各項支出轉化為一筆現值，或轉化為期末之總和，然後再
分化之為每年年金。本題之解法有二種方法。

第一解法:

$$A = \{P_0 + F_5[PWF']^5 + F_{10}[PWF']^{10}\}[CRF]^{15}$$

$$= [1,000 + 1,500(0.6806) + 2,000(0.4632)]0.11683$$

$$= 344.33 \text{ 元}$$

第二解法:

$$A = \{ P_0[CAF']^{15} + P_5[CAF']^{10} + P_{10}[CAF']^5 \}[SFF]^{15}$$
$$= (1,000 \times 3.172 + 1,500 \times 2.159 + 2,000 \times 1.469)0.03683$$
$$= 345.51 \ 元$$

例題5.6

方案比較

　　茲有柴油機及汽油機各一套可供選擇。今如願多出 15,000 元購用柴油機，則以後每年之操作費用可以節省 2,600 元。如果以投資利率 10% 計算，則約在若干年後，此項額外支出可以被節省所抵銷？

解：表面上看來，此題似為比較，其實仍為一單純之收支問題。

　　茲先據題意作成圖解如下：

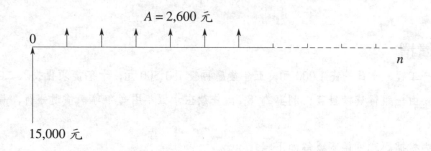

$$A = 2,600 \ 元$$

15,000 元

即　$P = 15,000, A = 2,600, i = 10\%,$ 　求 $n = ?$

　　$P = A[PWF]^n,$ 　即

　　$15,000 = 2,600[PWF]^n$

∴　　$[PWF]^n = \dfrac{15,000}{2,600} = 5.76923$

查閱〔表 4.16〕10% 普通複利表：

當　　$n = 9, [PWF]^9 = 5.7590$

　　　$n = 10, [PWF]^{10} = 6.1446$

∴　　$n = 9 + \dfrac{5.76923 - 5.759}{6.1446 - 5.759} = 9 + 0.0265$

　　　$= 9.02 \ 年$

如按 10% 連續複利計算，則

當　　$n = 9, [PWF]^8 = 5.6425$

　　　$n = 10, [PWF]^9 = 6.0104$

$$\therefore \quad n = 9 + \frac{5.76923 - 5.6425}{6.0104 - 5.6425} = 9 + 0.34447$$

$$= 9.35 \; 年$$

又，本題亦可利用公式

$A = P[CRF]^n$ 計算，即

$2,600 = 15,000[CRF]^n$

$$\therefore \quad [CRF]^n = \frac{2,600}{15,000} = 0.\underline{\qquad}$$

查閱〔表 4.16〕10% 普通複利表：

當　$n = 9$, $[CRF]^9 = 0.\underline{\qquad}$

$\quad n = 10$, $[CRF]^{10} = 0.\underline{\qquad}$

$$n = 9 + \frac{0.\underline{\qquad} - 0.\underline{\qquad}}{0.\underline{\qquad} - 0.\underline{\qquad}} = 9 + 0.\underline{\qquad}$$

$$= \underline{\qquad} 年$$

又，本題如按連續複利計算，則 $n = ?$ 年。請讀者試算。

例題5.7

逐年收支比較表

　　某工廠中迄今為止，使用人力搬運各項物料，每年直接、間接的勞工費用為 8,200 元。某公司前來建議採用一套運送帶，運送帶安裝費用為 15,000 元，安裝以後勞工費用減低至 3,300 元。此外，運送帶每年必須之各項支出如下：電力 400 元，保養費 1,100 元，保險、稅捐等雜項 300 元。

　　估計這個運送帶可用十年，屆時亦無殘值，假定在未納稅之前的資本收回率最低標準為 10%。請問，該工廠是否值得安裝此一運送帶以代替人力搬運？

解：這是以「年金法」比較方案的最簡單例子，我們可以僅以運送帶的「每年支出」來看：

十年每年投資成本 $= 15,000[A/P]^{10}$　　（請讀者查表）

$$= 15,000 \times 0.\underline{\qquad} = 2,441 \; 元$$

勞　工　費 =	3,300 元
電　力　費 =	400 元
保　養　費 =	1,100 元
保險及其他 =	300 元
全年總支出	7,541 元

與原來勞工費每年支出為 8,200 元之比較，發現值得安裝該運送帶。

在「年金法」的方案比較之中，通常可以使用一種逐年的收支比較表。表中數字前有 (−) 號者表示支出，(+) 表示收入。

逐年收支比較表

年	方案 *B*	方案 *A*	*B*−*A*比較
0	−15,000		−15,000
1	− 5,100	− 8,200	+ 3,100
2	− 5,100	− 8,200	+ 3,100
3	− 5,100	− 8,200	+ 3,100
4	− 5,100	− 8,200	+ 3,100
5	− 5,100	− 8,200	+ 3,100
6	− 5,100	− 8,200	+ 3,100
7	− 5,100	− 8,200	+ 3,100
8	− 5,100	− 8,200	+ 3,100
9	− 5,100	− 8,200	+ 3,100
10	− 5,100	− 8,200	+ 3,100
合計	−66,000	−82,000	+16,000

本例題之比較亦可以逐年收支比較表行之，看來似乎很簡單；但是，這種列表式的比較辦法在有些較複雜的問題中，使用時的確非常有效。

表中方案 A 代表原來的使用人力之辦法，方案 B 代表安裝運送帶。

◎注　意

表中每欄之最下一列為「合計」。可是這些合計的數字並未考慮及金錢之時間價值，也就是說沒有計算整個使用期間的利息，與實際狀況不符合，因此，逐年收支比較表只可看出大概的數額，而不能用作為最後比較取捨之標準。表中重要的數字是第四欄的比較結果；很明顯的，從第四欄中我們可以看出整個問題是：「一開始付出 15,000 元與以後十年每年節省 3,100 元之比較」，最後的一筆 16,000 元是 + 的，表示「節省」。

例題5.8

殘值之處理

　　繼續上面的例題，假定另有一家公司前來作方案 C 之建議。C 案是購置一種通用的物料搬運設備，代價是 25,000 元，而且，估計使用十年以後，可以折還價款 5,000 元。方案 C 中所需之人力更少，每年只需付 1,700 元；此外每年之支出尚有電力 600 元、保養費 1,500 元、保險雜支等 500 元。利率同上。請問就經濟分析而言，該工廠是否願意採取此一方案？

解：此處僅需計算方案 C 之每年成本即可，不過，本題出現了另一項觀念，所謂的「折還價款」，理論上，稱之為「殘值」。本書中殘值以 L 表示。

　　就一個投資系統而言，如以 P 表示投入，那麼，L 的性質與 P 相反；即 P 為正值，L 為負值。

　　上面例題假如沒有什麼「折還價款」，即 $L=0$，於是可以計算系統之每年成本，為

每年投資成本 $= 25,000[A/P]^{10}$

$$= 25,000 \times 0.16275 = 4,068 \text{ 元}$$

勞　工　費 =	1,700 元
電　力　費 =	600 元
保　養　費 =	1,500 元
保險及其他 =	500 元
全年總支出	8,368 元

但是，到了十年底還要收回一筆 $L=5,000$ 元。此筆 L 可利用 $[A/F]^{10}$ 攤回到前面十年的每一年去，

每年攤折 $= 5,000[A/F]^{10}$

$$= 5,000 \times 0.06275 = 314 \text{ 元}$$

最後，$8,368 - 314 = 8,054$ 元，是 C 案的每年支出，再據此數字與前述比較可知，仍以採用方案 B 較為經濟。

例題5.9

年限不同方案之比較

　　試以 8% 利率，比較下列兩個方案：

項　目	方案 *D*	方案 *E*
安裝費用	50,000 元	120,000 元
壽　命	20 年	40 年
殘　值	10,000 元	20,000 元
每年支出	9,000 元	6,000 元

解：先以「逐年收支比較表」比較二案

逐年收支比較表

年	方案 *E*	方案 *D*	*E − D* 比較
0	−120,000	−50,000	−70,000
1～19	− 6,000	− 9,000	+ 3,000
20	− 6,000	− 9,000	+ 3,000
		+10,000	+40,000
		−50,000	
21～39	− 6,000	− 9,000	+ 3,000
40	− 6,000	− 9,000	+ 3,000
	+ 20,000	+10,000	+10,000
合計	−340,000	−440,000	+100,000

表中第四欄 E − D 比較，(−) 可看作「多付的」，(+) 可看作「少付的」。二案比較表示，E 案比 D 案少付 100,000 元，兩者比較，D 案較為經濟。也許有人會懷疑：D 案壽命為二十年。而 E 案壽命為四十年。可是，我們的分析的確是按各別年限計算的。用逐年收支比較表可以看得很清楚。

本例中，壽命不同，但 40 恰為 20 之倍數，故有上表之結果；如果壽命年限各不整齊時，則列表計算應以壽命之最小公倍數為準。例如：一案之壽命為十年，另一案之壽命為二十五年，則我們應該以五十年為計算標準。

但是，以上的「逐年收支比較表」比較並未計入利息。

如果仿照上一例題之方法計算，則

方案 *D*:

每年資本收回 $= 50,000[A/P]^{20}$

$\qquad\qquad = 50,000 \times 0.10185 = 5,093$ 元

每年支出 $\qquad\qquad\qquad = 9,000$ 元

每年殘值攤還 $= 10,000[A/F]^{20}$

$\qquad\qquad = 10,000 \times 0.02185 = 218.5$ 元

全年合計支出 $\qquad\qquad 13,874.5$ 元

方案 *E*:

$$每年資本收回 = 120,000[A/P]^{40}$$
$$= 120,000 \times 0.08386 = 10,063 \text{ 元}$$

每年支付費用　　　　　　　　　 = 6,000 元

$$每年殘值攤還 = 20,000[A/F]^{40}$$
$$= 20,000 \times 0.00386 = 77 \text{ 元}$$

全年合計支出　　　　　　　　　 15,986 元

上面計算結果比較之下，D 案每年支出較少，可是 D 案只有二十年壽命，而 E 案壽命是四十年，兩者比較的標準不一，不能作決定。計算到此，造成困擾。這點正是「年金法」的缺點。

所以，壽命不相同的方案，不宜用「年金法」比較；而應改用「現值法」來作比較。也有部分學者認為：在計算中無論「年金」或是「現值」都可以互相表示，所以，壽命不同的方案用「現值法」計算以後再折算為「年金」表示，仍然可以用來比較。

例題5.10

不同壽命期的比較

龍王牌抽水機每臺 4,900 元，可用二年；海王牌功能相當的產品每臺 7,200 元，但可用三年。其他條件暫不作考慮。貸款條件為年利率 5.5%，問那一種牌子的抽水機值得採用？

解：

本題中，因為二比較案的壽命不相等，無法直接比較優劣。方案比較應以相同的服務期限為標準。現在，龍王牌壽命是二年，海王牌壽命是三年，二者壽命期的最小公倍數是 $2 \times 3 = 6$ 年。

於是，本題的比較要以六年作標準，因為六年中二者都能提供服務，所以才能比較。

實際上，有些反對的意見認為：一種產品用壞以後怎麼可能又以同樣的價錢，再去買一件同樣的產品？過時的產品可能已經淘汰不再生產了。話是不錯，理論上的比較不得不找尋一個合理的出發點；就像成本會計學中為計算折舊所持的理由一般。因此，以相同的服務年限（或使用壽命）作為方案間比較，是工程經濟中的一項慣例了。

本題要以六年作為比較標準。也就是說，以六年來看這二種抽水機，那一種比較節省。

比較的計算如以「年金法」計算，會遭遇到一點困難。全程六年中，龍王牌抽水機要買三臺，即在 $n=0, n=2, n=4$ 共有三次購買行為，假定三次付款相同，但是要將這三次付款，均勻分攤到六年中變成每年的年金。$n=0$ 的那筆分攤為年金，是輕而易舉的事；可是 $n=2, n=4$ 的二筆投入要分攤為六年的年金就不容易了。

海王牌產品的情形同樣，在六年中只有二次投入而已，不必仔細解釋。

所以，服務年限不相等的方案比較，不適宜採用「年金法」，而應該利用「現值法」求解，便捷易行。

例題5.11

每年年金不相等的情形

有一段煤氣管埋在土地下，因地質關係銹蝕而漏氣導致損失，每年損失估計如下表。請問在使用二十年抑或二十五年予以更換較佳? 假定每公里管道安裝費為 80,000 元，年利率 10%。

年數, n	0～15	16	17	18	19	20	21	22	23	24	25
漏氣損失, K（元）	0	60	120	180	240	300	360	420	480	540	600

解：列表比較如下：

項　別	20 年案	25 年案
每公里成本（元）	80,000	80,000
壽　　命（年）	20	25
殘　　值（元）	0	0
年 利 率	10%	10%
每 年 費 用（元）	不相等	不相等
每年投資收回 $=80,000[CRF]$	9,396.8	8,813.6

本題中各年不相等之支出，可以將之轉化為 $n=0$ 時之現值，然後再將之化為壽命期內的年金。各項現值計算如下：

年數 *n*	0～15	16	17	18	19	20	21	22	23	24	25
損失 *K*（元）	0	60	120	180	240	300	360	420	480	540	600
$P = K[PWF']$	0	13.1	23.7	32.4	39.2	44.6	48.6	51.6	53.6	54.8	55.4
P 之和						153					417
年金 $A = P[CRF]$						17.97					45.94
全年支出總和						9,396.8 + 17.97 = 9,414.77					9,396.8 + 45.94 = 9,442.74
相　差							27.97				

因此就「年金法」立場來判斷，則在二十年時更換漏氣管道每年所負擔之年金為 9,415 元，比較二十五年時再換，每年約可節省 28 元。

◎注　意

在此一例題中，可見「年金」也可能是一個很抽象的理論上的數字，僅供作方案比較時才有意義。

※例題5.12

均勻年金

某工廠每日工作二十四小時，年底該廠一次繳納電費 243,500 元。如按年利率 10% 計算，則一年三百個工作天中，實際每小時耗用電力價值若干？

解：年末年金，$A = 243,500$ 元

$$i = 10\%, \mathscr{F} = \frac{e^{0.10} - 1}{10} = 1.0517 \quad （參見〔例題 4.14〕）$$

據均勻年金因子關係，$U = A / \mathscr{F}$

$$U = 243,500 / 1.0517 = 231,529.9 \text{ 元}$$

$$231,529.9 \div 300 \div 24 = 32.156 \text{ 元，平均每小時耗用電費。}$$

※ 例題5.13

均勻年金

　　某工廠耗用大量自來水，每日二十四小時不停，估計每小時用水價值 10 元，試以年利率 7% 按連續複利方式計算一年（300 天）中用水成本為若干？

解：$10 \times 24 \times 300 = 72,000$ 元，全年用水價值

　　即　$U = 72,000$ 元，此時未計入利息負擔，

　　今　$i = 7\%, \mathscr{F} = \dfrac{e^{0.07} - 1}{0.07} = 1.0357142$

　　　　$A = U\mathscr{F}$

　　　　　$= 72,000 \times 1.0357142$

　　　　　$= 74,571.42$ 元，一年中用水成本

第三節　現值法原理

　　「現值法」是現代管理決策過程中，實施經濟分析時幾種基本方法之一，也是最普遍最重要的一種。「現值法」的理論並不深奧，通常在「商用數學」的教科書中有完整的介紹，但是，「現值法」在管理決策過程中究竟如何發生作用，在「商用數學」中並未作深入探討。

　　美國因為工商業發達，學術理論與實際事務之間結合的關係緊密，所以「現值法」廣泛應用在工業界協助制訂管理決策上，特別是對於個別的業務設計活動，在其決定之前，咸以「現值法」作為經濟分析之一大手段。美國的學術界方面，於是漸漸的形成了這門稱為 "Engineering Economy" 的學科，或者並不作專門名詞用而稱為 "engineering economic approaches"，我們通譯之為「工程經濟」。其內容就是結合「商用數學」中的基本方法，供作一項業務在設計階段時作決策參考。具體一點的說法，就是在決策之前，研究比較為了達到同一個目標所設計的各個可行方案，比較究竟其中那一案最合乎經濟節省原則。

　　此一學科傳入我國後，教育部已正式命名為「工程經濟」，明定為大專院校中有關科系之正式課程，但因傳統觀念影響，一般工學院之課程仍以「理論」與「技術」為主，不太重視「經濟」；商學院中則以其冠有「工程」字樣，不必修習。因此，能了解「工程經濟」概念及其內容者，少之又少；殊不知在高倡

科學化、企業化，建立正確成本概念，推行現代管理之際，「工程經濟」乃是第一塊最重要的階石，而「現值法」正是「工程經濟」中的主要課題。

在「工程經濟」中，我們說「現值法」是「經濟分析」的方法之一，所謂「經濟分析」一詞，迄今為止，似乎還沒有一個確定的解釋，常因使用人的想法而改變其意義。有些經濟學家根本就以「經濟分析」一詞代表「經濟理論」，關於這一點，到坊間書架上瀏覽一下即可得到證明，不必贅言；有些態度比較嚴謹一點的經濟學家，則指以利用數理的方法來研究經濟學理論的才稱之為「經濟分析」，以別於傳統的經濟學。但是，在應用方面，「經濟分析」是泛指對於某一個經濟現象，作某種程度了解的意思。

有一點我們必須了解，所謂「經濟分析」是制定一個投資決策之前，決策過程中的步驟。至於在這步驟中應該採用什麼方法，或是有些什麼方法可以完成此一步驟，與「經濟分析」之定義如何，可以說是沒有直接關係的。這一點，是在解釋「現值法」之前，必須辨明的。因為，「經濟分析」可以採用的方法很多，並不僅限於「現值法」一種；「現值法」只是在「經濟分析」中應用得很廣泛，因此是一個比較重要的方法而已。

現值法的基本原理

我們以複利方法計算利息所使用的公式，已是我們非常熟悉的了。再從本書前面介紹的公式①開始解釋，一方面也是複習，但是請注意：觀念上有一點不同了。

公式①用文字表示如下

〔本金〕× 〔1 + 年利率〕^{年期} = 〔本利和〕

式中，如以 P 表示「本金」，r 表示「年利率」，n 表示年期，F 表示「本利和」，則上式可表示為

$$P(1 + r)^n = F \tag{①}$$

我們可以把公式①之中的 P 看成是經營一件事的投資，經營至 n 年以後，得到 F。如果我們把這件「事」看成是一個「系統」，那麼 P 就是我們對於這一個「系統」的「投入」，至 n 年後，「系統」給我們的「產出」是 F。P 與 F 和 n 年之間的關係，可以用一個簡單的圖形來表示得更為明確：

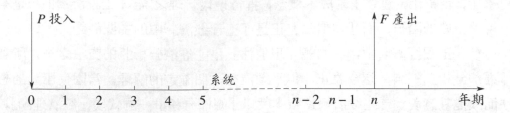

圖中水平線代表「年期」的時間關係，同時也可以代表一個「系統」。在 n 年之始 $n=0$ 的時候，以 P 投入「系統」，至 n 年之末在「系統」中產出了 F。

現在，我們僅就圖形上的關係來看，如果年利率不改變，年期一定，我們可就不同的 P 值計算得到不同的 F 值。例如整存整付的定期存款，存入 1,000 元及存入 14,000 元，到期後的本利和 F 自然有差別。

同理，有的時候我們希望從 F 計算 P。例如，n 年之末到期時希望得 14,000 元，現在該存入多少?

因此，就 P 與 F 二項的相對關係來說，我們稱 F 為 P 之「終值」，稱 P 為 F 之「現值」。上面公式①可以改變為

$$F(1+r)^{-n} = P \qquad ②$$

公式①和②之中除了 F 與 P 之外，有關 r 和 n 的關係已自成一組，我們可就不同的 r 值和 n 值，另行算好備用。這就是所謂的「複利表」。通常為簡便計，我們逕以「因子」名之。於是，上面兩公式就可寫成:

$$F = P[CAF'] \text{ 或 } F = P[F/P] \qquad ①'$$
$$P = F[PWF'] \text{ 或 } P = F[P/F] \qquad ②'$$

此外另有一種情形，一個「系統」的「投入」和「產出」和上面所述的不大相同，圖示如下:

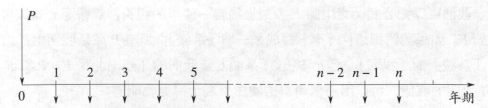

圖中，這個「系統」是在 $n=0$ 時 P 投入後，每年可得一點產出 A，一共 n 年共得 n 個 A。這時每一個 A 是相等的。其意義是將投入的 P 本金，計入複利

利息後，均勻分成 n 個 A 攤還。我們模仿上面的辦法，如果已知 P 可以求算 A，或者已知 A 可以求算 P，其公式為

$$A = P[CRF] \text{ 或 } A = P[A/P] \tag{4'}$$

$$P = A[PWF] \text{ 或 } P = A[P/A] \tag{6'}$$

公式 ② 與公式 ⑥ 的意義明顯的不同，其數值也當然不同，前者稱為「一次現值因子」，後者稱為「等額多次現值因子」，查表時要仔細區別。這些在前面第三、四兩章中已經解釋過了。

我們所說的「現值」並不是指「現在的價值」，這一點是很重要的。就一個「系統」而言，開始之時，圖中 n 等於零之處並不就是現實的「現在」，而可以是任何時候。所謂任何時候端視決策而定了。

決策可以說是對於未來某一件事所採取的態度，準備「做」還是「不做」。就一般的決策原則來說，有利可圖的就「做」；盈利比較高的就「做」。我們有一句古語，說得非常好，兩害相權取其輕，兩利相權取其重，這就是決策的最高原則。不過，所有的判斷或決定都是影響於「未來」的事，我們怎樣來作比較呢？

所謂**決策是對未來所能使用的資源，人力的和物力的，作一種不可挽回的分配**。因此我們必須非常理智的面對決策，希望利用種種的知識來對未來作相當程度的預測。假定我們能得到關於未來的一切知識，那麼便可以作很「明智」的判斷了。

在那些判斷比較的方法之中，「現值法」是一個很好的比較手段，在有些場合幾乎是一套標準的方法。

茲以一實例來說明「現值法」應用的場合。假定某政府機構為了今後發展，預備設計一個建設計畫來完成某一目標。各方面應徵的設計很多，有的建議是「每年投資若干元」，有的建議「第一次投資若干，以後每三年投資若干」，尚有其他方案，不及細載。這些方案之中，究竟應選那一個呢？我們固然有立場不同的考慮；但是，利用「現值法」可以比較那一個方案最省錢。

「現值法」不僅是本身自成一套方法，甚至於在經濟分析中採用其他方法時，有關的貨幣計算也常常要採用「現值法」將之化成「現值」，才能作公平的比較。

上面計算現值的公式中，「現值因子」與「年數」 n 的關係很大，n 都是取整數計算的，例如，$n = 0, 1, 2,...$。平常銀行中的存款規定，中途提取不計利息，

這是以 n 為整數的緣故，嚴格的說起來是不大合理的。所以，應該是「一分一秒也該計算利息」。這樣一來，就變成了所謂的「連續複利」。所有政府的投資計畫，都要以「連續複利」計算。主要的原因是「連續複利」在理論上更為完整，適於採用高深的數理方法精密計算；另外，「連續複利」所計得的利息數字較大，可以促使對投資成本的注意，進而採取穩健的政策。

「現值法」特別適用於政府投資的另一個特點，是可以配合預算制度，尤其是整體的遠程規劃。未來要做的事很多，那一件事要多少錢？如果不利用一個「統一的標準」來比較，有時很難說得清楚。「現值法」就是一個很好的「統一標準」。

「現值法」是就一件事的「總額」（也可能是「差額」）來互作比較的。有時，我們希望對某一件事了解得更深入一點，便將「現值」再折算回去，變成「每年的成本」來比較。所謂「每年的成本」就是上面介紹過的「年金」。

一個投資的問題計入利息以後的計算，往往會推翻我們原來的直覺判斷。為了對「現值法」有一個更深刻的印象，我們再以數字來作一個比較具體的說明。

某項設備，現在一次付款購買需款 100,000 元。估計採用此一設備以後，每年可以節省支出 20,000 元。請問此一設備值不值得購買？

此一問題沒有提到該一設備可用多少年，就表面上看來，每年節省 20,000元，如果可用五年，則一共節省 100,000 元剛好收回投資。所以使用年限如果是大於五年的話，則該項設備值得購買。

但是，如就計入利息的觀點看來，答案稍有不同，如何計入利息呢？就企業慣例來論，應以「機會成本」為其最低利息計算標準（即以購此設備的 100,000元投資別處至少可得的報酬）。就政府的立場來論，至少應以「中央公債」利息為準，因為政府如果不購此一設備，也許就可以不必發行公債了。而公債是以相當利息為代價向國民借來的。這是「機會成本」最通俗的解釋，也就是政府的公共建設投資為什麼也要負擔利息的基本原因。

茲以年利率為 10%，計算上面的問題如下表：

年　數	每年可以節省（元）	連續複利現值因子 P/F	折成 $n=0$ 時之現值	逐年節省累計 $n=0$ 時之現值（元）	註　記
1	20,000	0.9048	18,096	18,096	〔表 4.29〕
2	20,000	0.8187	16,374	34,470	

3	20,000	0.7408	14,816	49,286	
4	20,000	0.6703	13,406	62,692	
5	20,000	0.6065	12,130	74,822	
6	20,000	0.5488	10,976	85,798	
7	20,000	0.4966	9,932	95,730	
8	20,000	0.4493	8,986	104,716	第八年開始收回投資
9	20,000	0.4066	8,132	112,848	
10	20,000	0.3679	7,358	120,206	

　　表中可見，每年節省金額折成現值，累計至第八年時可得 104,716 元，開始大於投資之現值 100,000 元。意即：如果此項設備之使用壽命在八年以上時才值得購置。不是憑想像的五年。

　　「現值法」主要是利用「現值因子」計算，表面上似乎很簡單，其實，每一個問題中值得商榷的地方仍很多。例如，上例中每年節省 20,000 元是就決定投資的「現在」而言，以後每年如何？技術方面的進步及其他生產成本方面的變化都可能發生很大的影響。是不是每年都可以用「當年的貨幣 20,000 元」來表示節省？顯然，這也是一個「假定的條件」。

　　對一個問題來說，所謂「假定的條件」究竟有多少，是幾乎無法預知的，每一個問題有其特性，必須予以「假定」的條件或多或少。但是，這並沒有否定「現值法」的價值。因為，決策的過程中通常所遭遇的疑問不外是兩大類。

　　兩者中一類是可以數字表現的，另一類是不能以數字表示的。能夠以數字表示的有關貨幣的計算，迄今為止，學者們都認為「現值法」不失為最好的方法。所以「現值法」是「經濟分析」中最重要的方法。

　　現值法主要有兩種功用：

　1. 比較方案之經濟與否；

　2. 為預期之收入，估定其價值。

　　現值法計算之原則，不外是由 F 求 P，或由 A 求 P 兩大類而已。

　　本節依然採用幾個例題來說明「現值法」的計算技巧。

例題5.14

方案的現值比較

　　某城市的公用機構為了配合今後社會繁榮而擬定了一個十五年計畫。工程師們為這個

十五年的建設計畫，提出了兩個方案供決策者參考。兩個方案在完成後所獲得的效益大致是相同的。

第一案：所謂是三期投資計畫。計畫開始時投資 60,000 元，五年以後再投資 50,000 元，十年以後再投資 40,000 元，每年所需之保養費，前五年為每年 1,500 元，次五年為 2,500 元，最後五年為 3,500 元。十五年後之殘值為 45,000 元。

第二案：所謂是兩期投資計畫。計畫開始時投資 90,000 元，然後在第八年之末再投資 30,000 元。前八年之保養費每年 2,000 元，後七年之保養費每年 3,000 元。期滿以後之殘值為 35,000 元。

今以 7% 年利率比較其「現值」如下。

解：按題意可作成圖解（請讀者完成之）

第一案：

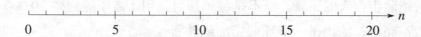

第一次投資	60,000 元
五年後投資之現值	
$= 50,000[PWF']^5 = 50,000 \times 0.7130$	= 35,650
十年後投資之現值	
$= 40,000[PWF']^{10} = 40,000 \times 0.5083$	= 20,332
第一年至第五年保養費之現值	
$= 1,500[PWF]^5 = 1,500 \times 4.100$	= 6,150
第六年至第十年保養費之現值	
$= 2,500\{[PWF]^{10} - [PWF]^5\}$	
$= 2,500(7.024 - 4.100) = 2,500 \times 2.924$	= 7,310
第十一年至第十五年保養費之現值	
$= 3,500\{[PWF]^{15} - [PWF]^{10}\}$	
$= 3,500(9.108 - 7.024) = 3,500 \times 2.084$	= 7,294

十五年中全部支出之現值	= 136,736
減去十五年後殘值之現值	
$= 45,000[PWF']^{15} = 45,000 \times 0.3624$	= 16,308
十五年淨支出之現值	= 120,428　元

第二案：

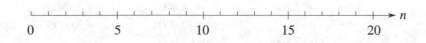

第一次投資	90,000　元
八年後投資之現值	
$= 30,000[PWF']^8 = 30,000 \times 0.5820$	= 17,460
第一年至第八年保養費之現值	
$= 2,000[PWF]^8 = 2,000 \times 5.971$	= 11,942
第九年至第十五年保養費之現值	
$= 3,000\{[PWF]^{15} - [PWF]^8\}$	
$= 3,000(9.108 - 5.971) = 3,000 \times 3.137$	= 9,411
十五年中全部支出之現值	= 128,813
減去十五年後殘值之現值	
$= 35,000[PWF']^{15} = 35,000 \times 0.3624$	= 12,684
故，十五年中淨支出之現值	= 116,129　元
第二案之支出較第一案為少	$120,428 - 116,129 = 4,299$　元

至此，我們乃可作比較了。又，在本書第二節例題 5.9 之中，曾經介紹過一種「逐年收支比較表」。這裏我們不妨也使用這種表格的方法來作比較。今將本題再列成「逐年收支比較表」比較其貨幣數值。比較表如下。

逐年收支比較表

年	第一案	第二案	第二案減第一案
0	− 60,000	− 90,000	− 30,000
1	− 1,500	− 2,000	− 500
2	− 1,500	− 2,000	− 500
3	− 1,500	− 2,000	− 500
4	− 1,500	− 2,000	− 500
5	− 1,500 / − 50,000	− 2,000	− 500 / +50,000
6	− 2,500	− 2,000	+ 500
7	− 2,500	− 2,000	+ 500
8	− 2,500	− 2,000 / − 30,000	+ 500 / − 30,000
9	− 2,500	− 3,000	
10	− 2,500 / − 40,000	− 3,000	− 1,000 / +40,000
11	− 3,500	− 3,000	+ 500
12	− 3,500	− 3,000	+ 500
13	− 3,500	− 3,000	+ 500
14	− 3,500	− 3,000	+ 500
15	− 3,500 / +45,000	− 3,000 / +35,000	+ 500 / − 10,000
合 計	− 142,500	− 122,000	+ 20,500

從以上之結果看來，兩個方案之相差不很大

$$(-122,000) - (-142,500) = +20,500 \text{ 元}$$

表示不計入利息時，第二案略比第一案節省一點。

我們不妨再以兩案之「現值」利用「年金法」轉化為「年金」再來比較這兩個方案：

第一案之年金 $= 142,500[CRF]^{15} = 142,500 \times 0.10979$

$$= 15,645.07 \text{ 元;}$$

第二案之年金 $= 122,000[CRF]^{15} = 122,000 \times 0.10979$

$$= 13,394.38 \text{ 元}$$

像這種情形：年限相當長，其中估計數字很多，而最後結果相差又不很大之時，選擇時應仔細考慮。因為，估計數字的稍為變動，即可令結論改變，何況還有無形因素必須考慮。

例題5.15

年限不同之方案

試以年利率 8%，以「現值法」比較下列兩個方案：（比較〔例題 5.9〕）

項　目	方案 D	方案 E
安裝費用	50,000 元	120,000 元
壽　　命	20 年	40 年
殘　　值	10,000 元	20,000 元
每年支出	9,000 元	6,000 元

解：　　方案 D：

安裝費用   50,000 元

二十年後更換設備支出之現值

$$= (50,000 - 10,000)[PWF']^{20}$$
$$= 40,000 \times 0.2145 \qquad = \quad 8,580$$

每年支出之現值

$$= 9,000[PWF]^{40}$$
$$= 9,000 \times 11.925 \qquad = 107,320$$

全部支出之現值   165,900

減去四十年後殘值之現值

$$= 10,000[PWF']^{40} = 10,000 \times 0.0460 \qquad = \quad 460$$

四十年淨支出之現值   165,440 元

方案 E：

安裝費用   120,000 元

每年支出之現值

$$= 6,000[PWF]^{40} = 6,000 \times 11.925 \qquad = \quad 71,550$$

全部支出之現值   191,550

減去四十年後殘值之現值

$$= 20,000[PWF']^{40} = 20,000 \times 0.0460 \qquad = \quad 920$$

四十年淨支出之現值   190,630 元

如果，我們利用等值的關係，可以從前面〔例題 5.9〕的結果直接得到上面的數字：

方案 D: 每年支出 $A = 13,874$ 元

$\therefore \quad P = A[PWF]^{40}$

$\qquad = 13,874 \times 11.925 = 165,440$ 元

方案 E: 每年支出 $A = 15,986$ 元

$\therefore \quad P = A[PWF]^{40}$

$\qquad = 15,986 \times 11.925 = 190,630$ 元

例題5.16

以現值代表全部支出

某項設備購置時可分兩次付款，交貨時付以 3,000 元，五年後再付 4,000 元，其使用壽命為十年，每年中另需保養費 200 元，今擬據以與其他設備作比較，設利率為 10%，則此項設備之現值為若干？

解: 根據題意可得圖解如下:

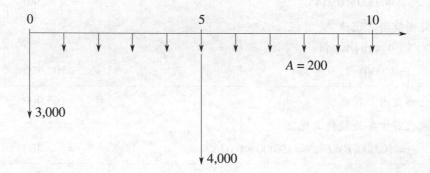

將其中全部款項化為 $n = 0$ 時之現值即可，即

$P = P + F_5[PWF']^5 + A[PWF]^{10}$

$\qquad = 3,000 + 4,000 \times 0.6209 + 200 \times 6.144$

$\qquad = 6,712$ 元

例題 5.17

簡單的投資決策

某公司考慮接受一紙合約。根據此一合約的估計: 在今後六年內，每年可得淨利 5,000

元；不過在訂約之後，公司需立刻付出 20,000 元設置生產設備及工具，此等設備在六年之後，皆不值一文。該公司如不接受此一合約而將資金投資於另一計畫，則估計資本收回率可達 10%。問在此種情形下，該公司應否接受此一合約？

解：六年之中每年可得 5,000 元之全部現值，為

$$P = A[PWF]^6$$
$$= 5,000 \times 4.3553 = 21,725 \text{ 元}$$

訂約時需立刻付出 20,000 元，兩者相較

$$21,725 - 20,000 = 1,725 \text{ 元}$$

故值得投資。

本例中，如果該公司之其他投資計畫可獲利 20%，則應否接受此一合約呢？

按同理計算，$r = 20\%$ 時

$$P = A[PWF]^6$$
$$= 5,000 \times 3.3255 = 16,585 \text{ 元}$$

而訂約時應付出 20,000 元，兩者比較

$$16,585 - 20,000 = -3,415 \text{ 元}$$

負值表示損失，故不應簽訂此一合約。

例題5.18

未來價值之估計

城中某區一幢兩層樓房出售，售價 580,000 元。某君擬購買後，運用十年。他估計將之出租，每年可以收入租金 70,000 元；但是，每年所應付出之修理、稅捐等費用約為 27,000 元。十年後出售當可賣得 400,000 元。如果一般投資利息為 7%，問某君應否購入此一房屋？

解：每年收入租金、支出費用後之淨收益為

$$70,000 - 27,000 = 43,000 \text{ 元}$$

十年，每年 43,000 元收益之全部現值為

$$P = 43,000[PWF]^{10}$$
$$= 43,000 \times 7.024 = 302,000 \text{ 元}$$

十年末殘值之現值

$$400,000[PWF']^{10} = 400,000 \times 0.5083$$
$$= 203,300 \text{ 元}$$

故，如按 7% 之資本收回率計算，即全部收益之現值為

302,000 + 203,300 = 505,300 元

顯然比 580,000 小，故不值得購買該一房屋。

※ 例題5.19

未來年度預算之估計

在某一政府機構所擬定之「遠程構想」中，有一個目標已經確定的「計畫」。經過初步的構想、設計、研究、計算、分析比較以後，完成了計畫的具體內容。於是定名為「樂群計畫」，並已知道此一計畫是所有各個可行方案之中，效益相同而成本最低的。假定「樂群計畫」定於五年後的三年中完成。請問如果每年年度預算中已為「樂群計畫」制定預算為 K_1、K_2 及 K_3 元，問全案現值若干？

解：按題意作成圖解如下，假定 K_1、K_2 及 K_3 發生於年度開始之時，故

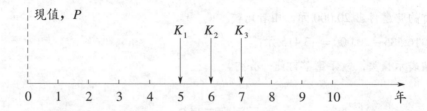

圖中可見：

$$P = P_1 + P_2 + P_3 \quad (P_1 \text{ 等未在圖上表示})$$

$$= K_1[P/F]^5 + K_2[P/F]^6 + K_3[P/F]^7$$

如果要將此筆款額，在「樂群計畫」開始之前的五年（即 $n = 0$ 時），每年均勻籌措，則五年中每年之年金應為

$$A = \{ K_1[P/F]^5 + K_2[P/F]^6 + K_3[P/F]^7 \}[A/P]^5$$

◎注　意

第五期的 A 與 K_1 同時發生！因 A 為期末年金。

假定，另有其他計畫，內容也很複雜；要與「樂群計畫」比較只要化成現值即可！

第四節 永久使用和資本化成本

在上面討論到「年金」的計算和「現值」的計算時，都有一種狀況可能出現，就是當一個投資計畫實現以後可以無限期的使用，也就是前面使用的幾個公式中的「年期」 n，可以變得很大很大，甚至於變成無限大。

我們把「資本收回因子」 $(A/P; [CRF])$ 恢復其原形，求 $n \to \infty$ 之極限值：

$$[CRF] = \frac{r(1+r)^n}{(1+r)^n - 1}$$

而 $\quad \dfrac{r(1+r)^n}{(1+r)^n - 1} = \dfrac{\dfrac{r(1+r)^n}{(1+r)^n}}{\dfrac{(1+r)^n - 1}{(1+r)^n}}$

$$= \frac{r}{1 - \dfrac{1}{(1+r)^n}}$$

取極限值：$\displaystyle\lim_{n \to \infty}\left(\frac{r}{1 - \dfrac{1}{(1+r)^n}}\right) = r$

$\therefore \quad n \to \infty, [CRF] = r$

可見當 $n \to \infty$ 時，$[CRF]$ 因子之極限值為 r，故原來的「資本收回」，至此變成了「單利」的形式。所謂 $n \to \infty$ 的意思就是說出現了一種「永久使用」(perpetual life) 的情形。

例題5.20

永久使用

在某項水利工程計畫中，負責人面臨一項決策，有兩個工程方案可供選擇。

甲案：挖通一條隧道並且建造一座水槽。隧道的工程費估計需 2,000,000 元，可供永久使用，每年保養費僅 5,000 元。水槽的工程費需 900,000 元，估計可用二十年，每年之保養費需 20,000 元。

乙案：埋下一支鋼管，並且在地面上建築一條好幾哩長的混凝土水渠。埋置鋼管工程費 700,000 元，可供使用五十年，每年保養費 700 元。水渠的建築費 800,000 元，可供永久

使用；水渠的保養費在前五年，每年需 50,000 元；以後每年需 10,000 元。水渠混凝土的護壁需 400,000 元，可以維持二十五年，每年之保養費為 3,000 元。

解： 現以「年金法」分析兩案如下：（空白處請讀者計算）

甲案：

隧道部分：

投資利息　　2,000,000×0.05 = 100,000 元

保養費　　　　　　　　　　　5,000 元

水槽部分：

每年成本 = $900,000[CRF]^{20} = 900,000 \times 0.\underline{\quad\quad}$

$= \underline{\quad\quad}$ 元

保養費　　　　　= 20,000 元

合計，每年支付　　　= \underline{\quad\quad} 元

乙案：

鋼管部分：

每年成本 = $700,000[CRF]^{50} = 700,000 \times 0.\underline{\quad\quad}$

$= \underline{\quad\quad}$ 元

保養費　　　　= 700 元

水渠部分：

投資利息　　800,000×0.05 = 40,000 元

保養費　　　　= 10,000 元

前五年額外保養費　$40,000[PWF]^{5} \times 0.05$

$= \underline{\quad\quad}$ 元

混凝土護壁部分：

每年成本 = $400,000[CRF]^{25} = 400,000 \times 0.\underline{\quad\quad}$

$= 28,380$ 元

保養費　　　　= 3,000 元

合計，每年支付　　= \underline{\quad\quad} 元

所以，選擇乙案每年可以節省 (\quad\quad) − (\quad\quad)

$= 68,132$ 元

◎討　論

本題的情況就是一種「永久使用」的典型，上面是「資本收回因子」的推演，同樣在連續情形時：

公式⑬ $P = Fe^{-nr}$，當 $n \to \infty$ 時，$(t = n)$

$$P = \int_0^\infty Fe^{-rt}dt$$

$$= \lim_{n \to \infty} \int_0^n Fe^{-rt}dt$$

$$= \lim_{n \to \infty} [\frac{-Fe^{-rn}}{r} + \frac{Fe^0}{r}] = \frac{F}{r}$$

$$\therefore \quad F = Pr \qquad\qquad\qquad ㉖$$

以本書採用符號之意義來說，其實就是 $A = Pr$，其意義是說，當 n 年數延續永無止境時，現值 P 元投資之每年資本收回應為 A，而 $A = Pr$。此時便無所謂是普通複利或是連續複利了，是為〔永續年金〕。

例題5.21

永續年金

縣政府要進行某項工程，投資 10,000 元，向縣銀行借貸，議定分年攤還本息。年利率 4%。縣議會討論分期償還辦法。

解：有人認為工程大概可以耐用三十年，還款也以三十年計算，得到

$$10,000[A/P]^{30} = 10,000 \times 0.05783$$

$$= 578.3 \text{ 元，無限期每年償還數}$$

也有人認為工程歸工程，還債歸還債；還債以十年均勻付還較好，據此，算得

$$10,000[A/P]^{10} = 10,000 \times 0.12329$$

$$= 1,232.9 \text{ 元，每年償還數}$$

後來，建設局長出來說明：工程在設計上幾乎是用不壞的，配合每年的修護預算就可以永久使用下去了。為了減輕縣民負擔，以及每年編列預算方便起見，還款方式按無限期計算，也就是

$$10,000[A/P]^\infty = 10,000 \times r$$

$$= 10,000 \times 0.04 = 400 \text{ 元，無限期每年償還數}$$

例題5.22

資本化成本

利用前面〔例題 5.17〕同樣資料，但考慮其作永久使用之情形下，比較之。

解： 方案 D

安裝費用	50,000 元
二十年更換一次，無限次支出之現值	
$= (50,000 - 10,000)[SFF]^{20} \div 0.08$	
$= (40,000 \times 0.02185) \div 0.08$	= 10,925
無限期每年支出之現值	
$= 9,000 \div 0.08$	= 112,500
合計現值	= 173,425

方案 E

安裝費用	120,000 元
四十年更換一次，無限次支出之現值	
$= (120,000 - 20,000)[SFF]^{40} \div 0.08$	
$= (100,000 \times 0.00386) \div 0.08$	= 4,825
無限期每年支出之現值	
$= 6,000 \div 0.08$	= 75,000
合計現值	= 199,825

於此種情形下，按永久使用而計算得到的「合計現值」，有一特別名稱，稱為「資本化成本」(capitalized cost)。

「資本化成本」是工程經濟中用為比較的基準之一，主要應用於壽命期無限，而全案中不定期有不定額的收支發生，那麼利用「資本化成本」即可比較。

據傳，早在一八八七年，美國鐵路方面的投資計算就開始採用「資本化成本」。因為，當時，有人覺得鐵路上所用的零配件有些是永遠用不壞的，從這一點想到既然東西可永久使用，那麼那類投資應該也是壽命無限。

不過，請注意，一般在會計師記帳時也有一種所謂是「資本化」的作法，其意義不同，那與「預付費用」有關，本書不贅，請另詳會計學專書。

工程經濟中計算「資本化成本」的步驟，是：

1. 確認全案的壽命期是無限的，或者是很長很長；

2. 將全案的所有不定期不定額收支，化成「永續年金」；

3. 將「永續年金」折算為現值，即

$$A[P/A]^{\infty} = A[\frac{(1+r)^{\infty}-1}{r(1+r)^{\infty}}]$$

$$= A\left[\frac{1 - \frac{1}{(1+r)^{\infty}}}{r}\right] = \frac{A}{r}$$

此一結果，A/r 即為「資本化成本」的現值。

所以，本書中「等額多次現值因子」(P/A; $[PWF]$) 在 n 為極大時變成了 $1/r$，參見公式⑥。

同樣道理，公式⑥的相反關係，公式④的「資本收回因子」(A/P; $[CRF]$) 在 n 為極大時變成單利的型態，只剩 r 了。參見公式㉖。

因此，可以綜合如下：

$$[PWF]^{n \to \infty} \text{ 或 } [P/A]^{n \to \infty} = 1/r \qquad ㉗$$

$$[CRF]^{n \to \infty} \text{ 或 } [A/P]^{n \to \infty} = r \qquad ㉘$$

公式㉗可供求算「資本化成本」之用，公式㉘可供計算「永續年金」之用。

第五節　投資收回率之計算

所謂投資收回率 (rate of return of capital) 之作用與通常所謂的「利率」相同；但是，在意義上略有不同。「利率」是在一定期間所得利息與本金之比，用百分比表示，在我們的經濟社會中，它是客觀存在著的，在大多數的分析計算中，市場利率始終是一個常數，由各商業銀行自行設定或者是由中央銀行所公定的一個數字。「投資收回率」是投資一定期限後，所得利益與投資本金之比，用百分比表示，這時卻是一個實際數字計算的現實結果，每一個投資方案的結果不可能相等。所以「投資收回率」實質上是一個事後的表示投資績效的指數，是一個隨機變數。在經濟分析中我們希望知道的有關未來的種種，我們希望在選擇方案、實施方案之前「知道」那一個方案比較好，以「投資收回率」作為比較標準也是一個很通行的辦法。由於「投資收回率」只以一個百分比表示某一方案的投資效率，觀念很明確，許多企業決策者便喜歡以「投資收回率」或是「投資報酬率」作為一種判斷的標準。「投資報酬率」並非愈大愈好，因為企業的總收益與應負擔的稅率累進的等級有關。

　　試再從本書前面介紹過的公式①和公式②開始。假定，本金 P 是 1,000 元，年利率 r 是 7%，投資一年後所得的本利終值，應該是

$$F = P(1+r)^1 \qquad\qquad ①$$
$$= 1,000 \times 1.07$$
$$= 1,070 \text{ 元}$$

一年利息所得是 $F - P = 1,070 - 1,000 = 70$ 元

利息與本金之比，$70/1,000 = 7\%$

於此，r 是約定的年利率，其值為一常數。以款額存入銀行儲蓄就是這種情形。

　　現在，假定上面所述的 1,000 元，並未按 $r = 7\%$ 之約定存入儲蓄，而將之經營某一事業，一年以後結算，發現變成 1,098.2 元了。此時一年中利息所得為

　　1,098.2 - 1,000 = 98.2 元，其與投資本金之比為

　　$98.2/1,000 = 9.82\%$

於此，9.82% 變成是一個隨機數字了，表示一年中投資的績效。以公式①來解釋的話，即

$$F = P(1+r)^n \qquad\qquad ①$$
$$1,098.2 = 1,000(1+r)^1$$

可令此式成立的條件是 $r = 9.82\%$，r 便是這一個投資系統的「投資報酬率」或是「投資收回率」。

　　上面數字再以公式②表示的話，是

$$P = F(1+r)^{-n} \qquad\qquad ②$$

上式左端 $P = 1,000$ 元

　　右端 $F = 1,098.2$ 為「終值」，乘以「現值因子」後可得其等值之現值 $F(1+r)^{-n}$

將上式中，現值移往左端，令右端為零，

$$P - F(1+r)^{-n} = 0$$

上面數學式子中之右端為零之條件為 $r = 9.82\%$。因此，我們可以從公式①或公式②解出 r，即以前介紹過的

$$r = \sqrt[n]{\frac{F}{P}} - 1 \qquad\qquad ⑨$$

公式⑨給我們一個解出 r 的方法，但僅限於「一次付款」的情形。但是我們卻可以經由這個公式的推理得到一個「投資收回率」的基本定義如下：

　　在一個投資系統中，令收支兩項的現值總和為零之年利率，即為此一投資

系統的「投資收回率」(Rate of Return of Capital)。也可稱為「投資報酬率」。有些學者沿用一些美國教科中的表示法，簡稱之為 "ROR"。

據此定義，可以公式表示如下：

$$\sum_{t=0}^{n}[F_j(1+r^*)^{-t}] = P_j(r^*) = 0 \tag{30}$$

式中，j 表示各別之投資方案，$*$ 表最適值。

根據這一個觀念：「將各期之收支，通通轉化為現值，使其總和為零。」於是我們可以為「投資收回率」找到一個代數上的計算方法。

茲令：從 $n = 0$ ……直到 n 之各期收支為 A_n（A 可有正負值），則

$$A_n[PWF]^n + A_{n-1}[PWF]^{n-1} + \cdots + A_1[PWF] = 0$$

而 $[PWF] = \dfrac{1}{1+r}$，令 $x = \dfrac{1}{1+r}$，則上式為

$$A_n x^n + A_{n-1}x^{n-1} + \cdots + A_1 x = 0 \tag{31}$$

成為 x 的 n 次方程式，當可解出適當之 x 值，但是，x 之值有 n 個之多，其中負數及虛數皆無意義，乃可解出有限的 r 值。但是，x 即使少到只有兩個根時，仍令我們為難；此時，即需就「逐年收支比較表」上來實際觀察，所得 x 值究竟有什麼意義。通常如果發現：利率增加而現值亦增加者，方程式多半錯誤。在正常的投資分析問題中，利率昇高時，現值應該減少。

就計算過程來說，投資報酬率是一種絕對性的數學比較方法。有些工程經濟教科書中，就此點大做文章，列舉許多數學方法求解 x 之高次方程式，或者以圖解法求近似值等等。其實無此必要。投資收回率只是一個決策時之參考數字而已，決策還有待其他有關因素之澄清。尤其是整個過程中：方法雖是絕對的 (exact)，過程模式是近似的 (approximate)，而所有的數據資料卻是估計來的 (estimated)。所以，答案不可能是絕對的。關於此點請仔細玩索下面各例題，當有所體會。

以預測的各項收支數字，計算後所得到的「投資收回率」，名為「預期收回率」(prospective rate of return)。

投資收回率的計算步驟如下：

1. 預估全系統之中在有效期間之全部收入；
2. 同上期間之全部支出；
3. 確定原始投資之金額；

4. 利用「試錯法」擇定一個「利率」，計算上列各項之「現值」總和；如果總和恰為零，則此一「利率」即為該投資系統之「投資收回率」；

5. 如果總和不為零，則當大於零時，應另選一較大之利率再算；當小於零時，另選一較小之利率再算；

6. 如果計算過程中，所得兩次結果在零之兩側，而其各別之利率值已極為接近時，則可假定其間之關係為直線關係，利用「內插比例法」求算之。

◎注　意

計算投資收回率是方案比較過程中的一項數學方法，理論上正確；但是，所用到的數據資料是估計值，因此對結果應有一點保留。再者，投資收回率並不是愈大愈好，此點與一般想像不同，由下面例題中可以體會。尤其涉及二組以上複利關係，計算已不可能進行，只可利用試錯法估計其概值。

茲以例題數則，說明計算投資收回率的方法。

例題5.23

一年期的投資收回

設本金為 18,000 元，投資一年後得到本利和為 19,440 元，問投資收回率為若干？

解：本書公式⑨令 $n = 1$，於是，可得

$$r = (F/P) - 1$$

現在，$F = 19,440, P = 18,000$ 代入式中，得

$$r = (19,440/18,000) - 1 = 0.08，即 8\%$$

例題5.24

多年期的投資收回

設本金為 18,000 元，投資三年後得到本利和 25,300 元，問平均每年的投資收回率若干？

解：利用公式⑨，$n = 3$，即

$$r = \sqrt[3]{F/P} - 1 = \sqrt[3]{25,300/18,000} - 1 = 0.1201 \doteqdot 12\%$$

例題5.25

　　某套設備其價格為 50,000 元，預期壽命為十五年，估計每年可獲收益 7,000 元，問此項投資之收回率如何？

解：題中 $P = 50,000, n = 15, A = 7,000$，求 $i = ?$

$A = P[A/P]^n$，代入，即

$7,000 = 50,000[A/P]^n$

即　$[A/P]^{15} = \dfrac{7}{50} = 0.140$

查表當　$i = 10\%$ 時　$[A/P]^{15} = 0.13147$

　　　　$i = 12\%$　　　$[A/P]^{15} = 0.14682$

$\therefore$　$i = 10\% + 0.02(\dfrac{0.140 - 0.13147}{0.14682 - 0.13147}) = 0.111$

　　　　$= 11.1\%$

例題5.26

年限不同之利率

　　我們試以〔例題 5.9〕「逐年收支比較表」中最末一欄的數字為例，計算其投資收回率。

年	現金收支（－表支出，＋表收入）
0	－70,000
1～19	＋ 3,000 每年
20	＋ 3,000 ＋40,000
21～39	＋ 3,000 每年
40	＋ 3,000 ＋10,000

解：上表中共計四十年，現在將各項收支全予轉化為 $n = 0$ 時之現值，首先假定利率為 4%，則

$-70,000 + 3,000[P/A]^{40} + 40,000[P/F]^{20} + 10,000[P/F]^{40}$

$= -70,000 + 3,000 \times 19,793 + 40,000 \times 0.4564 + 10,000 \times 0.2083$

$= +9,718$ 元

結果為＋值表示 $r=4\%$ 太小，改以 $r=5\%$ 再試，則

$$-70,000 + 3,000[P/A]^{40} + 40,000[P/F]^{20} + 10,000[P/F]^{40}$$
$$= -70,000 + 3,000 \times 17.159 + 40,000 \times 0.3769 + 10,000 \times 0.1420$$
$$= -2,027 \ 元$$

再以「內插比例法」可以求得上式為零時，利率應為 4.8%。亦即表示某君如以資金 70,000 元投資，而在四十年之中之收益如上表所述時，其投資收回率約為 4.8%。

內插比例法可進行如下：

$$\frac{5\% - 4\%}{9,718 + 2,027} = \frac{x - 4\%}{9,718}$$

$$x = 0.04 + \frac{9,718 \times 0.01}{11,745}$$

$$= 0.048274 \doteqdot 4.8\%$$

◎討 論

投資收回率之計算是方案比較的經濟分析中，一種以絕對性數字來表示者。計算可以非常嚴謹，求得非常精確的數值；但是所據以解釋投資報酬率的公式，或者說「令所有現值為零」的這個模式，只是些近似值而已；輸入的各項原始資料（各時期之收支），也只是些概略數字。所以計算投資收回率至非常精確的程度並無必要。

例題5.27

下面圖解表示二個不同的建設方案，注意投入及產出之箭頭方向。試計算各別之投資收回率並比較之。

解：

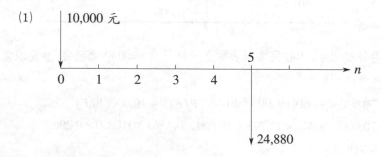

(1)

(2)
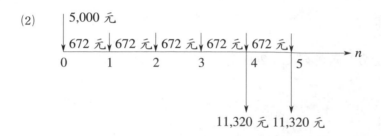

兩案之投資收回率皆約為 20%。即在年利率為 20% 時，兩案之「現值」近於零，故據定義，二案之投資收回率相等。但財政上的狀況，顯然不同，實際貨幣之比：

第 1 案為 24,880/10,000 = 2.48 倍

第 2 案為 (11,320 + 11,320)/(5,000 + 5 × 672) = 2.7 倍

例題5.28

購置投資

　　某工程公司投資 12,000 元購買推土機一輔，供作出租營業之用，估計可使用八年，屆時殘值可收回 1,200 元。茲估計八年中收支、淨值，並轉化為現值之計算彙如下表。

① 年　期 n	② 系統產出（元）	③ 系統投入（元）	④ = ② − ③ 淨　值（元）	⑤轉化為現值，利用 [P/F]		
				如 r = 10%	如 r = 12%	如 r = 15%
0		12,000	−12,000	−12,000	−12,000	−12,000
1	4,200	500	+ 3,700	+3,363.7	+3,303.7	+3,217.5
2	3,900	900	+ 3,000	+2,479.5	+2,391.6	+2,268.6
3	3,600	1,200	+ 2,400	+1,803.1	+1,708.3	+1,602.0
4	3,500	1,400	+ 2,100	+1,434.3	+1,334.5	+1,200.8
5	3,100	1,400	+ 1,700	+1,055.5	+ 964.6	+ 845.2
6	3,000	1,500	+ 1,500	+ 846.7	+ 759.9	+ 648.4
7	2,800	1,500	+ 1,300	+ 667.2	+ 588.1	+ 488.7
8	2,650	1,500	+ 1,150	+ 536.5	+ 464.5	+ 375.9
9	1,200		+ 1,200	+ 559.8	+ 484.7	+ 392.3
現　值　總　值				+ 746.3	− 0.1	−960.6

解：選擇 i = 10%, 12% 及 15% 試算。試算結果彙於同一表中，表中結果表示，此一投資系統之投資收回率約為 12%。

◎注　意

表中在第九年所列之 1,200 元，為推土機之殘值，可併入第八年年末計算。

◎討論一

一般學者咸認以「現值」之總值為零之法為計算「投資收回率」之合理途徑。特別是對於不等額的各期收支都計及。一般會計的習慣計算投資收回率時，係以〔淨收益／原始投資〕表示，也有以〔淨收益／平均投資〕表示者，兩者剛好相差一倍，而且淨收益也會由於應用不同之資產折舊方法，數字也不同，結果迥異。請注意：一般會計上的計算常常只以一年為期限；涉及多年期問題時，應仔細考慮其關係。

◎討論二

令現值總和為零，為解出投資收回率之單一值之法。實際上在應用時，我們所希望要的是一個判斷的標準。不必專門為求解真值而煩惱。估計某一方案時可以先按理想的最低報酬率計算現值，然後所有方案其現值咸大於該值者皆屬可以考慮採用。

例題5.29

超額現值

某公司政策上制定：任何投資方案必須求其大於 9% 之投資報酬方可投資。現在五年中每年可以運用之資金為 10,000 元，而預估五年中某一方案投資之現值為 Q，則當

$$Q > 10,000[PWF]_{9\%}^{5}$$

即可從事投資，而不必追究 r 究竟為何值矣。

現值與利率圖解

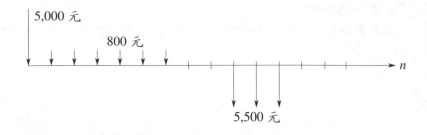

上圖假定是一項政府的投資計畫: 開始時投入 5,000 元, 以後每年 800 元, 一共六年; 投資第九年後連續三年, 收回三個 5,500 元。問此一投資計畫的報酬率為若干?

解: 這一投資計畫是由政府主持, 採用連續複利計算。

據上面圖解可得到等值平衡的關係如下式:

$n = 0$ 時, $5,000 + 800[P/A]^6 = 5,500[P/A]^3[P/F]^8$

現在, 只要據此公式關係解出其中之 r 值即可。但是, 直接利用數學方法進行, 其過程會變得非常複雜難解。實務上, 利用已有的複利表, 假定幾個利率值試算, 直到上式兩端相等為止。

上式進行步驟如下, 移項改寫為

$$\frac{5,000 + 800[P/A]^6}{[P/A]^3[P/F]^8} = 5,500$$

左端, 利用連續複利表, 查表找到各因子之值, 計算其結果。計算結果列表表示如下:

①選用利率, %	②左端計算結果	③ ②-5,500
10	7,615.36	2,115.36
9	6,985.75	1,485.75
8	6,411.89	911.89
7	5,886.79	386.79
6	5,405.75	−94.25
5	4,966.35	−533.65

表中結果可以看出要令上式兩端相等的利率, 大概是比 6% 略大一點之處。利用內插比例法:

$$X = \frac{5,500 - 5,405.75}{5,886.79 - 5,405.75} = 0.1959 \doteqdot 0.2$$

即本案的投資收回率約為 6.2%。

上表共有三欄，現在將①③兩欄直接比較：可見試用利率偏高時，現值也大；利率降低，現值也降低了。試用一個直角座標表示①③二者的關係，此種圖解，有些學者遂稱之為「現值函數」(present worth function)。

直角座標以垂直軸表「現值」，以水平軸表「利率」。上述的關係可以得到曲線形狀如下：

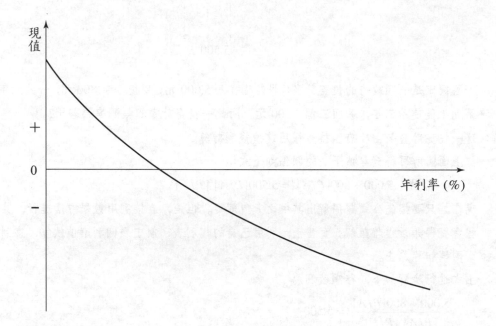

現在，請讀者自行準備一張方格座標紙，將本例題表中，①表示為水平軸，③表示為垂直軸，畫出一條曲線。這條曲線有何意義？（請複習〔例題 4.17〕）

例題5.31

投資收回率的比較

上面例題的投資計畫假定稱為 A 案，現在政府又得到一個有類似效益的方案 B。B 案的內容如下：一次投資 10,000 元，八年後每年可收回 3,600 元，一共五年。問兩案的投資收回率有何差別？

解：依題意可得等值關係：

$$3,600[P/A]^5[P/F]^7 = 10,000 \ 元$$

列表選擇不同利率試算如下：

① 連續利率，%	② 左端之現值	③　② − 10,000 元
5	10,945	945
6	9,915	− 85
7	8,982	−1,018
8	8,818	−1,182

可見投資收回率比 6% 略小。（在 5%、6% 之間差額為零）

同上例，請讀者利用方格座標紙畫一現值函數之曲線，以①表示為水平軸，③表示為垂直軸。曲線與上題所得結果試作比較，有何意義？

第六節　等差變額法原理

工程經濟所面臨的問題中，有些費用或收益是逐年變化的。例如：機器設備之保養費用可能每年增加，而不是「等額年金」的理想狀況。其計算方法當與前述者不同。

茲為計算方便起見，令每年之變化量相等，名之曰「等差」(uniform gradient)，以符號 g 表之。如非費用而為收益之問題，亦可按同理計算。下面之圖解表示一等差式之收支情形。

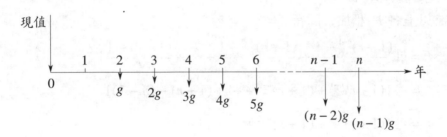

上圖表示，在時間座標上，每年年底付款數比上一年底之付款多付了 g，列成對照表如下：

年　底	付款情形
1	0
2	g
3	$2g$
·	·
·	·
·	·
$n-1$	$(n-2)g$
n	$(n-1)g$

　　這些各期不同付款之結果，可以看作是若干不同年數而同時到期的，「等額多次」複合所得基金之總和，即

$$F = \sum_{j=1}^{n-1} [g(CAF)^j]$$

　　上式表示：對 n 年而言，係自第二年（即第一年末）開始計算利息，共 $n-1$ 次，所得之本利和為

$$F_n = g[CAF]^{n-1}$$

同理，從第三年（即第二年末）開始計息，共計 $n-2$ 次，所得之本利和應為

$$F_{n-1} = g[CAF]^{n-2},$$

……………………………； 直到最後

$$F_2 = g[CAF]^1$$

至此，將以上各 F_j 相加，即得

$$F = g[\frac{(1+r)^{n-1}-1}{r} + \frac{(1+r)^{n-2}-1}{r} + \cdots + \frac{(1+r)-1}{r}]$$

$$= \frac{g}{r}[(1+r)^{n-1} + (1+r)^{n-2} + \cdots + (1+r) - (n-1)]$$

$$= \frac{g}{r}[(1+r)^{n-1} + (1+r)^{n-2} + \cdots + 1] - \frac{ng}{r}$$

$$= \frac{g}{r}[\frac{(1+r)^n-1}{r}] - \frac{ng}{r} \quad （括弧中為等比級數之和）$$

上式之兩端乘以 $[SFF]$ 因子，左端變成

$$F[SFF] = A, \quad 即公式③；於是，上式變成$$

$$A = \frac{g}{r}[\frac{(1+r)^n-1}{r}][SFF] - \frac{ng}{r}[SFF]$$

$$= \frac{g}{r}[\frac{(1+r)^n-1}{r}][\frac{r}{(1+r)^n-1}] - \frac{ng}{r}[\frac{r}{(1+r)^n-1}]$$

故得

$$\therefore \quad A = \frac{g}{r} - \frac{ng}{r}[\frac{r}{(1+r)^n - 1}] \tag{27}$$

此為等差變額轉化為每年均勻費用之通式。其應用以後再述。

要求將全部等差變額化為現值時，將上式兩端再乘以 $[PWF]$ 因子即可。

公式㉗之另端可將 g 提出，得到以下之形式：

$$[1 - \frac{nr}{(1+r)^n - 1}]\frac{1}{r} \tag{28}$$

㉘式可根據不同之 r 及 n 計算其結果後製成表格，應用時查表再乘以 g 即得。如以 $[f]$ 表公式㉘，則等差變額之現值為

$$[gPWF]^n = [f]^n[PWF]^n \tag{29}$$

式中，$[f]^n$ 為將一連串「等差變額」轉變為一連串「每年等額」之因子。$[gPWF]^n$ 即為將一連串「等差變額」轉變為其「現值」之因子。

下面所附〔表 5.1〕及〔表 5.2〕皆為「等差變額」之專用表格。

〔表 5.1〕中第一橫列為利率，計有 1%、2%、3%、4%、5%、6%、7%、8%、10%、12%、15%、20%、25%、30%、35%、40%、45%、50% 等十八種，足敷平常使用。表中第一縱欄 n 表示期數，自 $n=2$ 起迄 $n=35$ 以後，五年或十年一計直至 $n=100$。表中數字即為 $[f]$；如果已知於 n 年每年末之一連串「等差變額」，0、$1g$、$2g \cdots (n-1)g$ 時，則根據 n 及 i，可在表中查得 $[f]$ 值，將 g 乘以 $[f]$ 後即得「每年等額」A 之等值方案矣。

【特別情形】本書前面介紹〔表 4.20〕至〔表 4.34〕，表中最後一欄〔等差變額〕之下有（公式㉘＊）字樣，但在本書中並無此一公式，公式㉘＊之意義與公式㉘相似，不同者有＊者為「連續複利」，後者為「普通複利」，兩者應用方法相同，請參閱下面例題即明。兩者數值相差不大，讀者可作一比較。應用場合不同不可混淆。

表5.1 將「等差變額」轉化為「等額年金」之因子 [f] 數值表

n	1%	2%	3%	4%	5%	6%	7%	8%	10%	n
2	0.50	0.50	0.49	0.49	0.49	0.49	0.48	0.48	0.48	2
3	0.99	0.99	0.98	0.97	0.97	0.96	0.95	0.95	0.94	3
4	1.49	1.48	1.46	1.45	1.44	1.43	1.42	1.40	1.38	4
5	1.98	1.96	1.94	1.92	1.90	1.88	1.86	1.85	1.81	5
6	2.47	2.44	2.41	2.39	2.36	2.33	2.30	2.28	2.22	6
7	2.96	2.92	2.88	2.84	2.81	2.77	2.73	2.69	2.62	7
8	3.45	3.40	3.34	3.29	3.24	3.20	3.15	3.10	3.00	8
9	3.93	3.87	3.80	3.74	3.68	3.61	3.55	3.49	3.37	9
10	4.42	4.34	4.26	4.18	4.10	4.02	3.95	3.87	3.73	10
11	4.90	4.80	4.70	4.61	4.51	4.42	4.33	4.24	4.06	11
12	5.38	5.26	5.15	5.03	4.92	4.81	4.70	4.60	4.39	12
13	5.86	5.72	5.59	5.45	5.32	5.19	5.06	4.94	4.70	13
14	6.34	6.18	6.02	5.87	5.71	5.56	5.42	5.27	5.00	14
15	6.81	6.63	6.45	6.27	6.10	5.93	5.76	5.59	5.28	15
16	7.29	7.08	6.87	6.67	6.47	6.28	6.09	5.90	5.55	16
17	7.76	7.52	7.29	7.07	6.84	6.62	6.41	6.20	5.81	17
18	8.23	7.97	7.71	7.45	7.20	6.96	6.72	6.49	6.05	18
19	8.70	8.41	8.12	7.83	7.56	7.29	7.02	6.77	6.29	19
20	9.17	8.84	8.52	8.21	7.90	7.61	7.32	7.04	6.51	20
21	9.63	9.28	8.92	8.58	8.24	7.92	7.60	7.29	6.72	21
22	10.10	9.70	9.32	8.94	8.57	8.22	7.87	7.54	6.92	22
23	10.56	10.13	9.71	9.30	8.90	8.51	8.14	7.78	7.11	23
24	11.02	10.55	10.10	9.65	9.21	8.80	8.39	8.01	7.29	24
25	11.48	10.97	10.48	9.99	9.52	9.07	8.64	8.23	7.46	25
26	11.94	11.39	10.85	10.33	9.83	9.34	8.88	8.44	7.62	26
27	12.39	11.80	11.23	10.66	10.12	9.60	9.11	8.64	7.77	27
28	12.85	12.21	11.59	10.99	10.41	9.86	9.33	8.83	7.91	28
29	13.30	12.62	11.96	11.31	10.69	10.10	9.54	9.01	8.05	29
30	13.75	13.02	12.31	11.63	10.97	10.34	9.75	9.19	8.18	30
31	14.20	13.42	12.67	11.94	11.24	10.57	9.95	9.36	8.30	31
32	14.65	13.82	13.02	12.24	11.50	10.80	10.14	9.52	8.41	32
33	15.10	14.22	13.36	12.54	11.76	11.02	10.32	9.67	8.52	33
34	15.54	14.61	13.70	12.83	12.01	11.23	10.50	9.82	8.61	34
35	15.98	15.00	14.04	13.12	12.25	11.43	10.67	9.96	8.71	35
40	18.18	16.89	15.65	14.48	13.38	12.36	11.42	10.57	9.10	40
45	20.33	18.70	17.16	15.70	14.36	13.14	12.04	11.04	9.37	45
50	22.44	20.44	18.56	16.81	15.22	13.80	12.53	11.41	9.57	50
60	26.53	23.70	21.07	18.70	16.61	14.79	13.23	11.90	9.80	60
70	30.47	26.66	23.21	20.20	17.62	15.46	13.67	12.18	9.91	70
80	34.25	29.36	25.04	21.37	18.35	15.90	13.93	12.33	9.96	80
90	37.87	31.79	26.57	22.28	18.87	16.19	14.08	12.41	9.98	90
100	41.34	33.90	27.84	22.98	19.23	16.37	14.17	12.45	9.99	100

表 5.1　續

n	12%	15%	20%	25%	30%	35%	40%	45%	50%	*n*
2	0.47	0.47	0.45	0.44	0.43	0.43	0.42	0.41	0.40	2
3	0.92	0.91	0.88	0.85	0.83	0.80	0.78	0.76	0.74	3
4	1.36	1.33	1.27	1.22	1.18	1.13	1.09	1.05	1.02	4
5	1.77	1.72	1.64	1.56	1.49	1.42	1.36	1.30	1.24	5
6	2.17	2.10	1.98	1.87	1.77	1.67	1.58	1.50	1.42	6
7	2.55	2.45	2.29	2.14	2.01	1.88	1.77	1.66	1.56	7
8	2.91	2.78	2.58	2.39	2.22	2.06	1.92	1.79	1.68	8
9	3.26	3.09	2.84	2.60	2.40	2.21	2.04	1.89	1.76	9
10	3.58	3.38	3.07	2.80	2.55	2.33	2.14	1.97	1.82	10
11	3.90	3.65	3.29	2.97	2.68	2.44	2.22	2.03	1.87	11
12	4.19	3.91	3.48	3.11	2.80	2.52	2.28	2.08	1.91	12
13	4.47	4.14	3.66	3.24	2.89	2.59	2.33	2.12	1.93	13
14	4.73	4.36	3.82	3.36	2.97	2.64	2.37	2.14	1.95	14
15	4.98	4.56	3.96	3.45	3.03	2.69	2.40	2.17	1.97	15
16	5.21	4.75	4.09	3.54	3.09	2.72	2.43	2.18	1.98	16
17	5.44	4.93	4.20	3.61	3.13	2.75	2.44	2.19	1.98	17
18	5.64	5.08	4.30	3.67	3.17	2.78	2.46	2.20	1.99	18
19	5.84	5.23	4.39	3.72	3.20	2.79	2.47	2.21	1.99	19
20	6.02	5.37	4.46	3.77	3.23	2.81	2.48	2.21	1.99	20
21	6.19	5.49	4.53	3.80	3.25	2.82	2.48	2.21	2.00	21
22	6.35	5.60	4.59	3.84	3.26	2.83	2.49	2.22	2.00	22
23	6.50	5.70	4.65	3.86	3.28	2.83	2.49	2.22	2.00	23
24	6.64	5.80	4.69	3.89	3.29	2.84	2.49	2.22	2.00	24
25	6.77	5.88	4.74	3.91	3.30	2.84	2.49	2.22	2.00	25
26	6.89	5.96	4.77	3.92	3.30	2.85	2.50	2.22	2.00	26
27	7.00	6.03	4.80	3.94	3.31	2.85	2.50	2.22	2.00	27
28	7.11	6.10	4.83	3.95	3.32	2.85	2.50	2.22	2.00	28
29	7.21	6.15	4.85	3.96	3.32	2.85	2.50	2.22	2.00	29
30	7.30	6.21	4.87	3.96	3.32	2.85	2.50	2.22	2.00	30
31	7.38	6.25	4.89	3.97	3.32	2.85	2.50	2.22	2.00	31
32	7.46	6.30	4.91	3.97	3.33	2.85	2.50	2.22	2.00	32
33	7.53	6.34	4.92	3.98	3.33	2.86	2.50	2.22	2.00	33
34	7.60	6.37	4.93	3.98	3.33	2.86	2.50	2.22	2.00	34
35	7.66	6.40	4.94	3.99	3.33	2.86	2.50	2.22	2.00	35
40	7.90	6.52	4.97	4.00	3.33	2.86	2.50	2.22	2.00	40
45	8.06	6.58	4.99	4.00	3.33	2.86	2.50	2.22	2.00	45
50	8.16	6.62	4.99	4.00	3.33	2.86	2.50	2.22	2.00	50
60	8.27	6.65	5.00	4.00	3.33	2.86	2.50	2.22	2.00	60
70	8.31	6.66	5.00	4.00	3.33	2.86	2.50	2.22	2.00	70
80	8.32	6.67	5.00	4.00	3.33	2.86	2.50	2.22	2.00	80
90	8.33	6.67	5.00	4.00	3.33	2.86	2.50	2.22	2.00	90
100	8.33	6.67	5.00	4.00	3.33	2.86	2.50	2.22	2.00	100

例題5.32

等差變額轉化為每年等額

某項機器設備全新之價格為 6,000 元，估計可用六年，殘值略而不計。使用該設備時保險、保養、燃料、潤滑等全年估計 1,500 元，但以後每一年增加 200 元。如果，當時市場利率為 12%，則此一方案相當於每年等額之情形如何？

解：題中 $i = 0.12, n = 6, P = 6,000, A_1 = ?$

$$A_2 = 1,500 \text{ 元}$$

$$g = 200, \quad A_3 = ?$$

$$A = A_1 + A_2 + A_3$$

$$A_1 = 6,000[A/P]^6 = 6,000 \times 0.24323 = 1,459 \text{ 元}$$

$$A_2 = 1,500 \text{ 元}$$

$$A_3 = g[f]^6 = 200 \times 2.17 = 434 \text{ 元}, \quad \text{故}$$

$$A = A_1 + A_2 + A_3 = 1,459 + 1,500 + 434 = 3,393$$

◎討論一

如按連續複利計算本題，則由〔表 4.30〕「等差變額」欄下 n = 6 時，表值 $[f]^6 = 2.1531$，於是 $A_3 = 200 \times 2.1531 = 430$ 元。

◎討論二

上面例題亦可將 A_2、A_3 皆化為現值與 6,000 元相加，再按 $A = P[A/P]^n$ 公式求得每年等額，如此則需將 g 直接變為現值。

〔表 5.2〕中如果「等差變額」為 n 年，每年年末如 0、g、$2g$、...、$(n-1)g$ 之形式，則以 g 乘以表中數值即為其「現值」。

表中第一橫列係利率自 3% 迄 20%。第一縱行及最末一欄表示期數 n，通常為年。

本表數值係以 $[f]$ 乘以 $[PWF]$ 而得，例如，在〔表 5.1〕中

$n = 10, i = 4\%, [f] = 4.18$，再查〔表 4.9〕中

$[PWF]^{10} = 8.111$，於是 $4.18 \times 8.111 = 33.89$

同時在〔表 5.2〕中亦可見 $[gPWF]^{10} = 33.88$。

例題5.33

等差變額轉化為現值

　　某種機器，現值 6,000 元，估計可用六年，殘值不計，每年開支包括保險、保養、燃料及潤滑、其他雜費等，第一年計需 1,500 元，第二年需 1,700 元，第三年需 1,900 元，……以後以每年 200 元遞增。如按利率 12% 計算，其現值若干?

解：$i = 0.12, n = 6, A = 1,500$ 元，$P_1 = 6,000$ 元

$$P_2 = ?$$
$$g = 200 \text{ 元}, \quad P_3 = ?$$

$P = P_1 + P_2 + P_3$

$P_1 = 6,000$

$P_2 = A[PWF]^6 = 1,500 \times 4.111 = 6,166$ 元

$P_3 = g[gPWF]^6 = 200 \times 8.93 = 1,786$ 元

$\therefore \quad P = 6,000 + 6,166 + 1,786 = 13,952$ 元

例題5.34

投資收回率之計算

　　〔例題 5.27〕中有兩個投資方案供比較投資收回率，現在又有第三個方案可供參考，其圖解如下，試求其投資收回率並與〔例題 5.27〕之結果作一比較。

解：

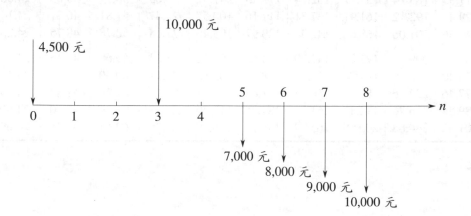

表 5.2　〔等差變額〕轉化為〔現值〕之因子 [*gPWF*] 數值表

n	3%	4%	5%	6%	7%	8%	10%	12%	15%	20%	n
2	0.94	0.92	0.91	0.89	0.87	0.86	0.83	0.80	0.76	0.69	2
3	2.77	2.70	2.63	2.57	2.51	2.45	2.33	2.22	2.07	1.85	3
4	5.44	5.27	5.10	4.95	4.79	4.65	4.38	4.13	3.79	3.30	4
5	8.89	8.55	8.24	7.93	7.65	7.37	6.86	6.40	5.78	4.91	5
6	13.08	12.51	11.97	11.46	10.98	10.52	9.68	8.93	7.94	6.58	6
7	17.95	17.06	16.23	15.45	14.71	14.02	12.76	11.64	10.19	8.26	7
8	23.48	22.18	20.97	19.84	18.79	17.81	16.03	14.47	12.48	9.88	8
9	29.61	27.80	26.13	24.58	23.14	21.81	19.42	17.36	14.75	11.43	9
10	36.31	33.88	31.65	29.60	27.72	25.98	22.89	20.25	16.98	12.89	10
11	43.53	40.38	37.50	34.87	32.47	30.27	26.40	23.13	19.13	14.23	11
12	51.25	47.25	43.62	40.34	37.35	34.63	29.90	25.95	21.18	15.47	12
13	59.42	54.45	49.99	45.96	42.33	39.05	33.38	28.70	23.14	16.59	13
14	68.01	61.96	56.55	51.71	47.37	43.47	36.80	31.36	24.97	17.60	14
15	77.00	69.73	63.29	57.55	52.45	47.89	40.15	33.92	26.69	18.51	15
16	86.34	77.74	70.16	63.46	57.53	52.26	43.42	36.37	28.30	19.32	16
17	96.02	85.96	77.14	69.40	62.59	56.59	46.58	38.70	29.78	20.04	17
18	106.01	94.35	84.20	75.36	67.62	60.84	49.64	40.91	31.16	20.68	18
19	116.27	102.89	91.33	81.31	72.60	65.01	52.58	43.00	32.42	21.24	19
20	126.79	111.56	98.49	87.23	77.51	69.09	55.41	44.97	33.58	21.74	20
21	137.54	120.34	105.67	93.11	82.34	73.06	58.11	46.82	34.64	22.17	21
22	148.51	129.20	112.85	98.94	87.08	76.93	60.69	48.55	35.62	22.55	22
23	159.65	138.13	120.01	104.70	91.72	80.67	63.15	50.18	36.50	22.89	23
24	170.97	147.10	127.14	110.38	96.25	84.30	65.48	51.69	37.30	23.18	24
25	182.43	156.10	134.23	115.97	100.68	87.80	67.70	53.11	38.03	23.43	25
26	194.02	165.12	141.26	121.47	104.98	91.18	69.79	54.42	38.69	23.65	26
27	205.73	174.14	148.22	126.86	109.17	94.44	71.78	55.64	39.29	23.84	27
28	217.53	183.14	155.11	132.14	113.23	97.57	73.65	56.77	39.83	24.00	28
29	229.41	192.12	161.91	137.31	117.16	100.57	75.41	57.81	40.31	24.14	29
30	241.36	201.06	168.62	142.36	120.97	103.46	77.08	58.78	40.75	24.26	30
31	253.35	209.95	175.23	147.29	124.66	106.22	78.64	59.68	41.15	24.37	31
32	265.40	218.79	181.74	152.09	128.21	108.86	80.11	60.50	41.50	24.46	32
33	277.46	227.56	188.13	156.77	131.64	111.38	81.49	61.26	41.82	24.54	33
34	289.54	236.26	194.42	161.32	134.95	113.79	82.78	61.96	42.10	24.60	34
35	301.62	244.88	200.58	165.74	138.13	116.09	83.99	62.61	42.36	24.66	35

應用 20% 普通複利表，可計算此一方案之「現值」為零，故其投資收回率即為 20%。
至於其實際貨幣收支之比則為

$$(7,000 + 8,000 + 9,000 + 10,000)/14,500 = 2.344 \text{ 倍}$$

第七節　本章摘要

　　企業上的投資必須預見其有利可圖；投資的目的，不但是到期可以收回資本，尚且有相當的利潤報酬。預見其利潤報酬愈大者，愈易吸引投資。但投資在前，獲利在後，故金錢有其時間上的價值。此一概念已見前文介紹。

　　本章中列舉了幾種常用的經濟分析方法：

一、年金法　將整個系統中的開支和收益，全部化為「每年等額」形式的「年金」來比較各個方案。

二、現值法　與「年金法」很相似，只不過是將全部收支統統轉化為 $n = 0$（不一定）時之「現值」來比較各個方案之優劣如何，經濟與否。

三、投資收回率　對於一種新的投資事業，以其收益與投資之比來與心目中之一個標準互作比較的方法，以便決定是否值得投資。通常在會計學中，由於定義不同及其中有關因素，例如折舊之計算不同，所得結果不一。在工程經濟中係以整個投資系統之現值總額為零時之利率，稱之謂「投資收回率」或「投資報酬率」。此點應特予注意。報酬並非愈大愈好。（為什麼？）

四、等差變額法　其實是「年金法」的同一思想，只不過每年的收支款額是有變化的。但是，變化如果無規則，我們無法為之整理一個原則出來；所以，我們假定一種有規則的「等差式變化」，在相當範圍內，既能符合實際上的情形，也便於計算。

　　以上四種基本方法熟悉以後，對於工程經濟中一般比較簡單的問題雖然不一定能夠迎刃而解；但是，至少在觀念上應知如何去權衡分辨。尤其是面臨著許許多多不同的設計方案之際，至少知道應該怎樣保持客觀的立場。

　　本章中共介紹了三十四個例題。每一個例題皆有其獨特之意義，讀者應一一細加體會。在實際應用時，有時候只著重於一種方法，有時候也需將數種方法之結論並列比較，以定取捨。

　　本章所謂常用的經濟分析方法，只是在「工程經濟」的領域中如此；實際

上「經濟分析」一詞的定義是廣泛而不確定的。但在本章中所介紹的觀念中，則寧願採取較確切、較狹義的說法，其中「年金法」與「現值法」是極重要的。種種形式上不相同的事件，可能仍然是同一的。例如，每年定額的保養費、薪水支出、定期利息收入、支付保險費……等等，其實都是「年金」。

下面第六章中介紹「資本收回」以及「折舊」，就是另外一種形式的「年金」。第七章將介紹「現值」的幾種不同形式。除掉本書所強調的「工程經濟」中的解釋之外，「現值」在廣泛的「經濟分析」之中有著極重要的地位。

$[CRF](A/P), [PWF'](P/F), [PWF](P/A)$ 三個因子是「工程經濟」有關計算問題中最重要的。其數值除在前文中的普通複利表及連續複利表中可以查得之外，更高之利率所應有的數值，分別列表〔表 5.3〕〔表 5.4〕及〔表 5.5〕以供查用，但僅限於普通複利之計算。如需計算連續複利可直接利用計算機計算。

六個複利因子有新舊不同的表示方式，新式的採用數學型態，不便於口頭說明；舊式的套上英語意義，卻便於說明。本書中兼用二者，例如等差變額 g 如採用新的數學方式表示，一定會混亂，這是文字式符號的優點。

表 5.3　高利率之「資本收回因子」[CRF] 數值表

n	25%	30%	35%	40%	45%	50%	n
1	1.25000	1.30000	1.35000	1.40000	1.45000	1.50000	1
2	0.69444	0.73478	0.77553	0.81667	0.85816	0.90000	2
3	0.51230	0.55063	0.58966	0.62936	0.66966	0.71053	3
4	0.42344	0.46163	0.50076	0.54077	0.58156	0.62308	4
5	0.37185	0.41058	0.45046	0.49136	0.53318	0.57583	5
6	0.33882	0.37839	0.41926	0.46126	0.50426	0.54812	6
7	0.31634	0.35687	0.39880	0.44192	0.48607	0.53108	7
8	0.30040	0.34192	0.38489	0.42907	0.47427	0.52030	8
9	0.28876	0.33124	0.37519	0.42034	0.46646	0.51335	9
10	0.28007	0.32346	0.36832	0.41432	0.46123	0.50882	10
11	0.27349	0.31773	0.36339	0.41013	0.45768	0.50585	11
12	0.26845	0.31345	0.35982	0.40718	0.45527	0.50388	12
13	0.26454	0.31024	0.35722	0.40510	0.45362	0.50258	13
14	0.26150	0.30782	0.35532	0.40363	0.45249	0.50172	14
15	0.25912	0.30598	0.35393	0.40259	0.45172	0.50114	15
16	0.25724	0.30458	0.35290	0.40185	0.45118	0.50076	16
17	0.25576	0.30351	0.35214	0.40132	0.45081	0.50051	17
18	0.25459	0.30269	0.35158	0.40094	0.45056	0.50034	18
19	0.25366	0.30207	0.35117	0.40067	0.45039	0.50023	19
20	0.25292	0.30159	0.35087	0.40048	0.45027	0.50015	20
21	0.25233	0.30122	0.35064	0.40034	0.45018	0.50010	21
22	0.25186	0.30094	0.35048	0.40024	0.45013	0.50007	22
23	0.25148	0.30072	0.35035	0.40017	0.45009	0.50004	23
24	0.25119	0.30055	0.35026	0.40012	0.45006	0.50003	24
25	0.25095	0.30043	0.35019	0.40009	0.45004	0.50002	25
26	0.25076	0.30033	0.35014	0.40006	0.45003	0.50001	26
27	0.25061	0.30025	0.35011	0.40005	0.45002	0.50001	27
28	0.25048	0.30019	0.35008	0.40003	0.45001	0.50001	28
29	0.25039	0.30015	0.35006	0.40002	0.45001	0.50000	29
30	0.25031	0.30011	0.35004	0.40002	0.45001	0.50000	30
31	0.25025	0.30009	0.35003	0.40001	0.45000	0.50000	31
32	0.25020	0.30007	0.35002	0.40001	0.45000	0.50000	32
33	0.25016	0.30005	0.35002	0.40001	0.45000	0.50000	33
34	0.25013	0.30004	0.35001	0.40000	0.45000	0.50000	34
35	0.25010	0.30003	0.35001	0.40000	0.45000	0.50000	35
∞	0.25000	0.30000	0.35000	0.40000	0.45000	0.50000	∞

表 5.4　高利率之一次付款「現值因子」[PWF'] 數值表

n	25%	30%	35%	40%	45%	50%	n
1	0.8000	0.7692	0.7407	0.7143	0.6897	0.6667	1
2	0.6400	0.5917	0.5487	0.5102	0.4756	0.4444	2
3	0.5120	0.4552	0.4064	0.3644	0.3280	0.2693	3
4	0.4096	0.3501	0.3011	0.2603	0.2262	0.1975	4
5	0.3277	0.2693	0.2230	0.1859	0.1560	0.1317	5
6	0.2821	0.2072	0.1652	0.1328	0.1076	0.0878	6
7	0.2097	0.1594	0.1224	0.0949	0.0742	0.0585	7
8	0.1678	0.1226	0.0906	0.0678	0.0512	0.0390	8
9	0.1342	0.0943	0.0671	0.0484	0.0353	0.0260	9
10	0.1074	0.0725	0.0497	0.0346	0.0243	0.0173	10
11	0.0859	0.0558	0.0368	0.0247	0.0168	0.0116	11
12	0.0687	0.0429	0.0273	0.0176	0.0116	0.0077	12
13	0.0550	0.0330	0.0202	0.0126	0.0080	0.0051	13
14	0.0440	0.0254	0.0150	0.0090	0.0055	0.0034	14
15	0.0352	0.0195	0.0111	0.0064	0.0038	0.0023	15
16	0.0281	0.0150	0.0082	0.0046	0.0026	0.0015	16
17	0.0225	0.0116	0.0061	0.0033	0.0018	0.0010	17
18	0.0180	0.0089	0.0045	0.0023	0.0012	0.0007	18
19	0.0144	0.0068	0.0033	0.0017	0.0009	0.0005	19
20	0.0115	0.0053	0.0025	0.0012	0.0006	0.0003	20
21	0.0092	0.0040	0.0018	0.0009	0.0004	0.0002	21
22	0.0074	0.0031	0.0014	0.0006	0.0003	0.0001	22
23	0.0059	0.0024	0.0010	0.0004	0.0002	0.0001	23
24	0.0047	0.0018	0.0007	0.0003	0.0001	0.0001	24
25	0.0038	0.0014	0.0006	0.0002	0.0001	……	25
26	0.0030	0.0011	0.0004	0.0002	0.0001	……	26
27	0.0024	0.0008	0.0003	0.0001	……	……	27
28	0.0019	0.0006	0.0002	0.0001	……	……	28
29	0.0015	0.0005	0.0002	0.0001	……	……	29
30	0.0012	0.0004	0.0001	……	……	……	30
31	0.0010	0.0003	0.0001	……	……	……	31
32	0.0008	0.0002	0.0001	……	……	……	32
33	0.0006	0.0002	0.0001	……	……	……	33
34	0.0005	0.0001	……	……	……	……	34
35	0.0004	0.0001	……	……	……	……	35

表 5.5　高利率之等額多次「現值因子」[*PWF*] 數值表

n	25%	30%	35%	40%	45%	50%	n
1	0.800	0.769	0.741	0.714	0.690	0.667	1
2	1.440	1.361	1.289	1.224	1.165	1.111	2
3	1.952	1.816	1.696	1.589	1.493	1.407	3
4	2.362	2.166	1.997	1.849	1.720	1.605	4
5	2.689	2.436	2.220	2.035	1.876	1.737	5
6	2.951	2.643	2.385	2.168	1.983	1.824	6
7	3.161	2.802	2.507	2.263	2.057	1.883	7
8	3.329	2.925	2.598	2.331	2.109	1.922	8
9	3.463	3.019	2.665	2.379	2.144	1.948	9
10	3.571	3.092	2.715	2.414	2.168	1.965	10
11	3.656	3.147	2.752	2.438	2.185	1.977	11
12	3.725	3.190	2.779	2.456	2.196	1.985	12
13	3.780	3.223	2.799	2.469	2.204	1.990	13
14	3.824	3.249	2.814	2.478	2.210	1.993	14
15	3.859	3.268	2.825	2.484	2.214	1.995	15
16	3.887	3.283	2.834	2.489	2.216	1.997	16
17	3.910	3.295	2.840	2.492	2.218	1.998	17
18	3.928	3.304	2.844	2.494	2.219	1.999	18
19	3.942	3.311	2.848	2.496	2.220	1.999	19
20	3.954	3.316	2.850	2.497	2.221	1.999	20
21	3.963	3.320	2.852	2.498	2.221	2.000	21
22	3.970	3.323	2.853	2.498	2.222	2.000	22
23	3.976	3.325	2.854	2.499	2.222	2.000	23
24	3.981	3.327	2.855	2.499	2.222	2.000	24
25	3.985	3.329	2.856	2.499	2.222	2.000	25
26	3.988	3.330	2.856	2.500	2.222	2.000	26
27	3.990	3.331	2.856	2.500	2.222	2.000	27
28	3.992	3.331	2.857	2.500	2.222	2.000	28
29	3.994	3.332	2.857	2.500	2.222	2.000	29
30	3.995	3.332	2.857	2.500	2.222	2.000	30
31	3.996	3.332	2.857	2.500	2.222	2.000	31
32	3.997	3.333	2.857	2.500	2.222	2.000	32
33	3.997	3.333	2.857	2.500	2.222	2.000	33
34	3.998	3.333	2.857	2.500	2.222	2.000	34
35	3.998	3.333	2.857	2.500	2.222	2.000	35
∞	4.000	3.333	2.857	2.500	2.222	2.000	

◎討　論

在眾多的可能採用的「方案」之間，應該如何進行次一步的篩選？

習　題

5-1. 某項工程作業中需使用管道。如果採用 18 吋管，則設置成本為 210,000 元，每年操作費用為 67,000 元；如果採用 24 吋管，則設置成本為 320,000 元，每年操作費用為 38,500 元。安裝使用七年後拆除，管道之殘值為原來設置成本之 50%。如果投資利率定為 8%，請問應採用那一種管道？（95,567 元；82,031 元）

5-2. 某塑膠公司宣布製成兩種新型瓦材，以十平方公尺為計算單位，甲種之價格為 2,635 元，保用十五年；乙種之價格為 1,850 元，保用十年。安裝時工資及副料同樣皆需 1,200 元。現有某建築商考慮採用，假定市場利率為 8%，請比較採用那一種較為經濟？（457 元；461 元）

5-3. 工廠中之蒸氣管外必須以絕緣材料裹覆以防熱量損失。據估計：蒸氣管如果沒有絕緣裹覆，每一吷管長每年損失約值 30 元。如果予以一吋厚之絕緣則可使損失為 89%，但其代價為每吷管長 0.96 元；如果予以二吋厚之絕緣則可使損失為 92%，但其代價為每吷管長 2.04 元。假定絕緣材料可供十五年之用，拆除時所需工資略而不計，暫以廠內全部蒸氣管長 1,000 吷，市場利率為 8% 計算。試建議絕緣厚度何者較為經濟？

5-4. 某學校擬建築一座運動場看臺，營造廠建議兩種方式如下：
甲案：鋼筋水泥建造，建造費 3,500,000 元，每年保養費約 20,000 元。
乙案：木造，其中以泥土填實，建造費 2,000,000 元；以後每三年油漆一次需 100,000 元；每十二年更換座位需 400,000 元；每三十六年全部木造部分拆除重建需 1,000,000 元。其中泥土部分假定不變。

現在，試以利率 5% 計算，在永遠使用的情形下，何者較為經濟？

（196,330 元；167,360 元）

5-5. 李先生準備以一項專利授權某公司製造。在合約中，該公司同意在為此一新發明推廣市場之四年，每年酬謝 10,000 元；其後之八年，每年酬謝 50,000 元；最後在合約十七年中有效期間的剩餘五年，每年酬謝 20,000 元。李先生考慮一下以後，又想一次賣斷。如果市場利率為 7%，請問該公司最高出價若干？

5-6. 有一個永久性的工程建設，現有兩個方案可供選擇：一個是一次完成，另一個是分

期完成。

一次完成者需一次撥付 1,400,000 元，此後每年維持費用為 120,000 元。

分期完成者需一次撥付 800,000 元，十五年以後再支付 1,000,000 元。

前十五年每年維持費為 100,000 元，以後，每年為 150,000 元。

試以投資利率為 5% 計算，比較這兩個方案的永久性「資本化成本」各為若干? 那一案較為經濟?

5–7. 某企業準備興建一座大廈。計畫先造三層樓，過幾年以後再加三層。營造廠提出兩個方案來供選擇:

第一案: 以 4,200,000 元建築一座標準三層樓。

第二案: 以六層樓的標準興建至三層時暫停，費用為 4,900,000 元。

以後再予增加高度時，第一案需要 5,000,000 元，第二案需要 4,000,000 元。房屋壽命定為六十年，到時殘值為零。另外假定在六十年中，第二案之保養費低於第一案 10,000 元; 其他各項支出，兩案相同。

如果以年利率 3% 為準，請問為了選擇第二案，最好是在什麼時候增加高度? 如果年利率為 12%，又如何? (二十年; 三年)

5–8. 某一機器價值 22,000 元可用十八年，最後殘值可得 2,000 元，每年保養操作費用 5,000 元，以利率 12% 為準，求其現值若干?

5–9. 有一投資系統，投入部分: $n=0$ 時，14,000 元; 產出部分: $n=1$ 時，2,000 元; $n=2$ 時，4,000 元; $n=3$ 時，6,000 元; $n=4$ 時，5,000 元; $n=5$ 時，8,000 元。試求其投資收回率。

5–10. 某君以儲蓄 80,000 元，投資某事業三年，收回 104,300 元。問其投資收回率為何? 普通複利及連續複利計算之差異如何?

5–11. 某計畫之原始投資為 120,000 元，估計其二十五年以後之殘值為 20,000 元; 平均每年之收益為 25,900 元，平均每年之費用為 15,060 元。試求投資收回率為若干?(8%)

5–12. Y 方案需立刻投資 50,000 元，估計在二十年中每年可收益 20,000 元，估計每年之費用為 12,500 元。

X 方案需立刻投資 75,000 元，估計在二十年中每年可收益 28,000 元，估計每年之費用為 18,000 元。

假定，兩方案在二十年後皆無殘值，請問各別之投資收回率如何? 又如果投資於 X，則此 Y 方案所需額外投資之收回率如何?

(14%; 11.9%; 7.8%)

5–13. 某公司冷氣工程中擬裝用強力循環水泵一具，使用年限同為二十五年。現有兩種廠牌可供選擇:

M 牌: 價格為 2,550 元，每年所費電比 T 牌多 60 元;

T 牌：價格為 3,000 元，全年用電費用為 2,200 元。

假定皆無殘值，問如果選擇 T 牌，則額外投資之收回率如何？

5-14. 某卡車貨運公司除辦理運輸外，並自行保養卡車。該公司經理由管理上著眼，全部採用同一廠牌卡車，每車以 145,000 元購得後，使用五年即以 40,000 元賣出。根據經驗知道，其保養費第一年需要 3,000 元，以後每年增加 2,000 元。現在試求相當於每年等額支出之情形時為若干，假設利率為 10%，全部現值又為若干？

5-15. 操作及保養某種機器每年之費用，按一年 300 元而遞增，第一年即需 2,200 元。購買時之價格為 4,800 元。四年後之殘值為 1,400 元；五年以後之殘值為 1,000 元。試以 10% 為利率標準，比較究應使用四年抑為五年較為經濟？(3,827 元；3,845 元)

5-16. 某製造廠準備購置一座無心磨床。全新機器要 1,200,000 元。而且，每年之操作費用為 830,000 元，保養費每年 40,000 元，並且每增一年增加 10,000 元。使用十二年後，尚可賣得 400,000 元。另外一種較老式的二手貨則要 500,000 元，每年之操作費用為 920,000 元，保養費每年 600 元，並以每年 150 元遞增，十二年後殘值為零。試以 3% 及 10% 利率計算其「年金」及「現值」，作一比較。並畫出「現值」與「利率」之間關係的曲線。

5-17. 有兩種不同廠牌之曳引機，甲牌價格 250,000 元，乙牌 400,000 元，壽命相同皆為十二年，但乙牌報廢後退回原廠另購新機時可作價 100,000 元。每年之操作使用費，甲為 55,000 元，乙為 40,000 元。每年保養費甲為 25,000 元，乙為 12,000 元。如果一般投資利率為 10%，試以每年之支出為基準比較兩種曳引機何者較為經濟節省？

5-18. 茲因某種需要擬蓋搭一臨時性建築供九年使用。第一種需款 90,000 元，但因使用一部分鋼筋混凝土，故在九年後拆除時尚需花 30,000 元，九年中每年油漆保養費 8,000 元。第二種在興建時需 130,000 元，但將來僅花 10,000 元即可拆除。每年之保養費用估計為 3,000 元。試以利率為 12%，比較兩者孰為經濟？

5-19. 興建一工程，計畫在十年內可以完成。工程開始時應即投資 10,000 元，五年後再需 15,000 元，十年後再需 20,000 元。今洽妥由一銀行貸款投資。全部貸款按年利率 8% 計算，然後在二十年中另行均勻攤還銀行。請問每年應向銀行繳款若干？

5-20. 某企業年終結賬，收益為 17,500 元，估計其一年來之贏利率為 9.2%。問該企業全年資金折算於年初時應為若干？

5-21. 大華公司裝置機器一部，在簽約時付款二分之一，三年後再付清。機器壽命十八年，如果市場投資利率為 8%，茲以第十八年年末為計算標準，問該機器至少應為大華公司賺取若干元，方有裝置之價值？

5-22. 已知在 $n = m$ 時，企業資產總值為 Z，如果該企業之平均獲利為 12.3%，不計折舊，問在 $n = h$ 時 $(h < m)$，該企業之資產總值為若干？

5-23. 某君獨資建設遊樂園一處，每年投資 70,000 元，共計四年；直至第九年年初時無

意經營，出讓給某乙，市場平均利率為10%，請問某乙最多應出價若干？

5–24. 某公司於民國九十年一月一日起向某銀行貸款，分期支用，每年一次，每次 55,000元，一共八次，建廠完成後，再分十期攤還，每年攤還等額。現在銀行貸款利率為 4.5%，預定自民國一百一十二年十二月三十一日還本，問每次攤還若干？

5–25. 某君在其長子剛滿一歲時又得一子，於是到銀行為兩子存入教育費 60,000 元，訂明於其子滿十七歲時即可支取，兩人所得相等。如果銀行存款利率為 11%，問兩子每人各可得若干？

5–26. 某工廠租用一種設備，每年租金 10,000 元，租期十五年。該廠現擬將十五年之租金，按市場利率 4% 之條件一次付清。請問一次應付款若干？

5–27. 某種工業設備在購置時可分兩期付款，交貨時付 P_1。n 年後再付 P_2 $(P_2 > P_1)$；此項設備每年所需之操作及保養費為 n；其使用壽命為 $2n$。現在如果要將之與其他設備作一經濟比較，請問此項設備之現值為若干？

5–28. 某一經濟活動，其到期之收益與成本狀況如下表：

年　末	收益（元）	成本（元）
0	0	4,000
1	800	600
2	1,800	600
3	2,200	400
4	1,600	200

假定市場利率為 6%，試計算其價值。

　　a.利用年金法。

　　b.利用現值法。

　　c.利用資本化成本計算法。

　　d.其投資報酬率如何？

　　e.畫「現值‧投資報酬率」曲線。

5–29. 某煤礦可以 1,870,000 元購得。估計該礦尚可供開採十五年，每年可有收益 180,000元。假定十五年後產權殘值不計，試問此項投資之報酬率如何？

5–30. 某鄉村每年皆遭受水患，平均每年損失估計約為 70,000 元。據估計為避免以後再有水患，應修築土堤等約需 250,000 元，由水利會按年利 8% 貸給。此外鄉公所每年支付定額保養費 2,000 元。如此，請問該一土堤至少能使用幾年方才值得投資？

5–31. 某工場中，甲乙兩座機器之間半成品數量相當大，原來利用小平板車裝運。某公司建議採用小型輸送帶，每具 2,400 元，可用一年。甲機器每小時使用成本 15 元，操作技工工資每小時 21 元。此外，本來推拉小平板車的工資每小時 18 元可以完全

節省。裝置輸送帶以後，甲機本來 1.7 分鐘產製一件，可以增快為 1.6 分鐘一件。假定一年以 260 日計，每日以 8 小時計算，試計算投資報酬率。

5–32. 某機械工廠自行設計並製造特種車床一座，價值 750,000 元。估計可使用二十年，每年可以節省生產成本 105,000 元。如果該車床二十年後無殘值，則其投資收回率如何？事實上，該車床使用六年以後，以 200,000 元出讓了，如此，其投資收回率又如何？

5–33. 某廠中一技工建議在其機器上增加一個設計，則每件產品的製造成本可以節省 0.6 元，該一設計需費 6,000 元，以後每年尚需 300 元。假定該機器每年生產 35,000 件，市場利率為 7%，則該設計至少應使用幾年？

5–34. 搭蓋一間臨時倉庫約需 8,000 元，但一拆即毫無價值。假定每年倉儲淨益為 1,260 元，則：

  a.使用八年的話，其投資報酬率為若干。

  b.如果希望投資報酬率為 10%，則該倉庫至少應使用若干年方才值得投資？

5–35. 新世紀建設公司需要貯木場所。甲案：按每平方尺 5.20 元立可取得 240,000 平方尺；六年後投資 18,000 元，並按同樣單價可以再取得 60,000 平方尺。乙案：每平方尺 5.10 元立可取得 300,000 平方尺。假定，六年後地上建築全無價值。此外，稅捐保險等雜支每平方尺 0.06 元，市場利率如為 6%，請問應選擇何案較佳？

5–36. 某機構考慮安裝生產線一條，產製某種特殊用品。預計：使用壽命八年，現在 ($n=0$) 簽約付定金 100,000 元，一年安裝完成，那時付 2,000,000 元，以後每年維護費 120,000元（年底支付）。試按年利率 6% 計算：

  a.全案以圖解表示如何？

  b.全案現值若干？（$n=0$ 時）

  c.全案實際付款（資本投資），洽妥由某銀行直接付給廠商。機關編列十年預算，自 $n=0$ 開始，每年均勻連本息還給銀行。每年應付若干？

  d.另外，有一家租賃公司前來洽談，建議該機構不必購買，改向他們租用同樣的設備，自己不必維護，簽約付 50,000 元，一年安裝完成以後，每年初付租金 260,000 元，永久使用；或者使用三年後由該公司拆除，則每年付 850,000 元。兩種方式，那一種比較好，為什麼？

5–37. 太空電子製造公司每年需要特製的紙箱 1,000 個，以供包裝大型發射管。紙箱按每個 0.35 元自市場上採購。另外，太空公司每年尚需 0.40 元一個的紙箱 200 個，供包裝麥克風。公司為求降低成本起見，預備以 300 元購買切紙箱的設備一套，製作發射管紙箱的模具需要 150 元，製作麥克風紙箱的模具需 200 元。現有兩種方式可以考慮：A 案，購置機器以後，自己僅做發射管紙箱；B 案，兩種紙箱全由自己製作。有關之成本資料如下：

資料項目	A案	B案
估計壽命（年）	12	12
估計殘值（元）	45.00	55.00
每年保養費	6.00	7.00
每年所需牛皮卡紙	10.00	12.00
每年製作發射管紙箱工資	35.00	35.00
每年製作麥克風紙箱工資	–	20.00
年利率	6%	6%

    a. A, B 兩案是否可以比較？

    b. 兩案如果可以完成同樣任務，試以年金法比較之。

    c. 試建議其他可行的方案。

5–38.　玫瑰工業公司負責人參觀工業展覽會，發現一種新型機器,該機器定價 200,000 元。協議以後可以分期付款，辦法是先付 20,000 元，其餘按年利 4% 五年等額五次還清。如果一次以現金付款，則對方願意以 180,000 元成交。請問可以使得兩種付款方案等值的利率條件如何？

5–39.　某建築物之外牆，估計每年損失熱能 2,060 元。牆上如果敷設一層絕熱劑，需費 1,160 元，其效率為93%，另外一種絕熱劑需費 900 元，其效率為89%。假定利率為10%，如以八年計算，請問應敷設那一種絕熱劑較為廉宜？

5–40.　S 型發電機之放射熱損失，每年約為 3,100 元。以 A 法絕熱，效率為 60%，需費 1,700 元；以 B 法絕熱，效率為 55%，需費 1,300 元。試以十年為期，年利率 8% 計算應以何法絕熱？

5–41.　林氏木材公司標得林場一區急待開發製材。現有可以完成同一目標的投資方案兩個。第一案：開闢一條直接運河，林場原木可以直接漂到鋸木廠,此案需費 2,500,000 元。第二案的內容是連結小運河及附近幾條溪流，使原木漂流到鋸木廠，需費 1,000,000 元。此外，必需的吊車及運材設備等需 750,000 元，十年後的殘值為 250,000 元。每年雜支包括工資、保養費、電費、保險等等共為 70,000 元。所有建設估計可用三十年，屆期無殘值。年利率 6%。

    a. 按年金法比較兩案。

    b. 按現值法比較兩案（以三十年為基準）。

5–42.　奇妙化學工業公司為其精煉廠擬設置水塔一座。高塔式水箱需費 820,000 元；如將水箱裝在附近小山頂上，則包括供水管道在內需費 600,000 元。兩種方式估計壽命同為四十年，無殘值。不過，將水箱裝在小山頂上時，尚需裝置水壓泵一套，需費 60,000 元，估計使用二十年後可得殘值 5,000 元，水泵每年所需工資、電力、修理、

保險等約為 5,000 元。市場利率每年 5%。

    a.試以現值法比較兩種供水方式。

    b.試以年金法比較兩種供水方式。

    c.試以其資本化成本比較兩案。

5–43. 中央山脈某處可供開發水力以供發電,現在的問題是要決定水壩的高度。因為水壩的高度決定可以利用的水深。由於選定壩址各地的標高不等,工程部門提出的建議案有三。三案中壩高各別為 173 呎、194 呎和 211 呎。各別的工程預算是 18,600,000 元, 23,200,000 元以及 30,200,000 元。發電容量以最小流量設計。最小流量為每秒 990 立方呎。發電功率的關係是 $[(h \times 990 \times 62.4) \div (550 \times 0.75)]$ 馬力,其中 h 為壩高呎數。每年每一馬力之價值為 310 元。發電廠及其附屬建築物的成本,約為 1,800,000 元,另外按每一匹馬力 340 元計算。現為方便起見,假定水壩、建築物、發電設備等可用四十年,居期殘值不考慮。水壩的每年支出之保養費、保險費、稅捐等假設為初次投資的 2.8%。發電廠的每年支出為其初次投資的 4.7%。另外,無論水壩多高,每年管理費用相同,皆為 380,000 元。試求:

    a.水壩三種高度的投資報酬率各如何? 又每次增加水壩高度之邊際投資報酬率如何?

    b.如以年利率 10% 計算,決定最適宜的水壩高度。

5–44. 造船廠的鼓風機需要一臺 100 匹馬力的大馬達。現有兩種廠牌的馬達可供選擇,其有關資料如下:

資料項目	三 Q 牌	YY 牌
價格(元)	36,000	30,000
壽命(年)	12	12
殘值(元)	0	0
效率(1/2 負載), %	85	83
效率(3/4 負載), %	90	89
效率(100% 負載), %	89	88
每年使用小時(1/2 負載)	800	800
每年使用小時(3/4 負載)	1,000	1,000
每年使用小時(100% 負載)	600	600

每〔千瓦小時〕功率成本為 0.3 元。每年支付之保養費、稅捐、保險等為其初次投資之 1.4%。年利率 5%。

    a.試以年金法比較兩種馬達之成本。

    b.較貴之馬達其額外支出之報酬如何?

5–45. 在某公司賬冊上發現如下之數字,試求其投資收回率約為若干?

年　度	現金（流出）或　流　入	
0	$(77,000)	
1	22,000	
2	18,000	
3	21,000	
4	20,000	
5	17,000	
6	19,000	
7	18,000	
8	26,300	(19.99%)

5-46. 有一工程公司正考慮一項資本投資，其原始之一次支出為 20,000 元（略去投資減稅額），每年稅後現金淨收入預期為 14,000 元。這種情形假定可繼續十年，現在採用直線折舊法，並假定殘值為零，試求此項投資之投資收回率為若干？

第六章
資本收回與折舊

第一節　折舊的發生

在工程經濟所研究的問題中，有不少是涉及如何選擇機器及設備的。而機器及設備等在成本會計上所謂的「固定資產」，所謂的「資本」或「資財」，是企業中一項財產。不過由於實質上的原因，機器設備等在使用中逐漸磨損；即使不使用，也可能由於潮濕、風吹、日曬等原因銹蝕腐壞。或者是由於功能上的原因，由於技術更精良的新穎機器出現，現有的機器效率較差，相形之下，價值自然漸減，甚至於立刻被棄之不用，而以新式機器更替 (supersession)，出現了所謂的設備「陳廢」(obsolescence) 的問題。因此實際上所有的「固定資產」，都有一定的使用年限。此外，由於企業本身之膨脹擴展，也能使現有的機器廢置，而更換新型大型自動化機器之可能，出現了原有機器設備「不適用」(inadequacy)的情形。

因此，我們必須採取某種方式，將原來的資產成本逐漸轉作「費用」，公平而合理的將之分攤於使用該資產的期間中去，俾能符合實際狀況。這樣，**將固定資產的成本於其使用期中轉作費用的辦法，在會計學上稱之為「折舊」(depreciation)**；其每期中所轉為費用支出之金額，稱為「折舊額」，有時即簡稱為「折舊」。就實際意義來看，就是「年金」

因此就理論上來說，某項機器或設備於其全部使用年限中，折舊額累積之總和，應該恰與該機器或設備之原來價值相等。

我們在上一章中論及「資本收回率」時並未考慮到「折舊」；可是「折舊」很顯然的應該是「資本收回」中的一部分。換一句話說，企業經營之結果必須大於「折舊」，才有盈餘。(當然，尚有其他費用和成本！我們暫時略而不談！)

就物質觀點而言，折舊是由於自然磨耗及腐蝕！就投資的觀點來看，希望

有一個合理分配的成本回收；如從決策管理的立場來看，則認為折舊全然是為了可以屆時更新。無論就那一種不同的立場來看折舊，都認為折舊額之提列與物質在實際上的磨耗並無直接比例之必要。

總之「折舊」是每年的一筆固定支出，其金額有時每年相等，也有每年不相等；但是，無論如何，在性質上來說，「折舊」與我們以前介紹過的「年金」非常相似。

因為，這是一種重要的論點，涉及到「折舊」與「年金」的基本觀念。而且，在工程經濟所研究的問題中，其數據資料有大部分是來自會計數據。所以，我們應該對於「折舊」有相當之認識不可。當然，仍以在工程經濟的觀點上所見者為限。

第二節　折舊的計算

根據上面所說，折舊的過程是相當複雜的；所以，其計算也是一件相當麻煩的工作。但是，又因為「折舊」之攤銷直接影響到企業盈餘中，所應繳納所得稅稅額之高下。所以過去在「折舊」之攤提上出現種種怪現象：例如，盈則提，虧則不提；先決定了股利以後再提列折舊；國家稅法上規定得明白者則提，稅法上未有交代者則不提。因此，折舊究應如何計算，許多國家都在「所得稅法」中予以硬性規定，至於理論上應該如何如何僅在書本中討論而已。

根據我國「所得稅法」第五十一條之規定，固定資產之折舊方法，以採用「平均法」、「定率遞減法」或「工作時間法」為準則。各種固定資產耐用年數，依財政部頒「固定資產耐用年數表」之規定。

又「所得稅法施行細則」第四十八條：固定資產之折舊方法：

㈠採用**平均法**者，以固定資產之成本減除殘價後之餘額，按固定資產耐用年數表規定之耐用年數平均分攤之，計算其每期折舊額。

㈡採**定率遞減法**者，以每期固定資產減除該期折舊額後之餘額，順序作為各次期計算折舊之基數，而以一個一定比率計算其折舊額。

㈢採**工作時間法**者，以固定資產成本減除殘價後之餘額，除以估計之工作時間總額為每一單位時間所應負擔之折舊額，再乘以各期所使用之工作時間，為各該期之折舊額。但估計之工作時間，不得短於固定資產耐用年數表規定之耐用年數。

上面施行細則第四十八條第一款中所謂的「平均法」在會計學教科書中稱之為「**直線法**」(Straight-Line Method)。是各種折舊計算的方法中，最簡單與最普遍的一種。如果，以 P 代表固定資產之成本，並以 L 表殘值（在「所得稅法」中稱殘價），n 表使用年限；則每年之折舊額 d 應為

$$d = \frac{P-L}{n} \qquad\qquad ㉜$$

施行細則第四十八條第二款中所謂的「定率遞減法」(fixed-percentage-on-declining-balance method) 所計算者，則在資產使用期間，早期的折舊，應多於後期。因為，新置的機器其效率高，所以早期應分攤較多之折舊。尤其是在今日工業技術突飛猛進的時代中，資產「陳廢」的或然率愈來愈大，企業家們亦切望於能夠盡速的將資本收回。於是出現了「加速折舊」的辦法。採用「定率遞減法」可以實施「加速折舊」。定率遞減法中首先應計得其「**定率**」。

以 P 表示固定資產的原始成本，f 係以小數點表示之「定率」（固定的折舊比率），n 為年數，則在 n 年末，機器所剩之帳面價值，應為 $P(1-f)^n$，如果，最後之價值即為殘值 L，則

$$L = P(1-f)^n$$

故 $\quad f = 1 - \sqrt[n]{\dfrac{L}{P}} \qquad\qquad ㉝$

顯然的，公式中 L 不得為零。因此，在計算時即使沒有殘值，仍得假設一個極小的數字來計算，但是因此影響 f 極大。這一點是這個方法中的缺點。所以，在美國的稅法中，有一項補充規定，在使用期限的一半之內，可以攤銷約為三分之二的成本。

現在我們試以數字實例說明「定率折舊法」如下表。假設某項設備價值 6,000 元。其每年之折舊及帳面價值按一「定率」計算如下：

$$1 - \sqrt[8]{\frac{400}{6,000}} = 0.28711$$

也許有些讀者會從此聯想到「先有雞抑先有蛋」的詭辯，上面例子中，「定率」0.28711 是利用殘值 $L = 400$ 計得的，而帳面上的殘值卻是利用「定率」，$f = 0.28711$ 計算得來的。其實我們是先自逕行假定一個殘值為 400，代入公式算出 f 值，再一一計算每年的「折舊額」。

「**工作時間法**」(Working-Hours Method) 是將機器設備的「使用年限」用實際的「工作時間」來表示。因為，在實際上，工廠中同樣的兩座機器由於在

年	帳面價值×定率	折舊額	折舊累計	帳面價值
0				6,000.00
1	6,000.00×28.711%	1,723.00	1,723.00	4,277.00
2	4,277.00×28.711%	1,228.21	2,951.21	3,048.29
3	3,048.79×28.711%	875.51	3,826.72	2,173.28
4	2,173.28×28.711%	624.09	4,450.81	1,549.19
5	1,549.19×28.711%	444.87	4,895.68	1,104.32
6	1,104.32×28.711%	317.12	5,212.80	787.20
7	787.20×28.711%	226.06	5,438.86	561.14
8	561.14×28.711%	161.14	5,600.00	400.00
	合　計	5,600.00	殘　值	400.00

整個生產程序中，位置之不同，其任務輕重也可能不同；如果，以同樣的「年數」來作為計算折舊之標準，很可能一座機器已經磨損至相當程度，而另一座機器幾乎是完整如新。在這種情形之下，按年度用「直線法」折舊就不大合理。因此，我們在本法中改以「工作小時」來說明機器之壽命。

例如：某一座馬達之成本為 20,000 元，估計運轉三萬小時後之殘值為 2,000 元，則每運轉一小時之折舊，應為

$$(20,000 - 2,000) \div 30,000 = 0.60 \text{ 元}$$

然後，每年再根據實際工作小時數乘以此「折舊率」，即得每年之「折舊額」。

但是，使用本法計算折舊時，如果歷年工作時間之總和，不能與預估之工作時間相等時，對於企業之損益結算，頗有影響，尤其相差過大時，影響更大。應如何處理，請自「會計學」中深究。

◎參考資料

我國「所得稅法」中與折舊有關的條文

第五十一條　固定資產之折舊方法，以採用平均法、定率遞減法或工作時間法為準則。上項方法之採用及變換，準用第四十四條第三項之規定；其未經申請者，視為採用平均法。各種固定資產耐用年數，依固定資產耐用年數表之規定。但為防止水污染或空氣污染所增置之設備，其耐用年數得縮短為二年。各種固定資產計算折舊時，其耐用年數，除經政府獎勵特予縮短者外，不得短於該表規定之最短年限。

第五十一條之一　營利事業新購置之乘人小客車，依前條第一項規定計提折舊時，其實際成本，以不超過財政部規定之標準為限。前項小客車如於使用後出售或毀滅廢棄時，

其收益或損失之計算，仍應以依本法規定正常折舊方法計算之未折減餘額為基礎。

第五十二條　固定資產經過相當年數使用後，實際成本遇有增減時，按照增減後之價額，以其未使用年數作為耐用年數，依規定折舊率計算折舊。

第五十三條　固定資產在取得時，已經過相當年數之使用者，得以其未使用年數作為耐用年數，按照規定折舊率計算折舊。固定資產在取得時，因特定事故，預知其不能合於規定之耐用年數者，得提出證明文據，以其實際可使用年數作為耐用年數，按照規定折舊率計算折舊。

第五十四條　固定資產在採用平均法折舊時，有殘價可以預計者，應先從成本中減除殘價，以其餘額為計算基礎。採用平均法預留殘價者，其最後一年度之未折減餘額，以等於殘價為合度；如無殘價者，以最後一年度折足成本原額為合度。採用定率遞減法者，其最後一年度之未折減餘額，以等於成本十分之一為合度。

第五十五條　固定資產之使用年數，已達規定年限，而其折舊累計未足額時，得以原折舊率繼續折舊，至折足為止。

第五十七條　固定資產於使用期滿折舊足額後毀滅或廢棄時，其廢料售價收入不足預留之殘價者，不足之額得列為當年度之損失。其超過預留之殘價者，超過之額應列為當年度之收益。固定資產因特定事故，未達規定耐用年數，而毀滅或廢棄者，得提出確實證明文據，以其未折減餘額列為該年度之損失。但有廢料之售價收入者，應將售價作為收益。

第五十八條　固定資產之耐用期限不及兩年者，得以其成本列為取得、製造、或建築年度之損失，不必按年折舊。

所得稅法施行細則

第四十八條　固定資產之折舊方法

一、採平均法者，以固定資產成本減除殘價後之餘額按固定資產耐用年數表規定之耐用年數平均分攤，計算其每期折舊額。

二、採定率遞減法者，以固定資產每期減除該期折舊額後之餘額順序作為各次期計算折舊之基數，而以一定比率計算其折舊額。

三、採工作時間法者，以固定資產成本減除殘價後之餘額除以估計之工作時間總額為每一單位時間所應負擔之折舊額，再乘以各期所使用之工作時間，為各該期之折舊額，但估計之工作時間不得短於固定資產耐用年數表規定之耐用年數。

第四十八條之一　營利事業為防止水污染或空氣污染所增置之設備，依本法第五十一條第二項但書縮短其耐用年數者，應於辦理當年度所得稅結算申報時，檢附工業主管機關之證明，一併申報該管稽徵機關核定。

第三節 償債基金法

以上所介紹的三種折舊計算方法，是我國「所得稅法」中所准許採用的。此外，計算折舊尚有好幾種方法，所謂是「生產數量法」(Units-of-Output Method)；「年數合計法」(Sum-of-the Years'-Digits Method) 等，因為並非我國法定之計算方法，本書不作介紹。

除了這些，約在二十餘年前，美國的一部分工業中，另外使用一種折舊的計算方法，所謂是「償債基金法」(Sinking-Fund Method)。雖然，這個方法已不再用於計算折舊了；但是，現在在工程經濟方面「**償債基金**」卻是一個重要觀念。

在會計學中，「償債基金」是「長期基金」之一種。原則上，是由發行債券的企業，於其「現金」科目中，按期撥出一筆數額，另行存放，不得動用，以專供日後到期償還公司債款之用。這一筆每期撥出以供償債或特定用途的金額，就名為「償債基金」。

假定某工廠的建廠基金，或者是購置某項設備的錢是舉債而來的，以後必須每年每期償還。這是「償債基金」的另一種形式。

那麼，每期應付之「償債基金」究應為若干呢? 下面就專門討論此一題目。

基金既是每年撥付的；如果，每年所撥款額相等，那麼，就是我們在前文中所討論過的「年金」了。又，如果，我們把「購買機器的代價」看成是一筆「必須償付的債款」；那麼，「折舊」就與「償債基金」有相等的意義了。「購買機器的代價」經過「折舊」完畢以後；以及「必須償付的債款」經過「償債基金」之償完以後；資本家原來所作的「投資」不是都已「收回」了嗎? 當然，除此之外，還有資本主所應得的「利益」。

下面分析中，為了敘述方便，我們借用了「折舊」這一個名詞。這個「折舊」是不符合法律中的定義的；而且，其中包含了資本主的利益。換一句話說，在下面的分析中，我們都把「利率」訂得很高。

第四節 資本收回的方式

假定有某公司準備購置某一種新穎之設備。條件為一次付清，全部代價為 P。此項設備用於生產中，其使用年限為 n 年；估計在 n 年之中，每年可以為該

公司節省 A 之支出；n 年以後拆除出售尚可得到殘值 L。如果，公司決策當局決定投資之年利率至少應為 i。那麼，請問該公司應否投資購置此一套設備？

根據上面之敘述，每年節省 A，共計 n 年；則全部 n 個 A 之「現值」，可以 P_1 表之，即

$$P_1 = A[PWF]^n \text{ 或 } P_1 = A[P/A]$$

n 年以後之殘值 L，亦可計為現值；以 P_2 表之，即

$$P_2 = L[PWF']^n \text{ 或 } P_2 = L[P/F]$$

可以圖解表示如下：

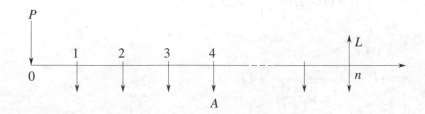

現在，令

$$P_1 + P_2 - P = \Delta$$

亦即

$$A[PWF]^n + L[PWF']^n - P = \Delta \qquad ㉞$$

上式中，如果　　Δ 為正值，表示值得投資；

Δ 為負值，表示不值得投資。

現在，我們進一步將上面的分析，稍作改變如下：

試問每年之節省 A，應大到如何之程度，則可值得該公司之投資？

令上式中 $\Delta = 0$，即

$$A[PWF]^n + L[PWF']^n - P = 0 \qquad ㉟$$

此處為計算方便，將各因子本式寫出，並稍變化如下：

$$[PWF]^n = \frac{(1+i)^n - 1}{i(1+i)^n} = \frac{(1+i)^n}{i(1+i)^n} - \frac{1}{i} \cdot \frac{1}{(1+i)^n}$$

$$= \frac{1}{i} - \frac{1}{i} \frac{1}{(1+i)^n} \qquad \left[令 \left(\frac{1}{1+i}\right)^n = V^n \right]$$

$$= \frac{1}{i} - \frac{V^n}{i} = \frac{1 - V^n}{i}$$

$$[PWF']^n = (1+i)^{-n} = V^n$$

代入原式，得

$$A\left(\frac{1-V^n}{i}\right)+LV^n-P=0$$

將式中 A 解出，即為所求之 A 臨界值。

$$A\left(\frac{1-V^n}{i}\right)=P-LV^n$$

$$A(1-V^n)=Pi-LiV^n$$

$$=Pi-Li+Li-LiV^n$$

$$=(P-L)i+Li(1-V^n)$$

$$A=(P-L)\frac{i}{1-V^n}+Li$$

$$\because \quad V=\frac{1}{1+i}$$

$$\therefore \quad A=(P-L)\frac{i}{1-\left(\frac{1}{1+i}\right)^n}+Li$$

$$=(P-L)\frac{i}{\frac{(1+i)^n-1}{(1+i)^n}}+Li$$

$$=(P-L)\left[\frac{i(1+i)^n}{(1+i)^n-1}\right]+Li$$

即

$$A=(P-L)[CRF]^n+Li$$

或 $\quad A=(P-L)[A/P]^n+Li$ ㊱

例題6.1

每年資本收回

　　某機器價值 10,000 元，十年後殘值 1,000 元，年利率 5%。問此機器每年應能賺得若干，則投資恰為不盈不虧？

解：於此 $P=10,000$

$\qquad n=10$

$\qquad i=0.05$

$\qquad L=1,000$

代入㊱式中：

$$A = (P - L)[CRF]^n + Li$$
$$= (10,000 - 1,000)[CRF]^n + 1,000 \times 0.05$$
$$= 9,000 \times 0.1295 + 50$$
$$= 1,215.5$$

當該機器每年之收益達到 1,215.5 元時，則投資恰為不盈不虧。

◎討　論

一、在上例情形中，A 實為決定投資之一點，所謂是臨界值，所謂是「盈虧平衡點」(Break-Even Point)。

二、換一個看法來說：A 即為上節所述的「償債基金法」之每年折舊額。其解釋如下：

　1. ㊱式中，殘值 L 可適用於 $L > 0$, $L = 0$ 及 $L < 0$ 之各種情形。

　2. 上例中，可將 10,000 元視為一次借款，每年均勻償還的情形。首先，將借款分為兩部分

　　$P - L = 10,000 - 1,000 = 9,000$ 及

　　$L = 1,000$　　　之兩部分。

　　9,000 之部分，每年均勻償還之，應為

　　$9,000[CRF]^{10} = 1,165.5$

　　1,000 之部分，僅須每年償付利息，應為

　　$1,000 \times 5\% = 50$。最後，可看為是機器設備之本身到期尚能「創造」出 1,000 來償付原來之借款中 L 部分。

　因此，每年之年金 $1,165.5 + 50 = 1,215.5$ 元，也就是每年的資本收回。

第五節　觀點不同的資本收回

　上節的問題中，我們也可持另一種看法：認為該項設備之價值為 P，應永遠存在，直到 n 年末拆除拍賣時為止。拍賣殘值如為 L，則可以圖解表示如下：

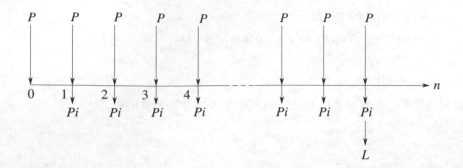

圖中可見每年之損失僅為 Pi 而已。直至 n 年末才發現損失了 $(P-L)$，此損失部分應在以前使用該設備之各年分攤之，即

$(P-L)[SFF]$；所以，每年之資本收回應為

$$A = Pi + (P-L)[SFF]^n \qquad \text{㊲}$$

將上面例題中之數字代入，可得每年之資本收回為

$$10,000 \times 5\% + (10,000 - 1,000)[SFF]^{10}$$

$$= 500 + 9,000 \times 0.07950 = 1,215.5 \text{ 元}$$

可是，又有人以為在上面的圖解之中，最後有一個 L。顯然，L 可以化為現值，令為 P'，即

$$P' = L[PWF']^n$$

此 P' 可以抵銷 P 之一部分，故真正之投資應為

$(P-P')$，而其每年之報酬應為

$$(P-P')[CRF]^n$$

故每年之資本收回應為

$$A = (P - L[PWF']^n)[CRF]^n$$

或 $\quad A = (P - L[P/F]^n)[A/P]^n \qquad \text{㊳}$

將上面例題數據代入，每年之資本收回為

$$\{10,000 - 1,000[PWF']^{10}\}[CRF]^{10}$$

$$= (10,000 - 1,000 \times 0.6139)(0.12950)$$

$$= 9,386.1 \times 0.12950 = 1,214.49 \text{ 元}$$

又，在上面的公式㊱之中

$A = (P-L)[CRF]^n + Li$ 又因為有下列之關係

$[CRF]^n = [SFF]^n + i$ 將此關係代入公式㊱之中

$$A = (P-L)\{[SFF]^n + i\} + Li$$

$$= (P - L)[SFF]^n + (P - L)i + Li$$

$$= (P - L)[SFF]^n + Pi$$

綜合之，即得公式㊲，可見公式㊱與公式㊲兩式完全相同，式中 $(P - L)[SFF]^n$ 之部分，特別名之為「攤償」(Amortization)。攤償在政府的公共建設投資中有重要意義。下一節中再予說明。

最後，資本收回尚有一種不同的看法，所謂是「直線與平均利息法」(straight-line plus average interest)。這一個方法在一九三〇年至一九四〇年間，美國企業界亦用之於計算折舊；但是，由於平均利息是一種近似的方法，當年限較長，利率較大時，其結果誤差亦較大，故已淘汰不再用於計算折舊。但仍不失為一種估計「資本收回」之方法，故介紹如下。

在以「直線法」計算折舊時，其折舊額為 $\dfrac{P - L}{n}$。

但尚應計入利息，每年應得利息如下表所示：

年　期	1	2	3	…	n
應得利息	Pi	$(P - \dfrac{P}{n})i$	$(P - \dfrac{2P}{n})i$	…	$(P - \dfrac{n-1}{n}P)i = \dfrac{P}{n}i$

表中可見每年應得利息，全都不等，乃計其平均值如下：

$$\frac{1}{2}(Pi + \frac{P}{n}i) = \frac{Pi}{2}(\frac{n+1}{n})$$

故在「直線與平均利息法」中，每年之資本收回應為

$$A = \frac{P - L}{n} + \frac{Pi}{2}(\frac{n+1}{n}) \qquad ㊴$$

試以上面例題之數值代入式中，即

$$\frac{10,000 - 1,000}{10} + \frac{10,000 \times 5\%}{2}(\frac{10+1}{10})$$

$$= 900 + 250 \times (\frac{11}{10})$$

$$= 1,175 \text{ 元}$$

第六節　投資報酬率

說明「資本收回」最普遍使用的準則，是「投資報酬率」。

前面第五章第五節已詳細說明「投資收回率」或「投資報酬率」的意義及

其計算方法。要而言之，本書的觀點一開始就強調「金錢的時間價值」；用通俗的話來說是：今天的一塊錢（在價值上）不相等於明天的一塊錢，其中不相等的那一點點差額就是「利息」。我們改用百分率來表示：每一百元應有若干元利息，就是「利率」。

所以，在整個投資系統中，使得「價值」相等的條件就是「利率」。我們也根據此一原則去計算一個投資系統中的「利率」。

但是，「利率」的觀念在實際的應用場合，由於人們主觀影響又演變出另外一些不同的意義來了。

一般我們到銀行或郵局存款，視存款期限長短我們都有一定的存款利率標準。存款到期，依約定利率付給利息。最近幾年來，貨幣市場上波動較大，我國中央銀行乃規定所有存款可以分為：機動利率和固定利率二類。無論是那一類，這仍然是「利率」。

如果我們改用不同的觀點來看：假設有一筆款項 P，投資滿一年後，變成 F 了。依利率的定義，可有

$$利率，r = \frac{F-P}{P} \times 100\%$$

的關係。可是，這個「利率」，我們稱之為「投資收回率」或「投資報酬率」。這是相對於原來的 P 來看的。

當我們面臨好幾個投資方案要作決定性的選擇時，這個「投資收回率」就變成一項很重要的決策比較標準了。投資收回率愈大的表示資本收回愈快，將來的贏利愈多。

一個投資計畫結束了，各項數字齊全，這時計算所得到的「投資收回率」當然是很正確的。不過在現實中，人們常常要在投資之前，選擇「投資收回率」最高的。這種計算就不得不利用一些預測的數字，計算所得的投資收回率就不是很確實的數字了，這種投資收回率稱為「**預期投資收回率**」(Prospective Rate of Return)。

在一個投資計畫開始之前，所有的投入產出數字都是不確定的 (uncertainties)，發生的時間也不是確定的。在這種情形之下，現代派的數量化管理學家發展出許多模式，把每一個數字、每一個時刻都用一個統計的分配來表示，制定了許多模式，可以計算某一時刻系統中款額變化大小額度若干以及發生的或然率如何。

同樣，他們根據那些模式也可估算：某項投資計畫預期投資收回率是若干，風險又是如何？那些模式涉及許多高等數學，本書不贅。不過，在本書中所要闡明的一點是，投資收回率常常是要在事先作判斷；利用高等數學制定的模式，理論上很完整，但是仍然不能供作現實世界中的判斷之用。

人們都有希望，每一個投資者同樣對於其投下的資金也有所期望，這種期望其實也就是上面所說明的「利率」。但是就意義上來說卻不是，那只是一個指標，一種心理上的，抽象的指標。經濟學上有一個概念，所謂是「機會成本」。在這裏，我們可以說，機會成本就是資本的成本；或者，說得隨便一點，就是中央銀行所規定的利率。

據實際資料，事後計算的投資收回率，算出來是多少，就是多少。多是贏利，少就是虧。

預先估計，作種種預測，事先計算得到的預期投資收回率卻是供作決策判斷用的；而且絕對要大於上述的「機會成本」才可能予以進一步考慮。

所以，同樣方法的計算所得到的是「利率」，但是其意義和應用卻不相同。

一般來說，人們有一個最低的期望，而這個最低期望一定是高於機會成本的。這種最低的期望，有一個專門的名稱是「可接受的最低收回率」(Minimum Attractive Rate of Return)，利用其英文第一個字母，簡縮為 MARR。

舉例來說，假定現在市場上一般利率為 6%。現有好幾個投資方案可以進行，一一予以詳細計算。第一步比較，其預期收回率在 6% 以下者當然不予考慮（為什麼？），其次應就決策者原定之 MARR 來作比較（為什麼？），低於 MARR 者不予考慮。最後才找到預期投資收回率最高的一案，而且要可能成功實現之機會最大的一案。

第七節　本章摘要

本章中闡明了三個名詞：「資本收回」「折舊」和「年金」的意義及其間之關係。另外又再補充說明「投資報酬率」與「機會成本」。

三個名詞之中：「折舊」雖然是會計學上所採取的一種手段；但是，其定義是受著各個國家的法律所支配的，尤其是稅法。

「資本收回」是每一個企業家所關切的，企業家所追求的就是一種能將資本迅速收回的事業；一般而論，能夠愈快收回資本的事業，企業家愈有興趣。

「折舊」僅是「資本收回」中的一部分而已，特別是在一個固定的期限中來說（譬如：一個會計年度）。

「年金」是我們工程經濟中對於每年例有的收支之稱呼，「年金」可以是等額的，也可以是有規則的不等額。在工程經濟的分析圖解上，無論是「折舊」還是「資本收回」，其形式上都是「年金」。所以，三者在計算時，可能完全相同；但是，解釋時應視實際情形而定，各有其意義。

另外要注意一點：**工程經濟的著眼點在於比較可以達到同一工程目標之種種方案間的優劣，亦即其以貨幣所表示的價值敦為經濟。**在本書第五章第二節介紹過「年金法」之如何用於比較方案。各個方案的「折舊」即使也是根據「年金法」算出來的，卻不可用於比較方案！在觀念上，這一點務必辨清。

有一點我們要特別注意的是，折舊的發生實在是基於計算稅賦之要求。站在政府的立場既不容許資本家收回資本太快，也不應該令資本家收回資本太慢；所以，政府希望折舊不可太大，資本家希望折舊不要太少。因此，折舊問題實在是立法內容中的一個課題。因此，政府的直接投資應不應該攤列折舊或者是如何計算？似乎是當前國家直接經營各種生產事業要求企業化運動中的一項有趣的問題。

本書前面第三章第四節、第五章第五節中曾詳細說明「投資報酬率」之意義及計算方法。這是一個百分率，常因使用人所持的觀點而給予不同的名稱，例如「資本收回率」「投資收回率」「投資預期報酬」等，其實質意義如一，本章末特作補充說明。國外資料很多，每本書所用名詞不一，我們不能人云亦云。

本章第五節中介紹一個名詞 "Amortization"，譯為「攤償」，只在政府公共支出時具有重要意義。字典中的解釋是「分期攤還」。究竟有什麼意義呢？願稍費文字略予說明。請參照本書前面「增訂三版序」中提及，多年前美軍曾經想協助我國把國防預算合理化。什麼是合理？什麼是不合理？舉例說明比較方便。

假定我們要生產一種大炮，於是「投資」十億元（不知道是從哪裡來的錢？）建設一座「大炮工廠」，並且規定十年收回投資（為什麼要收回投資？為什麼要十年？），於是「大炮工廠」每年要「折舊」一億元。羊毛出在羊身上嘛！所以買大炮的客戶要多付一點錢供作「折舊」。

這個例子雖然簡單但可說是非常逼真。研讀完本章對「折舊」稍有認識的人一定會被弄糊塗了。用（ ）表示的疑問就是不合理的地方；各位讀者一定還會有其他的疑問。

　　三十年來，在臺北參加美軍顧問團舉辦的講習會、在美國海軍研究院進修系統分析、在華府進入五角大廈訪問等種種機會，著者遇到專家就向人家討教這類問題。

　　答案其實非常簡單。再用一個杜撰的例子說明。

　　某市政府擬建設一座「公園」，預算要花一億元，但是市政府沒有錢，於是洽請銀行貸款。談判過程中決定：利率大小，借款分若干年攤還，攤還方式（均勻或不均勻）等條件。市議會完全同意，全案成立。以後該支付的「年金」，由市政府編預算向市議會申請償還銀行。這種「年金」就是 Amortization，與「折舊」完全是不同的兩件事。公共支出是滿足任務需求，根本不必考慮資本回收。

習　題

6-1.　請在下表中之 A、B、C 三組資料中，比較甲乙兩種廠牌之優劣，及各別之「攤償」額為若干？

6-2.　試按我國法定的辦法，計算下表中六種機器之「折舊」各為若干？

組　別	項　目	甲牌機器	乙牌機器
A	設置成本	10,000 元	7,000 元
	每年保養	2,000 元	2,500 元
	壽　命	10 年	10 年
	殘　值	0	0
	利　率	6%	6%
B	設置成本	10,000 元	7,000 元
	每年保養	1,000 元	1,500 元
	壽　命	10 年	10 年
	殘　值	4,000 元	2,000 元
	利　率	6%	6%
C	設置成本	6,000 元	20,000 元
	每年保養	1,000 元	500 元
	壽　命	10 年	10 年
	殘　值	0	5,000 元
	利　率	5%	5%

6-3.　埋於地下之煤氣管，無法避免煤氣之腐蝕而致漏氣，導致煤氣公司之損失。煤氣管之價值（包括敷設成本）為每百公尺 48,000 元，挖除更換時，廢管無殘值且需支付勞力工資每百公尺 10,000 元。

煤氣管漏氣之情形，假定僅與敷設之年數有關，根據統計結果得到資料如下表（每百公尺計）：

敷設年數	漏氣損失（元）
0～15	0
16	80
17	160
18	240
19	320
20	400
21	480
22	560
23	640
24	720
25	800
⋮	⋮

亦即，每年之漏氣損失以常數 80 元遞增。

試計算煤氣管在使用二十年或二十五年時予以更換，何者較為經濟？假定市場利率為 8%。

6-4. 茲有同為四分之一匹馬力之電動機兩種廠牌可供選擇。A 牌 1,690 元，效率為 85%；B 牌 1,420 元，效率為 82%。如果每一度電需費 0.07 元，投資利率為 10%。

a.請問每年如果使用電動機二百小時，則應選擇何廠牌較佳？為什麼？

b.如果每年使用五百小時，則應選擇何廠牌較佳？為什麼？

c.試求兩種廠牌的盈虧平衡點（每年工作小時）為若干？

d.如果不考慮各別的運轉效率，則兩種廠牌的盈虧平衡點又如何？

6-5. 甲公司購買機器一座，立即付款二分之一，其餘部分分五年均勻清償；市場利率如為 7%；如果假定機器壽命為十年，並且在十年中攤除折舊。現在，假定我們不考慮投資是否盈虧，試就此一系統作一圖解，並寫出其數學模型。

6-6. 某公司研究發展部門提出一項計畫，有兩個方案可行，分別定名為「發財計畫」和「富利計畫」，其資料如下表：

成本項目	發財計畫	富利計畫
立即投資	50,000 元	20,000 元
每年直接成本	5,000 元	10,000 元
直接成本每年增加	500 元	1,000 元
大修（五年一次）	5,000 元	（不必大修）
使用年限	20 年	10 年
殘值（大修後）	10,000 元	無

試以「年金法」比較，孰為有利？

6–7. 某學會之會員每年應繳常年會費 500 元。學會為鼓勵會員繳費起見，訂出優待辦法，規定在每年之繳費日如果一次多繳 350 元，則延長會期一年，依此類推（即，一年 500 元，二年 850 元，三年 1,200 元，……）。

　　a.如果你是會員，並且完全不考慮利率大小，請問你願意繳幾年的會費？為什麼？

　　b.如果市場利率是 12%，請問你願意繳幾年的會費？為什麼？

6–8. 現有：甲案每三年需 X 元；

　　　　　　乙案每五年需 Y 元；

　　　　　　丙案每七年需 Z 元。

　　請問應該如何比較其資本收回之大小？假定 i 已知，而 $n = \alpha$。

6–9. 某項熱能設備上應敷設絕緣材料。絕緣材料愈厚則熱損愈小但費用增加。其各項成本資料如下面表載。

　　假定投資利率為 8%，使用年限十五年，請問採用絕緣材料之厚度應為若干吋最適宜？

① 絕緣厚度（吋）	② 敷設成本	③ 每年損失熱能	④ 每年資本支出	⑤ = ③ + ④ 每年總成本
0	0 元	1,800 元		
0.75	1,800	900		
1	2,545	590		
1.5	3,340	450		
2.25	4,360	360		
3	5,730	310		

6–10. 在方格紙上，以上題表中①為橫軸，③④及⑤表為縱軸，繪成圖解。並解釋各曲線之意義。

6–11. 民國九十年購入某機器，計價 2,800 元。估計使用一段時期後將之賣出的價格，為：九十一年 2,200 元，九十二年 1,650 元，九十三年 1,200 元，九十四年 950 元，九十五年 700 元，九十六年 400 元。試以座標圖示其每年資產殘值及折舊。

6–12. 小磨床一具價值 1,600 元，估計使用六年後之殘值為 400 元，年利率為 6%。

　　a.試以各種折舊方法計算其每年折舊，以圖形表示之。

　　b.同上，但以圖形表示每年折舊後的資產價值。

　　c.每年累積之折舊總額，在同一圖上表示出來。

6–13. 年利率為 10%，試以表格方式表示每年折舊後之資產殘值。假定第一次投資 6,100 元，估計五年後的殘值是 2,000 元。（計算折舊之方法以本章中所介紹者為限）

6–14. 製冰機一架購買時付出 38,000 元。根據別人的使用經驗，此機可以使用十二年，到時殘值 2,000 元。但是，實際上使用七年以後，該機以 8,000 元出讓了。請問實

際上每年成本如何？與預期之情形相差若干？

6-15. 水泥拌和機一套價值 20,000 元，估計殘值 5,000 元，使用壽命四年。該機能量為每月平均生產混凝土漿 25 立方碼。

a. 試求每年投資成本，年利率假定為 5%。

b. 以年利率為 7% 計算，每一立方碼混凝土漿應攤收回成本若干？

6-16. 某辦公室中有一複印機，忽然壞了。估計送修的話要 2,000 元，折價退回製造廠可得 1,000 元。這部機器剛好用了一年，買入代價是 6,000 元，當時估計可以使用六年。複印機製造廠的推銷員前來建議：把此機折價 1,000 元，另外租用一部。他說：如果將此機送修的話，每年成本為

每年折舊	6,000÷6	1,000 元
修理		2,000 元
保險，稅捐等雜支		250 元
共計		3,250 元

如果租用的話，每月租金 250 元，一年 3,000 元，扣除折價 1,000 元，故只要付 2,000 元。比修理的辦法要便宜 1,250 元。你認為如何？是否另有其他辦法可行？為什麼？

6-17. 某雜誌訂有優待讀者長期訂閱的辦法：一次付款訂閱一年者 50 元，二年者 80 元，五年者 160 元。

a. 試就利率立場比較，一次訂閱兩年與兩次訂閱一年在第一次付款時之差別如何？

b. 一次訂閱五年與五次訂閱一年，又如何？

c. 二次訂閱五年與五次訂閱二年，又如何？

6-18. 某公司的新型產品中需要某種零件，編號為 4G3，估計年需量為一萬件。自行製造計每件需工 0.2 元，需料 0.1 元。製造用機器需 10,000 元，估計壽命十年，無殘值。此機器生產 4G3 每件需時 0.25 分鐘。公司當局初步擬定包括租稅保險等等在內之期望利率至少應大於 20%。

a. 公司面臨的狀況如何？

b. 年需量為十萬件或一千件，則狀況又如何？

6-19. 築路所用特種車輛上一種零件，過去的規定是每五年換新。公司新進的工業工程師覺得五年太長了，於是收集了一些資料如下：

全新零件，每件	10,000 元
五年末之殘值	1,000 元
維護費，第一年	2,000 元
爾後每年遞增	500 元
公司期望報酬	20%

a.假定對於更換年期無所謂的話，則在第一年、第二年、第三年及第四年年末之殘值各應為若干？

b.如果發現第六年年末殘值仍為 1,000 元，則如何？

6-20. 某大飯店的經理覺得為了維持商譽，擴大服務，應該興建一座游泳池。但是，增建了游泳池以後，房租不能增加。也就是說，游泳池要付出成本，而沒有收入。現在，請問這位經理決策的計量基礎何在？

6-21. 某君想要處理名下所有的一塊山坡地，面臨一項抉擇，經整理後，狀況如下：

甲案：立刻依現狀出售，每單位可得 11,000 元；

乙案：現在花費 5,000 元整平，估計明年市場看俏，每單位可得 20,000 元。

試從投資報酬的觀點，分析某君的判斷的準則。

6-22. 某著名雜誌訂有優待長期訂戶的辦法：訂閱一年 500 元，二年 800 元，五年 1,600 元。

a.問某君訂閱一個「二年期」的比訂閱二個「一年期」額外付款之投資報酬如何？

b.一個「五年期」比五個「一年期」，則如何？

c.二個「五年期」比五個「二年期」，又如何？

第七章
經濟分析的應用

第一節　概　述

　　根據本書以前各章中所述，我們知道在「工程經濟」的各項分析方法之中，「經濟分析」實在是最重要的階段。無形因素的考慮比較抽象化，而且對於高階層的決策者比較重要。至於財務分析，有時可說是另外一個問題。因此，一個工程經濟專家的全部工作中，絕大部分是計量化的經濟分析。

　　我們又知道所謂經濟分析，可以是淵源於經濟學理論對於全國的生產行為和消費行為之間的一種設計。狹義的解釋則是方案選擇之間，以貨幣為標準所作的一種衡量比較。美國不但是在企業界中普遍採用經濟分析，供作決策參考，美國國防部的國防決策卻是更早更具體的採取經濟分析的途徑來作參謀研究，因為國防支出佔用了全國最大的資源分配。他們對於經濟分析所持的看法也是偏於狹義的解釋。

　　美國國防部的解說：經濟分析之中最重要的觀念至少有三：

　　1.任務、目標以及資源之分析和評值；

　　2.研究各個可行方案之間的優先關係；

　　3.方案之中顯著影響的檢討。

　　其實這些原則應用在政府其他機構以及工商企業界同樣是正確的。總而言之，**經濟分析的目的是在於選擇一項最有利的可行方案。求其成本最低，效益最大。**

　　一九六一年美國國防部得到蘭特公司 (RAND Corp.) 的協助，大規模推行經濟分析，創出一項新的觀念，所謂是「成本效益分析」，事事講求「成本效益分析」(Cost/Effectiveness Analysis) 或者是「益本比」(Benefit Cost Ratio)。成本相同者比較其所得效益；效益相同者則比較其成本代價。這種分析，即令所

得之「效益」不能以某種經濟單位來表示，其整個過程以及其最終目的仍然是經濟分析。

本書以前各章已經介紹過，經濟分析法一般而言有三種：(1)現值法，(2)年金法，(3)比較投資收回利率。三法之中利率法應用最少，「年金法」在比較使用年限不相同的方案時最為方便，絕大多數的場合是採用「現值法」的。所以，現值法是比較重要的方法。

「現值法」一方面是得「現在」之利，人們在心理上極容易接受。另一方面對於「未來」實屬估計，究竟可靠到什麼程度是很有疑問的。矛盾之間，捨此亦別無他圖。因此，我們如果對於未來能作相當保守的比較正確的估計，那麼利用現值法分析的結果也可以得到相當程度的可靠。

但是，現值及年金兩者有時同時出現。本章爰就現值法的應用方面舉其重要者討論。例如：企業風險代價之計算 (value of risk) 及機器設備汰舊更新之計算 (equipment replacement) 等。

此外由於「工程經濟」一詞在多數學者意見中，並無嚴格的定義範圍，事實如僅就「最經濟節省的方案」而言，整個「生產管理」的所有活動都在追尋此一原則的實現。但在「工程經濟」中實在不可能兼顧所有的「經濟不經濟」的問題。本書為求讀者不致混淆起見，爰將各別「工程經濟」教科書中所介紹的特例，予以彙總作一介紹。也由於此一原因，有些學者便避免使用「工程經濟」此一名詞，而寧願採用定義比較明確的概念，稱此課程為「資本投資分析」、「生產能量之投資分析」、「設備之經濟分析」或是「生產能量之決策」等等。名稱不一，概念上大致是一致的。初學者務請特別注意，不要人云亦云。

第二節　有關生產能量的決策問題

有幾類問題是企業界所經常遇到的，其分析處理之是否得當，有的攸關當期的財務損益，有的更影響及今後的生存問題。

工程經濟的作用，前已一再提及，係以幫助決策為其主要任務之一。以上各章，也曾一再引舉實例。

現在再就工程經濟幫助決策的常見事例，作較詳細的敘述，以利了解。下面所引的實例，為方便起見，以有關製造生產工程技術的決策為中心。至於其他則希望讀者可以舉一反三，自行體會。

　　這一類有關管理決策的考慮，在成本會計學上是所謂「**資本的支出**」。資本的支出可有下列種種：

　　1. 某項產品供應之自製或向外採購的抉擇；

　　2. 計畫中新建工廠座落地點之選擇；

　　3. 倉庫中儲備物料水準之高低；

　　4. 減少勞工異動及節省勞力投資等問題；

　　5. 產品類別最有利的配合，改良現有產品及（或）增加開發新產品等；

　　6. 多種原料的挑選、組合以及其間的替代關係；

　　7. 決定大量生產，出售或繼續加工的決定；

　　8. 用於工廠擴展的投資分析；

　　9. 生產設備之更新或重置之決定。

　　下面有些說明例子中，並未將「金錢的時間價值」考慮進去。本書為求簡單易懂暫時將換算「現值」等等因子關係略去。以後在應用時，只要適當引入利息關係，引用正確的複利因子，據理修正即可。

第三節　產品之自製或購買

　　一個營利事業，或是專門以服務為目的之機構，都會經常遇到下列的問題，即其所使用的原料、零件、配件或甚至是成品，該是自製呢還是外購？自製便有資金投入與設備技術及場所的問題，外購則有成本上是否合算的問題。當然在實際決策時，牽涉的問題很多，大至經營政策、經營目標，小至生產線上生產管制、品質管制等的問題不一而足。

　　這許多的考慮，顯然不屬於工程經濟的範圍之內。我們現在僅就成本的比較上著眼。就決定自製而言，應該是價格上比外購要便宜，而且還要在投入的資金上衡量，由價格便宜而預期可能節省的成本之數，與投入的資金比較，以計算投資的報酬率可達若干？再以此報酬率來和以這筆資金作其他可能的使用所可得的報酬率作一比較，看看是不是上算？這類問題常見於「管理會計」課本中。

　　通常經由成本會計的分析，也可以上面所述的計算，比較而得那一個方案較為便宜；但該更進一步的研討，這項便宜和這項資金供作其他的運用相比較，是否真的上算。據美國管理顧問師奧蓀費特和華金士 (A. R. Oxenfeldt & M. W. Watkins) 兩人在一九五六年發表的研究報告稱：美國企業界在自製和外購問題

上，由於僅作成本的比較，而且由於所計列的成本數字不正確，以致每年在這上面不但沒有得到節省的結果，反而多耗費了數億美元❶。此一報告當時在美國企業界引起很大回應，許多專家評為重要發現。不幸的是，重蹈覆轍者迄今比比皆是。學者不妨注意報章雜誌，不難找到實例。

在實施成本比較時，尚應該注意的至少有下列數點：

為自製而購置的設備，其折舊的計算，應以主要設備的**擬用年限**為主。其他一切隨主要設備而添置者，如果耐用年限本來低於主設備，當然仍照其耐用年限；如果是超過的，便要改照主設備的擬用年限。注意，此外所謂的**擬用年限**，是很難估計的，要看計畫的原則。例如一部機器，就耐用來說，可用二十年。現在自製的主要原因是為了零件衛星工廠供應不濟，本廠卻亟需零件以製成品，不得不行自製。預計明年供應商增加設備，便可源源供應。那麼這部機器的擬用年限，便該只是一年而不是二十年。

擬用年限一經確定，則有多少設備成本該歸入計算，便可隨而決定。如果這設備在擬用年限之後還有其他的使用價值，則應該估計其剩餘價值，再從整個資產成本內減除。可是如果所製的是原料或零件，以供製造成品之用，那麼最後的成品才是問題的中心。此時自製設備的擬用年限，自然便須跟著最後成品的命運而預計了。

第二點，一般成本會計的理論和實務，在作這方面問題的比較時，總是認為固定成本不受影響。事實上，自製既然是增加了作業的分量，往往會牽涉到固定成本，尤其是管理費用的增加，此點應予密切注意。

其次，一般的比較，對於利用現有的設備、人力與時間、空間等各項，都認為是提高效用而不增加費用的良策，認為不使用也仍需負擔這許多的設備使用費和這許多的薪工與租金。可是問題常需進一步研討，那多餘的設備、人力、時間與空間，正如資金一樣，同樣是一種可用的資源，可能尚有多種利用的計畫，究竟那種為宜？如果不作此用而作他用，則應該按照**機會成本**的原則去計列成本。作其他用途的成本，恰恰是不作此用所犧牲而不克實現的利益。

最後一點，一般在自製成本的估算上，常常估計得極不準確，或者忽略了好些攸關的成本。例如對於所用的原料與人工，沒有估及物價上漲及市價變動

---

❶ 見二氏所著，*Make or Buy, Consultant Reports on Current Business Problems*, 1956, Mc-Graw-Hill Book Co. 出版。

的趨勢。又如在購置設備的成本內，沒有列入運費和裝置等費。在應否自製的問題上，估算錯誤的影響很大，尤其在涉及大量的投資時，因為投入的資金變成了**沉沒成本** (Sunk Cost)，要賴有利繼續進行自製以回收。同時，成本如果少計，自製所獲的貢獻金額偏大，算出來的投資收回率便高，很可能將不該自製的計畫，因為錯誤而高估了投資收回率，竟然予以實施自製。

所謂沉沒成本是一個有關決策的概念。有人譯稱沉入成本，不妥。其意義是指老早已經支付的代價，今後無論決策如何與它無關。是沉沒不是沉入。換句話說，決策只須考慮眼前和未來，過去的讓它過去罷！例如，為了代步而買一輛腳踏車，用了一段時間覺得應該買一輛機車。這時決定要不要買機車與腳踏車無關。腳踏車的花費是沉沒成本。

假定某公司發現一種市場需求，準備租用一套製造設備生產供應需求。製造設備有甲乙二種系統可選，代價如下表：

每月租金	生產每一單位之每月操作費用
甲系統　8,000 元	30 元
乙系統　3,000 元	80 元

假設生產 X 件時甲乙二系統之生產總成本剛好相等，故

$$8,000 + 30X = 3,000 + 80X$$

解出 X，X = 100 單位，所謂是盈虧平衡點。

該公司預測業務量不足 100 單位，故採用乙系統。因使用乙系統之總成本較低。不料數月後，業務量達到 200 單位。為求降低成本，公司考慮改用甲系統，如將原來支付乙系統之 3,000 元一併考慮，則

使用甲系統之成本 3,000 + 8,000 + 30X

使用乙系統之成本 3,000 + 80X

二者相等之 X = 160 單位，業務量遠大於 160 單位　故應改用甲系統生產。

如果討論決策時不考慮已付出的乙系統 3,000 元，則

使用甲系統之生產成本 8,000 + 30X

繼續使用乙系統之成本 80X

二者相等之 X = 160 單位，盈虧平衡點不變。故應改用甲系統生產，決策與原來支付無關。所以，是否要改變生產系統應就現在狀況判斷。

現在假定上述問題全都予以顧及，試舉一實例於下：

例題7.1

某某公司所製的示波器，其映像管頸部夾頭原係外購。現在其供應商通知：每隻價格自明年初起將增為 500 元。採購部門預測該價格每二年可能增 6%。總經理囑研究宜否自製，該公司對投入資金所希望未課所得稅前的報酬率，為資金的 20%。茲將有關的資料列後：

(1)成本會計部門根據明年生產計畫，測知明年將需映像管頸部夾頭五萬隻；預計今後四年，第一、二年將年增五千隻至五萬五千及六萬隻，第三年估計仍為六萬隻，至第四年則將減少為五萬五千隻。

(2)如決定自製則為生產映像管頸部夾頭，需要二架塑膠壓鑄機。已知有二架二手貨，可以每架40,000元之價購得及運達裝就，性能良好尚可以耐用五年。二架機器的產量減去機器調整等正常休閒時間及減除所產不合用品，估計每年產量可達七萬隻。超過本公司需要量之數；但所製成之零件又無法外售，因各家規格不同。

(3)經使用該機器試車的結果：知明年生產時，所需塑膠粉之成本每隻將為 400 元，預計此項成本，每二年將增 5%。

(4)此二機器，需添用工人五名，五人工資及有關福利費用合計一年共為 11,000 元，此類工人的人工成本增加率，據估計為年增 5%。

(5)間接人工成本每年固定 7,500 元，年增 5%，變動成本每隻 0.05 元。故間接人工成本計為 10,000、10,625、11,268、11,681、11,865

(6)其他費用之增加將如下數：

	全年固定成本（元）	每隻變動成本（元）
電　　力	30,000	0.60
機器修理	70,000	0.4
模　　子（每年累增）	42,000	0.2
保　　險	9,000	－
物　　料（每年累增）	41,000	0.3

(7)自製所佔的廠房空間，照廠長的估計，若作他用，可值 80,000 元一年，而且每年略增。

解：根據上項資料，可列表計算如下：（假定現在是九十年）

	九十一年	九十二年	九十三年	九十四年	九十五年
估計所需隻數	50,000	55,000	60,000	60,000	55,000
估計每隻購價（元）	500	500	530	530	562
估計購入時之成本（千元）	25,000	27,500	31,800	31,800	30,910
估計自製之成本（元）					
塑膠粉（千元）	20,000	22,000	25,200	25,200	24,255
直接人工	11,000	11,550	12,128	12,735	13,372
間接人工	10,000	10,625	11,268	11,681	11,865
電　　力	60,000	63,000	66,000	66,000	63,000
機器修理	90,000	92,000	94,000	94,000	92,000
模　　子	430,000	430,000	450,000	480,000	500,000
保　　險	9,000	9,000	9,000	9,000	9,000
物　　料	56,000	61,000	66,000	66,000	67,000
場地使用損失	80,000	85,000	88,000	88,000	92,000
合計（千元）	20,746	22,762	25,996	26,027	25,104
估計成本可省額（千元）	4,254	4,738	5,804	5,773	5,806
估計投資收回率	0.2050	0.2081	0.2232	0.2218	0.2313
五年平均投資收回率			21.788%		

計算所得結果，五年投資之平均投資收回率為21.788% 大於預期之20%，故值得投資自製。

第四節　建廠地點之選擇

工業工程科系中有一門課程叫做「**工廠佈置**」。「工廠佈置」由選擇建廠地點開始，再論及工廠內部的佈置問題。有些學者以為「選擇建廠地點」與「內部布置」可以看成兩件事，前者應考慮經濟不經濟的問題較多，後者是生產的技術問題較多。因此在「工程經濟」中討論「選擇建廠地點」是順理成章的，而且如以不同地點作為一方案，則「選擇建廠地點」其實仍是方案比較的「工程經濟」問題。

美國工業管理專家雅士恩 (L. C. Yaseen) 曾報告稱：在美國有許多工業，其製造成本及運銷成本上的出入，可僅因地理的關係而有上下 10% 的變化。這些成本的出入，主要在於兩類原因，即(1)廠址靠近原料或顧客，(2)所在地區的特點，例如供用的電源、氣候、工資、建築費、稅率、交通設施等❷。

❷　Leonard C. Yaseen 著，「工廠位置」*Plant Location*, 1965, American Research Council 出版。

選擇廠址理當顧及上面的因素，可是應該顧及的因素還有很多，政治、社會、種族、文化等等，莫不有其對今後成本與發展的影響。通常是就可能建廠的地址，先作概略的比較，將基本條件不佳者刪去，然後留下數處作進一步比較。在一般情形之下，每以運費及人工成本的出入為大，因此初步的分析比較，不妨即以此兩項作為基本。

例題7.2

某化妝品公司組織完成，準備擇地建設工廠。原有地點多處現經多方研討後，決定僅就甲乙兩地在成本上再作一比較。兩地在運輸費用上的出入如下：

項　目	估計全年運量 公斤數	平均每百斤運費		估計運輸費用	
		甲　地	乙　地	甲　地	乙　地
進料運費：					
原料 1	1,400,000	2.10	1.40	29,400	19,600
原料 2	700,000	6.20	6.80	43,400	47,600
原料 3	500,000	8.10	7.30	40,500	36,500
合計（元）	2,600,000			113,300	103,700
成品運出：					
至東經銷區	1,056,000	6.50	3.50	68,600	37,000
至南經銷區	256,000	1.10	2.10	2,800	5,400
至西經銷區	192,000	8.30	5.00	15,900	9,600
至北經銷區	288,000	12.60	7.80	36,300	22,500
合計（元）	1,792,000			123,600	74,500
運費共計（元）				236,900	178,200

上表顯見以乙地設廠為宜。

現在再看人工成本的比較如下表：

項　目	預計全年 工　時	每小時工資		估計人工成本	
		甲　地	乙　地	甲　地	乙　地
直接人工：					
切片	20,800	2.48	2.60	51,600	54,100
整理	52,600	1.95	2.10	102,600	110,500
配合	24,400	2.15	2.30	52,500	56,100
研磨	23,000	2.32	2.45	53,400	56,400
加副料	16,000	2.10	2.30	33,600	36,800

加香料	13,900	1.86	2.00	25,900	27,800
暫存	11,300	2.10	2.30	23,700	26,000
包裝	6,800	1.95	2.10	13,300	14,300
直接人工合計（元）				356,600	382,000
間接人工：					
材料搬運	27,100	1.40	1.48	37,900	40,100
檢驗	20,000	2.00	2.10	40,000	42,000
維護	12,800	1.95	2.20	25,000	28,200
收貨及儲存	36,200	1.44	1.58	52,100	57,200
警衛及清潔工等	18,500	1.40	1.50	25,900	27,800
辦事人員	26,600	1.50	1.65	39,900	43,900
間接人工合計（元）				220,800	239,200
人工成本共計（元）				577,400	621,200

上表顯示乙地因接近大都市，人工成本於是較高。

假定除了上述之運費及人工以外的其他各項成本，也已逐項分析得到結果，便可彙總而作如下的比較：

成本項目（元）	甲　地	乙　地	說　明
運輸費用：			
進料	113,300	103,700	
成品	123,600	74,500	乙地近主要銷區
人工成本：			
直接人工	356,600	382,000	乙地人工較昂
間接人工	220,800	239,200	乙地人工較昂
福利費用	84,900	87,700	乙地人工較昂
租金	10,000	12,000	乙地租金較高
稅捐	14,000	12,200	乙地稅捐較低
電力	21,500	14,300	乙地電費頗廉
水、電、暖氣	13,600	9,400	乙地公用服務頗廉
合　計（元）	958,300	935,000	
乙地每年可省（元）		23,300	

兩相比較，各有短長綜合，而以乙地為廉。

不同方案間的優點與缺點互作比較，有時毫無關係，有時彼此矛盾。像上面這種表示方案與方案間的差異關係者，可以採用一種稱為「傾向分析」(in-favour-of analysis) 的方式來作比較。

有的時候，為令好幾個方案便於比較起見，可以採用一種並列比較的表格，其格式如下：

因素說明	方　　案				有利於			
	A	B	C	D	A	B	C	D

表中有利之情形，例如：

　1.投資額較小者，

　2.收益額較大者，

　3.操作保養等費用較小者，

　4.無形因素之有利者，等等。

　　表中以每一方案內之各項因素一一說明，可以寫為投資額、每年費用、每年收益，或種種無形因素等，分別與標準或相互比較，在有利之情況下作✓記號。最後提供決策者作決策參考。

第五節　最經濟存量問題

　　減低存量，不但減少營運資金的需要，而且減低積存過多及過時而不適用的風險，減少自然耗蝕的損失，以及減低存貨儲存保險等的費用，向來為企業界所重視。對這問題，以往通常是訂定最低存量，然後按產與銷的預測，而變動上下。近十年來利用數學技術以控制存量，已為流行的實務，亦為「作業研究」(Operations Research) 中的一個重要課題。

　　在研討存量問題時，通常考慮三大因素：

　1.最低存量有多少，以免缺料缺貨，影響生產和營運？

　2.購料時一次該購多少，最經濟合算？

　3.生產時一次該製造多少為最經濟？

　　最簡單的估計，是以原料的存額等於每次購入量的一半；以成品的存額，等於每批製造量的一半。理由請參考存量管理專書。

　　在決定最適宜的材料存量時，其主要有關的成本有兩大類。一類是採購及進行製造時的準備與處理費用，諸如運費，訂購材料的費用，進貨發票的處理費，以及材料進得少而致每批製造時的準備費用增加、材料存得少而致每批製造時對於材料的準備，而需增加策劃的費用；萬一市場缺料需另以他料替代，

則又增加熟悉新材料性能以利操作而減少損耗的費用。另一類是材料的存儲費用，包括收料、檢驗、存料的陳廢耗蝕、料庫佔用空間的費用，材料紀錄的費用，各種存儲與搬運設備的折舊、保險、稅捐，以及資金攔於存料之內所應負擔的利息等。

　　材料儲存費用，一般約為材料成本的 15% 至 25%，下表是美國機械鑄造公司 (American Machine & Foundry Co.) 的實況，一九五九年由美國管理學會發表。每一元材料，其每年的存儲費用高達 24.25%，計為：

存儲設備	0.25%
保險	0.25
稅捐	0.50
用品	0.25
搬運處理	2.00
損耗	3.00
陳廢	5.00
利息	5.00
資金不能移作別用的損失	8.00
合　計	24.25%

　　上表中可見：最大的損失是資金利用上的機會成本，共達 13%，其次是陳廢、損耗，共達 8%，在這兩項上，如果特別留意，便可減少存儲費用。所以在存量控制上，對於貴重的存料與材料總價（單價乘數量）較大的物品，須特加注意；對於易於損耗、陳廢的材料，也特別多加留意。

　　我國企業界有些對於材料成本未作深入了解，常以材料本身價格視作成本，因為我們在倉儲設備方面投資不夠，儲存料常有損耗發生，美國既有 24% 之儲存費用，我國的情形應在 24% 以上。

　　在計算存料的**應屬成本 (Attributable Costs)** 時，須注意兩點：第一點是應該只包括**可免的成本（Escapable Costs，一稱 Eliminable Costs）**，許多與存料的多少並無出入的成本，是**無關成本 (Irrelevant Costs)**。例如料庫的折舊，不論存不存料，存多少料，都需折舊，便與存量無關。如果收料進貨驗料存倉保管搬運的人工，不論材料的存多與少，一樣照支月薪，則也是無關成本。可是，如果料庫不堆存料可以移作別用或出租，材料管理人員與搬運工，不辦材料的

事，可以派作別用，那麼這一部分便是可免的成本，應該歸入計算工資比較了。

第二點是利息或資金報酬問題。應計的利息，一方面該按照機會成本的概念研究，如另作別用則可能有多少合理的資金報酬，另方面這應該是對實在因存料的超量而增多的資金來計算。同時，有的資金並不能移作別用，例如某公司用銀行的購料貸款來購存材料，在這筆貸款並不影響該公司的舉債能力時，則正常情形之下，應該不牽涉到這筆購料資金的能否移作別用的問題。反而，可能因而使自己原來籌措的購料資金，可以騰出來以作更有利的運用。所以關於這項成本的計算，務要切合實際的情形。如果有的存料是自己製造的，而存料成本的計算已經包括折舊和分攤入的管理費時，則在計算投入存料的資金時，應該把這些先行減除。

材料存儲所耗費用之大，容易使管理控制人員，對存料的數量傾向較低。可是存得太低，又會影響生產和營運。正確的缺料統計，對於估計爾後缺料可能的損失和決定存量，很有幫助。

例題7.3

某公司所使用的一種材料，其去年每週的存量和發生缺料情形，經統計如下表所示：

① 每週存量 （件）	② 週　數	③ = ① × ② 存量彙計	④ 缺料次數	⑤ = ④ / ③ 缺料次數佔總 計存量的 %
1,000	3	3,000	30	1.0
2,000	11	22,000	22	0.1
3,000	12	36,000	10	0.03
4,000	13	52,000	5	0.01
5,000	8	40,000	2	0.005
6,000	5	30,000	1	0.003
合　計	52		70	

這時如果算出平均每次缺料的損失金額，則更便於分析參考。

材料並不是隨缺隨補的，因為還要考慮到購進材料時的有關費用，估計一次購進多少，最為節省。對於計算最經濟的採購量 (optimum order quantity)，現在有許多的公式，其中通用甚廣而較為簡單的一個公式是：

$$Q = \sqrt{\frac{2RS}{KC}}$$ ㊵

式中，Q　每次採購件數，經濟採購量

　　　R　每年用量，如果是供出售的產品時，則為當年的銷量

　　　S　每次訂購的費用，如果自製，是每次安排製造的費用

　　　C　每單位的成本

　　　K　材料的存儲費用佔材料成本的百分比

假定甲公司有一種材料，每個進料成本為 30 元，存儲費用為材料成本的 15%，每次購料的費用需 700 元，全年需用該料八千個，假定平均存料適為進料的一半，則可計算如下：

① 購料次數	② = 8,000 ÷ ① 每次購料量	③ = ① × 700 購料費用	④ = ② × 30 ÷ 2 × 15% 存儲費用	⑤ = ③ + ④ 合計成本
1	8,000 件	700 元	18,000 元	18,700 元
2	4,000	1,400	9,000	10,400
3	2,667	2,100	6,000	8,100
4	2,000	2,800	4,500	7,300
5	1,600	3,500	3,600	7,100
6	1,333	4,200	3,000	7,200
7	1,143	4,900	2,600	7,500
8	1,000	5,600	2,200	7,800

照上面看來，全年所需的八千個，以分五次採購為宜。

如果代入上面的公式，則 $R = 8,000, S = 700, C = 30, K = 15\%$

$$Q = \sqrt{\frac{2 \times 700 \times 8,000}{30 \times 15}} = 1,581 \text{ 個}$$

即不必如上列表，便可利用數學關係得到比上表更為精確的答案。實際採購時，可逐行訂購一千六百個。

在作這一類問題的分析時，要留意下列數點：

第一、存儲的費用，安排製造的費用和購料的費用，都是不易估算的，不但廠與廠間不同，在材料不同時，其費用亦大不同。例如貴重的材料，保險費和照管的費用高，體積大的材料，搬運費和所佔的空間大，規格複雜的材料其採購的費用便多。因此必須隨時注意客觀情況而留意計算。

第二、採購時每有數量上多購則價廉或折扣的優待，運費上整車和零擔也大有不同，都當顧及。但多購時影響資金的調度與儲存的空間，物價及生產，每有季節性的變動，也應顧到。

　　第三、有時在公司方面訂有政策性的決定要多儲或少儲，這時多儲或少儲的實際影響，正是就存量問題作研究時的良好資料，咸宜予以慎重分析。

　　自「作業研究」興起後，「存量理論」本為其中一章，多年來學術上鑽研之結果，「存量理論」的發揚更見廣大。本書僅就「工程經濟」的觀點略作窺望，詳細請讀者另行參考「作業研究」及「存量理論」等專門書籍。

　　一九七○年代，「豐田生產方式」出現，倡「無存量」理論。上面介紹觀念係就「物料」本身尋求經濟；豐田則是以整個汽車工業著眼，物料散置在衛星工廠，要多少，隨時送多少。不多要，是其經濟觀點。一九九○年代，日本豐田汽車公司進一步實施「無下腳廢料之生產」，經濟觀點真是高瞻遠矚。

第六節　最經濟的產品組合

　　任何企業中可能運用的資源、人力、物料、機器、時間、營運資金、廠房大小、倉儲容量、……等等是有限度的。因此必先計畫設法在有限的資源供應狀況下，獲取可能得到的最高利益。

　　同樣，一個國家在國防上可能運用的資源也是有限度的，兵源人力有限；武器裝備國防經費有限。所以國防上有許多問題也屬於此同一類型。大至國防戰略上的部署，小至個別任務部隊的兵力結構之檢討。

　　一九四七年，美國有一位空軍少校譚錫西 (G. B. Dantzig)，他原是一個數學家，利用「線型代數」解高次方程式為美國空軍解決了一部分類此的問題，他發明了一套數學上的技術，特別名之為「線型規劃」(Linear Programming)，已為「作業研究」中主要課題，本書不作詳細的介紹。且舉一例說明其方法，以及與「工程經濟」的關係。

例題7.4

　　有一家機械製品廠，現有設備，不足應付客戶的需要。該廠製造 A、B 兩種產品，情形如下表中所示：

	A 產品			B 產品		
	每件所需工時	每小時工資率	直接人工成本	每件所需工時	每小時工資率	直接人工成本
壓型部	0.20	2.50	0.50	0.25	2.50	0.63
截切部	0.80	2.00	1.60	2.00	2.00	4.00
銲接部	0.10	2.25	<u>0.23</u>	0.20	2.25	0.45
合計（元）			<u>2.33</u>			<u>5.08</u>
售價		15.00			30.00	
變動成本						
直接人工	2.33			5.08		
其他變動費用	<u>6.67</u>	9.00		<u>6.92</u>	12.00	
利益（元）		<u>6.00</u>			<u>18.00</u>	

從上面的情形看來，B 的獲益貢獻大於 A 三倍。可是每種產品，都要經過三個加工部門，每一部門的生產限制如下：

部　　門	產能，小時（按工時計）	最大產量，件數 A	B
壓型部	1,100	5,500	4,400
截切部	4,800	6,000	2,400
銲接部	650	6,500	3,250

　　各部生產能量分別除以每件所需的工時，便得各產品單獨在一部門所可生產的最大產量。本例在「線型規劃」上，是一種相當簡單的情形，可以直接用圖解法來求解。請看下圖（下頁）。

　　上面每一個加工部門生產能量的限制，已在圖上繪成一條直線。A 的最大產量，就是 B 等於零時產 A 之數；B 的最大產量，就是 A 等於零時之數。所以在圖上便可為每一加工部門得到二點，連結此二點為一直線，各線相交，同時可以符合三個條件的便是可能的兩種產品配合之數。圖中可見是在一個多邊形內。這多邊形的角，是有利點的所在，現在有 a, b, c 三點，從數學來看：最為有利的答案，該是三點中的一點。本例題的答案，是不產 A 而單產 B 二千四百個。如果用有方格的座標紙繪圖，我們可在圖上迅速讀出答案。如果要用方程式來解答，則每一條線就是一個直線方程式，另外再加上一條代表所得利益的目標線又稱「目標函數」。本圖雖有三條線，可是對目前的生產能量而言，有關的只是壓型部和截切部兩線而已。

　　就 abc0 四點構成的多邊形而言，與生產能量有關的是 , b, c 三點。這三點一為 b 點，

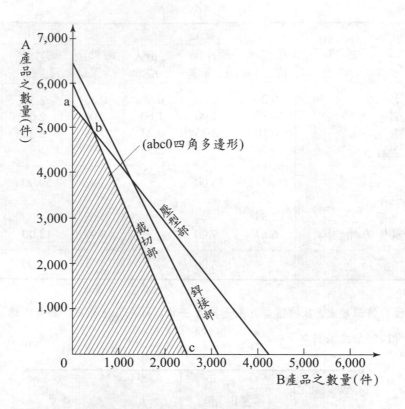

是產製 A 5,000 個及 B 400 個，其獲得利益貢獻為

$$5,000 \times 6 + 400 \times 18 = 37,200 \text{ 元}$$

　　一為 a 點，單產 A 五千五百個，其利益只有 33,000 元；而 c 點則單產 B 二千四百個，獲益 43,200 元，比單產 A，或其他 AB 各產若干的配合，都要獲利多些。讀者可以自行試算。在目前產能的限制之下，沒有比單產 B 二千四百個的方式更有利了。這裏可注意的是：

　　1. B 的獲益大，因而該多產 B。就目前生產能量的利用來說，讀者自行試算一下以後，當可明白。因為圖上明顯示出，在要多產 B 時，以每單位而論，受截切部的限制。截切部的產能，產 B 要花 2 小時，產 A 花 0.8 小時；因而少產 B 每小時可多產 A 2.5 個。然而 B 每個的獲益貢獻是 18 元，而 A 每個的獲益貢獻是 6 元，因而 A 2.5 個只有獲益貢獻 15 元。在這情形之下，不產 B 而改產 A，如從可能得之利益方面來講，便不划算了。

　　2. 單產 B 的結果，截切部的生產能量雖已充分利用，但其他兩部的生產能力，則空閒很多。這時如果要擴充產能提高產量，便該首先擴充截切部。

　　3. 生產過程中，有一部門需擴充生產能力時，其方式通常有擴充設備，日夜加班，及由他商承辦供應此一部門的不足等方式。後二方式比較不需增加固定成本的投資，有的情況像勞工充裕而機器設備適於日夜加班操作的，則宜予加班；但通常加班時的工資，較正常時間為高。由他商供應而解決截切部生產能力不足的困難，則截切部對於生產能力的限

制便可解除。

本例，如果截切部的生產能力問題可解決，能夠提高供應，則等於圖上只騰下銲接部和壓型部兩條直線。那時候，最有利的情形，是生產 B 產品三千二百五十個，所獲利益最大。因為不產 B 時雖可改產二個 A，但二個 A 的貢獻，只有 12 元，抵不上一個 B 的貢獻。

一個「線型規劃」的問題必須具備幾項特性，問題才能成立：

1. 明確的目標——就企業上的問題來看，目標為謀求最大的利潤抑或是最小的成本。此一目標必須以函數形式明確表示；

2. 資源供應有限——企業藉以達成最後目標所必須利用的資源，例如人工、機器、原料、時間等都是有限制的。此種限制關係應明確表示。一般是以代數不等式形式表示；

3. 可以評估的經濟價值——所有與目標及限制條件有關的變數，應可換算為貨幣，俾能對整個問題評估其經濟價值；

4. 各種變數不得為負數——線型規劃問題中所有的變數都取其正值，可以為零，但是不得為負值。因為，負數在線型規劃問題中是沒有意義的；

5. 線型的關係——此點已如前述，像前舉各項生產能力之例。一切變數之變化假定是成正比例的，在圖解中便描得直線。如果是曲線的話，另有「非線型規劃」的更進一步分析技術可以應用，本書不贅。

第七節　未來風險的探討

在今日所謂動態的工業社會中，企業家投下資金利用各種工具方法提供某種產品或勞務，達成其在市場上保持存在的能力，稱為「市場性」(Marketability)，市場性的確保是極為重要的。雄踞暢銷首位的市場性，很可能由於新穎產品之出現而立刻遭受淘汰。

但是，所謂動態的工業社會其本質就是一個不斷以技術創新、競爭不讓的社會。為了能夠存在，而且，能夠進一步的發展，企業當局除了積極創新之外，並無捷徑可循。所謂，保持現狀即是落伍；落伍衰退之結果，被別人擠出行列，只有被消滅。

積極創新固然是維持生存的唯一辦法；但是，積極創新並不能保證一定成功。企業家們儘管是面對著可能失敗的危險；仍然要竭力的推陳出新，因為捨此別無他圖！這一點也正是動態的工業社會的特質。

現代化的工業，在考慮向市場上推出一件商品時，除了對該項商品本身要作相當多的分析研究，另外對於可能的市場也要做相當多的調查研究。等到決

定正式生產，也必須先行建造工廠，安裝機器設備、訓練技術員工、經過試車、試造、試銷以後才能開始考慮生產該一商品；這是所謂「生產的迂迴性」。從籌備建廠直到產品問世，必須經過相當長的一段時間；產品開始上市出售，期望能將建廠的全部投資收回，又需經過一段更長的時間；這是所謂現代化工業的「遲效性」。

現代企業對於費用的觀念，實不應僅限於目前之現在，凡屬未來可能發生的風險所致的費用支出，也應包括在內。因此，即令企業中所設置的設備是今天最新式的；但是，在這項設備尚在使用的延續期中，就會因為有更新的設備之問世而告落伍，所謂是「陳廢」「棄置」(obsolescence) 狀況之出現。此外，所生產的商品在投資未收回的期間，其市場性更隨時可能被新的競爭性商品所奪取，扼殺銷售。

所謂天有不測風雲，未來之數無法確知；上面所談的觀念，用現代化計量管理的術語來說，就是因為我們處於「不確定的狀況」(under uncertainty)，人生所面臨的現實社會，對於未來一切都是不確定、不確實的！

為求補償種種未來可能發生的損失，除了由現在的收益來彌補之外，別無他圖；這是為了應付未來的風險損失，以謀維持企業繼續生存所必需之支出款額，在會計學上通稱為「未來應計費用」(accured expense)。這些費用在意義上應該包括下列各項，但是，有些尚未得到一般的承認，尤其是影響到贏利分配應納稅負。但是在「工程經濟」中，決策是指向未來，因此列入考慮是必要的。

一、為防備意外而保留的盈餘

為了防備企業中的意外事件而保留一部分盈餘，稱為「保留盈餘」(retained earnings appropriated for general contingencies)，作為企業營業純益中，除了「法定公積」之外的一項「保留盈餘」，早已為管理會計界人士所認識。這一類保留盈餘是將企業由經營獲利之一部分中，繼續儲存而不作股利分發，萬一意外發生，可有充分資金，以應善後與復原之需。例如，颱風損害、存貨跌價損失，以及「自保險」等。所謂「自保險」(Self-Insurance) 是指有些企業，體系龐大，資產繁多，自行保險，即可節省相當費用。(參見本節「案例研討」)

像這些「保留盈餘」應為多少，方為合理呢？當然，這個問題本身不夠具體，無法肯定答覆。我們應就「保留盈餘」中個別的項目單獨檢討。現代化管理科學中有許多技術專門應付這一類問題，尋求所謂「最適宜」的解答 (optimal solution)，本書不贅。

二、生產力耗減

　　無論任何企業中，生產設備一經使用便漸趨損壞，必須隨時汰舊換新，否則生產無法繼續。所以，會計學家們都主張在當期費用之中，提列「折舊」。關於折舊的理論，本書另闢篇幅專論。但在人力資源方面，企業中也應有汰舊換新之措施，以維持人力生產之持續。這個問題不僅是企業界的，而且是整個現代社會上的重要課題，牽涉到國家的人口政策、工業政策、經濟環境的變遷、整個教育以及民間工業訓練方面的許多課題。人力資源管理也變成越來越重要的課題。

三、設備陳廢

　　技術上的創新可能突然出現，生產設備的變成陳廢是無法預測的；處在劇烈的技術創新的競爭時代中，舊設備即使仍可使用，企業當局只好忍痛毅然捨棄更新，追求更快、更好、更精巧的設備。人力資源亦與機器設備一樣，員工之技術水準如不能夠順應時勢予以不斷訓練提昇，難免亦趨向陳廢。所有支出費用，顯然應予列計。

四、市場之喪失

　　現有的一項工業產品究竟能在市場上流通多久？什麼時候將因新製品之出現而遭受淘汰？這也是無從預測的。例如：電子收音機取代了電晶體收音機，電晶體收音機代替了真空管收音機，人造纖維代替了棉織品，發光二極體取代彩色電燈泡，這些都是最明顯的例子。最好的對策是不斷的以新產品開拓市場。換一句話說，這是對抗風險的辦法；那麼其當期支出的費用，是為了防備未來損失的。

　　任何一種產品進入市場後有所謂「生命週期」(Life Cycle)（或稱壽命週期），意指一件商品開始進入市場，漸漸成長，成熟而鼎盛然後衰退的整個時間過程。此一週期各種產品不同，處於不同的市場其變化也不同。

　　一般情況，一項工程設施或產品其生命週期始自需求分析、決定需求量、設計規格、執行施工或製造、使用、維護直到停止使用或報廢。各個階段皆有必要實施工程經濟的分析。

　　產品介入市場之初期，銷售量小，獲利極低，但支出各項以促進推銷之費用卻很大。等到市場上對此產品漸漸認識，獲利機會增大，並且繼續增大至完全成熟期，便進入衰退期。

　　眼光遠大的企業家，要在前一種產品未到達成熟頂點時，便要「適時」推

介出另一種新產品來取代，並且設法永遠佔有最大的獲利機會。現實世界中，有時等不到「適時」，市場上卻突然冒出黑馬，把原來秩序弄得大亂。

以上整個過程中，必須面對的風險，無法一一深究，有興趣的讀者請詳「市場學」或「行銷策略」之類專書。

五、研究發展

針對上面所說的防止市場性之喪失，除了開拓新市場之外，尚有可行之辦法就是研究發展。可是，研究發展的成果是很難以確定的，其研究成功的機會不定。可是企業仍不得不投下巨額費用，向那成果極不確定的創新工作挑戰。這也是為了將來，今天所必須支付的代價。

美國，其總公司座落在加利福尼亞州中部史丹福大學附近的「惠普公司」(Hewlett Packard Co.)，專門生產高級精密的電子儀器，其創辦人之一是擔任董事長的派卡 (David Packard) 先生，在一九七一年應聘出任美國國防部次長主管「研究發展」。他說過一段話，切中時弊，一直為美國三軍以及企業界奉為圭臬，鐫成銅版，懸掛在辦公室中。派卡先生說：

「最浪費資源的事莫過於為了一項發展，花了成億的金錢以後，得出一個答案來說，我們對於該一發展並不需要。」

案例研討

漁業界推行自保險

高雄市漁業界因鑒於我國保險業對漁船保險費率過高，承保範圍太狹，現已由漁業界自行成立「臺灣區漁業災害互助聯保小組」，推定高雄市漁業鉅子蔡文玉等九人為值年幹事，提存現金 1,200 萬元存放貸款銀行，作為銀行直接處分保管基金，並公決所有曾投漁船保險者，將自六十年九月一日起一律退保。

漁業人士蔡文玉等於五十九年四月二十八日正式具文呈請財政部核准由漁業界自辦「漁業災害互助聯保小組」辦理漁船保險分保業務，並請准予試辦三年，如經財政部核准，預計將由二百零六艘漁船首先投保，其所呈理由有五：

一、保險業對漁船保險承保條件苛嚴，保費昂貴，以一百噸鐵設新漁船為

例，每船全年應納保費 15 萬元，一般漁業公司所付之保費，均佔全部費用15%，加重生產成本，妨礙漁業發展，使漁業界有不勝負擔之苦。

二、承保條件苛嚴：如一百噸鐵殼新漁船，每噸作價 3 萬 3,000 元，不足實際造價，國外保險公司則每噸按 4 萬元承保，並可加一成作為漁獲利益。國內保險對漁具每船限制不得超過 10 萬元，且只保六成，但國外則可按實價十足投保。

三、保費昂貴：超過法定計算公式，按規定船體險預期損失率為65%，賠款特別準備金5%，兩項共計70%，自五十年至五十七年，共收漁船保險費 2 億2,664 萬 5,000 元，賠款 1 億926 萬 9,000 元，損失率為48.21%，按計算公式折算，現行漁船費率，應降低31%，方符合上項標準，保險業雖於五十八年初降低保險費率，但其降低方式卻對數量少之遠洋大漁船降低較多，而對數量較多的中型漁船，則降低尚不足一成。

四、損失統計：不盡可信，漁業界曾以二百多艘漁船自行統計，八年來所領賠款數，尚不足已繳保費之四成，且不知是否包括理賠費用及他費用在內，所列損失數字費絕非漁業界實際領到之數目。

五、與國外保險比較，二百噸以下鐵殼新漁船，國內保費最低為 2.65%，最高達 3.96%。但國外僅 1.25%～1.5%，相差達一倍至一倍半。

（資料取材自臺北市各大日報）

第八節　避免風險的代價

上面列述了企業所面臨的種種未來風險，此外尚有一般保險公司所承保的各種風險。這種未來風險對企業來說是一件「意外事件」，這樣一件「意外事件」的代價是多少，我們的確很難以預測。不過，我們總希望能夠算一算，尤其是在支付一筆預算用以防止將來的某種意外事件之時更為必要。這一個問題固然是企業成本中之一環，是工業安全中的一個課題，也是工程經濟分析中應該加以考慮的。

現在，我們利用一個簡單的例子來開始討論，如何計算未來風險之代價。

假定，每一個人在一年之中必須投擲兩粒骰子一次。如果，出現的是雙陸，那麼必須付出 1,000 元；其他花色都不必破費。現在，請問如果年利率為 6%，他現在應該支付出若干元，可以避免今後十年中的損失？

就長期來說，雙陸出現的機會是三十六分之一。假定，有無限多的人都有同樣的情形；那麼，就統計學的理論來說，在一些人之中，每年不幸必須破費的人數，當在總人數的三十六分之一附近。

遭遇不幸的這些人，每人必須付出 1,000 元來，損失重大。因為，每人都有同樣遭遇不幸的機會；於是，大家聯合起來，每年每人出一點點錢，替每年中不幸的人償付，這樣的話，當遇到自己遭遇不幸時也可減輕損失。

就理論上說來，每人每年只須繳納 $1/36 \times 1,000 = 27.77$ 元，即可支付會員中不幸者之損失了。

所以，令人損失 1,000 元的這一個意外事件之代價是每年 27.77 元。十年之中，每年償付 27.77 元之一次現值為

$$P = 27.77[P/A]^{10}$$
$$= 27.77 \times 7.36$$
$$= 204 \ 元$$

此處，204 元也可看成為某君投保十年意外險 1,000 元之保險費。

如果，對於一個希望無限期永遠避免此意外事件的公司來說，則應一次付出

$$27.77 \div 0.06 = 463 \ 元$$

參考前面第五章第四節中有關永久使用的計算。

例題7.5

保險費之估計

某公司計畫建造新式大型倉庫一座，不知道是否應該在倉庫中裝置自動噴水的滅火設備。

假定，倉庫及其中貨物希望投保火險美金 25,000 元，保險公司表示如果沒有自動噴水設備，則每年保費 110 元；如已裝有自動噴水裝置，則每年保費只要 60 元。

自動噴水滅火之設備包括安裝費用共需 1,300 元，估計其壽命為二十年。如果市場利率為 6%，請問如何分析此一問題？

解：該公司之安全工程師們估計，倉庫如果發生火災的話，公司之損失（包括應變措施，臨時租倉費用等）將為保險額之二倍以上。故此，他們認為由於安裝自動噴水滅火設備以後，每年所節省的保險費是 $110 - 60 = 50$ 元，應該加倍計算，看成是 100 元才妥。

現在，一次付清之安裝代價是 1,300 元，壽命二十年，換句話說，每年為了節省 $2 \times 50 = 100$ 元，所付出的代價

$$1,300 \times [A/P]^{20} = 1,300 \times 0.08718$$

$$= 113 \ 元$$

現在，我們的問題是每年可以〔節省〕100 元與每年願意〔付出〕113 元的比較了。

◎討　論

上面例題中，至少有二點值得特別注意：

1. 專門的職業知識相當重要。究竟真正發生火災後之損失為若干其預測涉及高等或然率，而且與該一職業上的知識及經驗有關；

2. 無形因素決定取捨。或者所謂是非計量性的種種因素有時其重要性遠大於經濟利益，不可不注意。

例題7.6

預防水災

某水力發電廠中的工程師們認為，該廠上游水壩的洩洪道的容量只有每秒鐘 1,500 立方尺未免太小，容易造成水災。當上游水量增多時，洩洪道不及宣洩，洪水就漫過水壩造成水災。估計每一次水災以後要恢復原狀需費 200,000 元。

根據水文紀錄及工程上的估計，得到下表中的資料。

① 流　量 Q_i（立方尺／秒）	② 大於及等於 Q 出現此流量之機會	③ 適合此流量洩洪道之 額外建造費（元）
1,500	0.10	0
1,700	0.05	24,000
1,900	0.02	34,000
2,100	0.01	46,000
2,300	0.005	62,000
2,500	0.002	81,000
2,700	0.001	104,000
3,100	0.0005	130,000

現在，問應建造適應於何種流量之洩洪道，在投資方面，最為經濟？假定使用年數無限。

解：列表計算如下：

① 洩洪道容量（立方尺／秒）	④ = ③ × 10% 每年投資（元）	⑤ = 200,000 × ② 每年水災之預期損失	⑥ 每年費用合計（元）
1,500	0	20,000	20,000
1,700	2,400	10,000	12,400
1,900	3,400	4,000	7,400
2,100	4,600	2,000	6,600*
2,300	6,200	1,000	7,300
2,500	8,100	400	8,500
2,700	10,400	200	10,600
3,100	13,000	100	13,100

表中可見建造二千一百立方尺之洩洪道最為經濟。但是，投資利率如果較低，結論當然不一樣。表中＊為每年費用最小值。

◎討論一

流量達到每秒二千一百立方尺的機會是 0.01，換句話說，是每一百年才碰到一次。如果，發電廠及水壩之壽命為五十年，在理論上說，這是相當安全的了。不過，百分之一的機會，可能在明年出現，也可能在九十九年以後出現，仍然是合理的解釋。

◎討論二

上例中說，水災之損失為 200,000 元，並未說明水災時水量之情形如何。事實上，水量愈大，損失愈大。上例是故意簡化的說法。我們如換一種比較合理的說法，列如下表：

流量小於洩洪道之標準容量 (1,500) 時之損失	0 元
大於洩洪道之標準，每秒 200 立方尺之下之損失	200,000
大於洩洪道之標準，每秒 400 立方尺之下之損失	300,000
大於洩洪道之標準，每秒 400 立方尺之下之損失	400,000

每年之損失可計算如下表：

流量 (Q_i)	損失費用（元）	出現之或然率	預期損失（元）
大於 1,900	400,000	0.02	8,000
1,900～1,700	300,000	0.05 – 0.02 = 0.03	9,000
1,700～1,500	200,000	0.1 – 0.05 = 0.05	10,000
小於 1,500	0	1 – 0.10 = 0.90	0
		平均每年預期損失	27,000 元

更進一步，如能將預期損失費用表示為洪水量或洪水出現或然率之函數，前者畫於直座標，後者畫於橫座標，則可得一曲線，曲線下之面積即為平均每年預期損失。

如果已有完整之水文統計資料，得出其方程式，則曲線下面積可直接利用積分方法求得。

例題7.7

工業安全之投資

假定，某工廠為某項保險，每年支付保險費 R_1 元，後來決定增加一套特種設備，可以防止上項投保之危險，該一項設備價值為 P 元。該工廠決定投資 P 元，然後同意每年應繳保費可以降低到 R_2 元。故每年可以節省 $R_1 - R_2$ 元保險費。

請問企業主人如果完全就金額數量上的結果來看，其願意投資 P 元之條件為何？

解：上題如以圖解法表示，可以一目了然。至於所問之條件，應為

$$P \le (R_1 - R_2)[P/A]^n$$

第九節　其他應用

經濟分析可能應用之場合幾乎是無法預知的，有些方法由於現實需求之殷切，使用日廣，技巧更見豐富，再加上學者不斷鑽研，於是蔚然自成天地。例如「存量理論」「線型規劃」等都是。其他零星較不常用的方法，其實並不是沒有效果，只是常係特例之解，應用上並不很普遍而已。這一類方法、或者所謂是「模式」，在美國出版的「作業研究」及「管理科學」月刊上常常可見。

本書強調達成一項工程目標之各個方案之間應作經濟分析以供抉擇，除以上所介紹者外，尚有一些生產管理方面的現實問題也是值得我們注意的。茲略

舉數端如下，限於本書題旨及篇幅，不能多作介紹。

一、何時出售或繼續加工之探討

　　現代企業流行一貫作業，因而經常發生應否繼續加工或逕行出售的問題。例如紡織廠中所生產的棉紗可直接脫售，也可進而自行織布，坯布可以出售或再漂染，或更進而製為成衣。所謂是工業上下游的擴展。如果沒有設備上的問題，則主要乃是其進一步處理時所可增加的收益，與所增加的成本，兩相比較，是否繼續加工可得更多一些利潤。

　　這類問題經常在涉及聯產成本或費用的分攤上容易導致錯誤。此點由於涉及成本會計的知識，本書不作進一步的介紹。原則上只要能將成本或費用確認了，進行方案比較應是方便可行了。

二、數種原料間的選擇

　　企業經營中，生產線上有時會碰到二種或多種原料可供選擇，而對所製成品的品質不發生影響的。此時在選擇上有出入的，乃是料價、加工費用及成品的產出率等。

　　例如眼鏡公司研磨鏡片所用的粉狀研磨劑，可用鋯白（氧化鋯），也可用鈰白（氧化鈰）。鋯白價較鈰白為廉，但用量較多。由價格來看，以用鋯白便宜。可是美國有一家眼鏡公司，將兩種材料就一年所用之總價比較，鋯白只便宜 70 美元而已，再經工業工程專家研究的結果，鋯白多花人工的損失，卻高達 10,000 餘美元。

　　在以一種原料而聯產多種產品的企業，像煉油業、製糖工業、罐頭水果業之類，其產出的成品與所用的原料有很大的關係。石油提煉業所產的聯產品及其加工費用，與所用的原油品質，有很大的關係。甘蔗搾汁製糖，可得各種食用糖、糖蜜、酒精、酵素、蔗渣、紙板等不同價值的產品。鳳梨所製成的罐頭也有種種不同規格。此類各別的產量如何決定也是經濟分析所應完成的。

三、品質經濟的檢討

　　一般而論，設計工程師為求產品的品質精良，第一個行動是訂定比較嚴格的規格要求。殊不知當允差 (tolerance) 訂得太緊，以致遠超過所需要的程度時，生產方面為了要能符合規格要求，很可能要求選購較高級的材料、使用較好的工具、更複雜的製造方法、更困難的裝配組合方法以及更精密的檢驗設備與檢驗方法；甚至於還必須購置價值昂貴的專門機具，影響之下連成本分析的工作也困難重重，因而增高了製造成本至原來的好幾倍以上。

允差收緊究竟對製造費用之影響如何？美國機械及鑄造公司 (American Machine & Foundry Co.) 曾對此一問題作詳盡之研究分析。下表即為該公司所屬一工廠所得之研究結果。自此表上可知，當某一道工作之允差逐漸收緊時，其所需之製造費用可以增加到達十六倍之鉅。

允差（±英寸）	相對費用
0.001	17
0.002	11
0.005	5
0.010	3
0.015	2
0.030	1

該公司之另一項研究顯示，在二百個允差之中如果有一個不適當時，所導致的生產上之浪費，保守的估計，即可達到 24,000 美元之多。如將規格界限及允差予以標準化，則成本可以節省很多而產品的功效不減。傳說，美國通用汽車公司在其出品各型汽車上裝用的液壓自動變速機械 (Hydramatic)，著名的英國羅斯雷斯公司 (Rolls-Royce Co.) 取得其在英國的製造權後，為了希望再進一步改善性能及減輕已甚輕微的聲響，乃將允差再予收緊，並將表面的光滑度亦再予提高。但結果反而導致傳動性能的失效。唯有在允差與表面光滑度皆恢復至原先藍圖上的要求時，傳動機構方能正常運轉。

第十節　實例研究

本節介紹一些決策的實例，說明經濟分析進行的過程所應用的方法，以及經濟分析對於決策所作的貢獻。第一案原是美國國防部的訓練教材，其中部分已予簡化改寫。

文中狀況完全是虛擬的，讀者應注意的是分析的方法及分析者所應有的客觀態度。第二案可供作實際參考用；第三、四兩案是國內近年的重大建設。

案例研討

選擇飛機的分析

「狀況一」

假定我們現在面臨一次重大的決策——**換裝新型飛機**的選擇。我們現在要在 A 型飛機與 B 型飛機兩者之中，決定採用一種，其重要的資料如下：

A 型機在研究發展的過程中，已經耗用了國家預算 1 億元；

B 型機在研究發展的過程中，已經耗用了國家預算 2 億元；

共需換裝二百架飛機計算：A 型機需款 4 億 2,500 萬元；B 型機需款 4 億元；

兩種飛機的其他各項成本相等；

兩種飛機的性能完全一樣。

現在，我們如就上面所提供的各項資料而言，應該採用那一型飛機呢？下達決心的主要理由為何？

「狀況二」

如果除了上述的資料以外，我們陸續又得到下列一些資料：

兩種飛機的使用壽命相同，都是六年；

兩種飛機每年所需的操作和保養成本不相同，就二百架的總成本而言：

A 型機　前三年每年 5,000 萬元，後三年每年 1 億元；

B 型機　前三年每年 1 億元，後三年每年 5,000 萬元；

所有成本應該計入 10% 的利息，也就是機會成本。現在，我們又應該如何來制定我們的決策呢？制定決策的主要理由為何？

「狀況三」

我們在實際上研究一個問題的時候，不可能等到把所要的資料統統齊備以後再開始研究，因為有的時候，我們根本就不知道究竟需要那些資料，我們可以一面進行研究，一面再陸續補充資料。(注意! 這一點在實際工作中非常重要! 決策不能等待萬事齊備!)

所以，我們假定這選擇飛機的問題，在進行分析的過程中，我們又得到了一些新的資料：

二百架 A 型機由於裝備全天候領航系統的緣故，在第一年中的支出費用，有 40% 的機會要增加 1 億元的支出；

B 型機上所裝用的發動機，使用到第六年時，有 50% 的機會要予以特別大修，額外支出是 1 億元。

這樣一來，我們又應該如何下達決心，採用那一種飛機呢？

經濟分析的步驟

上面所列舉三種狀況的進一步發展情形，我們暫時擱置一下，後文中再繼續進行分析。目前，就這三個狀況已經發展的情形來看，我們可以體會到，所謂「經濟分析」只不過是「下達決心之前的一個工具」而已，決策者可以利用這個工具來使得自己比較容易制定決策。

不過，我們要特別注意的是，經濟分析所著重的只是有關決策程序中可以計算，可以利用數字來表示的那一部分而已。決策問題之中不能夠以數字來表示的，經濟分析也無能為力。

在從事經濟分析的時候，一般來說，其過程大概可分三個步驟：①列舉可行方案，②計算每一方案之成本及其利益，③就各方案的成本與所獲得的效益作綜合比較。

茲將三個步驟一一說明如下：

第一步驟：設計可行的方案

西洋有一句諺語，就是「條條大路通羅馬」。同樣的意義，我們想要完成一件工作，或是達成某一個目標，絕對不可能僅只有一個唯一的方法。要想完成一件工作，一定是有許多方法或者經由不同的途徑可供採行的。

所謂使用不同的途徑來完成同一的目標，我們可以列舉出許多常見的事例：

◎自己設廠製造，還是直接向市面採購？

◎一次買斷永久使用，還是租來使用？

◎大量使用人力，還是利用機器代替人工？

◎使用專任人員，還是僱用臨時人員？

◎集中管理，還是分散管理？

◎想辦法予以修理，還是乾脆換新？

◎……………………………………………

　　幾乎任何事情都可以設想各種不同的解決途徑，特別是一個負責計畫的人員，通常應該從他所接觸到的環境中，去收集各種不同的資料，來設想各種不同的可行方案。舉例來說：假定我們需要某種設備，我們只要說出其作用為何，供在什麼場合使用，不同的廠商們就可能提出各別的設計來，原理可能不同，但是作用和目的是一樣的。

　　總之，我們在從事研究一個問題的時候，事先能夠設計的可行方案應該愈多愈好。因為，可供選擇比較的對象愈多，則愈能從其中發現最好的一項。

第二步驟：成本與利益的計算

　　在這個步驟之中，應就每一個方案究竟所需成本若干，以及可能得到什麼程度的利益，作詳細的計算。

　　所謂成本，其範圍包括所使用的土地、勞力、材料、能源等等。另一方面來說，我們要按照種種不同性質的工作，將成本予以分類，例如研究發展費用、設計費用、建築費用、人事費用、保養費用以及操作費用等等。

　　所謂利益，在經濟分析，是指原來投資的成本其收回的情形如何？可以用實際數字表示，也可以用原來投資額的百分比表示。不過就一件事物來說，利益一詞的意義當然不僅僅如此而已，利益之中有些是不能以數字來表示的。所以，通常我們想要測定一件事物或一個方法所得到的利益，的確是一件令人困惑的工作。原則上來說，我們應該盡可能的將之數量化，用數字表示出來，其中不能夠數量化的，則一一列舉，另行併為一類，另外再予以特別的考慮。

　　所有「成本」以及「利益」的分析與計算，應該涵蓋某一事物的全部使用年限。有時，更必須要包括最原始的研究發展階段在內。

第三步驟：方案比較

　　所謂方案比較，是把經過以上二道處理步驟以後，所得到的各個可行方案，拿來作成本和利益的綜合比較。成本和利益綜合比較的原則可以列舉如下：

　　◎如果，在考慮中的各方案，所產生的利益相等，那麼在綜合比較中，應該找出成本最低的方案來。或者依成本由低而高，排列出其順序；

　　◎如果，在考慮中的各方案，所需要的成本相等，那麼在綜合比較中，應該以所能產生的利益為抉擇標準，將各項可行方案之利益由高而低排列出其順序；

　　◎如果，各方案所需的成本不相等，所能得到的利益也不相等，那麼在綜合比較中，就必須要在成本與利益之間的變化中尋求其關係，擇其最有

利者而行之。

綜合比較的應用技術

所謂綜合比較，並沒有一成不變的方法，實際應用時全視各別方案的性質而定。一般而言，應用得比較多的技術如下：

一、**現值法**　現值法的理論基礎，是認為未來某時應付的款額，到了真正支付的時候，應該產生出投資的報酬。例如，我們現在面臨一項選擇，要決定現在馬上得到 1,000 元，或是在十年後的今天得到 1,000 元。相信任何人都會寧願要今天的 1,000 元，因為今天的 1,000 元如果有很好的投資計畫，在十年之中可以產生出很大的價值。同樣的情形，如果我們想要購買一件東西（或是一套武器系統），其代價是今天付 100 萬元或是十年後付 100 萬元。那麼我們一定是願意十年後再付，因為這 100 萬元可以暫時先用來做別的事情，即令是存入銀行也可以賺得十年的利息。美國國防部曾經規定，有關國防的長期投資計畫，均應採用現值法比較，其利率在一般情形之下定為10%，並且按連續複利計算。

二、**成本分析**　所謂成本分析，是現代企業管理中極重要的工具之一，簡單的解釋，是把在各種不同狀況下的費用支出，予以分類彙計的技術。例如將費用區別為變動成本和固定成本，再進一步從事分析計算盈虧平衡等。

三、**統計分析**　統計學中有許多方法在我們從事經濟分析時非常有用。例如相關分析、回歸分析、決策理論等技術，可以協助我們計算期望價值；尤其是決策者所面臨的種種冒險，可以利用統計學中的有關方法估計其冒險的程度。

四、**其他**　在經濟分析的綜合比較階段中，可能應用到的專門技術，其範圍很廣，除上述者外，一般認為重要者，尚有線型規劃，電腦模擬，計畫評核術，邊際分析等等。至於究應如何選擇，應視實際狀況而定，沒有通用的公式。

有一觀念非常重要，就是我們從事分析工作者，絕對不可以抱有一種想法，以為自己這套方法可以解決任何問題。除了書本以外，**真實世界中所出現的問題絕對不會完全相同的**。我們應該為每一個現實問題找尋一套獨特有效的方法。就好像定製西裝一樣，各人的體型尺寸不同，非逐一套量不可。

一位佚名哲學家說過，一個只會使用釘鎚的人會把面臨的許多事物都看成是釘子。這句話值得我們從事分析工作者一再深思。

……繼續進行分析……

經過上面的解釋，我們對於經濟分析，大體上已有了相當的了解。現在，我們再回到前面所舉換裝飛機的實例上去。針對此一實例，研究應該如何對有

關當局提出建議，以供制定決策之用。

　　茲依照上面所說的步驟，進行分析如下：

第一步驟——列舉方案

　　在上述的問題中，我們已經列出有 A 型飛機和 B 型飛機兩種方案待選用（假定其他各方案在初步分析時已予淘汰）。

第二步驟——計算成本及利益

　　就大體而言，成本的計算比較方便，不比利益之難於確定，尤其是不能以數字表示的效益。

　　但是在各類成本之中，有一種所謂「沉沒成本」的支出，此種成本與決策無關，通常不必予以考慮。換一句話說，無論決策如何，總是要花掉的那一部分成本或者是已經花掉了的那一部分成本，稱為「沉沒成本」。就本文的實例來說，兩種飛機在研究發展階段所耗費的成本，與未來的決策無關，應屬「沉沒成本」。

　　現在我們對照前文，進行分析。

「狀況一」

　　如前文所述，研究發展成本不予考慮。換裝需要二百架飛機而言，A 型機要 4 億 2,500 萬元，B 型機要 4 億元。因為兩種飛機的性能（利益）完全一樣。因此很清楚，我們可以判斷說：B 型機要比 A 型機便宜 2,500 萬元。

結論：建議採用 B 型機！

「狀況二」

　　前面的「狀況二」之中，提到了所謂 10% 的機會成本，這就要用到「現值法」了，現值法中的計算涉及複利，通常有專家們計算好複利並編成應用表格，我們要用時，一索即得，極為方便。不過在經濟分析中所考慮的利息，是按「連續複利」計算的，其數值與一般商用利息略有出入。解釋請見本書前文有關各節。

　　茲將「狀況二」的有關成本，按利率為 10% 計算其價值，並整理列表如下：

① 年　數	② 現　值 因　子 [P/F]	備　選　方　案				⑦ 說　明
		A 型機		B 型機		
		③ 現金	④=②×③ 現值	⑤ 現金	⑥=⑤×② 現值	
(現在)	1.0000	425	425.0	400	400.0	購置成本
1	0.9048	50	45.24	100	90.48	
2	0.8187	50	40.85	100	81.87	
3	0.7408	50	37.04	100	74.08	操作與保養
4	0.6703	100	67.03	50	33.52	成本
5	0.6065	100	60.65	50	30.33	
6	0.5488	100	54.88	50	27.44	
合　計		875	730.69	850	737.72	

註一：表中數字以百萬元為單位。
註二：第②欄數字據本書〔表 4.29〕174 頁查得。

　　表中第①欄表示時間的歷程，以「年」為單位。前文說過兩種飛機使用的壽命是六年，故只計算六年中的成本即可供作比較。第②欄為「現值因子」，此因子之數值各年不相同，我們可從有關書籍或手冊中查用，至於其意義如何在本書前面已作介紹。第③欄係「現金」。「現金」乘以「現值因子」即得到「現值」。茲試以第三年為例，在第三年的全年之中，A 型機的操作與保養要耗費五千萬元。這是「三年」後的「五千萬」! 約值「現在的多少錢」呢? 如果，年利率是百分之十的話，則「現值因子」為「0.7408」，故

　　　　$50 \times 0.7408 = 37.04$

意思是：三年後的五千萬相當於現在的 3,704 萬。其他數字依此計算，即得上表。

　　根據表中第③欄，按現金計算比較，A 型機需要 8 億 7,500 萬元，大於 B 型機之所需（見第⑤欄），但是如按現值計算，則 A 型機所需 7 億 3,069 萬元，小於 B 型機之所需（見第④及第⑥欄）。

　　結論: 兩種飛機，A 型機較為便宜! (因為，計入利息的關係，推翻了狀況一的結論。)

「狀況三」

　　現在，我們更進一步的來看一看，所謂「未來的不確定性」對我們的決策發生如何的影響?

　　前面說過:

　　A 型機在第一年中有 40% 的機會，需要額外支付 1 億元;

B型機在第六年中有 50% 的機會，需要額外支付 1 億元。

所以，A型機的折「現值」合計數變為

$$100 \times 40\% \times 0.9048 + 730.69$$

$$= 730.69 + 36.192$$

$$= 766.88 \text{ 百萬元}$$

同樣，B型機的折「現值」合計數亦應重予計算如下：

$$100 \times 50\% \times 0.5488 + 737.72$$

$$= 737.72 + 27.44$$

$$= 765.16 \text{ 百萬元}$$

結論：由於計入「不確定性」的因素，分析的結果，發現 B 型機要比 A 型機便宜，約可節省 172 萬元 (766.88 − 765.16 = 1.72)。推翻了「狀況二」的結論。

◎討 論

上面這個例子是虛擬的，AB 兩型飛機的差異很小，所以我們的分析每深入一步就得到完全不同的結論。我們希望的決策是基於一個明智的認識而作之選擇，可以用數字來表示的特性並不能代表整個問題，決策者必須面對著其他許多無法以數字表示的特性，作相當程度的冒險。經濟分析所提供的答案，可以減輕決策者冒險的負擔。所以，經濟分析是決策過程之中，一件重要的工具；是一項必要的程序。

實施經濟分析時，最重要的一個步驟，是「列舉方案」。原則上來說，分析比較的方案愈多，最後的抉擇一定也愈好。

適宜採用經濟分析的場合很廣泛，就美軍方面的「巨額公款支出」經驗而言，大約有下列諸項：

* 選用某種系統之前（兵器、製造、電腦或其他）；

* 實施某項建設計畫之前（房屋、碼頭、機場或其他）；

* 大量採購某項物資之前；

* 準備使用相當數量的人力之前；

* 以上各類的綜合問題以及其他。

根據此一結論，可見這些分析的必要無論是在政府機構或在企業界也是經常存在的。

案例研討

自來水廠的建廠間隔

預測某城市用水量有如下之關係：

$$W = a + bt \tag{37}$$

式中，W 與 a 之單位為「百萬加侖」，t 為自今日起算之時間，單位為「日」，b 為用水增加率「每日百萬加侖」。假定水源可以無限制供應；但是，水廠中每一個處理池每日可處理一百萬加侖水，建廠費用之關係為

$$C = \alpha + \beta\eta \tag{38}$$

式中，η 為處理池之數目，α、β 為費用常數。α 為固定部分，β 為變動部分。

假定預測極為正確，請問在不得缺水之情形下，間隔多久即應建築自來水廠，並且每次建廠應有若干處理池最好？因為，一次建大廠，η 很大，則部分設備閒置不用；如果建小廠，η 很小，處理池較少，則爾後可能頻頻建廠。

假定，利率為 i，建廠所需時間忽略不計；而且，現在所有之水廠恰恰可供現用。問最適宜建廠之 t 值，且可令 C 為最小。

解：令 t 表兩次建廠之間的時間，t 應為一常數，且在 t 期間內，對於水之需求量所增加者為 bt 百萬加侖。

建設一座水廠可供應 bt 百萬加侖之建築費用為

$$C(t) = \alpha + \beta bt$$

此筆費用，定期 t 發生一次，可將之視為期末終值 F，代入公式②，$P = F[P/F]$，求其全部之現值

$$P(t) = (\alpha + \beta bt)(1 + e^{-it} + e^{-2it} + \cdots)$$

$$= \frac{\alpha + \beta bt}{1 - e^{-it}} \tag{39}$$

$$[\because 1 + x + x^2 + x^3 + \cdots = (1 - x)^{-1}]$$

取上式之第一次導來式：

$$\frac{dP(t)}{dt} = \frac{b\beta[1 - e^{-it}] - [i(b\beta t + \alpha)e^{-it}]}{[1 - e^{-it}]^2} \tag{40}$$

再令上式為 0, 即

$$b\beta(1 - e^{-it}) = i(\beta bt + \alpha)e^{-it}$$

$$b\beta - b\beta e^{-it} = i\beta bte^{-it} + \alpha ie^{-it}, \quad \text{遍乘以 } e^{it}$$

$$b\beta e^{it} = b\beta + i\beta bt + \alpha i$$

$$e^{it} = 1 + it + \frac{\alpha i}{b\beta}$$

$$\therefore \quad e^{it} - it = 1 + \frac{\alpha i}{b\beta} \tag{41}$$

式中, 當 i、α、β、b 皆屬已知時, 即可求得 t 值。t 值代表全部費用最少之建廠間隔。

案例研討

翡翠水庫

　　水是人類生活中不可一日或缺的重要物質, 也是大自然賜給人類的寶貴資源。臺灣光復後, 臺北市自來水先後完成三期擴建工程, 出水能量增加到每日一百一十六萬公噸, 但預測到了民國六十八年會不夠三百萬人之需要。政府高瞻遠矚, 為了充分供應大臺北地區居民飲用水, 前行政院長, 故總統經國先生於民國五十九年指示臺北市政府:「應即積極規劃開闢新水源」而著手辦理這項遠程水源開發。

　　翡翠水庫在民國六十一年完成「初步規劃」, 六十三年完成可行性研究, 六十七年完成定案研究結果, 在大漢溪、新店溪、基隆河三條河川中只有在山坡穩定、河床平坦、砂礫不多、容量較大的新店溪支流北勢溪「翡翠谷」興建一座蓄水量達四億多公噸的大型水庫, 方可滿足大臺北地區至民國一百一十九年各項用水需求。「翡翠水庫」在臺北市區不到三十公里的上游, 關係到數百萬市民生命財產的安全, 為慎重起見, 經建會特請美國墾務局選派專家小組前來審查定案報告並實地勘察, 認為安全無慮, 行政院遂於民國六十八年元月核准實施。

在建壩方案中，曾就拱壩、混凝土重力壩、混凝土中空重力壩與堆石壩四種壩型加以比較，除考慮施工時受天候影響，施工期間配合供應自來水原水以及建造成本等因素外，特就地震破壞、基礎滑動、洪水溢頂、炸彈破壞等因素詳加研究，結果採用拱壩最為安全、經濟。

大壩及附屬工程設計前，曾經做地質、地震及水文等調查，發現壩址地質良好且無斷層，但有若干地質弱面，例如岩石的節理、剪裂帶及層縫等，必須妥予處理加強。最大可能地震的尖峰地表加速度為零點四G（G為形態重力加速度之單位），最大可能洪水為每秒一萬又五百立方公尺。為了解工程佈置的水理狀況，特委請臺灣大學做成水工模型試驗，而且為了解大壩結構安全，委請義大利ISMES辦理結構模型試驗，結果顯示理論與實驗極相吻合，印證了翡翠水庫工程的安全性。

翡翠大壩是一座雙向彎曲變厚度混凝土拱壩，壩高一百二十二點五公尺，壩底厚度二十五公尺，壩頂七公尺，壩頂總長度五百一十公尺。壩頂中央設有八孔溢洪道，其下方設三孔沖刷道，一孔河道放水口以及右岸一條直徑九公尺，長三百零六公尺的排洪隧道。大壩下游另設副壩一座高三十六·五公尺與大壩間形成一座落水池，獲得足夠而安全的水墊，以緩衝壩頂溢洪道及沖刷道洩洪時巨大衝擊力量。為了充分利用水資源，在壩的下游建造一座發電廠裝置七萬瓩發電機一組，每年平均發電量約二億二千萬度。

翡翠水庫耗資124億元，經過八年施工，工程設計與施工由臺北市政府委託具有興建混凝土拱壩經驗的台灣電力公司全權負責辦理，台電另再委請中興工程顧問社提供設計與監造服務，並將主要土木工程議交榮民工程事業管理處承建。這一項是全由國人自行完成的重大建設，在我國水利工程史上具有極大的意義。

全部工程於民國七十六年六月完成。臺北市政府成立翡翠水庫管理局負責管理。水庫完成後，最大可以每秒40立方公尺流量的溪水供應大臺北地區的自來水系統，預估可以滿足民國一百一十九年的需求量。此外水庫每年尚可供應二億度電。

案例研討

臺北市大眾捷運系統

在我國經建計畫中，造成爭議最多的恐怕就是臺北市大眾捷運系統了。主要的爭議在於此一計畫耗資高達 2,000 億元以上，而且規劃期間漫長，民國六十四年開始規劃，直到民國八十四年才能開始營運。

經過二十多年的討論，直到七十八年總算邁出了第一步——第一期工程已在七十八年七月十二日動工。政府所以會有如此大的轉變，是因採用了專家的建議，以計算結果有具體數字可稽的「經濟效益」來衡量此一重大工程的價值。

在政府「政策制訂」的過程中，這是可喜的轉變，具有特別的意義。

過去，政府推展重大建設之前，主要依據財務分析來評估建設效益。像十大建設在規劃階段，在財務分析之外，曾經提到對經濟及社會的影響，可是用的是文字敘述方式，沒有將效益具體的數字化。

在規劃臺北市大眾捷運系統之初，作業方式亦復如此。直到交通部在七十年八月委託英國大眾捷運顧問工程公司 (BMTC)，會同我國中華顧問工程公司，作此一計畫的可行性研究時，採行「工程經濟」的方法，「經濟效益」的評估才得以具體化。

單看對此一重大投資計畫的財務分析，可能會覺得毫無投資價值。財務分析的具體數字如下：勞動的年營運支出為23億元，能源為12億元，材料及配件12億元，折舊每年攤提為47億元。因此，每年總成本為85億元。

將來捷運系統完成，為了提高經濟效益，決定不採高車資的營運方式。如此，預計到民國九十年，每天搭乘人次可達一百二十九萬人，當年收入為58億元。拿來與財務成本相較，大眾捷運系統顯然是要賠本經營，而且是大賠其本。

但是，加上經濟效益的分析，結論便大為不同了。

經濟分析不但包括財務分析的支出與收入，還要計算使用大眾捷運系統者所獲得的實際利益、市區生活環境因而改良，以及市區交通因此改進等利益和效益。

按照英國顧問的計算，大眾捷運系統完成後所節省的個人及社會時間，拿來乘以平均工資，求出在民國九十年時，此一系統所提供的社會利益超過 70 億元。如果再考慮到人們減少等車時間，降低因趕時間所造成的焦慮感，以及大眾捷運系統帶給乘客的舒適感，則效益更高。只是這些屬於主觀的感受，人與人的感覺差異很大，很難數量化。

此外，大眾捷運系統建立後，市區交通獲得改善，計程車及私家車可以節省在市區道路行駛的時間，汽油可以少消耗些；這種經濟效益每年至少在 30 億元以上。如果要計入汽車因為通行流暢，而完全燃燒汽油，降低對市區空氣的污染，其經濟效益更高。可惜的是，這一部分也很難精確計算出來。

另一項可以列入計算的是，大眾捷運系統的運作，使公共汽車的使用率得以下降，其營運成本每年可節省 57 億元到 63 億元。這可以視為整個社會資源的節省，也就是機會成本的降低。當然，與此同時，公共汽車的收入會隨之減少，每年數額約在 50 億元到 60 億元之間。只是公共汽車是補貼事業，營運量減少，補貼也就降低了，仍可提高整個社會的經濟效益。

民國九十三年二月二日報載，臺北市一連幾天毛毛雨陰冷之後轉晴，出門民眾增加，捷運系統運量創下最高紀錄，一天之中到達一百零一萬一千多人次。

這個數字並沒有到達原來的預測數字。

第十一節　本章摘要

本章可說是「工程經濟」的綜合應用篇。

在本書中一再強調的是，「工程經濟」不是「經濟學」。社會中有許多現象，我們要問為什麼，那麼，可以去請教「經濟學」。「經濟學」告訴我們一些原理原則，我們必須要有一些「程序」或「方法」來據以進行。在哲學中所謂是「方法論」(Methodology)。「工程經濟」是一種方法論，過程中利用數學，利用數量化的結論，供作決策參考。分析只是一個手段，其過程必須合理；分析的結果仍待最後決策者裁決。有關決策種種，請參閱本書第十一章「決策和決策的模式」。

本章第十節的【案例研討一】，原係美國國防部之訓練教材，我國當局改譯後在各單位使用，筆者又再予改寫，一方面簡化其中過程，一方面將一些美國式的「東西」以及一些特殊軍事性質刪除，盡量保留「深入一步又有變化」的特性，曾在企業訓練中使用。教學經驗中，此例題頗受學者歡迎。【案例研

討二】是一個典型的研究題目，甚至於可說是一個碩士級論文的雛形，當然，真正要用作論文題目，還必須補充許多理論的、實際的以及文獻中的資料。

習　題

7-1.　假定，在一年之中，某一項事件出現之機會為 1 比 20；如果出現了，則必須付出 30,000 元。如果希望在二十年內避免此一事件出現之損失，請問在市場利率為 8% 的情況下，現在願意付出若干元？（14,730 元）

7-2.　某橘園主人頗為報紙上某種防霜機之廣告所動，因為，園中橘子的收益如果沒有霜害的話，每年可得 60,000 元；如果該年冬天有霜，則次年的收成僅及四分之一而已。根據當地紀錄，過去五十年來只有四年冬天有霜。按照橘園大小，共需裝置之防霜機總值 15,000 元，估計可用二十年。每年秋天將機器在橘園中裝妥，翌年春天再將之拆除，並且清潔後收藏，計需付勞工費為 1,500 元。機器所需燃料費用，平均每年 500 元。假定，機器防霜之能力為 100%；市場利率為 5%。請問每年風險（結霜）之代價為若干？如果設置防霜機則每年支出若干？橘園主人應不應該裝置防霜機？（3,600 元；3,204 元）

7-3.　上題，如果市場利率為每年 12%，則如何？

7-4.　某化工廠擬建造特殊用途儲存塔一座。普通皆用甲原料建造，則需 30,000 元，可用八年，但是，屆滿四年時必須花 10,000 元換其襯裏。現有某公司向之建議，採用乙原料建造，保用二十年而且不必換襯裏。因為，兩種原料最後皆無殘值可言，化工廠當局乃以 12% 作為資本收回標準。請問某公司以乙原料建造儲存塔之估價，最高可達若干，仍可為該化工廠所接受？

7-5.　某製造廠為其產品定有保證辦法，在一定期限之內，如果發現有材料上及製造上之毛病時，免費修理。根據服務部門之紀錄：該項產品由於製造上之毛病，出廠產品中之 15% 送回來修理，甚至於有 5% 是送回來修理兩次的。每一件退修產品的修理成本是 100 元。工廠會議中討論此一問題時，品質管制部門建議：加強管制，估計要以 100,000 元購置新儀器；並且，每年支付 85,000 元供增加之品質管制人員薪水，則可望將退修率降至 8% 而且不令有退修兩次的情形發生。請問：

　　a.假定資本收回率為 15%，各項品質管制所需之儀器可使用十年，十年後無殘值，則每年應生產若干件方值得在品質管制上投資改善？

　　b.假定資本收回率及儀器使用年限等同上，但已知每年生產一萬件，則退修一次之不良率最大極限為若干仍可符合品質管制部門之建議？

7-6.　某公司為其廠房投保火險 300,000 元，每年應付保險費為 1.5%，因為，承保的保險

公司認為該公司廠房所在地之消防設備不良。換言之，如果該地備有合乎標準之消防設備時，火險保險費只要 0.6%。該公司自行估計：萬一發生火災則須另外加上相當於投保損失 75% 之額外損失。

保險公司同意如果在廠房中自行設置一套消防設備的話，可將保費降為 0.6%。假定該項設備可用十二年，無殘餘價值，每年維持費用為 1,000 元，公司預定的利率是 20%，暫時如不考慮消防設備之人員問題，請問該公司願意以多少錢來設置一套消防設備，其最高限度如何？

7-7. 某企業家想在臺北市近郊七星山上投資，設置纜車等供每年寒假時遊客上山賞雪。過去二十五年之中，曾經有五次，雖然山上氣溫已降至零度以下卻沒有下雪。在這種情形下，整個寒假中將減少收入 200,000 元。

有一位發明家來向企業家建議，採用他所製成的「人造下雪機」，只要溫度降至零度，這種機器可令山上降雪，萬無一失。又估計因為是人造雪，上山賞雪的遊客一定更多，收入可更增 50,000 元。人造下雪機大概只能使用四個寒假。企業家期望獲利 12%，請問購買人造下雪機最高出價若干？發明家希望要 250,000 元，可否同意？（151,850 元）

7-8. 某城市自來水之用水量，平均每年增加七萬加侖，增建自來水廠時，每一個十萬加侖的處理池，需款 800,000 元；固定費用 300,000 元。請問如果自來水廠擬每年擴建一次，需款若干？

7-9. 上題，請以連續複利市場利率 12% 為準，計算最經濟之建廠間隔。

7-10. 現有步兵七百人等待空運至某地，現有兩種飛機可供選擇，甲種機運費 5,000 元，乙種機運費 9,000 元。甲機需機員三人可載三十人，乙機需機員五人可載六十五人。請問兩種飛機應如何選擇？（乙機十一架）

7-11. 某木材工廠有製材機兩座。開動 A 機每天開支 2,000 元，每天產製一級材六千公斤，二級材二千公斤，木屑四千公斤。開動 B 機每天開支 1,600 元，每天產製一級材二千公斤，二級材二千公斤，木屑一萬二千公斤。該廠與一傢俱公司訂約，每週供應一級材一萬二千公斤，二級材八千公斤，木屑二萬四千公斤。契約載明可多不可少。現在，如不考慮其他條件，請問該木材工廠之最佳每週生產計畫如何？即兩機應各開動幾天？

（提示：令 A 機開 W_1 天；B 機開 W_2 天，

目標函數 Min $2,000W_1 + 1,600W_2$

限制條件 $\begin{cases} 6,000W_1 + 2,000W_2 \geq 12,000 \\ 2,000W_1 + 2,000W_2 \geq 8,000 \\ 4,000W_1 + 12,000W_2 \geq 24,000 \end{cases}$）

7-12. 某大公司為求擴大其發行網，決定在經銷區內建築大型倉庫一座。倉庫所在地計有六

個城鎮可供選擇。在各地建倉庫後可能的收入及成本，經專家估計得到如下表所列：

地　點	建倉庫成本	每年淨收入
甲	1,000（萬元）	407（萬元）
乙	1,120	445
丙	1,260	482
丁	1,420	518
戊	1,620	547
己	1,700	556

估計該座倉庫可以使用十二年，又假定市場利率為15%，請問倉庫應建築於何地最佳？為什麼？

7-13. 政府決定開發最近在山區中發現的大瀑布為公園。地方人士非常熱心一共提出了六個開路計畫，計畫概要如下表：

編　號	說　明	每公里築路費	每公里每年養 路 費	每公里每年收益
一	經甜水溪	80（萬元）	5.2（萬元）	24　（萬元）
二	經臥龍岡	90	4.9	23.3
三	開大隧道	100	4.6	22.8
四	經老虎洞	112	4.3	21.6
五	經過海岸	120	3.5	19.8
六	高　架	130	3.4	19.0

實際上六條路線的長短幾乎一樣。如果僅就每一公里來作比較，此六項計畫那一個最節省？壽命期二十年及無限期有何分別？投資利率以10%計算。

7-14. 有三個互不相干的投資計畫，估計都可使用二十年，殘值不計。

資本主希望至少有4%的投資報酬率。現在已知三案狀況如下：

案　別	天字第一號	玄字第七號	黃字第四號
創業投資	80,000元	50,000元	100,000元
每年淨收入	6,440	5,100	9,490
投資報酬率	5%	8%	7%

選擇最佳之投資案，並且說明所採用方法之理由。

7-15. 某山區水量充沛，電力公司考慮利用水力發電。首先要討論的是建造多高的水壩，水壩在不同的谷地建造後所能保持的水面高度不同。初步選定三址，計畫其水壩之高度為一百七十三呎，一百九十四呎及二百一十一呎，而其各別之建造費為186億

元，232 億元及 302 億元。水力發電廠所需的最小水量為每秒九百九十立方呎，此最小流量可以發生 $(990 \times 62.4h) \div (550 \times 0.746)$ 匹馬力。式中 h 表水壩中水面之高。建廠費用估計約 18 億元，發電設備估計每一匹馬力需 1,500 元；但將來每一年一匹馬力能量只能賣得 1,250 元。假定水壩及發電設備可以永遠使用，水壩每年維護費約為開始投資之 3%；發電廠方面每年維護費約為開始投資之 5%，三案的操作費用相同。試就三種不同高度計算其投資報酬率。又試求成本最低之一案，然後再就另兩案所增加之成本，計算其投資報酬率。如果我們希望投資報酬率至少為 10%，那麼那一個地點建造水壩最好？

7–16. 某一製造廠製造一種專利產品，每出廠一件必須償付專利權利金 7 元，在該一年末整筆付出。專利有效期限剛好是整整四年。今年該廠準備造八千件，以後每年定為一萬件，一萬二千件，一萬四千件及一萬六千件。該廠現有兩個不同想法：

　a.現在一次付一筆錢買斷該專利；

　b.一年一次，在今天開始，一共四次付給專利所有人一筆相等的款額。

假定市場利率是 10%，該廠的二個建議案各應如何？又如果你是專利權所有人，你願意提出什麼相對的建議？理由何在？

7–17. 本章第四節中，談到在美國有些工業，其成本因地理關係，而有變化。試就國內工業狀況作討論。

7–18. 某都市郊外有飛機場一座。都市發展快速，飛機起降形成大眾關切的話題。有人建議應將飛機場遷離，試作討論。

第八章
生產設備的更新分析

第一節　更新的意義

　　工業管理範疇中非常重要的一個觀念：生產設備是否應予淘汰更新，與生產設備本身之新舊無關，這完全是一個工程經濟的決策判斷。

　　「工程經濟」所研究的中心問題，是如何比較不同方案的經濟價值。所謂「不同的方案」而可以「相提並論」的，例如到現在為止，本書在以前所介紹的例題及習題，都屬這一類；但是，「不同的方案」也可以是「新陳代謝」的。例如，以一輛汽車來說，我們都知道使用得愈久，愈容易出毛病，所耗費的修理費用，一定是逐年遞增的；那麼，遞增到一個什麼程度時，就不如另買一輛新車反而比較節省呢？換一句話說，機械設備在其使用年限的時間歷程上，隨時可以與一套全新的設備「相提並論」的作一番「經濟分析」比較一下；時間歷程之上必然可以得到一點，作為「新陳代謝」的分界標準。

　　所以，資產更新也是「工程經濟」中的課題。但是，由於這個判斷在實際上的重要性，引起不少學者作深入的研究，而將之帶入「作業研究」的領域中去了。本書仍以基本觀念為主，一一介紹。

　　另外一方面，由於「工程經濟」一詞之定義並不明確，一部分學者寧稱之為「設備投資分析」等，但其內容大致相同，目標都在尋求最適宜的新陳代謝的時間間隔，以解決「設備更新」(equipment replacement) 的問題。

　　為了在「設備更新」的課題中，說明方便起見，一九四九年，德波爾 (George Terborgh) 於其所著《動態設備政策》(*Dynamic Equipment Policy*) 一書中，首先提出了兩個意義簡潔的名詞：「防衛者」(defender) 與「挑戰者」(challenger)。前者指現有的設備，後者指準備購置用以取代現有設備的新設備。

　　至於「更新」的一般原則，可歸納如下：

1.防衛者之殘值較大者，繼續使用較有利。

2.防衛者現在之變現價值較大者，愈提早更新較有利。

設備更新的問題就本質上來說，可分兩大類：

㈠設備在使用期間，其效果漸漸低落者。例如，日光燈管用久以後，其亮度漸暗。雖然是「沒有壞」，但是，消耗了同樣的電度所得的照明效果漸漸減低了。大部分的機器經過使用以後，其精度漸低或是保養費用增加，也屬於這一類。

㈡設備在使用期間，其效果突然消失者。例如，電燈泡燈絲一斷，壽命即告結束。平時不必保養，事後亦無法修理。

這兩類問題顯然是要用不同的程序來處理的。第二類問題涉及或然率，容在作業研究中討論。第一類問題的真正中心是「經濟壽命」。所謂經濟壽命是：應用某一項設備，而其平均每年使用代價最低的年數。當我們投資購置了一套設備以後，如果可供使用的年數愈多，當然每年所攤計的成本愈小。可是事實上當年數增加的時候，保養費和操作費卻會增加。因此，平均每年總成本顯然是時間的函數，最適宜的使用年數可令總成本最低。這就是「經濟壽命」的意義。

工業設備的壽命年限，事實上有幾個不同的意義。第一個是「實質壽命」(physical life)，這是指一件設備從全新狀態開始使用直到不堪再用而予以報廢的全部時間過程。第二個是「折舊壽命」(accounting life)，這是依照財政部規定耐用年數每年折舊以迄帳面價值減至零的全部時間過程。第三個意義是「技術壽命」(technical life)，這是指一件工業產品可能在市場上維持其價值的時間短暫，例如一隻玻璃外殼的真空電子管，即令是全新的，事實上其作用已全為電晶體所代替了，因此其「技術壽命」是零。有時也稱為「有用壽命」(useful life, service life)。最後我們要提到的是「經濟壽命」(economical life) 或者稱為「最適壽命」(optimal life)。

經濟壽命的意義不太容易說明。最早對之提出說明的美國 Dartmouth 學院工業管理學教授 G. A. Taylor 說，應從幾方面來認識，他說：

「經濟壽命是已知設備其每年等額年金一直為最低的一段時間。

經濟壽命是已知設備使用以來的一段時間，直到發現有新的設備，其使用成本之每年等額年金較之更低時為止。

經濟壽命是建議採用的某種設備由於未來經濟分析之結果將被淘汰之前所經歷的時間。」

經濟壽命事實上是一項設備的使用壽命,在此使用期內平均使用成本最低。

以一個簡單的例子來說：假定我們購買了一輛汽車以供應用，那麼使用這一汽車的時間愈長，則平均每年分攤此一汽車的投資也愈小。僅就這一點來看，當然是使用得愈久愈好。可是在另一方面，汽車的修理保養費用和使用費用等卻是依使用年限之愈長而會愈增的。因此第一種愈來愈低的成本會比第二種愈來愈高的成本所抵銷，在整個變化過程之中，一定有一點是總成本最低的。決定總成本最低的一點就是這輛汽車的「經濟壽命」。

例題8.1

小卡車的經濟壽命

某運輸公司對於某一種廠牌之小型卡車有如下之紀錄：

使用年數	1	2	3	4	5	6	7
每年費用	10,000	12,000	14,000	18,000	23,000	28,000	34,000
年末殘值	30,000	15,000	7,500	3,750	2,000	2,000	2,000

此種新車如果價值 60,000 元，則在何時汰舊換新最佳？

解：本題可以列表方式比較如下：

使用小型卡車之平均每年成本比較表

① 更新之年末	② 每年費用累計	③ 資產成本	④=②+③ 總　成　本	⑤=④÷① 平均每年成本
1	10,000	30,000	40,000	40,000
2	22,000	45,000	67,000	33,500
3	36,000	52,500	88,500	29,500
4	54,000	56,250	110,250	27,562
5	77,000	58,000	135,000	27,000*
6	105,000	58,000	163,000	27,167
7	139,000	58,000	197,000	28,143

* 表示最低值。

表中第③欄係以 60,000 元減去當時殘值而得之「資產消耗成本」。第⑤欄計算之結果顯示成本在第五年時最低，表示每車應使用五年為最經濟。於是，此種車輛之「經濟壽命」乃為五年。

例題8.2

未屆經濟壽命的更新

假定上面例題中的運輸公司有該型小卡車三輛，其中一輛剛好用了一年，二輛剛好用了二年。某汽車公司前來推薦採用一種裝載量較大 50% 的卡車，並且附來可靠的新車資料如下：

使用年數	1	2	3	4	5	6	7
每年費用	12,000	15,000	18,000	24,000	31,000	40,000	50,000
年末殘值	40,000	20,000	10,000	5,000	3,000	3,000	3,000

新車售價 80,000 元。此時，運輸公司應作如何之考慮？

解：模仿上面例題之計算表，可得：

使用中型卡車之平均每年成本比較表

① 更新之年末	② 每年費用累計	③ 資產成本	④＝②＋③ 總　成　本	⑤＝④÷① 平均每年成本
1	12,000	40,000	52,000	52,000
2	27,000	60,000	87,000	43,500
3	45,000	70,000	115,000	38,333
4	69,000	75,000	144,000	36,000
5	100,000	77,000	177,000	35,400*
6	140,000	77,000	217,000	36,166
7	190,000	77,000	267,000	38,143

* 表示平均每年成本最低

表中可見第五年末更新最佳。此時表示每一車該一年之平均成本最低。因為新車能力較大 50%，故此時亦即表示相當於舊式小車每年平均成本 23,600 元 (35,400÷150% = 23,600)。

此數較上面例題結論之 27,000 元為小，表示中型車要比前述之小型車較為經濟。

比較已知中車比小車經濟。那麼應在何時更新呢？

為了簡便計，我們假定以二輛新型中車與三輛現有的小車比較。換句話說，只要我們一旦發現下一年度中使用三舊車的成本將高於二新車的平均每年成本時，應立即汰舊更新，採用中車。

再據上一例題中之計算表中可見：使用舊式小車每一年負擔成本為：使用一年 40,000 元、

使用二年 33,500 元、使用三年 29,500 元、第四年 27,562 元、第五年 27,000 元、第六年 27,167 元。故從今日起以後每一年度中，使用 3 舊車的每年總成本應為：

再用一年，每年 $2 \times 29,500 + 33,500 = 92,500$ 元

再用二年，每年 $2 \times 27,562 + 29,500 = 84,624$ 元

再用三年，每年 $2 \times 27,000 + 27,562 = 81,562$ 元

再用四年，每年 $2 \times 27,167 + 27,000 = 81,334$ 元

再用五年，每年 $2 \times 28,143 + 27,167 = 83,453$ 元

又從今日起以後每一年度中，使用二輛中型車的每年成本為

繼續使用年數	每年總成本
1	104,000 元
2	87,000
3	76,666
4	72,000
5	70,800
6	72,332

上面作一比較，發現在使用三年以上，二輛中型車的成本便開始低於使用三輛小型車的成本，故本題之解答為：現有三輛小車應繼續使用二年（或三年，因為相差不大也）即予淘汰換用中型車。

◎注　意

在本題情形下，各舊車皆未達到其正常的經濟壽命。

第二節　經濟壽命的計算

茲以符號表示設備更新各項關係如下：

$TC(n)$　　n 年後，設備淘汰時之全部支出，總成本

$AC(n)$　　n 年中每年平均成本，$AC(n) = TC(n)/n$

P　　　　購置設備之投資，此時 $n = 0$

C_j　　　第 j 年之一年中，保養費等之總和，亦即年金；並且有

　　　　　$C_{j-1} \leq C_j \leq C_{j+1}$

之關係。

於是，n 年中使用此一設備的總成本為

$$TC(n) = P + \sum_{j=1}^{n} C_j [PWF']^j$$

並且

$$AC(n) = \frac{P}{n} + \frac{1}{n} \sum_{j=1}^{n} C_j [PWF']^j$$

如果最經濟適當的使用年數為 m，則根據定義：

$$\begin{cases} AC_{(m+1)} \geq AC_{(m)} \\ AC_{(m-1)} \geq AC_{(m)}; \ AC_{(m)} \text{ 為最小值（經濟壽命時之每年成本）} \end{cases}$$

代入上式之關係：

$$\frac{P}{m+1} + \frac{1}{m+1} \sum_{j=1}^{m+1} C_j [PWF']^j - \frac{P}{m} - \frac{1}{m} \sum_{j=1}^{m} C_j [PWF']^j \geq 0$$

化簡，得 $mC_{m+1}[PWF']^{m+1} \geq P + \sum_{j=1}^{m} C_j [PWF']^j$

即　　$C_{m+1}[PWF']^{m+1} \geq AC(m)$

同理，

可得　　$C_m[PWF']^m \leq AC(m)$

故　　$C_m[PWF']^m \leq AC(m) \leq C_{m+1}[PWF']^{m+1}$ ㊷

如果將殘值 L 一併考慮，則

$$C_m + L_{m-1} - L_m \leq AC(m) \leq C_{m+1} + L_m - L_{m+1}$$ ㊸

（注意：為簡潔計，暫將複利因子略去未計，正式分析時應考慮及之。）

例題8.3

最低每年平均成本

已知一機器價值 1,000 元，使用後發現其每年成本變化如下，試求其經濟壽命。

j	1	2	3	4	5	6	7	8
C_i	50	100	180	260	350	450	650	960

解：列表計算如下：（假定利率為 10% 計算）

① n	② $\dfrac{P}{n}$	③ $(PWF')^n$	④ $C_n \times$ ③	⑤ $\sum\limits_{j=1}^{n}$ ④j	⑥ $= \dfrac{⑤}{n}$	⑦ $=$ ② $+$ ⑥
1	1,000	0.9091	45.45	45.45	45.45	1,045.45
2	500	0.8264	82.64	128.09	64.05	564.05
3	333	0.7513	135.23	263.32	87.77	420.77
4	250	0.6830	177.58	440.90	110.23	360.23
5	200	0.6209	217.31	658.22	131.64	331.64
6	167	0.5645	254.03	912.25	152.04	319.04*
7	143	0.5132	333.58	1,245.83	177.97	320.97
8	125	0.4665	447.84	1,693.67	211.71	336.71

* 表示 n = 6 時,總成本最低

　　從上表中,我們可以歸納得到一個估計經濟壽命的原則如下:第②欄係「平均資產成本」,第⑥欄係「保養費用累計平均數」;當第②欄數字大於第⑥欄數字時,第②欄數字隨使用年數 n 之增加而不斷下降;降至直到兩者相等以後,第⑥欄開始大於第②欄數字。因此,當一套機器(或設備)之每年保養費用低於「平均資產成本」時,機器不應淘汰;直至每年保養費用等於每年平均成本時,應立即淘汰。此時即為其經濟壽命。

例題8.4

資產更新的年金比較

　　某公司於十年前以 50,000 元購入一座倉庫,其中係以 10,000 元為土地代價,40,000 元為建築物之代價。預計使用四十年,到期後無殘值;帳面折舊按直線法行之。現在,有人出價 60,000 元擬購買此一倉庫。估計十年後出讓可得 45,000 元。

　　公司當局研究發現,倉庫之每年維持費為 3,220 元,稅捐 1,120 元,建築物保險 210 元,貨物保險費 700 元。自用倉庫出售以後,租用空間相等的倉庫,條件如下:訂約十年,十年中每年租金 9,300 元,維持費 1,200 元,貨物保險 450 元。如果投資利率為 12%。請問該公司之倉庫應否出售?

解:租用倉庫之全年費用為

　　　　$9,300 + 1,200 + 450 = 10,950$ 元

　　如果以六萬元購買此倉庫,則每年之費用,按公式㉝

　　　　$A = (P - L)[CRF]^n + Li$,可得

　　　　$(60,000 - 45,000)[CRF]^{10} + 45,000 \times 12\%$

　　　　$= 15,000 \times 0.17698 + 45,000 \times 0.12 = 8,055$ 元

每年維持費	3,220
每年稅捐	1,120
每年保險費	910
共計每年	13,305 元

兩相比較，如果租用倉庫每年可以節省

$$13,305 - 10,950 = 2,455 \text{ 元}$$

第三節　經濟壽命的數學模型

前文說過，經濟壽命是工程經濟中重要的課題之一，許多學者發表過專門研究。上節所述已可計算一般的「經濟壽命」。但是更普遍的形式，不得不利用微積分數學。本節資料獨立，讀者可以隨興趣而定，略去本節並無損於對經濟壽命之了解。

現在，我們假定有某一種設備，為工廠不斷帶來收益，在其整個使用期間，收益應為時間之函數，即 $E(t)$ 式中 t 為自設備開始生產之一剎那，按一定之時間單位所計算之時間歷程，E 為收益。

再令，於時間 t 時該項設備之殘值為 $S(t)$。同理，於時間 t 時該項設備之保養費用累計值為 $R(t)$。假定 $S(t)$ 及 $R(t)$ 皆係集中於年末一點上。

通常，t 愈大，$S(t)$ 之值愈小，$R(t)$ 之值愈大。假定設備之壽命為 L 年，則根據公式⑬，可得

$\int_0^L E(t)e^{-it}dt$ 為該設備在 L 年間，全部收益之現值，

$S(L)e^{-iL}$ 為 L 年末時殘值之現值，

$\int_0^L R(t)e^{-it}dt$ 為 L 年間全部保養費之現值，

i 為利率，再令 C 表原始之設置成本，則全部「現值」為

$$P = \int_0^L E(t)e^{-it}dt + S(L)e^{-iL} - [C + \int_0^L R(t)e^{-it}dt] \tag{44}$$

我們希望知道當 P 為最大值時，L 應為若干？進行步驟如下：

1. 求導來式

$$\frac{d}{dL}C = 0$$

C 為常數

$$\frac{dP}{dL} = E(L)e^{-iL} - iS(L)e^{-iL} + S'(L)e^{-iL} - 0 - R(L)e^{-iL}$$

2. 令上式為 0，化簡之，得

$$E(L) = iS(L) - S'(L) + R(L) \qquad ㊺$$

解出式中 L，即為最適宜之「更新週期」(optimum replacement cycle)。即最經濟之使用期限，也就是「經濟壽命」。

例題8.5

最適宜更新週期之最大現值

假定根據資料，獲悉某項設備之關係如下：

$$C = 5,000$$

$$E(t) = 3,000 - 30t$$

$$R(t) = 1,000 + 140t$$

$$S(t) = 5,000e^{-\frac{t}{4}}$$

$$i = 10\%$$

首先求得

$$S'(t) = -\frac{5,000}{4}e^{-\frac{t}{4}} \quad 將之代入公式㊺可得$$

$$(3,000 - 30L) - (1,000 + 140L)$$

$$= (0.10)(5,000e^{-\frac{L}{4}}) + (\frac{5,000}{4}e^{-\frac{L}{4}}) - 170L$$

$$= -2,000 + 1,750e^{-\frac{L}{4}}$$

$$\therefore \quad L = \frac{2,000 - 1,750e^{-\frac{L}{4}}}{170}$$

　　如果利用代數方法解出上式中之 L，可能極為麻煩，不如利用一般數學手冊中所附的指數數值表或本書附錄所載，任意選取 L 兩值，一大一小，應用試錯法及比例法，最後可以計算得到

$$L = 10.88$$

或　$L = 11$ 年。

　　現在，再將各項資料代入公式㊹，即可求得該項設備在更新時之「現值」，此「現值」並為最大值：

$$P = \int_0^{11}(3,000-30t)e^{-\frac{t}{10}}dt + (5,000e^{-\frac{11}{4}})(e^{-\frac{11}{10}}) - 5,000 - \int_0^{11}(1,000+140t)e^{-\frac{t}{10}}dt$$

$$= \int_0^{11} 2,000e^{-\frac{t}{10}}dt - \int_0^{11} 170te^{-\frac{t}{10}}dt + 5,000e^{-3.85} - 5,000$$

$$= 2,000[-10e^{-\frac{t}{10}}]_0^{11} - 170[(-10t-100)e^{-\frac{t}{10}}]_0^{11} + 5,000e^{-3.85} - 5,000 = 3,300 \text{ 元}$$

◎討　論

　　上面的情形，如果不考慮收益（即 $E=0$），則應求全部費用之最小現值，茲令：

　　　　C 表原始設置成本，

　　　　$R(t)$ 表保養費用之函數，

　　　　$S(t)$ 表殘值，

　　　　L 表示總成本最低的使用期，即經濟壽命。

　　以一個週期為準，則其現值為

$$P = \int_0^L R(t)e^{-it}dt + C - S(L)e^{-iL} \qquad ㊻$$

（試與公式㊹比較！）

　　如果，我們希望這種設備永遠使用下去，圖解可見：

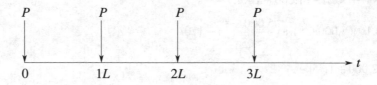

　　全部無限多個 p，又可轉化為一個「總現值」P_T，即

$$P_T = P + Pe^{-iL} + Pe^{-2iL} + Pe^{-3iL} + \cdots$$

$$= P(1 + e^{-iL} + e^{-2iL} + \cdots)$$

式中括弧內為一等比級數，令 a 表首項，x 為等比 e^{-iL}，則

$$\frac{a}{1-x} = \frac{1}{1-e^{-iL}}$$

　　故　$P_T = P(\frac{1}{1-e^{-iL}})$ 　　　　㊼

如將 P 值代入，則得

$$P_T = [\int_0^L R(t)e^{-it}dt + C - S(L)e^{-it}](\frac{1}{1 - e^{-it}})$$

求其第一次導數式，並令之為 0，即

$$R(L) - S'(L) + S(L)i - \frac{iP}{1 - e^{-it}} = 0 \quad \text{或可寫為}$$

$$[R(L) - S'(L) + S(L)i] - \frac{iP}{1 - e^{-iL}} = 0 \qquad \text{㊽}$$

式中令前項為①，後項為②，通常可得其曲線形狀如下：

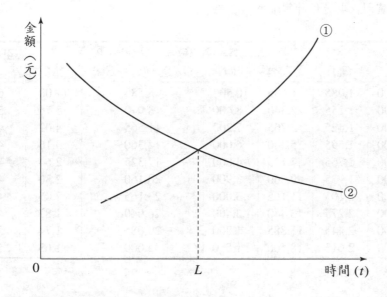

①表示保養費用、殘值之遞減率及殘值所負擔之利息三項之總和；此總和只要比②之值小之時，應儘可能延長其使用期限，直至此總和與②之值相等為止，即 L 點。

②表示全部未來成本之現值。L 表示①②兩種成本相加以後總成本最低一點之使用期限。

上面公式㊻，如以普通的不連續複利之觀點來看，即為

$$P = C + \sum R(t)[PWF'] - S(t)[PWF']^t \qquad \text{㊾}$$

但是，在歐洲方面，一般對這一個關係有另外一種看法。他們承認：

$$P = C + \sum R(t) - S(t)$$

的關係。然後，將式之右端全部乘以一個因子 M，$M = \dfrac{(1 + i)^t}{(1 + i)^t - 1}$

（根據本書一貫的說法，於此 $M = [CRF]'/i$）

$$P_t = [C + \sum R(t) - S(t)]M \qquad \text{⑩}$$

於是，再自 $t = 1$ 開始，一一計算 P_t，比較找尋其最小值，即得經濟壽命❶。

例題8.6

經濟壽命的歐洲計算法

下表中表示某項設備利用歐洲計算法計算其經濟壽命之過程，利率為10%。表中①②③⑤為原始資料，其他係計算結果。

① t	② C	③ $R(t)$	④ $\sum R(t)$	⑤ $S(t)$	⑥ = ② + ④ − ⑤ $C + \sum R(t) - S(t)$	⑦ M	⑧ = ⑥ × ⑦ P_t
1	15,000	1,085	1,085	10,500	5,585	11.00	61,435
2	15,000	1,255	2,340	8,400	8,940	5.76	51,494
3	15,000	1,425	3,765	7,200	11,565	4.02	46,491
4	15,000	1,595	5,360	6,000	14,360	3.16	45,378*
5	15,000	1,765	7,125	4,800	17,325	2.64	45,738
6	15,000	1,935	9,060	3,900	20,160	2.30	46,368
7	15,000	2,105	11,165	3,000	23,165	2.05	47,488
8	15,000	2,275	13,440	2,400	26,040	1.87	48,694
9	15,000	2,445	15,885	1,800	29,085	1.74	50,608
10	15,000	2,615	18,500	1,500	32,000	1.63	52,160

*$t = 4$ 時，總成本最低

上面計算表中可見，當 $t = 4$ 時，P_t 為最小值，故該項設備之經濟壽命為四年。

請讀者在方格座標紙上，以橫軸表①，縱軸②④⑤⑥⑦⑧以見其關係，其中⑤應以負值表之，⑧以粗線表之。

例題8.7

最適宜更新週期之最小現值

已知某設備之保養費用函數為 $R(t) = 100 + 10e^{0.10t}$，其殘值 $S(t) = Ce^{-0.20t}$，其中 C 表初次購置成本假定為 44 元。如此，則殘值之變化率為

$$S'(t) = -0.20Ce^{-0.20t}，\text{又假定 } i = 8\%，$$

❶ CBO-CENTRE FOR MANAGEMENT AND INDUSTRIAL DEVELOPMENT (Centrum Voor Bedrijfsontwikkeling) Rotterdem BKG/0103 E2

保養費用之現值，按公式⑬應為 $R(t)e^{-ti}$，在 L 期間全部現值之值，可利用積分求之，即

$$\int_0^L R(t)e^{-ti}dt$$

$$= \int_0^L (100 + 10e^{0.10t})e^{-0.08t}dt$$

$$= \int_0^L 100e^{-0.08t}dt + \int_0^L 10e^{0.02t}dt$$

$$= -\frac{100}{0.08}e^{-0.08L} + \frac{100}{0.08} + \frac{10}{0.02}e^{0.02L} - \frac{10}{0.02}$$

$$= \frac{1}{0.08}(60 + 40e^{0.02L} - 100e^{-0.08L})$$

現在，計算每一個週期之現值

$$P = \int_0^L R(t)e^{-ti}dt + C - S(L)e^{-iL}$$

$$= [\frac{1}{0.08}(60 + 40e^{0.02L} - 100e^{-0.08L})] + 44 - (44e^{-0.20L})e^{-0.08L}$$

$$= \frac{1}{0.08}(60 + 40e^{0.02L} - 100e^{-0.08L}) + 44(1 - e^{-0.28L})$$

將之代入公式㊽

$$[R(L) - S'(L) + S(L)i] - \frac{iP}{1 - e^{-iL}} = 0, \quad 即$$

$$100 + 10e^{0.10L} - (-0.20 \times 44e^{-0.20L}) + 0.08 \times 44e^{-0.20L} - \frac{0.08P}{1 - e^{-0.08L}} = 0$$

（P 代入可能太煩，暫略）利用上節所述同樣的試錯法，試以 $L = 7$ 代入；其意即每七年更
換一套設備視其全部費用是否最低，其現值可利用公式㊼計算如下：

$$P_T = p[\frac{1}{1 - e^{-iL}}]$$

$$= \{\frac{1}{0.08}[60 + 40e^{0.14} - 100e^{-0.65}] + 44(1 - e^{-0.28 \times 7})\}\frac{1}{1 - e^{-0.08 \times 7}}$$

$$= \{\frac{1}{0.08}[60 + 46 - 57] + 44(1 - 0.14)\}\frac{1}{1 - e^{-0.56}}$$

$$= \{612 + 38\}\frac{1}{0.4288}$$

$$= 650 \times \frac{1}{0.43} = 1,515.858$$

再以 L 其他值代入，逐一解得 P_T 之值如下表：

　　最後又以牛頓近似解法，亦得 $L = 4.678$，$P_T = 1,509.98$ 是為最小值。即經濟壽命為五年。

L	P_T
6	1,511.13
5	1,510.06*
4	1,510.31
3	1,512.09

* 為最小值

第四節　經濟壽命的電算模型

我們再從不同的角度來看看經濟壽命的意義及其計算方法。

假定有某工廠面臨抉擇兩種機器，A 與 B。A 之售價 5,000 元，採用以後前五年中每年操作費用為 800 元，自第六年起即以每年 200 元之增加率遞增。B 之作業能力與 A 相同，售價 2,500 元，前六年中每年費用 1,200 元，以後每年遞增 200 元。假定兩種機器都沒有殘值，市場利率如果為 10%，則應選用那一種機器?

解:

所謂市場利率為 10% 的意思，亦即表示今天的 100 元相等值於明年今天的 110 元。此點早在本書前面闡明。

同樣，明年今天的 1 元相等值於今天的 $(1.1)^{-1}$。n 年以後的 1 元相等值於今天的 $(1.1)^{-n}$。

茲假定各項符號意義如下:

C　表購買之現在投資（元）

A_j　表示在 n 年之中，每一年之機器操作維持費（元）

　　　（$j = 1, 2, 3, \cdots r, \cdots n$）

i　利率

V　令 $V = [PWF'] = (1 + i)^{-1}$，稱為貼現率，亦即一年的單位現值。

$P(n)$購買一機器使用 n 年予以更換，n 年中之全部支出應為 $P(n)$，$P(n)$ 之值隨 n 增加而增。換言之，$P(n)$ 為 $n = 0$ 時之現值總額，故

$$P(n) = C + A_1 V + A_2 V^2 + \cdots + A_j V^j + \cdots + A_n V^n \qquad ㊗$$

假定，工廠當局決定 r 年實施更換機器，並且準備好了一筆基金 $P(r)$ 以供更換之用。我們再假定此筆 $P(r)$ 係向銀行借貸而來，定期按利率 i 定額攤還。經過如此假定以後，上面㊗式中右端不相等之各項所積成之 $P(n)$ 總和，可以看

成是 r 年中每年定額的 X 之現值總和。

　　即　　$P(r) = X[PWF]^r$

　　　　$X = \dfrac{P(r)}{[PWF]^r}$

$\because$　$[PWF]^r = \dfrac{(1+i)^r - 1}{i(1+i)^r}$

$\therefore$　$X = \dfrac{iP(r)}{1 - V^r}$　　　　　　　　　　　　　　　⑤

　　我們希望 X 之數值愈小愈好，亦即希望⑤式中右端之結果愈小愈好。右端之 i 為一常數，可暫不予以考慮，故我們希望⑤式中右端之 $\dfrac{P(r)}{1 - V^r}$ 為最小值。試解出其中之 r 值即可。

　　茲令

$\dfrac{P(r)}{1 - V^r} = F(r)$，如果可以滿足下列條件，則 $F(r)$ 應為最小值：

$$\begin{cases} F(r+1) > F(r)，亦即 \Delta F(r) > 0; \\ F(r-1) > F(r)，亦即 \Delta F(r-1) < 0 \end{cases}$$

上面兩條件，可以合併為

　　$\Delta F(r-1) < 0 < \Delta F(r)$　　　　　　　　　　　　　　⑤

　　現在，就此式兩端分兩次展開研究，先展開 $\Delta F(r)$。

$\Delta F(r) = \Delta\left[\dfrac{P(r)}{1 - V^r}\right]$

$\qquad = \dfrac{P(r+1)}{1 - V^{r+1}} - \dfrac{P(r)}{1 - V^r}$

$\qquad = \dfrac{(1 - V^r)P(r+1) - (1 - V^{r+1})P(r)}{(1 - V^{r+1})(1 - V^r)}$

$\qquad = \dfrac{P(r+1) - P(r) - V^r P(r+1) + V^{r+1} P(r)}{(1 - V^{r+1})(1 - V^r)}$

$\qquad = \dfrac{R_{r+1} + V^{r+1} V^{r+1} P(r) - V^r P(r+1)}{(1 - V^{r+1})(1 - V^r)}$

$\qquad = \dfrac{R_{r+1} V^{r+1} + V^{r+1} P(r) - V^r[P(r) + V^{r+1} R(r+1)]}{(1 - V^{r+1})(1 - V^r)}$

$$= \frac{V^r[VR_{r+1} + VP(r) - P(r) - V^{r+1}R_{r+1}]}{(1 - V^{r+1})(1 - V^r)}$$

$$= \frac{V^r[VR_{r+1}(1 - V^r) - P(r)(1 - V)]}{(1 - V^{r+1})(1 - V^r)}$$

$$= \frac{V^r}{1 - V^{r+1}}[VR_{r+1} - \frac{1 - V}{1 - V^r}P(r)]$$

$$= \frac{V^r}{1 - V^{r+1}} \cdot \frac{1 - V}{1 - V^r}[\frac{V - V^{r+1}}{1 - V}R_{r+1} - P(r)] \qquad (54)$$

至此，上面式中前兩項永為正值，$\Delta F(r)$ 之是否為一大於零之正值，實由後面 [　] 中之數值決定。換言之，如果下面之條件可以成立，即

$$[\frac{V - V^{r+1}}{1 - V}R_{r+1} - P(r)] > 0 \qquad (\text{即 } \Delta F(r) \text{ 為一正值}) \qquad (55)$$

則，$F(r)$ 為一最小值。但是，至此僅解決一半問題。

現在，再就(53)式中另一半研究，展開 $\Delta F(r-1)$

$$\Delta F(r-1) = \Delta[\frac{P(r-1)}{1 - V^{r-1}}] = \frac{P(r)}{1 - V^r} - \frac{P(r-1)}{1 - V^{r-1}}$$

$$= \frac{(1 - V^{r-1})P(r) - (1 - V^r)P(r-1)}{(1 - V^r)(1 - V^{r-1})}$$

$$= \frac{P(r) - P(r-1) + V^rP(r-1) - V^{r-1}P(r)}{(1 - V^r)(1 - V^{r-1})}$$

$$\frac{R_rV^r + V^rP(r-1) - V^{r-1}[P(r-1) + R_rV^r]}{(1 - V^r)(1 - V^{r-1})}$$

$$= \frac{R_rV^r(1 - V^{r-1}) - V^{r-1}P(r-1)[1 - V]}{(1 - V^r)(1 - V^{r-1})}$$

$$= \frac{V^{r-1}[VR_r(1 - V^{r-1}) - P(r-1)(1 - V)]}{(1 - V^r)(1 - V^{r-1})}$$

$$= \frac{V^{r-1}}{1 - V^r}[VR_r - \frac{1 - V}{1 - V^{r-1}}P(r-1)]$$

$$= \frac{V^{r-1}}{1 - V^r} \cdot \frac{1 - V}{1 - V^{r-1}}[\frac{V - V^r}{1 - V}R_r - P(r-1)]$$

同樣道理，式中前面兩項永為正值，$\Delta F(r-1)$ 之是否為一小於零之負值，可由後面 [　] 中之數值決定。換言之，如果下面之條件可以成立

$$[\frac{V - V^r}{1 - V}R_r - P(r-1)] < 0 \qquad (\text{即 } \Delta F(r-1) \text{ 為一負值}) \qquad ⑤⑦$$

故 $F(r)$ 為一最小值之完全條件為

$$[\frac{V - V^r}{1 - V}R_r - P(r-1)] < 0 < [\frac{V - V^{r+1}}{1 - V}R_{r+1} - P(r)] \qquad ⑤⑧$$

根據⑤⑧式之結論，可以列表計算實際問題。現將上述 A 牌機器之各項數字舉例如下：

下表僅計算⑤⑧式之左端，右端可以不必計算，因為兩者相差多項式中之最末一項。例如：$r = 11$ 時 $P(r-1) = 11,654$，$r = 10$ 時 $P(r) = 11,654$。兩者在表中位置，上下相差一格而已。表中計算至 $r = 11$ 時，式中左端大於 0，故最適宜之更新年數應為十年。

如果計算右端，則可發現直至 $r = 10$ 時，$12,021 - 10,919 > 0$

再據⑤②式，A 牌機器 r 年中全部支出相等值的等額年金可計算如下：

$$X = \frac{iP(r)}{1 - V^r}$$

$$= \frac{0.1 \times P(10)}{1 - V^{10}} = \frac{0.1 \times 10,919}{1 - 0.3855} = 1,776.89 \text{ 元}$$

同法，列表可計算得 B 牌機器最適宜之更新年數為八年，等額年金亦較 A 牌為低。因此，B 牌似乎較廉宜，更新年期比 A 牌早。

A 牌機器更新年數計算表

① 年數，r	② 每年費用，R_j	③ $\frac{V - V^r}{1 - V}R_j$	④ $C + R_1 V + R_2 V_2 + \cdots = P(r-1)$	⑤ $= ③ - ④$
0	0	0		
1	800	0	5,000	(−)
2	800	724	5,724	(−)
3	800	1,379	6,379	(−)
4	800	1,971	6,972	(−)
5	800	2,508	7,508	(−)
6	1,000	3,741	8,114	(−)
7	1,200	5,148	8,773	(−)
8	1,400	6,701	9,468	(−)
9	1,600	8,377	10,186	(−)
10	1,800	10,156	10,919	(−)
11	2,000	12,021	11,654	(+)
12	2,200	13,955	12,386	

註：本表中 V，即 $[PWF']$，按連續複利 10% 計算，數值見〔表 4.29〕。

◎討　論

經濟壽命因數表

上面計算表中，唯一不方便計算的是第③欄中的特別因子，其他只要知道第一次原始投資成本以及每年的操作保養費用兩項，即可算出第⑤欄兩者之差。差數自負數開始，直到其差由負變正，即表示經濟壽命之久暫。

本書著者曾為此一特殊之折算因子，製備此特別因子之數值，自 $i = 4\%$ 開始至 $i = 25\%$，

表中數值係 $\dfrac{V - V^n}{1 - V}$ 之值，$V = [PWF']$

按連續複利情況計得

現在，電子計算機日益普遍，許多程式可以在個人電腦上進行計算，坊間也有專門的軟體可供分析經濟壽命之用。為初學者方便計，利用經濟壽命因素表可以節省繁複的計算步驟。

任何機器設備其使用年限一定是有限制的，達到該使用年限則非予更換不可，否則影響營運成本。應在何年更換就是本章討論的主題。此類問題由於實際上狀況不同，解決方法頗多。本節介紹此一方法在實際應用時頗為廣泛，較具價值。因此，台灣電力公司所屬管理革新推進委員特將本書所舉方法寫成電算程式，編在「台電經略研究報告」64–001 號，第 1 頁至第 14 頁。有興趣之讀者請參閱該書。

〔表 8.1〕係 $i = 4\%, 5\%, \cdots$，直到 25%；n 自 0 到 30 的經濟壽命因數，可供讀者練習計算同類問題之用。保留本數值表之目的，可供作比較使用。因為，自行計算時每次只能得到一個數值，有時也頗感不便。

〔表 8.1〕之應用說明：

已知(1)投資額現值，P 及

　　(2)每年一次之支出費用，A 等二項，即可利用〔表 8.1〕計算該項設備之經濟壽命。

計算時為方便計，最好列成計算表，格式如下，依年期逐一計算並作比較。

表 8.1　經濟壽命因數表

期數	利　率		期數
n	4%	5%	n
1	0.0	0.0	1
2	0.9607	0.9512	2
3	1.8839	1.8560	3
4	2.7708	2.7167	4
5	3.6229	3.5355	5
6	4.4417	4.3143	6
7	5.2283	5.0551	7
8	5.9841	5.7598	8
9	6.7102	6.4301	9
10	7.4079	7.0677	10
11	8.0782	7.6742	11
12	8.7223	8.2512	12
13	9.3410	8.8000	13
14	9.9356	9.3221	14
15	10.5068	9.8186	15
16	11.0556	10.2910	16
17	11.5829	10.7403	17
18	12.0895	11.1678	18
19	12.5762	11.5743	19
20	13.0439	11.9611	20
21	13.4932	12.3289	21
22	13.9249	12.6789	22
23	14.3397	13.0118	23
24	14.7382	13.3284	24
25	15.1211	13.6296	25
26	15.4890	13.9161	26
27	15.8425	14.1886	27
28	16.1821	14.4479	28
29	16.5083	14.6945	29
30	16.8218	14.9290	30

表 8.1　續

期數	利　率					期數
n	6%	7%	8%	9%	10%	n
1	0.0	0.0	0.0	0.0	0.0	1
2	0.9417	0.9323	0.9231	0.9139	0.9048	2
3	1.8286	1.8017	1.7752	1.7492	1.7235	3
4	2.6639	2.6123	2.5618	2.5125	2.4643	4
5	3.4505	3.3681	3.2880	3.2102	3.1347	5
6	4.1914	4.0728	3.9583	3.8478	3.7412	6
7	4.8890	4.7298	4.5771	4.4306	4.2900	7
8	5.5461	5.3424	5.1483	4.9632	4.7866	8
9	6.1649	5.9136	5.6756	5.4499	5.2359	9
10	6.7476	6.4462	6.1623	5.8949	5.6425	10
11	7.2964	6.9428	6.6117	6.3014	6.0104	11
12	7.8133	7.4058	7.0265	6.6729	6.3432	12
13	8.3000	7.8375	7.4094	7.0125	6.6444	13
14	8.7584	8.2401	7.7628	7.3229	6.9170	14
15	9.1901	8.6154	8.0891	7.6066	7.1636	15
16	9.5967	8.9653	8.3903	7.8658	7.3867	16
17	9.9796	9.2916	8.6683	8.1027	7.5886	17
18	10.3402	9.5958	8.9250	8.3193	7.7713	18
19	10.6798	9.8795	9.1619	8.5172	7.9366	19
20	10.9996	10.1440	9.3806	8.6980	8.0861	20
21	11.3008	10.3905	9.5825	8.8633	8.2215	21
22	11.5845	10.6205	9.7689	9.0144	8.3439	22
23	11.8516	10.8349	9.9409	9.1525	8.4547	23
24	12.1032	11.0347	10.0998	9.2786	8.5550	24
25	12.3401	11.2211	10.2464	9.3940	8.6457	25
26	12.5632	11.3949	10.3817	9.4994	8.7278	26
27	12.7734	11.5569	10.5066	9.5957	8.8021	27
28	12.9713	11.7080	10.6220	9.6837	8.8693	28
29	13.1576	11.8488	10.7284	9.7642	8.9301	29
30	13.3332	11.9802	10.8267	9.8377	8.9851	30

表 8.1　續

| 期數 | 利　率 | | | | | 期數 |
n	11%	12%	13%	14%	15%	*n*
1	0.0	0.0	0.0	0.0	0.0	1
2	0.8958	0.8869	0.8780	0.8693	0.8607	2
3	1.6983	1.6735	1.6491	1.6251	1.6015	3
4	2.4172	2.3712	2.3262	2.2821	2.2391	4
5	3.0613	2.9900	2.9207	2.8533	2.7879	5
6	3.6382	3.5388	3.4427	3.3499	3.2603	6
7	4.1551	4.0255	3.9011	3.7816	3.6669	7
8	4.6181	4.4572	4.3037	4.1570	4.0168	8
9	5.0329	4.8401	4.6571	4.4832	4.3180	9
10	5.4044	5.1797	4.9675	4.7669	4.5772	10
11	5.7373	5.4809	5.2400	5.0135	4.8004	11
12	6.0355	5.7481	5.4793	5.2279	4.9924	12
13	6.3026	5.9850	5.6895	5.4142	5.1577	13
14	6.5420	6.1951	5.8740	5.5763	5.3000	14
15	6.7563	6.3815	6.0360	5.7171	5.4224	15
16	6.9484	6.5468	6.1783	5.8396	5.5278	16
17	7.1204	6.6934	6.3032	5.9460	5.6186	17
18	7.2746	6.8234	6.4129	6.0386	5.6966	18
19	7.4126	6.9388	6.5092	6.1191	5.7638	19
20	7.5363	7.0410	6.5938	6.1890	5.8217	20
21	7.6471	7.1318	6.6681	6.2498	5.8715	21
22	7.7464	7.2122	6.7333	6.3027	5.9143	22
23	7.8353	7.2836	6.7906	6.3486	5.9512	23
24	7.9150	7.3469	6.8409	6.3886	5.9830	24
25	7.9863	7.4030	6.8850	6.4233	6.0103	25
26	8.0502	7.4528	6.9238	6.4535	6.0338	26
27	8.1075	7.4969	6.9578	6.4798	6.0540	27
28	8.1588	7.5361	6.9877	6.5026	6.0715	28
29	8.2048	7.5708	7.0140	6.5224	6.0865	29
30	8.2459	7.6017	7.0370	6.5397	6.0994	30

表 8.1　續

期數	利　率					期數
n	16%	17%	18%	19%	20%	*n*
1	0.0	0.0	0.0	0.0	0.0	1
2	0.8521	0.8436	0.8352	0.8269	0.8187	2
3	1.5782	1.5554	1.5329	1.5108	1.4890	3
4	2.1970	2.1559	2.1156	2.0763	2.0378	4
5	2.7243	2.6625	2.6024	2.5440	2.4871	5
6	3.1736	3.0899	3.0090	2.9307	2.8550	6
7	3.5565	3.4505	3.3486	3.2505	3.1562	7
8	3.8828	3.7547	3.6322	3.5150	3.4028	8
9	4.1609	4.0114	3.8691	3.7337	3.6047	9
10	4.3978	4.2279	4.0670	3.9146	3.7700	10
11	4.5997	4.4106	4.2323	4.0641	3.9053	11
12	4.7717	4.5647	4.3704	4.1878	4.0161	12
13	4.9183	4.6948	4.4857	4.2901	4.1069	13
14	5.0433	4.8045	4.5821	4.3747	4.1811	14
15	5.1497	4.8970	4.6625	4.4447	4.2420	15
16	5.2404	4.9751	4.7297	4.5025	4.2917	16
17	5.3177	5.0410	4.7859	4.5503	4.3325	17
18	5.3836	5.0965	4.8328	4.5899	4.3659	18
19	5.4398	5.1434	4.8719	4.6226	4.3932	19
20	5.4876	5.1830	4.9046	4.6497	4.4156	20
21	5.5284	5.2164	4.9320	4.6720	4.4339	21
22	5.5631	5.2445	4.9548	4.6905	4.4489	22
23	5.5927	5.2683	4.9738	4.7058	4.4612	23
24	5.6179	5.2883	4.9898	4.7185	4.4712	24
25	5.6394	5.3052	5.0031	4.7289	4.4794	25
26	5.6577	5.3195	5.0142	4.7376	4.4862	26
27	5.6733	5.3315	5.0234	4.7447	4.4917	27
28	5.6866	5.3417	5.0312	4.7507	4.4962	28
29	5.6980	5.3502	5.0377	4.7556	4.4999	29
30	5.7076	5.3575	5.0431	4.7596	4.5029	30

表 8.1　續

| 期數 | 利　率 | | | | | 期數 |
n	21%	22%	23%	24%	25%	n
1	0.0	0.0	0.0	0.0	0.0	1
2	0.8105	0.8025	0.7945	0.7866	0.7788	2
3	1.4676	1.4465	1.4258	1.4054	1.3853	3
4	2.0002	1.9634	1.9273	1.8921	1.8576	4
5	2.4319	2.3781	2.3259	2.2750	2.2255	5
6	2.7818	2.7110	2.6425	2.5762	2.5120	6
7	3.0655	2.9781	2.8941	2.8131	2.7352	7
8	3.2954	3.1925	3.0940	2.9995	2.9089	8
9	3.4818	3.3646	3.2528	3.1461	3.0443	9
10	3.6328	3.5026	3.3790	3.2614	3.1497	10
11	3.7553	3.6134	3.4792	3.3522	3.2318	11
12	3.8546	3.7024	3.5589	3.4235	3.2957	12
13	3.9350	3.7737	3.6222	3.4797	3.3455	13
14	4.0002	3.8310	3.6725	3.5238	3.3842	14
15	4.0531	3.8770	3.7124	3.5585	3.4144	15
16	4.0960	3.9138	3.7442	3.5859	3.4380	16
17	4.1307	3.9434	3.7694	3.6074	3.4563	17
18	4.1589	3.9672	3.7894	3.6243	3.4705	18
19	4.1817	3.9863	3.8054	3.6376	3.4817	19
20	4.2002	4.0016	3.8180	3.6480	3.4903	20
21	4.2152	4.0138	3.8281	3.6563	3.4970	21
22	4.2273	4.0237	3.8360	3.6627	3.5023	22
23	4.2372	4.0316	3.8424	3.6678	3.5064	23
24	4.2452	4.0379	3.8474	3.6718	3.5096	24
25	4.2516	4.0430	3.8514	3.6750	3.5120	25
26	4.2569	4.0471	3.8546	3.6775	3.5140	26
27	4.2611	4.0504	3.8571	3.6794	3.5155	27
28	4.2646	4.0530	3.8592	3.6809	3.5166	28
29	4.2674	4.0551	3.8608	3.6822	3.5176	29
30	4.2697	4.0568	3.8620	3.6831	3.5183	30

經濟壽命列表計算法，計算步驟自 $n=0$ 開始，逐項計算

① 年數 n	② 每年費用 A_n	③ 〔表 8.1〕 因數	④ ②×③	⑤ Σ④	⑥ 每年現值 $A_n[PWF']^n$	⑦ P_{n-1} 現值總數 $P_0+\Sigma$⑥	⑧ ⑤−⑦
自 $n=0$ 開始	年末一次發生	根據已知之年利率自〔表 8.1〕中查出因數	實際計算乘積	依年數將上欄乘積數字累加	根據已知之年利率自〔表 4.20〕至〔表 4.34〕中查出 $[PWF']^n$ 再計與 A_n 之乘積	注意，n 列中取 $n-1$ 之數字	記錄正負。開始應為負值直至出現一正值時為止

至 (+) 出現後，其前面最後一個 (−) 所示之年數，即係所求之經濟壽命

例題8.8

有一投資系統，情況如下圖：

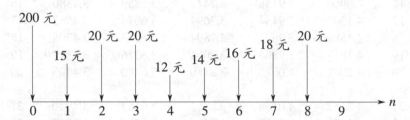

每年支付保養費用自第四年起每年遞增 2 元。假定市場利率以 15% 為主，試求其經濟壽命為若干年？

解：按題意列表如下：

① 年數 n	② 每年費用 A_n	③ 〔表 8.1〕 15%	④ ②×③	⑤ Σ④	⑥ ②×$[PWF']^n$	⑦ $P(n-1)$ $\Sigma(200+$⑥$)$	⑧ ⑤−⑦
0	0	−	−	−	−	−	−
1	15	0	0	0	12.9	200	(−)
2	20	0.8607	17.2	17.2	14.8	212.9	(−)
3	20	1.6015	32.0	49.2	12.7	227.7	(−)
4	12	2.2391	26.87	76.07	6.58	234.3	(−)
5	14	2.7879	39.03	115.1	6.6	240.9	(−)
6	16	3.2603	52.16	167.26	6.5	247.4	(−)
7	18	3.6669	66.0	233.26	6.3	253.7	(−)
8	20	4.0168	80.34	313.6	6.0	259.7	(+) 停止

此一系統之經濟壽命應為七年。

◎討　論

實際之經濟壽命問題，可以依據本節所介紹之計算表之邏輯觀念寫成電腦程式語言，利用電子計算機解答。

※第五節　經濟壽命的其他計算法

「設備更新」是現代工業管理中極重要的一個課題，其中亦有相當多的專家發明。本書所介紹僅係基本觀念，事實上是一個相當複雜的問題，至少有下列不同的情形：

1.更新的設備與原有的設備其性能完全相同。購置成本，使用期限，保養費用，殘值等全然相等；

2.更新的設備與原有的設備並不完全相同；

3.更新的設備有多種可供比較選擇；多種設備可能是相同的，也可能是完全不相同的。

另外有些美國學者，則將設備更新的問題，根據其使用效率，分為兩大類來研究：

第一類是所謂「效率遞減型」(diminishing efficiency type)，例如：機器、車輛、房屋等是隨使用期限而漸漸損壞的，原則上，每年只需不斷支付保養費用便可以永久使用下去；

第二類是「效率一定型」(constant efficiency type)，例如：電燈泡使用期限一經屆滿，無法以修理來維持其原有效率者。其計算涉及可靠度或然率，方法與本章所述頗不相同。

由此可見，設備更新是一個很專門的課題。美國機械及產品學會 (American Machinery & Allied Products Institute) 專為此一問題編了一本「更新手冊」(*MAPI Replacement Manual*)。手冊之中根據設備之資金特徵而分類，考慮不同之折舊計算方法，以及應納之所得稅，設備使用後之殘值等因素，導出許多公式，一部分則計得其數值列表，並製成種種曲線圖，專供分析有關設備之更新問題。

MAPI 更新方法之主要理論：不再考慮某一項設備的實際堪用年限，而只

考慮其「經濟壽命」(economic life) 如何。所謂「經濟壽命」的意義是指: 一項設備在其使用年限中, 保養維護費一定愈來愈大, 而殘值一定是愈來愈小。試以曲線圖表示, 如下圖所示。

圖中, 注意「累積之保養費用」係曲線下之面積, 而「殘值」則為某一年數時, 曲線在縱座標上之投影部分。對於企業系統來說, 前者為支出, 後者為收入, 一負一正。圖中可見當「年數」增加時, 負值愈積愈大, 正值愈來愈小, 兩者之和為一急劇降落之曲線。故此項設備應在其總值降為零之前, 予以更新。

因為, 在實際上「更新問題」中除了「保養費」、「殘值」之外, 尚應考慮「投資利率」、「稅捐」、「保險」等因素, 其複雜可以想見。

一般而言, 在考慮更新問題時, 保衛者所剩餘之經濟壽命一定比挑戰者所有的經濟壽命為短促。因此, 挑戰者可因每年之支出較低, 收入較高而具有優越地位。反過來說, 保衛者的這種相對劣勢, 即稱為「劣勢差」(Inferiority Gradient)。

例如, 甲種設備每年之支出以一定數字遞昇 2,000 元, 乙種設備之支出每年減少 3,000 元。則甲種設備所有之「劣勢差」即為 5,000 元。這是假定都為常數的情形; 如果不是常數, 這個問題就複雜多了。

像以上所述的種種不同狀況, MAPI 手冊中製有不同曲線。因為我國稅法與美國不同, MAPI 不能完全適用於我工業, 故本書不贅。有興趣的讀者請自行查閱有關之參考書或手冊等。

在應用上, MAPI 的更新方法也是隨時代之進步, 世界各地專家都不斷提

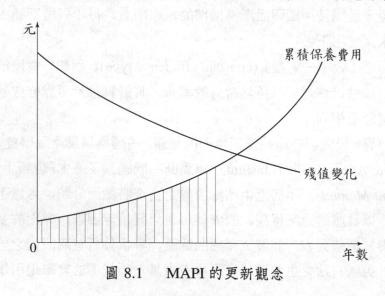

圖 8.1　MAPI 的更新觀念

出修正補充。

　　此外，在「管理會計」中廣用的「盈虧分析圖」(Break-Even Chart) 也可以用來分析有關設備的更新問題。

　　有一個管理學者 Paul T. Norton 曾提出一個公式來，可供作簡單的「更新問題」參考之用。他提出的公式是

$$A = Y + C + E + F + M + L + T \qquad \text{(59)}$$

式中各項代號意義如下：

A　　年金，單位為「元」。即我們所研究的該項設備之全年支出成本；

Y　　$Y = I(p + q + r)$，全年支出，單位為「元」；

I　　對於該項設備之投資，單位為「元」；

p　　百分率，投資收回之年利率；

q　　百分率，投資所負擔之稅捐、保險等；

r　　百分率，投資所負擔之折舊及陳廢等；

C　　元，全年之保養費用或操作費用；

E　　元，全年所需之動力及燃料等費用；

F　　元，機器設備所佔空間之全年租金；

M　　元，全年所需材料費用；

L　　元，全年所需直接工資；

T　　元，全年所需間接工資。

　　在應用時，可以先畫成表格，將要比較的各項設備就上列各項一一並列，逐一計算。A 值最小者表示最為經濟。

　　除了上述這一類傳統性的解答方法設法找尋經濟壽命之外，另外一種較新的趨勢是導入隨機的或然率 (stochastics)，為便於讀者今後在此方面深入研究起見，爰就一種新的研究方法略作介紹如下文❷。

　　某項同類的設備，例如同一廠牌的汽車，實際記錄其使用壽命，得到一個壽命期的分配數字。此時再另外計得其全部成本。將此成本除以平均壽命期，即得「平均成本」。取此「平均成本」之導來式，即可解出最小成本時之壽命期。

　　茲以數學關係說明上述觀念：

---

❷　一九七五年二月，本書著者在美國海軍研究院 Michael. G. Sovereign 教授指導下研究題目之一。

　　某型生產設備之壽命期為 t，t 應為一連續的隨機變數，可有一或然率密度函數 (probability density function) $f(t)$，同時並有一累計分配函數 (cumulative distribution function) $F(t)$，關係為

$$F(t) = \int_{-\infty}^{+\infty} f(t)dt$$

　　事實上，生產設備的壽命應自 $t=0$ 開始至相當數字，例如 $t=10$，或 20 等為止，故上式應為

$$F(t) = \int_{0}^{20} f(t)dt$$

再看成本方面各項：

　　K　一次付的購置成本

　　$C(t)$ 操作維護成本，應為一連續函數，通常應有下之形式

$$C(t) = C_0 + C_1 t + C_2 t^2, t \geq 0$$

　　式中 $C_0, C_1, C_2 \cdots$ 為成本係數

　　$S(t)$ 該項設備屆至 t 時之殘值，應有下之形式

$$S(t) = S_0 - S_1 t - S_2 t^2, t \geq 0$$

　　式中 S_0, S_1, S_2 為殘值係數

　　現在，我們在時間座標上選定一個理想標準 T，至 T 不再修護，且殘值為零。就任意一件設備來說，其真正壽命可能大於 T 也可能小於 T，就成本來看，於是，當

　　$t < T$，則總成本 (TC) 為 $K + C(t) - S(t)$

或

　　$t > T$，則總成本 (TC) 為 K

一個壽命期間內總成本之期望價值應為

$$E[TC] = \int_{0}^{20} (TC)f(t)dt$$

$$= \int_{0}^{T} [K + C(t) - S(t)]f(t)dt + \int_{T}^{20} Kf(t)dt$$

$$= \int_{0}^{T} Kf(t)dt + \int_{T}^{20} Kf(t)dt + \int_{0}^{T} [C(t) - S(t)]f(t)dt$$

$$= K + \int_{0}^{T} [C(t) - S(t)]dt \qquad ①$$

壽命期，L 的期望價值應為:

$$E[L] = \int_0^T tf(t)dt + \int_T^{20} Tf(t)dt$$

$$= \int_0^T tf(t)dt + T[1 - F(T)] \qquad ②$$

將上面① ÷ ②，即得到壽命期間的平均成本

$$\frac{E[TC]}{E[L]} \qquad ③$$

令③式之導來式為零，解出其中 T 值。此一 T 值即為該項設備之最經濟壽命。

類此，考慮或然率利用高深數學分析方法來解決實際問題的特例，應屬「作業研究」或「管理科學」的範疇，本書不能盡述。

此外，另有一項與設備更新頗為類似的問題，所謂是「改良」(modification)。特別是一種製造複雜、代價高昂的工業產品。例如，某型飛機或戰車，甚至於許多家用電器，如冰箱、冷氣機等產品都是，在早期產品問世以後基於技術上的理由，每每需作改良。投資 P 在性能上獲得改良而增加效果 E。這種改良投資是否永遠進行不已? 是否不如放棄原型另行設計新的形式? 我們常會有一種直覺認為新設計一定很費錢，而改良不費錢。事實上是否如此? 此一問題是美國工業界中研究發展所遭遇的困惑之一。

例如，美國的波音飛機公司於一九五二年開始，費時五年耗費約 5、6 億美元後，發展成功的巨型 707 客機，一直等到一九六五年波音公司才開始自出售 707 的營業上賺錢; 可是才四年，超巨型的 747 客機於一九六九年問世，立刻結束了 707 的發財之路。

又如 IBM 公司的 360 系統電算機，在全世界已有普遍的用戶，IBM 公司如果推出全新革命性的新系統，勢必犧牲 360 至相當程度。所以一九七○年六月三十日，IBM 公司推出市場的新系統 370，實際上乃是 360 系統的一種延長，是一種改良而不是革命性的全新設計❸。

第六節　本章摘要

「設備更新」及「經濟壽命」為現代企業活動中極重要的現實課題之一。

---

❸　Lawrence I. Dinnerstein, *Date Processing Magazine*, Oct. 1970.

學者們競相研究之結果，使得此一課題更為突出而獨立了。絕大多數文獻上所提出的方法都是針對某一種設備在某種條件下之特殊解答方法。更新的基本理論不外本章所介紹之內容。

設備更新在實質上受到技術上進步的影響；另一方面又與成本息息相關。與社會上工商業習慣，國家法律特別是所得稅的關係密切。有許多專家發表不同的計算公式，以其本人姓名為名。例如，在 313 頁中介紹的 P. T. Norton 等，本書不詳作其他介紹。

要而言之，生產設備實施更新的不同觀點，是

1. 物質上的　由於實際磨耗，精度降低，不堪使用；
2. 技術上的　技術上已遭市場淘汰；
3. 心理上的　人們喜新厭舊，崇尚時髦；
4. 經濟上的　這才是真正的決策關鍵所在。

至於為了更新而行的方案比較，則有兩種不同的形式，一種可說是「相提並論」，另一種則是「新陳代謝」。

本書所介紹者，以基本概念為主，在正常情形下使讀者知道如何判斷。利用其他知識有時也可作相同判斷者，例如成本會計中也考慮到設備更新，本書即不詳述；另外過於專門者例如 MAPI，在我國工商社會中並不能適用，本書也不詳述。

習　題

8-1.　〔例題 8.1〕的資料，試以「年數」為水平座標，用四種顏色將②③④⑤四欄表示在垂直座標上，描成曲線，觀察其關係。

8-2.　本章第四節說明文字中，以 A、B 兩牌機器舉例計算經濟壽命。試求 B 牌機器之經濟壽命為若干年；並比較其年金。

8-3.　試改以年利率為 20% 計算，A 牌機器之經濟壽命。模仿〔例題 8.8〕之格式進行。（310 頁）

8-4.　某種機器購置成本 $23,000，估計可以使用三年，每年可以節省工廠製造費用 $10,000。假定資本利率為 10%。新舊機器皆無殘值

　　　a. 利用連續複利之關係，比較更新之利益如何？

　　　b. 利用普通複利之關係，比較更新之利益如何？

8–5.　已知某項設備修理費用之函數為 $R(t) = 50 + e^{0.20t}$，殘值之函數為
$S(t) = 10,000e^{-0.15t}$，購置成本為 \$10,000，利率為 10%。

　　a.試以最經濟之使用期限 L，表示一個更換週期之現值 P。

　　b.試分別以使用期限為五年，二十年及四十年，計算該項設備全部成本之現值各為
　　　若干？

8–6.　某公司於七年前以 50,000 元購入一座倉庫。預計可使用二十年，到期後無殘值；
帳面折舊按直線法行之。現在，有人出價 100,000 元擬購買此一倉庫。估計五年後
出讓可得 45,000 元。

公司當局研究發現，倉庫之每年維持費為 5,220 元，稅捐 1,420 元，建築物保險 240 元，
貨物保險費 900 元。自用倉庫出售以後，租用空間相等的倉庫，條件如下：訂約十
年，十年中每年租金 19,000 元，維持費 1,200 元，貨物保險 450 元。如果投資利率
為 15%。請問該公司之倉庫應否出售？

8–7.　實驗工廠根據統計之資料，獲悉某項設備之各項成本關係如下：

投資成本：$C = 8,000$

收益函數：$E(t) = 3,000 - 30t$

費用函數：$R(t) = 1,000 + 140t$

殘值：$S(t) = 5,000e^{-(t/4)}$

茲以年利率 $i = 12\%$ 計算其經濟壽命。

8–8.　某一機械製造公司對於某一種廠牌之中型車床有如下之使用紀錄。仿照〔例題
8.5〕，試求該設備之最經濟壽命，年數。

使用年數	1	2	3	4	5	6	7	8
每年費用	12,000	12,000	15,000	20,000	23,000	28,000	34,000	36,000

　　此種新車床如果價值 80,000 元，則在何時汰舊換新最佳？

8–9.　已知某設備之保養費用函數為 $R(t) = 400 + 20e^{0.10t}$，其殘值 $S(t) = Ce^{-0.20t}$，其中 C 表
初次購置成本假定為 860 元。如此，則殘值之變化率為 $S'(t) = -0.20Ce^{-0.20t}$，又假
定 $i = 10\%$。試仿照〔例題 8.7〕，求其經濟壽命約為若干年？

8–10.　在〔例題 8.8〕中，試將購置成本 200 元改變為

　　a.100 元，及

　　b.400 元，其他條件不變，比較其經濟壽命，

　　c.並在一方格座標紙上，以橫軸表購置成本，縱軸表經濟壽命，點出已知之三點，
　　　並試判斷曲線之趨勢。

8–11.　某公司生產某商品，準備銷售八年。所使用之生產設備，現值 4,000 元，其他資料

如下：

年　期	1	2	3	4
每年操作成本	1,600	2,000	2,200	2,600
殘　值	3,500	3,000	2,500	2,000

市上現有一種性能較佳之設備，可以 8,000 元購得，且

年　期	1	2	3	4
每年操作成本	800	1,000	1,400	1,800
殘　值	3,800	3,600	3,400	3,200

假定年利率為 5%，請按下表格式求原有設備之經濟壽命。

年期	原 有 設 備		較 佳 設 備				總成本
	每年成本	殘　值	投資折現	每年成本	殘　值		

（答案：原有設備使用二年後，應即購入較佳設備使用六年，如此則總成本最低。）

8-12. 一生產計畫準備實施六年，所需之 M−1 型機器一座價值 8,000 元，其他資料如下：

年　期	1	2	3	4	5
作業費	1,000	1,200	1,400	1,800	2,300
殘　值	5,000	4,500	4,000	3,300	2,500

如果改用 M−2 型機器，則機器需 12,000 元，其他成本如下：

年　期	1	2	3	4	5	6
作業費	500	700	900	1,200	1,500	1,900
殘　值	11,000	10,500	10,000	9,500	8,500	7,500

a.如果不計利息，置換政策如何？

b.如果年利率 8%，又如何？

8-13. 兩年前，買下一套電子計算機時，附帶的磁帶機花了 120,000 美元。現在磁帶機的製造商前來推銷一種新型的磁帶機，新型磁帶機的特點是處理資料速度比舊的要快 15%。新磁帶機的價格是 350,000 美元；如以舊機交換，則舊機可以折價 30,000

美元 (120,000×25% = 30,000)。據預測現有之一套電子計算機再用四年即可有新的機器出現；屆時磁帶機的殘值舊機是 20,000 元，新機是 40,000 元。

電子計算機的使用情形：假定每月二十日，每日八小時計，其使用價格每小時 300 美元。如果新舊型磁帶機的維護操作費用相同，市場利率 12%，請問是否應該接受換裝新機？又，其他狀況相同，但電子計算機每日使用十小時，則結果又如何？

8-14. 有一家飲料工廠，二年前以美金 16,800 元購置了一套自動裝瓶機。當時估計可用七年，屆滿七年後殘值為零。此機器二年使用之經驗發現操作費用，每年要4,400 元。現在某西德公司代理商前來介紹一種新機器，價值 20,000 美元，但是每年產量不變的話，操作費用只要 1,800 美元。新機器可用五年，無殘值。代理商又表示願意以 4,000 美元承受舊機器。試以年利率為 6% 計算下列各項：

a. 以後五年中，保留舊機之狀況，以圖解表示。

b. 以後五年中，採用新機之狀況，以圖解表示。

c. 試以現值法比較 a 及 b。

d. 試以年金法比較 a 及 b。

e. 換新抑不換新？為什麼？

8-15. 商展會場上展出一種新型小型的萬能銑床，只索價 10,000 元，一年的保養操作費用估計是 6,000 元，以後每年可能增加 5%。假定殘值為 2,000 元，暫時忽略利息。請問應使用若干年則平均每年成本最低？

8-16. 同上題資料，但是按年利率為 12% 計算。

8-17. 私立××醫院的管理當局考慮更換現用的人工腎臟機。這座人工腎臟機是四年前以外匯35,000元買來的。再使用一年的話，使用費要 25,000 元，以後每年要增加 2,000 元。購買一套新的要花 40,000 元，每年使用費幾乎一樣，每年都是 20,000 元。使用五年以後殘值約為 10,000 元。推銷新機器的貿易商，願意承受舊機器折價 9,000 元，明年的話則折價 7,000 元，以後每年減 2,000 元，以此類推。試以 15% 年利率計算最適宜之決策，應用年金法比較之。

8-18. 同上題資料，但是改以現值法比較之。

8-19. 同前題資料，但是改以優惠貸款年利率為 6% 計算。

第九章
工程經濟的成本概念

第一節　工程經濟的觀點

　　「工程經濟」中所討論的問題，一般說起來，是對於機器設備之購置或者是工程設施之建造等所作投資建議的研究。作「工程經濟」研究的工程師們所持的觀點，與一般會計師所持的觀點是不完全相同的。因為，在會計上所考慮的都是過去的投資、過去的收益、過去的支出。金錢一旦投資於機器或是建築上以後，就不再可能有其他相提並論的方案出現。因此，有關過去投資及支出等之計算中，應該考慮利息或是不應該考慮利息，端視所採用之計算方法可能提供如何之答案而定。總之，計算成本是為了確認利潤。

　　工程師的事前觀點與會計師的事後觀點間的差別，有時候會產生不必要的彼此誤解，甚至於會將「工程經濟」的計算結果予以「修正」。其實，這是沒有意義的。

　　有人以為「工程經濟」事事講求經濟，那麼在「工程」之中免不了會「偷工減料」以達目的。其實這是過分的顧慮。因為，任何一件「工程目標」，其設計施工，有其一定之規格水準。我們應在維持同一的規格水準之條件下，保證品質覓求最節省之道。絕對不是以節省經費來換取技術水準之降低。例如以都市道路來說，如果我們只求其「有」，只求其「速成」，只注意表面，而不注意路面下的結構；那麼勢必增加以後「使用期限」中的養護費用。這個包括整個「使用期限」的長期觀點，才是「工程經濟」所重視的。

　　為了強調這種整個使用期的觀點，願稍假篇幅，向讀者介紹一種新的招標方式，所謂是「總價標」(Total-Cost-Bidding)。

　　現在流行於全世界的公開招標方式,尤其是政府的採購或者是公務的採購,率以──最低標──規格符合而報價最低者得標。然而多年以來各國都感覺到

這種方式弊端滋生。

普通標購物品，大致上可分為兩大類。一類是費用支出的消耗品。消耗品幾乎是只供一次使用，構造簡單，所值不大，容易制定其規格，問題較少。另一類是資本支出的機器設備，問題就多了。因為機器構造複雜，即使規格相近，品質究竟如何不經使用無法知道；機器設備之價值多半相當昂貴，品質理想不理想，出入款額數字很大；而且，機器設備之使用次數極多、期限也長，如果發現其效率不佳，則棄之不能，留之無用，三天一小修，五天一大修，誤時誤事，幾年下來的修理費可能使得原來的「最低標」變成最浪費的一標了。

美國各地方政府機關由於公共建設日增，採購日多，深受傳統的「最低標」之困擾，學者們積極研究乃創行了一種「總價標」的制度。

所謂「總價標」，所追求的仍舊是「最低價」，不過計算內容略為不同，最後可以得到真正的「價廉物美」，有「最低標」之利而無「最低標」之弊了。「總價標」所稱的「總價」內涵如下：

1. 採購物之本身價格；
2. 在正常使用情形下，該項設備在某一使用期間所必需的修理費用；
3. 殘值——設備在使用期間屆滿後，賣方所願付出之購回價格；亦即經過折舊以後，賣方仍予承認之價值。

「總價標」之計算，是以 1.加上 2.再減去 3.，如果結果最低，就是「最低標」。固然，賣方可以將修理費用及殘值故意以不正確數字列報；這一點可以補充規定如下：即機器修理由賣方負責，使用期滿後賣方應按殘值收回。

這種「總價標」的辦法經過試行階段，尤其是行政方面和技術方面都感困難甚多，尚未臻於至善，美國各州立法不同，各州有各州的修訂辦法。但是，它已經融入了「工程經濟」的**「全部使用期限中最經濟」**的觀點了。

著者在本書中一貫所強調的是：正確的觀念遠比方法重要。

第二節　成本的意義

所謂成本的意義，簡單說來是指我們為了達成一事或取得一物所願付出或是已經付出的代價，以貨幣表示之謂。工業上則指製造費用而言，其中包括所謂直接成本，間接成本及攤費等等。實際上我們為了一件事或是一項業務，所真正付出的代價究竟應如何計算，常令人混淆不已。茲舉例說明如下：

　　某甲擬搭乘某乙的自用小汽車旅行，言明費用由兩人分擔。旅程共六百哩，此車每加侖汽油可行駛十五哩。汽油之價格每加侖五角五分，亦即每行駛一哩耗用汽油 0.037 元，根據此數據計算，某甲認為應由二人分擔之費用為 22.0 元。

　　某乙則認為旅行費用應包括車輛損耗在內。某乙認為買車時花了 3,000 元，估計此車駛用四年，每年駛用一萬哩後，賣出可得 1,000 元。其行駛成本計算如下：

汽油（40,000 哩，每哩 0.037 元）	1,480 元
機油	860 元
輪胎	450 元
保養費用	870 元
保險費	800 元
停車費用（48 個月，每月 20 元）	960 元
牌照稅金	200 元
購車利息（年利 5% 計）	600 元
以上共計	6,220 元

　　即四年中行駛四萬哩共耗費用 6,220 元，平均每行駛一哩之費用為 0.155 元，行駛六百哩的費用是 93.3 元，為某甲計算結果的四點二四倍。（舉例數字，讀者可自行假定，其道理不變。）

　　上面的例子說明所謂成本常視其觀點何在而異其數字，此點應予注意。否則事業機構中年終結賬時有盈則不知何來，有損亦不知因何而虧。通常，在工程活動中所遭遇的問題，可資比較以供解決的方案中，如其支付費用之觀點各異，則不便比較。我們必須根據同一的立場來檢討其費用才能作比較。

　　有時業務擴展，工程活動增多，按理成本亦應增加，但實際上常有成本之增加並不與業務擴展成同一比例變化的。在此情形下成本之意義變得更不明確。例如國外某地電力公司收費標準如下：

25 度以下	每度 0.7 元
25～150 度	每度 0.3 元
150～250 度	每度 0.175 元
250 度以上	每度 0.10 元

　　某小工廠每月用電一百一十度，分析其用電成本應如下：

最初二十五度　　　　　　　　　　$25 \times 0.7 = 17.5$ 元

其後八十五度　　　　　　　　　　$85 \times 0.3 = 25.5$ 元

共計一百一十度　　　　　　　　　43.0 元

平均每度　　　　　　　　　　　　$43 \div 110 = 0.39$ 元

現在廠中增設馬達一座，平均每月多用電一百二十度。問此馬達之用電成本應如何計算?

第一法: 既知每月平均每度電費 0.39 元，故此馬達用電應付

$120 \times 0.39 = 46.8$ 元

第二法: 按照電力公司收費標準分別計算

最初二十五度　　　　　　　$25 \times 0.7 \quad = 17.5$ 元

其次一百二十五度　　　　　$125 \times 0.3 \quad = 37.5$ 元

再次八十度　　　　　　　　$80 \times 0.175 = 14.0$ 元

共計二百三十度　　　　　　69.0 元

平均每度　　　　　　　　　$69 \div 230 = 0.30$ 元

所以馬達負擔之電費 $120 \times 0.3 = 36.0$ 元

第三法: 根據電力公司收費標準知道

全月用電二百三十度計　　　　　　69.0 元

原來每月用電一百一十度計　　　　43.0 元

因馬達而增之費用 $69.0 - 43.0 = 26.0$ 元

所以馬達之用電成本每度為 $26.0 \div 120 = 0.21$ 元

以上三法，以第三法之分析合理。因每月電力公司收費時，實付 69.0 元，根據第一法計算應付 $43.0 + 46.8 = 89.8$ 元與事實不符。第二法則應付 $43.0 + 36.0 = 79.0$ 元，亦與事實不符。只有第三法的結果與事實相符。因為用電增多後其成本反而遞減之故也。

該工廠後來又增設電爐一座，每月需用電一百五十度，此電爐用電之成本應計算如下:

最初二十五度　　　　　　　$25 \times 0.7 \quad = 17.5$ 元

其次一百二十五度　　　　　$125 \times 0.3 \quad = 37.5$ 元

其次一百度　　　　　　　　$100 \times 0.175 = 17.5$ 元

再次一百三十度　　　　　　$130 \times 0.1 \quad = 13.0$ 元

共計三百八十度　　　　　　85.5 元

原來二百五十度共計　　　　　　　　　　69.0 元

所以電爐用電成本為 85.5 – 69.0 = 16.5 元

故電爐之用電成本每度 16.5 ÷ 150 = 0.11 元

此例可見，業務擴展用電增加其成本並非以直線比例上昇。所表呈的一種關係，是一種折線斜率漸減的遞增。

每次超過一個用電階段後直線斜率變化一次，成本便沿新的直線上昇。在每一個用電階段中，用電成本以到達每段折線之最高點為最經濟的用電量。

但是，成本是整個的，不能分割攤派，輸入的電力亦無法分辨那些供馬達用，那些供電爐用。故以上分析僅在增添設備，成本增大時，有其參考價值；讀者對這種問題應有所認識，絕對不可以為舊有設備用電成本高；新添設備之用電成本低，而釀成大錯。

例如，後來該廠變更製造方法。一部分舊有設備停用，全月用電降為二百四十度。該項用電一百五十度之電爐，其用電成本應如何計算？

最初二十五度　　　　　　　25 × 0.7　 = 17.5 元

其次一百二十五度　　　　　125 × 0.3　 = 37.5 元

其次九十度　　　　　　　　90 × 0.175 = 15.75 元

共計二百四十度　　　　　　　　　　　70.75 元

平均每度電費　　　　　　　70.75 ÷ 240 = 0.209 元

故電爐用電　　　　　　　　150 × 0.209 = 31.35 元

◎附　錄

台灣電力公司所訂的電價是分：一、電燈用電，二、綜合用電，三、電力用電三大類。所謂電燈用電就是指一般用戶所用的電燈、霓虹燈、電冰箱、電視機等所用的電而言。綜合用電是指非生產事業單位，諸如旅館業、政府的辦公廳、醫院、學校等所用的電，其中包括了動力負荷與電燈負荷兩種用電。所謂第三類的電力用電是指生產事業機構所用的電而言。

台電所訂自五十八年七月一日開始實施的電價表，電燈用電，按表計制，非營業用電每度售價為 0.91 元。營業用電：一度到二百度為 2.1 元，二百零一度到六百度，每度為 1.9 元，六百零一度以上，每度售價 1.8 元。至於綜合用電則售價較低，一千度以下，非營業用電每度為 0.68 元，營業用電為 0.94 元。至於電力用電售價更低：低壓供電，基本電費依

照裝置容量所訂契約容量計收者每月每瓩為 36 元,流動電費一千度以下部分,每度 0.4 元,一千零一度至一萬度部分,每度 0.37 元,一萬零一度以上部分,每度為 0.31 元,高壓供電,基本電費依照裝置容量所訂契約容量計收者,每月每瓩為 33 元,流動電費一萬度以下部分每度為 0.3 元,一萬零一度到十萬度每度 0.31 元,十萬零一度到一百萬度每度 0.28 元,一百萬零一度到五百萬度每度為 0.27 元,五百萬零一度以上部分每度為 0.25 元。

根據電力公司的統計:全省電燈用戶,每一戶的平均用電是八十九度,按非營業用電,每一度以 0.91 元計算,則每戶每月應納電費為 80.99 元。

台灣電力公司收費標準,所謂「時間電價」公式多年來常有修訂,不必抄錄。其基本理念大概相同。

第三節　成本觀念的更迭

所謂「成本」(cost) 就經濟學上的意義來說,是為了生產過程之必需,對於所取得之生產因素所支付之代價。一般的情形下,此項代價都以貨幣表示,但是,在意義上應不僅限於貨幣而已。

在傳統的觀念中,我們都認為下面公式是正確的。

$$收入 - 成本 = 利益 \tag{59}$$

美國有一位管理學教授 C. E. Knoeppel 根據簡單的代數學原則,把⑤⑨式變成下面的⑥⓪式:

$$收入 - 利益 = 成本 \tag{60}$$

他說,從⑤⑨式所來的利益是一種被動的結果,是無可奈何的所得。改變成⑥⓪式以後,成本變成我們管制的對象了。因為,我們如對收入先作預測,計畫好應取得之利益報酬,剩下來的才是可供我們經營使用的成本,這個成本是有限度的。

一九六六年,日本東京帝國大學一位木暮正夫教授把上面這個公式又提出一個修改,變成

$$利益 + 成本 = 收入 \tag{61}$$

木暮正夫教授的主要論點認為,現代的生產事業規模龐大,固定投資的比例愈來愈重,從事生產的成本預測也愈準確,例如,有些行業採用標準成本,便於進行預測,也便於訂定利潤目標。根據木暮正夫教授的觀念,以計畫的利益加上容許的成本便是收入所應達到的目標。用這樣的解釋,顯然企業管理的

境界又是不同。

第四節　正式的成本紀錄

上面簡單的說明了成本的意義。在工程經濟的計算過程中只要求有數目字，並不過問數目字來自何處?一般來說對這些數字負有責任的是企業的成本中心，或是成本計算單位。

專門研究有關成本之種種者為「成本會計」，成本會計之使命為記錄正確的成本數字。為求讀者對此問題有比較深入之了解，有助於如何運用這些成本資料，爰稍費篇幅，談談成本會計究竟是什麼意義? 包括些什麼概念?

對於成本會計的發軔，一般人士每有錯覺，以為係二十世紀初提倡科學管理後的產物，由注重科學管理而注意成本，遂由普通會計脫胎而出，實則不然。亦有人以為係十八世紀後半，英國工業革命後工廠制度興起的產物。其實成本會計理論與實務，歷史甚為悠久。例如我國俗話: 所謂「平買平賣」，就是務求收益足以包容成本的概念，這也是隨人類經濟活動而俱來的。歐洲在十四世紀中葉，由於英國、義大利、日耳曼，和歐陸西岸間商業發達，小型工業紛紛建立，成本會計實務便漸趨發達。但是近代化而較為可觀的成本會計實務，據傳說是在一八八〇年以後的產物。以後隨社會工商業之繁榮發達而更為具體，而且每逢戰爭由平時到動員再到復員，成本會計的理論與實務，必有很大的進步。一方面由於戰時管制物價，對於成本的分析與計算，必然促使進步，成本的內容也較為明確。另一方面工商業由戰時的穩得暴利，回復到相互競爭，不得不加強成本會計，藉以知己知彼，擬訂銷售的策略。同時戰時只重生產，對於成本每多放鬆; 回到平時便須加強成本的控制，以保利潤。在二次大戰之前，在成本會計上已有很多方面的發展，茲略舉五項要點如下:

1. 成本會計處理的程序、技術和原則，都大有改進，諸如標準成本的發達，廠務費用分攤方法的求精，材料會計的周密，成本差異的入帳，成本報表的風行等;

2. 成本計算方法的推廣，一面從製造業而推展至幾乎任何企業，另一面在一企業的內部，從製造成本推展而至其他成本，尤其對業務推銷方面的成本，其計算方法俱已完備;

3. 成本會計的功用，已自成本的紀錄計算，擴展而作為管理的政策方針，

及作為訂定產品售價的重要依據；

　　4.成本會計的內容中已擴展為兼重成本控制，並且引用了許多減低成本的方法，推動節減成本；

　　5.事業預算的注重與風行，並且演進到有彈性的預算，以與標準成本配合使用。

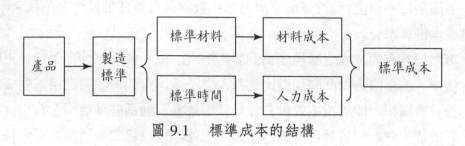

圖 9.1　標準成本的結構

　　標準成本的遭受廣泛注意，實始於美國成本會計學會 (NACA) 於一九二〇年召開的第一屆年會。當時會中對於標準成本的實施，廣泛討論，意見至為不一，但會後採用標準成本的企業，迅速增多。那時候的科學管理運動，無疑的促進了標準成本的實施，以策劃生產與衡量效率。早期的標準，是按多少單位的材料或工時計算的，嗣後迅即變為多少成本金額的標準。預算一經應用，便立即發展而為製造費用的標準，藉以控制費用和決定產品的標準單位成本。就標準成本的發展而言，這是早期使用估計成本制度和實施預定分攤率的必然結果。

　　二次世界大戰，對成本控制的發展極為不利。戰時物價高漲，獲利容易，易於使企業界忽略控制成本。軍方訂購的產品，戰時但求生產供應，對於成本便從寬認定。在企業界方面，只要有豐厚的利潤，自然不以成本的控制為念。同時，戰時會計人員極為缺乏，良好的成本控制制度，也就難以實施了。

　　二次大戰後的成本會計學，有著極卓越的進展。成本會計的重要目的，本已由成本計算，進而為成本控制；現在則更進一步，轉變為提供成本與利潤分析的資料，以供企業決策當局規劃未來的經營。同時，成本控制也益為擴展。強調成本控制的人士，且認為規劃未來就是成本控制領域的擴大，由控制現在的作為與措施，進而控制未來的經營與損益。

　　為了重視規劃，所以在短期的預算之外，流行長期的預算或遠程預測。訂立年預算而不時修訂延展，今天已是常見的實務。營業預算的編製益見精細而進步。資本支出牽涉長期成本，其決策前的研究分析、考慮抉擇與決定後的預

算控制，為二次大戰後在成本會計學界所經常討論的題目之一。

為了長期規劃，期望長期有足夠的利潤，俾滿足投資人的要求並使企業本身不斷成長發展，成本會計學便進而研討資金運用的成本，比較各項資金的來源，究以何種為較低廉。投資收回率也為成本會計學所重視，而在成本的比較上，為使各種不同時期的成本得以在同一幣值基礎上相比較，成本會計學便超越普通會計學，經常採用現值的觀念，將遠期的金額，按現在的獲利率或預期的投資報酬率，折為現值。此點在本書中已再三重複。

總之，成本會計的演進，可分為五個階段：

第一、沒有成本概念的會計時代；

第二、正確記錄成本數字；

第三、以實際成本為主的成本會計；

第四、以管制為主的成本會計；

第五、企業長期預測與標準成本的配合。

成本會計注重實用。要使成本會計在實務上切合實用，必須注意其發展上的趨向，這些發展的趨向，茲擇要列述於後：

1.**概算重於計算**　會計數字欲求發生作用，必須迅速及時，因此宜約略簡算而不必逐一細計。美國在成本會計實務上，一再強調，認為**及時而僅屬概括的數字，要比完備而失效的數字為好。**

2.**統計技術的廣泛應用**　預計是根據已知以探求未知，推定未知，這原是現代統計技術的重要功能。會計的本身，便是從一群繁雜的數字中，尋求其意義，這也是統計的基本功能。成本會計學久已利用統計技術，尤其是成本的相關分析，向來便用統計方法為之。現在的趨向是成本會計的運用統計技術，日益加甚。

3.**成本會計著重於作為管理的工具**　所以有逕稱新式的成本會計為管理會計 (Managerial Accounting) 者。

尤其自從電子計算機的應用日廣以後，成本會計事務亦漸由機械取代。在尚未使用電子計算機，而已採用其他各種會計分類記帳機器的場合，機器操作雖然代替人力，可是純然為事務工作的代替。到了電子計算機時代，機器一經預行安排，便可依預定的程式指示而決策，因而不但事務工作的被替代，連一部分例行性的管理和決策工作，也可藉機器的自動化而替代。

案例研討

中國鋼鐵公司的維修成本

　　七十三年十二月中國鋼鐵公司的一號高爐已開始為期三個多月的停爐整修，預計停工期間固定費用將增加 6 億元，以及維修費用達 8 億元，自然將使營運獲利受到影響，究竟如何攤提因整修而增加的費用，以及對七十四會計年度營利的影響程度如何，該公司內部自有盤算。

　　該公司因停爐整修將使七十四會計年度的盈餘較七十三年度減少，但應不致影響特別股保證股利 1.4 元的配發原則，因為七十四年度七至十月份累計盈餘，已達 20 億 7,300 餘萬元，用於配發特別股股利已綽綽有餘。

　　該公司共計有一、二號兩座高爐，其中一號高爐已經日夜二十四小時連續運轉七年，產製的鐵水達一千萬噸，也創下使用最久年限的紀錄，因此不得不停爐檢修，預計維修費將達 8 億元，以加裝電腦控制及防止空氣污染設備，同時另行加裝小發電機以增加廢氣回收率，預期完工後，可使一號高爐的生產效益大幅提高，至於 8 億元的維修費用如何攤提，初步決定自明年三月份高爐整修完畢，恢復正常生產後，將分五年攤提，預計每年盈餘將為之減少 1 億 6,000 餘萬元。

　　此外，該公司通常鋼品的月銷售量，維持在二十七萬噸左右，一號高爐停爐期間，粗鋼產量將減少四成，但因已備妥粗鋼及半成品，預計銷售業績減少有限。

　　中鋼公司大致已估算出停工期間將使固定費用多增 6 億元，因為兩座高爐停掉一座，固定成本及折舊費用仍需由剩下的二號高爐照常攤提，自然使成本提高，所以停工期間每月將多增加 1 億 4、5,000 萬元的成本費用，加上出貨量減少，也影響盈餘略減，將使十一月份至明年二月間，每月盈餘將減少 2 億元左右，與前四個月的平均盈餘相較，每月盈餘約可維持 3 億元。

　　中鋼公司雖然預計檢修期間，每月盈餘約減至 3 億元，但明年三月份恢復正常生產後，又需攤提維修費用，使得該公司對於七十四會計年度的營運獲利採取保守態度，但因整修後產量及品質可大獲改善，為長久營運著想，七十四

年度將是一個無可避免的過渡調整時期。

（取材自《經濟日報》、《工商時報》）

第五節　成本的分類認識

在成本會計實務上，通常的分類如下：

1.按資產與損益劃分，分為：

(1)資產購入成本 (acquisition cost)；

(2)自製資產成本；

(3)轉撥至其他單位的成本；

(4)供作損益計算與盤存計價的成本。

各成本間有相互的關聯，購入成本如果在購入時，將一部分成本立即歸入損益計算之內，則今後由資產成本轉往損益的數額便小。自製和轉撥資產的成本如果估計得高，則在總共所耗成本之內，減除自製和轉撥後的餘額便小，反之，估計得低則損益計算中的成本便大。如何始為適當，一直是成本會計實務上的難題。

2.按成本發生時的本質分，即分為材料、人工、保險費、稅捐、電力以及折舊等。

3.按成本因素分，通常分為材料、人工與費用三大要素。

4.按成本所關聯的功能關係 (function) 而分，通常分為製造成本、銷售成本、管理成本和財務成本。

5.按成本發生的部門而分，這些部門有時稱為中心。有的在部門之下再分中心，有的在中心之下再立部門。

至於按成本的實際與預計而分，乃在計算先後的不同。實際成本又稱歷史成本 (historical costs)，是事後計算。預計成本則是事先預定 (predetermined)，有標準成本、正常成本 (normal costs)、估計成本、預算成本。在將預計成本一併列帳時，則常將實際成本與預計成本之間的差額，另行建立實際差異 (variance) 科目。

各種成本分類，常需交互運用，通常在每一分類之中再詳予細分，以彙集明細資料。

成本的按成本因素、按職掌功能、按費用性質、按地區、按責任、按單位、

按人員等而劃分,由於範圍的比較分明,易於區分;可是碰到組織上職掌不明、功能相混、責任不清等人事混淆的情形,便會增加劃分上的困難。

上述的劃分,往往只是在總成本之內作分類或分區的劃分。其劃分的結果和改變,並不影響總成本的數字。但是有的劃分,則牽涉損益的數字,也因而會影響到資產負債表上有關的數字。

這些劃分,主要的是:

㈠資本支出與費用支出　當期成本 (current costs) 與遞延成本 (deferred costs) 之區分,這在普通會計學上就是一個難以劃分清楚的問題。在成本會計學上,成本計算的期間,一般恆較會計報表正式結帳的期間為短,有按月結算損益的,也有按週甚至按日結算損益的。結算的時期愈短,遞延成本與當期成本的劃分,便更為繁雜。結算的時期愈長,許多成本都成為當期成本,遞延到後期的便少了。例如一架使用五年的機器,其成本要遞延五年方完,可是如果五年才結一次帳,則不必遞延,而全是當期的成本了。

原則上,凡是應該只歸當期損益負擔的,便是費用支出,不只是由一期負擔而當遞延以達多期的,便是資本支出。可是實務上卻有許多困難。例如,如何判斷以及折舊稅負的計算等。

㈡當期成本與後期成本　成本屬於當期的部分,記入當期的損益計算書,成本的繼續留在資產負債表上的,便是後期成本,也就是盤存成本,等於是預付費用。

㈢時期成本 (period costs) 與產品成本 (product costs)　作為時期成本,便進入到當期損益裏去;作為產品成本,便可因一部分產品的留為期末的盤存,而留到後期才進入損益,在本期期末時,就變為資產成本中的一部分了。同是一項成本,可因不同的處理方式,有時成為時期成本,有時則為產品成本。折舊是一個顯著之例。折舊如果按照生產數量法或工作時間法,隨產量或工作時間而提折舊,則與生產直接有關,隨生產量而變動,便是產品成本。如果不隨產量而變動,過去習慣將有關生產的折舊,作為間接生產費用而歸入產品成本,現在則有些公司,認為不論生產與否,折舊隨時間因素而須提列,將之專列為一項目,不在間接生產費用之內。這樣一來,折舊便可作為時期成本處理。

㈣直接成本與間接成本　直接與歸屬的對象有關的,便是直接成本;與歸屬的對象有關,但其關係並不直接或者不易直接歸屬的,便是間接成本。因此,一項成本數字是直接還是間接,與其歸屬的對象和方式大有關係。

(五)**事前成本與事後成本**　事前與事後有時很難定論,例如臺糖公司的製糖,在製糖期完畢以後需要洗罐和整理機械, 如果製畢立刻就洗, 該是事後成本;可是如果一部分拖下去到下期開製之前再行整洗修理, 則又成為下一期的事前成本了。在實務上常有這類: 事後原該整理修繕的工作, 拖到下一期施行而成為下一期的成本的例子。

(六)**固定成本與變動成本**　固定與變動之分, 並不等於直接與間接之分。例如按月給薪的直接人工, 是一種直接成本, 可是卻不是變動成本。一樣是直接人工, 因為按月給薪, 便成為固定成本; 按件計酬, 反而是變動成本。

另有些成本, 卻是半固定半變動的。例如工資, 有固定的基本工資, 也有按件另計加給的以及生產獎金等變動部分。

自從成本會計學提倡直接成本法 (direct costing) 以來, 成本的劃分最初著重直接與間接之分, 但迅即改變, 變成分為固定與變動, 所以直接成本法也隨即改稱為變動成本法 (variable costing)。於是成本的變動與固定之分, 成為成本會計實務上至為重要的劃分。

(七)**製造成本與非製造成本**　成本會計實務方面, 習慣上對於成本的「製造成本」(manufacturing costs) 與非製造成本 (non-manufacturing costs) 的劃分, 非常重視。因為通常都以製造成本為產品成本, 而以非製造成本列於產品成本以外。

在以工廠為製造部門時, 常以整個工廠的各種費用, 都包括在製造成本之內。結果有些屬於管理成本與銷售成本的, 也在實務上, 常混在製造成本以內, 最顯著的例子, 如:

　1.事業投資的研究發展試驗的費用, 雖然有關製造, 但常不是該期的製造費用, 而是為了整個事業的前途, 有者與銷售的關係尚較製造為密切一些, 有者純為企業管理經營上的要求;

　2.新進員工的訓練費用, 這原是管理成本中的項目, 卻常常混在製造費用以內;

　3.包裝, 倉儲, 發貨運送等, 牽涉銷售。所以其中有許多應該作為銷售成本為宜。

(八)**營業成本與非營業成本**　非營業成本 (non-operating costs), 我國在習慣上通常稱為營業外支出 (other expenses), 其內容包括財務費用, 前期整理, 盤存損失, 匯兌虧損, 非常損失, 特殊的停工損失以及其他費用等。

在非營業成本內, 常成爭執的, 是財務費用。一般認為, 財務費用不該在

營業成本之內，因為這是引用資金的成本，是供應資金的報酬，而非經營企業的成本。可是，有些財務費用，卻間接進入營業成本，主要為建廠期間的貸款利息和重大營建工程在建造期間的利息，有的則兼將購料時的購料貸款的利息，與國外購料的開發信用狀等費用，都包括在料價之內。另外一種情形，則為現購價格與賒購或分期付款價格之間的差額，這差額往往代表利息因素，有時難以劃分清楚，有時未予細加劃分，於是便混在營業成本之內了。

所得稅的負擔也是一個問題。有些學者認為這是利益的分配部分 (income distribution)，但另有許多會計學者與財政學者則持不同的看法，認為所得稅也是營業費用中的一個項目，只是這一項費用須按課稅的純益額予以計算而已。

(九)**本節綜合**　上面關於「成本」的解釋，雖然仍屬是大致介紹，但是對於一個平常不注意此方面的工程技術人員來說，不啻仍有丈二金剛摸不著頭之感。事實上，我們平常所接觸到的「成本」只有很少幾種而已，爰再作一綜合介紹。

通常，「成本」有兩種分類法，一是就其效能言；另一是依所謂成本的習性變化而歸屬。

㈠就效能言，分為「製造成本」、「銷售成本」和「管理成本」三種。

1. **製造成本**　製造成本包括：

(1)直接原料——直接原料為購入後，變更其形態，將之製成產品者。例如縫製衣服之布料、製造傢俱之木材，即為直接原料。此等原料係直接用以製造產品者，故此種成本係直接成本。其使用量係隨產量而變動，故亦係變動成本。

(2)直接人工——直接將原料製成產品所耗用之人工。例如剪裁衣服之人工及縫製人工，傢俱之刨鋸製造人工等是。

直接原料與直接人工，通常並稱為主要成本。

(3)製造費用——除直接原料及直接人工外，其他的產品成本皆為製造費用。例如物料用品、間接人工、水電費、保險費、折舊費用等是。此等費用雖與產品之製造有關，但卻無法將之直接納入某一產品。

直接原料和直接人工是變動成本，因為這些成本是隨著生產量而變動的，生產量多、成本增加，生產量少、成本減少；相反的，間接製造費用，卻大部分是固定成本。所謂固定成本，是不受生產量之變動而增減之成本。因此，產量少則每一產品單位所負擔之固定成本多，產量多則每一產品單位所負擔之固定成本少，故企業如能大量產銷，則成本可以減低，成本既低，便可達到價廉

物美的目的，獲利自是意料中事。故如何充分利用產能，是企業經營的重要工作之一。

2. 銷售成本

乃指因銷售產品或推廣服務而發生之成本。例如廣告，附贈獎品促銷活動之支出等。

3. 管理成本

乃指管理部門發生之一切成本，此種成本是為了執行企業內所有業務而發生的。

㈡按成本習性（或生產數量之變化）之反應，應包括：

1. **固定成本**——乃指某一期間在某一範圍內，不會變動的成本。這種成本係由於準備生產而支付，故並不隨生產數量而變動。例如機器設備的投資、租金、財產稅等是。

2. **變動成本**——係指隨生產作業或數量之增減而變動之成本。例如原料、直接人工等是。

3. **半變動成本**——係指隨相關之數量而變動之成本，但是不一定成比例，如房屋維修費、水電費、電話費等是。

對於半變動成本，我們必須按固定的及變動的因素將之劃分為固定成本及變動成本，然後才能編製計算書。

第六節　經濟分析的綜合比較

在對於「成本」此一概念有了進一步的認識以後，我們再來就本書中所列舉的幾種經濟分析的方法作一綜合比較，每一種方法如就數學的意義上來說都是相等的，但是在實際上每一種方法適用的場合不大相同，各見利弊，茲分述如下：

㈠**現值法**

現值法是屬於比較新一點的方法之一。現值法是完全針對將來而計算的。甚至於我們可以說：現值法所表示的「現值」是假定在某一定的「利率」條件之下，未來一段時期中，預估的「收益」和預估的「支出」之差額。利用現值法計算所得的數字，通常都很大。對某些方案來說，所得數額常令人們不敢置信。尤其當涉及時期較長時，利率的一點變化就引起很大的影響。此外，在比

較的各個方案之中，如果各方案的使用年期各不相等，使用現值法來比較就不合理了。

　　優點：

　　1. 現值法考慮到貨幣的時間價值，理論上較完整；

　　2. 考慮到整個投資計畫的全部使用年限內的收益。

　　缺點：

　　1. 管理當局必須要決定採用何種利率計算現值，所謂是貼現率。反應靈敏的管理當局應該早就注意其資本之成本，而此資本成本應該是貼現率的基準；

　　2. 如果各計畫所需之投資金額不同，用現值法計算出來的較能賺錢之計畫，若需要較多投資，則可能不是一個較好的投資計畫。例如：可賺得利潤（淨現值）1,000 元的 100,000 元投資，不如賺得 900 元的 10,000 元投資為佳。倘若相差的 9,000 元可用於其他投資計畫，至少能賺得 101 元。在此情況下，與其用淨現值金額不如用淨現值指數。這種指數把各種投資計畫置於一種能作比較的基礎上，以區分他們的等級。當資本支出預算總額大致確定後，此種指數易於在各種投資計畫中尋找理想的解答，因為靠百分比來選擇等級作判斷比靠絕對金額容易；

　　3. 考慮各種可行的投資計畫或有限資金的利用時，如遇使用年限不等之情況，則淨現值可能導致錯誤之觀念，因一個有較高淨現值而需較長使用年限的投資計畫，倒不如一個使用年限較短的投資計畫來得可取；

　　4. 有人在習慣心態上認為現值法難於應用。

　　㈡年金法

　　年金法的發展過程是與成本會計的普遍化有關係的。因為在商業社會中，我們都是按每年的期限來計算成本、折舊、稅捐以及盈利或是虧損。因此我們在比較方案也採用以每年為基準的年金計算方法，在思想上與會計實務符合一致，大家容易了解。此外，我們採用這種年金法作比較時，是根據一年期限內的收支結果而計算的，故與各方案的壽命無關，因此容易比較。因此，在企業界的應用也較為廣泛通用。但是，如就長期計畫著眼來看則不如現值法所表現的是一個「整個」的概念。

　　㈢投資收回率

　　投資收回率或者是投資報酬率，或者特別說明為現值報酬率，一般簡稱貼

現率，是相當通用的一個概念。許多人都以預期的投資收回率作為評價的標準。方案間的選擇利用投資收回率來判斷不失為明智的決定。但是，與上述各方法比較來說，投資收回率的計算非常麻煩，尤其遇到長期使用年限中不規則的收支情形時，繁複的數學過程計算所得仍然是一個近似值。而實際上的意義並不如理想中的合理。

優點：

1.此法考慮到貨幣的時間價值，理論上較完整；

2.此法考慮到整個投資計畫年限內的收益；

3.對於管理當局而言，此法的百分比可能較淨現值或用現值法計算的淨現值指數更有意義；

4.百分比可以使得投資計畫的等級大致上能有一個一致性的排列，一般人易於接受。

缺點：

1.有些人認為此法涉及太多數學，方法難用；

2.有人認為有時利用此法所得結果荒誕不經。關於這一點，著者剛好讀到一九七五年六月號美國「工業工程」月刊一篇報導。簡要介紹如下❶：美國俄亥俄州辛辛那提城的 Midland-Ross 公司面臨選擇一種裝運的盒子的問題。原來是一種用一次就丟了的紙箱，考慮改用一種收回再用的塑膠空箱。

原來使用的是一種加強瓦楞紙箱，平均每年消耗約 50,000 元，估計自一九七六年開始每年此費用會增加 5%；改用收回再用的塑膠箱後，一次投資要60,000元，以後每年要補充一些破損、遺失等大約也是 5%。塑膠箱壽命以八年計算。工程經濟分析的結果屆至一九八三年底一共八年的狀況：

現金節省累計	$393,455
如按年金法計算則每年節省	$ 44,312
如按現值法計算則節省	$341,767
估計還本時期 (60,000 ÷ 44,312)	1.354 年
現值投資收回率 (341,767 ÷ 60,000)	570%

八年投資的結果，投資報酬率高達 570%，八年平均每年也高達 71.25%。其實數字之大小並無絕對意義，不過是一種指標作用罷了！（以上之計算其所據

---

❶ *Industrial Engineering*, Vol. 7, No. 6/June 1975, pp. 27 – 29.

之利率不詳。）

　　美國的西電公司 (Western Electric Inc.) 曾經製發一種卡片做的簡易計算尺，專供計算「投資收回率」。他們說在現場利用計算尺比利用電腦約可節省一半時間，比手算節省九倍時間，計算尺的誤差可能有 5%，但是最大的優點是可以迅速判斷那些方案有利，那些沒有利。

　　㈣資本化成本

　　許多專家們的意見，在研究比較長期的投資方案時，尤其其中有相當穩定的收益，而且利息的負擔亦很大的情形之下，採用資本化成本計算法應是最好的辦法。本法計算不易說明，茲舉例如下：

　　假定郊區道路某處擬開鑿隧道一處，打通以後估計每年可以節省交通費用 12,000 元。假定該隧道每年保養費忽略不計。現在決策當局如果純粹就經濟利益來考慮是否應開鑿此一隧道？如以市場利率 6% 計算每年節省 12,000 元之無限期現值，利用前述公式㉗，應為：

$$12,000 \div 6\% = 200,000 \text{ 元}$$

　　就實際的情形來說，所謂無限期可以說是五十年。如以五十年計算其現值，則

$$12,000[PWF]^{50}$$
$$= 12,000 \times 15.762$$
$$= 189,144 \text{ 元}$$

兩者相差 200,000 − 189,144 = 10,856，約為前者之 5%。許多反對以資本化成本計算者認為此法一般人不易了解，而且對於短期的投資計畫並不能應用。

　　㈤還本期限法

　　設置某種資產或所謂生產財的情形之下，計算還本期也是一種很好的分析方法。但是，如要求準確計算時則涉及的因素相當複雜，一般人不太容易了解。不過其答案卻易為人們接受。

　　通常有所謂收回或償付期限法 (the payback or payoff period method) 者其實是一樣的。答案相差不太大，方法卻簡便多了。

　　這種技術用以計算，收回一個計畫其原來支出所需時間的久暫。並將所算出的收回期限與管理當局可接受的期限互相比較。其計算方式舉例如下：

　　某貨運公司購用某廠牌卡車，每輛 1,300,000 元，據使用該車之專家說，卡車的經濟壽命約為五年，五年中所需的維護費用，每年不等，大致如下：

$k_1 = 200,000$ 元

$k_2 = 220,000$ 元

$k_3 = 500,000$ 元

$k_4 = 260,000$ 元

$k_5 = 300,000$ 元

未來五年，經濟繁榮，該卡車營運估計收益，五年數字如下：

$r_1 = \quad 500,000$ 元

$r_2 = \quad 820,000$ 元

$r_3 = 1,050,000$ 元

$r_4 = \quad 860,000$ 元

$r_5 = \quad 500,000$ 元

假定，該卡車到達五年以後之殘值為 100,000 元，估算購置卡車之還本期，計算如下表：

某廠牌卡車的還本期

① 年份	② 支付（元）	③ 收益（元）	④ = ③ − ② 差額（元）	⑤ 差額累計（元）
0	1,300,000	0	−1,300,000	
1	200,000	500,000	300,000	−1,000,000
2	220,000	820,000	600,000	−　400,000
3	500,000	1,050,000	550,000	+　150,000
4	260,000	860,000	600,000	
5	300,000	500,000	200,000	
		100,000	100,000	

表中第⑤欄自上而下逐年將第④欄數字累計，正負相加，第一、二兩年仍是負數，至第三年底變成 +150,000，表示有關卡車之全部投資已完全收回，以下數字可以不必計算了。

上例中可見還本期限法，簡易可行。但是，其中最重要的一點是過程中忽略了「金錢的時間價值」；另外在上表過程中，也可發現有許多條件很勉強，甚至於是缺一不可。

優點：

1.收回期間容易計算，一般易於接受；

2.如果廠商正缺乏現金，則收回期間法可用來選擇能迅速產生現金收益的

投資；

3.此方法使公司當局可確定收回原始投資所需時間，因而可針對每一項投資提供風險程度的指標；

4.在某種條件下，還本期限法的年數可用來估算按現值法計算的報酬率之近似值；

5.回收或還本期限法雖未為許多分析者認可，卻是一種已被廣泛運用的便捷方法，雖然粗略，但卻比所謂的經驗法則或者直覺法等合理。

缺點：

1.收回期間法忽略了貨幣的時間價值。

上面表列各數字都是假設的。讀者不妨自行改變第②③兩欄中的數字，算出結果完全不同，如再將結果數字折成現值，差異立刻顯現。改變各欄數字數次後會發現同一數值愈接近現在者影響愈大。
因貨幣有其時間價值。即是說，越快收到的一元越有價值。

2.此法忽略了收回期間以後所產生的收入。

3.殘值的考慮未見周全。

㈥普通會計學上所採用之平均投資報酬法 (the average return on investment method)

優點：

1.資料較易從會計紀錄中取得，這是由於計算時採用應計基礎而不採用現金流量資料，因此便利資本支出的查核；

2.此法考慮到投資計畫整個使用年限內的收入。

缺點：

1.此方法和收回期間法一樣，忽略了貨幣的時間價值。兩個投資計畫可能有相同的平均報酬，但在現金流入的型態上卻有很大的不同。在此種情形下，對貨幣時間價值之認識，將指出在早期可收回較大現金流量的計畫，是較為可取的；

2.如果有些投資不發生在投資計畫開始之時，則原始投資平均報酬法將無以適用。

㈦應用 MAPI 公式

The Machinery and Allied Products Institute (MAPI) Method，其手冊厚達八九公分，內容細密，使用時之

優點：

1.是一種投資報酬率，意義肯定；

2.對何時更新較經濟的問題，提供一個肯定的答案；

3.提供管理當局因遲延至次年再行更新而發生的最低成本；

4.供給標準表格，使管理當局有良好的工具，得以估計和預計資本支出；

5.對於新設備未來可能有的減損和陳舊作了充分準備；

6.公式中採用捷算法，使計算較為容易。

缺點：

1.對於愛用數學符號的人，採用公式的程序較為方便。但與所有的公式一樣，若干缺點必須注意：

　⑴公式缺少彈性——不能適應每種情況，

　⑵公式中有一些假設，這些假設在評核其答案的過程中是不可忽視的，

　⑶因其過程係機械式的處理，無形因素被忽略了。

2.此方法只考慮一年，而不考慮投資計畫的整個使用年限。

3.有些人認為此法難於應用或難為管理當局所了解。

㈧最低成本法

現代化的管理科學大量倡用統計方法以後，我們對於成本也有了不同的認識。在有些情形之下，我們可能得到相當完整的成本資料，可以利用數學方法發現成本的函數關係，成本或隨產量而變，或隨某種原料之用量而變，或者也可能隨時間而變。

茲以 X 表成本函數中的獨立變數，批量或件數，則下式可以表示成本函數如下：

$$K = C_0 + C_1 X + \frac{C_2}{X}　　㊂$$

式中：

K 總成本

C_0, C_1, C_2 成本係數，C_0 表固定成本；C_1 表正比例變化的變動成本；C_2 表反比例變化的變動成本。

取上式之第一次導來式：

$$\frac{dK}{dX} = C_1 - \frac{C_2}{X^2}$$

令之為 0，解出 X，即得最低成本之生產批量大小：

$$X = \sqrt{C_2/C_1}$$ ⑥③

此式又稱凱爾文定律 (Kelvin's Law)，只在某些行業中使用。

例題9.1

一製造廠簽訂合約一年中承造某種機械零件五萬件，該廠希望一年中安排幾次生產則生產成本為最低。

假定倉庫儲存費用，投資利息等與每次產量大小成直接變化關係，又假定如安排五萬件作一次生產的話要 1,000 元，每次生產實施製造的準備費用為 30 元。

解：設 X 為所求之最經濟製造量，件數

其直接成本係數 C_0，並無關係。

直接變化的成本係數 $C_1 = 1,000 \div 50,000 = 0.02$

反比例變化的成本係數 $C_2/X = (50,000 \div X) \times 30 = \dfrac{1,500,000}{X}$

依⑥③凱爾文定律：

$$X = \sqrt{\frac{C_2}{C_1}} = \sqrt{\frac{1,500,000}{0.02}} = 8,660.25$$

取 $X = 8,661$ 件，即每次製造八千六百六十一件，全年生產批次，分為 $50,000 \div 8,661 = 5.77$ 次，或六次最為經濟。

(九)平衡分析法

平衡分析法 (break-even analysis) 為會計學中習用之分析方法。優點是易懂；缺點是必待有確實的會計數字才能應用。而且其假定條件：成本、收入等數字之間的變化永遠呈直線關係。

平衡分析法的原理頗簡單。假定固定成本為 F，每一單位之變動成本為 v，數量為 X，每件以 p 單價出售，則

$$X = \frac{F}{p-v}$$ ⑥④

為「平衡產銷量」。實際產銷量大於 X，表示有利；不及 X 則有虧損。式中分母部份 $(p-v)$ 一項專門稱之為「貢獻」(contribution)。

平衡分析之概念可以用於比較方案，只要略作修改即得。假定有二個方案待取決，其

固定成本分別以 F_1、F_2 表之，

　　　　單位變動成本分別以 v_1、v_2 表之，

　　　　平衡點之產銷量為 X，

假定在平衡點時，二方案之總成本相等，即　　　　$(Tc)_1 = (Tc)_2$

亦即　　　　$F_1 + v_1 X = F_2 + v_2 X$

解出 X　　　　$\therefore X = \dfrac{F_2 - F_1}{v_1 - v_2}$　　　　㉕

例題9.2

　　使用人力開挖土方，每立方公尺需 60 元，採用動力鏟則為 40 元。但是購買動力鏟需要 10,000 元。何者較經濟？

解：$X = \dfrac{10,000 - 0}{60 - 40} = 500$ 立方公尺，意即工作量如大於五百立方公尺，則使用動力鏟為廉，

否則仍以使用人工較為便宜。

例題9.3

某林場擬訂了一個十年造林計畫。

甲案：購買樹苗，每一千株樹苗價值 300 元；

乙案：自營苗圃育苗，估計直接人工 100 元／一千株苗，每年估計需管理費 10,000 元，
　　　苗圃的其他建設費等在十年中約需 30,000 元。假定每一千株苗需地一畝。問須
　　　造林若干畝才值得自營苗圃？假定年利率 6%。

解：假定苗圃建設費按十年直線折舊，故每年負擔：

　　$30,000 \div 10 = 3,000$ 元

十年中平均投資之利息負擔，$\dfrac{1}{2} \times 30,000 \times 6\% = 900$ 元

乙案十年中，每年固定支出：$10,000 + 3,000 + 900 = 13,900$ 元

變動成本每一千株比較：甲案 300 元

　　　　　　　　　　　　　乙案 100 元

　　$300 - 100 = 200$（亦即「貢獻」）

平衡點 $X = \dfrac{F_2 - F_1}{v_1 - v_2}$

　　　　　$= \dfrac{13,900 - 0}{200} = 69.50$ 畝（1,000 株為一單位）

即當造林在六十九點五畝時，兩案成本相同，逾此數後乙案較為經濟。(為什麼?)

如果，造林是一個永久計畫，則每年負擔變成永續年金應為

$$10,000 + 30,000 \times 6\% = 11,800 \text{ 元}$$

平衡點變成 $X = \dfrac{11,800 - 0}{200} = 59.00 \text{ 畝}$

(十)綜合結論

以上在本章中將通常所應用的經濟分析方法已網羅大致。但是，所謂「最適化」(optimization) 以及所有涉及或然率的計算問題為現代化管理科學之專門領域。本書限於題旨與篇幅不作更多介紹。但就本章所述者有一點應作補充說明者是:

當不同使用年限的投資計畫相比較時，資本支出的評核便增加了困難。例如，某廠商面臨著如何購置設備，以推行製造業務的抉擇。現在有兩種可供選擇之途徑: 甲設備，可用十八年，和乙設備可用五年。這裏有兩種方法可以處理這類問題:

1.以甲為準，重複投資乙設備，使其年限等於甲設備的估計使用年限。在本例中甲設備的使用年限相當於乙設備的 $3\frac{3}{5}$ 倍。在甲設備的使用年限終了時，乙設備第四次設備投資的殘值須加估價，因須有共同的終止日期。

2.以乙為準，則須考慮乙設備之年限較短，及在第五年終估計甲設備可收回的價值。此種分析只包括五年期間，第五年終了時，甲設備可能收回的價值當作期終的現金流入。在年限相當長的資產才屆滿第五年底就要估計其價值，可能會有相當的困難。因為在可以使用之年限內，對其中某一年所收回之服務價值，每難作適當的衡量。

第七節　現實世界的不確定性

上面說過，工程經濟是在投資之先所作的評估研究; 事實上，我們對於未來一無所知，許多條件都是假設的，那麼我們如何知道何者可靠呢?「統計的品質管制」之父，蕭哈特博士 (Dr. Walter A. Shewhart, 1891～1967) 曾經寫過一段極有意義的話:

「在不知名的原因或者是機遇的原因的影響之下，某一種現象的未來行狀，我們怎麼能知道? 一般而言，我們所能說的種種，我都懷疑。譬如我問道:『你

最有興趣的這種股票，請問在三十年後的今天，可以賣到什麼價錢?』你會願意來賭一賭你預言的本領嗎? 很可能不會! 如果，我再問道:『三十年後的今天，假定你丟一枚銅幣一百次，請問出現人頭的機會是多少?』你為你預言本領而賭博的意願，與前面的情形完全不一樣。」

蕭哈特博士告訴我們，即使是「不一定」(uncertainties) 也有不相同的。有些可以利用或然率的數學來解答，有些是我們無法處理的。沒有利用到或然率的計算方法僅是最基本的情形而已。

現代事業比以前所不同的特點，是分工精細、規模龐大、業務複雜、投資驚人。一個龐大的企業擁有成千成萬的員工，處理成千成萬不同的業務其過程也是繁雜無比，如何使其在最適宜的情形下 (optimal) 工作而能使其營運成本最低，或獲得利潤最高? 實在是面對現實社會極有意義的一項挑戰。

畢爾曼 (Harold Bierman, Jr.) 與史密特 (Seymour Smidt) 提出一個處理風險和不確定事項的可能方法:

1. 按三種不同的假定來確定現金淨流量的現值:

　(1) 最可能發生的一連串事件;

　(2) 可能發生的一連串悲觀事件;

　(3) 可能發生的一連串樂觀事件。

2. 用最可靠的資料把這三種現值加權計算;

3. 已把風險和不確定事項考慮在內（有限度）的三種加權現值之和，可用來表示該投資計畫的現值。

例如:

	淨現值		權　數	加權的現值
最可能的	$30,086	×	0.50	$15,043
悲觀的假設	5,000	×	0.30	1,500
樂觀的假設	35,000	×	0.20	7,000
加權的現值				$23,543

有些學者指出:「此一分析方法的範疇尚在萌芽時期，用在真實的投資決策上沒有多大效果……」❷

大部分的困難在於事實上很少企業家能估計一個或然率分配數，相反的，企業家們寧願將未來事件估計為一個單一數字，作為他「最好」的猜測。

---

❷　C. J. Grayson, Jr., "Decision under uncertainties, " Boston, 1966.

　　有些學者對於投資決策中，風險和不確定事項的處理採較樂觀的看法，以現代化管理科學之發達，「作業研究」的發揚，出現了所謂是「最適宜化的科學」(science of optimization)。

　　「最適宜」的研究及其進一步的應用有其必需的條件，例如：翔實可靠的資料、專門研究的人員、專家學者的配合、政策的支援；當然還要有相當的設備，尤其是發展的環境和研究的精神。

　　今天，所謂「最適宜」的思想尚有待我們的推廣，但是我們可以斷言將來一定會得到普遍的注意。這一點也是非做到不可的；因為，每一個企業個體要講究「最適宜」，整個社會也要講究「最適宜」；那麼其中有一部分也許會自以為被犧牲了。

　　再深究下去，似乎應該是「系統分析」的範疇，本書行文到此應該結束，為了使讀者對於「工程經濟」與「系統分析」間的依存關係，可有較明確之概念，後文將再就「系統分析」略作解釋。

◎注　意

　　所有的技術和方法中沒有一種能適合於各種目的。每一個廠商隨環境和需要之不同，決定其所該採用之最合宜的技術和方法。假如這些方法能為我們在應用時所深切了解，則可能有助於解決問題，但管理當局仍須從事判斷和決策。但是如果在計算上若用了不正確的資料或缺乏一致的程序，則可能導致有害與錯誤的結論。這是從事分析工作者要嚴加警惕的。有一句話值得我們隨時警覺，那是：**找到一個正確的問題遠比找到一個正確的答案更為重要！**

　　〔討論研究〕參閱普通會計學及成本會計學，比較研究平均投資報酬率的計算方法，並且將之與本書介紹的現值法投資收回率互作比較。

　　〔有關課題〕正確的問題遠比正確的答案更為重要！詳細理論請閱讀「目標管理」、「問題分析」等專門書籍。

第八節　本章摘要

　　「成本」一詞，在《大辭典》中解釋為：凡任何製造產品或提供勞務的營利事業，在獲取收益之前，必須作各種支出，以購置土地廠房、裝備機器、原

料、僱用工人及支付一切費用。此等支出，在會計學上均稱為「成本」。

「工程經濟」中要探討的是「值得不值得」，當然必須有「成本」才能據以比較。不過，「成本」一詞雖然已如上面解釋，但是，實際上仍有些抽象意念在其中。所以，特別編寫本章，提醒各位注意。

尤其是一些不能用作計算的「成本」，以及一些無法取得具體數字的「成本」，特別應予注意。

習 題

9–1. 某化學公司考慮重置某些機器。目前的設備，每年所需費用如下：直接人工 96,320 元，監督費用 7,640 元，電費 8,340 元，消耗 6,300 元，修理和維護費用 3,200 元。新設備每年的成本估計如下：直接人工 68,420 元，監督 9,640 元，電費 2,000 元，消耗 2,400 元，修理和維護費用 2,800 元，該項設備成本為 158,280 元，其經濟年限為十二年，無殘值，所得稅為 5%，略去投資減稅數。

試求： a.每年現金的成本節省。

b.收回期間（計至小數點兩位）。

c.每年投資報酬率。

d.如機器可用年限為八年、十二年、十六年、二十年，則各別之報酬率各為若干？

e.如欲達到按現值報酬率法計算之報酬率分別為 6%, 10%, 15%, 18%，其資產之使用年限各為若干？

9–2. 有關某一計畫的資料已收集如下：

原始投資　　　　　　　　　　　100,548 元減 7% 的投資減稅額

預估計畫年限　　　　　　　　　十五年

稅後每年平均利潤（未計入折舊）　20,000 元

（無殘值，用直線法計算折舊）

試求： a.償付期間。

b.用現值報酬率法計算投資報酬。

c.用直線圖及列表法以示在計畫年限內，對漸減的原始投資之不變的報酬率。

9–3. 某機器公司按顧客指定之規格製造各種不同用途的機械工具，有大量的直接人工在操作，工人須具備高度的技術。由於小量之定單較多，乃需較長的準備時間，不過該公司過去一直有很高的利潤。

最近有些顧客抱怨價格太高，公司總經理要求工程部門研究一項能使成本降低的

計畫。其中的一種研究與小凸輪有關。公司產品之 50% 可用此標準零件，該零件是以每年連續三個月的方式生產的（十星期×40 小時＝400 小時）。

這種小凸輪的勞工成本發生於四種作業：①鑄造②銑③刨光④研磨。每種工作由不同的人操作，其情形如下：

工作種類	人　數	每人工小時產量	平均每小時工資	時間單位
1	10	90	1.50 元	2/3 分
2	5	180	1.75	1/3 分
3	5	180	2.20	1/3 分
4	5	180	1.85	1/3 分

產品工程部門提議使用十部新的多種用途磨光機，如此可將第 2、3、4 種工作聯合一起，並可裁減幾個工人，新的要求如下（第一類工作照舊）：

工作種類	人數	每人工小時產量	平均每小時工資	時間單位
2、3、4	10	180	2.30 元	1/3 分

因納稅關係已將十五部機器全部提完折舊，目前其以舊換新之抵減額為 6,000 元。十部新機器的標價每部為 3,000 元，預期每部可用十五年。舊機器的維護修理費用每月為 280 元，新機器的維護費只須 110 元，2、3、4 三種聯合工作之每月電力耗費平均為 3,300 元，新機器每月操作 $133\frac{1}{3}$ 小時，其電費總額約 3,600 元，每單位材料成本預期不會變動。新機器每年的折舊假定為 2,000 元，並無殘值，投資減稅額不予考慮。

試求： a.假定所得稅為 50%，求每年所節省之淨益。

b.償還期間。

9-4. 某機械製造公司總經理獲悉，一種新的鑄模機器可替代四個現用的機器，新機器價格為 8,000 元，預期可減少 10% 工作時間，使用年限為八年，殘值為 640 元，新機器每年可減少 1,500 元的直接人工成本，和 4% 的福利支出，並可每年減少 300 元的虧損，然財產保險費將增加 100 元，和減少廠地面積使用成本 75 元，現有四個機器已用了七年，尚有 200 元的殘值，一年以後即無殘值，請以機器成本來計算投資減稅額。

試用本章中介紹之任一方法來分析設備之更新（所得稅率為 50%）。

9-5. 某飲料裝瓶公司之經理，考慮購買一架新機器，其工作速度為現有機器的兩倍，成本為 75,000 元，估計可用二十年，期末殘值為 10,000 元，成本會計員認為新機器真正的節省，在於目前需要六人之夜工之省免，此項夜工每夜工作八小時，每年五

十個星期,每小時工資 2 元。目前已提完折舊之機器其換新之抵減價值為 10,000
元,此項換新抵減價值將減少新資產的折舊。按公司一貫的政策,任何資本支出之
報酬至少須為所投資本的 16%,公司目前稅率為 50%,須考慮投資減稅額的影響,
考慮新機器使用年限終了後按貼現率計算之殘值。

試求: 作更新設備之研究,說明收回期間,按現值報酬率法計算的報酬率,及資本
之成本如為 10%,其現值若干?

9–6. 某公司正考慮一種新設備的投資,其成本於計及投資減稅額後為 60,000 元,使用
年限為五年,下表為其各年應有之稅後淨現金流入量:

年 份	金 額
1	20,000 元
2	25,000
3	30,000
4	25,000
5	20,000

試求: a.投資償還期。

b.資本之成本假定為 8% 時的現值。

c.按現值報酬率法計算報酬率。

9–7. 某船藝用品公司用手工及少量的機器生產帆索套具,打算購買一部自動化機器以
減少操作過程中的人工數量,該項過程原係用手工來作切線工作,但焊接帆索則用
機器,接著便須用手工打磨,並用沙輪磨光及整形。

二方法之物料成本均為 3,000 元,舊方法之維護修理費為 70 元,預料新機器的此
類成本為 200 元。舊方法所需的工具及物料為 3,250 元,新機器則只須 1,000 元,
以上均為每年的成本。公司的工作分為兩班,每週四十小時,每年五十星期,第二
班之工資每小時加獎金 0.11 元,兩班中之焊接帆索工作皆是一人所做。第一班工
人在舊方法下,工資為每小時 2.25 元。新機器亦需每班一人,做第一班的每小時
工資為 2.00 元,帆索焊接之後須打磨並用沙輪打磨及整形。在舊方法下,兩班皆
須三個人,第一班工資每小時 1.5 元,新機器能自動磨平帆索,因此每班只須兩人
以作整形及沙輪工作,工資每小時為 1.5 元。

舊法之電費每度為 0.02 元,舊機器每小時耗用二度,新機器每小時則需八度,其
每度費用亦為 0.02 元。

目前舊機器之換新抵減價值和帳面價值均為 3,000 元,與折舊有關之殘值亦為 3,000 元,
新機器減去換新抵減價值後之成本為 33,000 元,可用十五年,十五年後新機器之
殘值不予考慮。

試作設備更新之研究，說明收回期間，每年淨現金節省數按稅率 50% 計算，並按現值報酬率法計算其報酬率。

9-8. 某公司董事會正考慮買一新車床，能較原有的快 100%，原有的車床每天工作近六小時，每年一千二百六十小時。同樣的工作新車床每年只須工作六百六十小時即可，而且新的能做較精細的工作並減少損失，新車床之購入價格為 2,700 元，其裝置成本為 100 元，搬移舊機器的成本為 15 元，安裝車床下地基修理費用為 75 元。現有車床，係九年前置，成本為 1,500 元，預期可用十五年，車床折舊已提完，殘值為 200 元。新車床預期可用十五年，新車床的購置預期可減少對直接人工的需要和勞工福利，直接人工每小時 1.75 元，預期可節省的勞工福利為可節省之直接人工的 20%。新車床的購置將增加維護費用 100 元，財產稅 44 元，保險費 36 元，折舊 236 元。假定無殘值，管理當局希望至少有 20% 的報酬率，稅率為 50%，試問是否應買這種新車床？為什麼？其投資收回率如何？

9-9. 某林業公司將殘枝、邊材等簽約長期賣給二十四公里外的一家紙廠。砍伐、剝皮、整堆等整理工作每單位需 300 元。以卡車運送每次三單位，每日可運出四次。該公司初步估計自行購買一輛卡車要 500,000 元。試做一分析報告，計算最經濟的運輸方法為何？又本案中尚有什麼條件必須考慮？

9-10. M-1316 鋼板切割機之每小時操作費用與切速之立方成正比。現在已知每小時切二千公分時，耗電 12 元。成本會計單位報告稱使用該切割機的固定成本，每小時為 5 元。現在有四百公尺鋼料待切。試求最經濟的切割速度。

　　（提示：以 x 為經濟切速，則操作成本 $c_1 = kx^3$，而

　　　　　　$k(2,000)^3 = 12$ 元， 即 $k = 12/(2,000)^3$

　　　　　　固定成本 $c_2 = 5$ 元，總成本 $= c_1 + c_2$，$x = 1,186$ 公分／小時）

9-11. 某公司估計每辦理採購一次，行政費用約為 210 元，每次採購同樣的化學原料以五十加侖桶裝運，全年用量約為 3,000 加侖。購買價格是每加侖 33 元。全年倉儲費用估計每桶約為 5 元。利息損失等以存貨價值之 12% 計算。該公司政策上規定應有安全存量二百加侖。假定全年用量相當均勻，請問最經濟的採購量，每次應為幾桶？（十一桶，每次）

9-12. 一化工廠中，水泵與水塔之間距離一千五百呎遠（只考慮水平距離），中間管子有不同管徑可以選擇，狀況如下：

管子外徑（吋）	每小時水泵費用（元）	建築費用（元）
8	16.0	150,000
10	12.0	300,000
12	6.0	500,000

假定管子可用十五年，屆時無殘值，市場利率按 6% 計。

試求：　a.每年抽送四千小時，最經濟之管徑。

b.每年抽送若干小時，則八吋管與十吋管之成本相同？（十二吋管；三千六百五十小時）

9–13.　包裝中心接受委託設計瓦楞紙箱一種，規格如下：①箱底及箱蓋為正方形②紙箱容積 0.7 立方公尺，假定瓦楞紙每一平方公尺需 14 元。試求最低成本的紙箱規格應如何？

*9–14.　一化學工廠建造一水塔，塔底必須為正方形，塔上開口無蓋，可容水二萬五千加侖。估計建築費用：四邊每一平方公尺需 400 元，塔底部分是每一平方公尺 800 元。請問建築費最少的水塔應具何尺寸？（十五公尺正方）

*9–15.　有一種機器有三種廠牌可以選擇，試就投資報酬率為標準，比較其優劣。

		A　牌	B　牌	C　牌
購置成本		44,000	65,000	60,000
淨收益	第一年	12,000	18,000	16,000
	第二年	18,000	25,000	26,000
	第三年	25,000	35,000	40,000

9–16.　某型火箭彈鼻錐外購每只需 950 元，如果自行製造其直接成本僅 150 元而已，但是生產設備需投資 4,000 萬元，假定該設備可使用五年，問每年至少應生產若干鼻錐才值得投資？

*9–17.　某廠製蓄電池，原來大量使用人工，24V 電池每具直接成本為 150 元，全廠每年負擔固定成本 500 萬元，現在擬採用機器人生產電池，則直接成本可降低 55%，機器人的代價每年需要 1,000 萬元，現在電池每年需求量預估是八萬具，問應不應該採用機器人生產？為什麼？如果每年僅需電池五千具，又如何？

*9–18.　有兩種不同廠牌之曳引機，甲牌價格 250,000 元，乙牌 400,000 元，壽命相同皆為十二年；但乙牌報廢後退回原廠另購新機時可作價 100,000 元。每年之操作使用費，甲為 55,000 元，乙為 40,000 元；每年保養甲為 25,000 元，乙為 12,000 元。如果一般投資利率為 10%，試以每年之支出為基準比較兩種曳引機何者較為經濟節省？不過最近經濟狀況不穩定，有些專家認為利率將上昇，有些專家則持相反意見，認為利率必然下降。這種情況下，應如何進行分析？

*9–19.　某工程公司最近得到一個工程合約，公司為了可以爭取明年度的其他工程合約，決定儘快的完成此一合約。現在，在施工工地上，使用公司自有的一臺老式混凝土拌和機，此機每小時的攪拌能量是一百四十立方公尺，估計每小時的操作費用（直接

成本）接近 100 元。市面上有一種比較新式的拌和機，能量約大一倍，操作費用則差不多。這種機器可以租用，租金按開動時間每一小時 380 元計算，另外要付搬運安裝費 2,500 元。這種機器全新的大概要 90,000 元左右。現在，假定你是公司決策負責人，請問如何考慮此一問題？

a.在什麼情形之下，值得自買機器，否則不如租用？請附以圖解說明變化關係（直座標的單位是「元」，橫座標的單位是什麼？）。

b.如果，實際工作量小於盈虧平衡點，你以為應該如何？

c.如果，實際工作量大於盈虧平衡點，又如何？

d.其他，有何問題值得深入研究？

*9–20.　某廠一員工，響應公司全面改善，建議在其機器上增加一個治具，則生產每件產品的直接成本可以節省 0.8 元。製作該項治具需要 8,000 元，使用期中，每年尚需 500元。假定，一般市場利率是 7%。現知，該產品年需量四萬件。該治具估計可用三年，值不值得安裝？

第十章
價值分析與系統分析

第一節　概　述

工程經濟所著重的是方案間的比較，比較其經濟價值。前文也說過有的時候，方案中的無形因素非常重要，這時我們要著重一個方案的主觀價值。

所謂「價值」，其意義並不夠明確；但是「經濟價值」與「主觀價值」便截然不同了。

在「工業工程」範疇裡，除了「工程經濟」以外，另有一門學科是專門研究如何擴大一件事物的「經濟價值」的，所謂是「價值分析」(Value Analysis) 或是「價值工程」(Value Engineering)。

採取「工程經濟」的態度以處理問題，但是真正的決策卻常常要考慮「主觀價值」的是「系統分析」(Systems Analysis)。

因為三者之間有如此的關係，爰將「價值分析」和「系統分析」的基本概念介紹如下，有助於對「工程經濟」進一步的認識。

第二節　價值分析要義

就原則上來說，工程經濟所不斷要追求的，是最低的成本以及最高的效益。所謂「最低成本」，是就那些可能達到同一「計畫目標」的幾個不同「可行方案」中，選擇其中需要費用最低的一個；所謂「最高效益」，是就所有可能達到相同「計畫目標」的若干「可行方案」之中，選擇出其中成本相同而所得效益卻是最高的一個。所以嚴格的說起來，我們所要研究的對象是一個「比值」，是「所得效益」與「所費成本」的一個比值。如以 E 表「所得效益」，以 C 表「所需成本」，則此一比值可以表示為

$$\frac{E}{C} = \frac{（所得效益）}{（所需成本）} \qquad ⑥⑥$$

這個「比值」的具體解釋，就是每花一塊錢所能得到的效益。該公式中，當 C 愈大時，比值愈小，C 愈小時，比值愈大。同理，當 C 維持不變時，E 愈大則此比值愈大。當 C 為一固定單位時，公式⑥⑥在經濟學中稱為「邊際效益」，其意義是每增加一個單位成本所能得到的效益。

我們想要使此一比值變大，有兩個途徑：

㈠減少成本令 C 變小：這是一個消極的辦法，而且實際上很可能因為減低了成本，效益也跟隨下降，結果比值不變，有時反而可能得到不良的後果，得不償失；除非有特殊創新的作法。

㈡設法增大 E 值：E 值增大，同樣的 C 乃可得到較大的比值。這是一種積極性的作法。在這種積極性的作法之中，「價值分析」佔著極重要的地位。

一、價值分析之起源

第二次世界大戰結束後，美國的許多大企業解除了生產軍用物資的任務，回到了競爭劇烈的商業市場上去。其中奇異電器公司負責物料採購的副總經理艾立契 (Harry Erlicher) 想到，在生產軍品的時候，常因不能獲得原料而改用代用材料，有些代用材料使用以後，反而降低生產成本同時又提高產品品質。在戰時這是偶然發生的事情，那麼在平時是不是可以有計畫的來這樣做呢？

艾立契先生把這個觀念交給其屬下的邁爾斯 (L. D. Miles) 去作進一步的具體研究。

一九四七年邁爾斯首先提出了「價值分析」(Value Analysis) 這個名詞，發展了一套基本的技術，在奇異公司中試用。起初只應用於採購部門針對代用原料實施，不久擴及於工程設計部門並且改稱為「價值工程」或「價值設計」(Value Engineering)，以後又擴展到製造部門，行政部門以及市場推廣部門。

被美國人尊之為「價值分析之父」的邁爾斯，於一九六一年出版了「價值分析與價值工程之技術」一書，被認為是一本基本的權威著作。同年中，在美國出現了一個「美國價值工程學會」，學會的英文全名是 Society of American Value Engineering，其簡稱為 SAVE，剛好變成英文「節省」一字。邁爾斯當選為學會第一任理事長。

二、何謂價值

價值是一個抽象名詞，意義很難以解釋。假定我們問說，一支香煙有多大

價值呢？也許有人立刻會聯想到一包香煙是 20 元，所以一支煙應該是 1 元。但是這只是香煙的價格，不是價值。香煙的價值是因人而異，因時間、空間而異的。有人說飯後一支煙，快活似神仙，有人說不抽煙就沒有靈感去寫文章，有人說……。在這一類的場合上，香煙可說是非常重要的，但是它只值一元而已，所以價值與價格有時是沒有關係的。因為價格與成本有關，所以我們可以得到有關價值的第一個概念，是價值與成本並無直接的關係！

我們再從任何一件工業產品來看，例如以電燈泡而言，我們願意支付一點代價去購買一顆燈泡，是要利用它來大放光明。如果這顆燈泡的燈絲斷了，不再能放光，我們絕對不會買它。所以我們購買某一種東西，嚴格的說來，是購買那件東西的「功用」，而不是那件東西本身。換句話說，是那種「功用」使得我們要得到那件東西。因此那件東西之具有價值，在於它有某種功用，一旦功用消失，那件東西也就毫無價值了。總之，本書中不採「價值學」(Axiology) 的觀點。

我們每個人都曾有過這種經驗，剛剛得到某一件東西的時候，奉之若珍玩，沒有多久便棄之如敝屣了。也有些人，撿到一塊石頭，名之為奇石，奉之為珍寶；撿到一段樹根，名之為天雕，奉之為珍寶。在彼，這些都是價值非凡的東西。

所以價值是與主觀判斷有關係的，那麼我們是不是隨時隨地能夠作到正確的價值判斷呢？

哲學家怎樣回答這個問題，我們不必過問，我們只能就實用經濟學者和價值工程師們所提出的幾點意見來略作介紹。這些意見對於實際的計畫工作是有意義的。

假定某君願意付出新臺幣 500 元去購買一臺全自動烤麵包機。某君所要的是「自動烤麵包的功用」，而不是那個不能「烤」麵包的「麵包機」。這臺機器要 500 元才能買到，那麼那種「功用」應該值得多少呢？如果那種「功用」只值得 200 元，而某君必須以 500 元去換取那 200 元，這就表示那臺機器太「貴」了。如果我們能夠設法使那種「功用」增大，增大到可值 500 元，甚至於超過 500 元。那麼某君的 500 元就換取得到更高的價值。

因此我們可為價值找到一個比較具體一點的定義，就是「**一件產品的價值，相當於發揮其所具有功用的最低成本**」。

三、價值的分類

現在我們可以把前面介紹過的比率關係，就其意義略作引申後，重予解釋

如下式：

$$\frac{E}{C} = \frac{（一件產品所具有之功用）}{（獲得產品所願支付之代價）} = \frac{（產出之功用）}{（投入之成本）} \qquad ⑥⑦$$

　　如果我們在上式中的分子與分母可以用數量單位來表示，那麼計算所得之「商」就是「價值」。所以上面公式⑥⑦就是價值分析的正式定義。

　　不幸的是，在實際上這個公式並不能讓我們隨心所欲的去應用，因為我們常常不知道如何去計算「功用」。以上面舉例的烤麵包機來說罷，除了「能自動烤麵包」之外，還有「美觀」（造型之美、色彩之美可與餐室或廚房中其他設備匹配協調）、「虛榮聲響」（有人寧可把新買回來的東西陳列在客廳而不放在廚房中去）、「優越感」（心安理得的自得其樂，……）。這些都是「價值」，而這些價值都是因人而異的。

　　就一件工業產品而言，專家們大致都同意「價值」至少可以分為下列四大類：

　　㈠使用價值　一件產品可以完成其功用所具之特質，這也是一件產品的主要價值。或者所謂是一種「物質的效用」；

　　㈡成本價值　為了完成一件產品，在生產過程中所必須支付的各項貨幣支出的總額；

　　㈢交換價值　一件產品可以與其他事物作交換所具之特質；

　　㈣珍貴價值　一件產品除了上述的使用價值外，尚具有一種能促使人們注意、促使人們引起佔有慾望的特性。這是另一種型態的效用。

　　上面四項中之第四類，例如首飾、古董、藝術創作等之珍貴價值，受主觀作用的影響很大。第三類交換價值與貿易交換市場需求大小的關係比較密切。第二類成本價值則受本身技術條件和生產方法有關。唯一剩下第一類是追究「為什麼要有這件東西？」因此在「價值分析」的領域中，主要是針對「使用價值」而進行研究。但是，我們不可忘記「價值」是有著多層意義的，我們絕不可以只要求「使用價值」很高，於是賦以很高的「成本價值」。想要在一個很適宜的市場出售，而又沒有「珍貴價值」可以吸引人家想要，是無法賣得高價的。

　　無論是工業產品或是服務事項中，都隱藏著一種所謂是「不必要的成本」。不必要的成本可能有各式各樣的原因。價值分析是一種管理工具，目的在找尋「不必要的成本」之所在，進而將之消除。但是價值分析的目的並不是僅僅尋求降低成本而已，其最重要的特性是站在消費者的立場來檢討消費者所需要的那種功用，消除一件事物之不必要的功用也是價值分析的工作使命之一。功用

與成本的比率才是價值分析的重點。

第三節　價值分析的進行方式

　　無論是在一個機關中或是工廠中，價值分析的工作與其他的工作不大相同。價值分析的活動不能完全靠組織中的指揮系統來完成，價值分析也不完全是一種幕僚作業或是勤務作業。價值分析可以說是一個機構之中的全面性活動，其目標之一是要透過機構中全體員工的努力來提高價值分析的最後效果。

　　價值分析的工作中，有直接的，也有間接性的鼓舞策動。就專家們的意見至少可以從四方面來進行：

　　㈠**協調性的活動**　協調的目的是在溝通機構中員工上下間對於不斷改善的意見，收集情報，必要時也有召集專門性的討論會議，設法把「集思廣益」具體化；

　　㈡**評價性的活動**　評價是就一件具體的事物從「價值」的觀點來予以評估。其功用如何？其成本如何？上市後之競爭能力如何？外觀如何？顧客對其觀感如何？有時還要將市場中類似的產品拿來作平行比較。最後要對負責設計、技術、製造、採購等部門作成建議；

　　㈢**教育性的活動**　價值分析的工作，其本身最高的價值在於這種教育性的啟發工作。要能誘導、啟發並且提高別人的能力，使得機構上下員工都有一種追求真善美的價值意識。那麼將來一定可以有更良好的分工合作。最後的效果一定更為豐碩；

　　㈣**顧問性的活動**　在任何一個機構中作業指揮線上的正式單位，每天有不斷的例行工作要做，不能要求其在例行工作中再去研究追求新的方法甚至於新的思想。因此價值分析的單位，不應是固定在正式組織中作業指揮線上的業務單位，為了能夠富有彈性，可以支援作業指揮線上各單位，價值分析應該是一個特設的小組，帶有一點顧問的性質。也因為具有一點顧問的身分，所以價值分析部門也就必須先要了解別人所要求的是什麼，而適時的提供適切的指導。

　　由上面四種活動來看，處處是未完成而需要去做的工作，而且都是相當重要的工作。因此在現代化的企業組織中，漸漸出現了一種新的行業——價值工程師。由價值工程師來實施價值分析的工作。

　　價值分析的原理並不高深，而且我們也常常在日常生活中有意無意的實施

著這些原理。但是作為一個專業的價值分析人員，則必須對於所要分析的對象
——產品、原料、經手人、製造程序等知識應有最低限度的認識。尤其對於一
件事物的功用分析所需要的技術，更必須要有比較專門的教育背景不可。

有時我們對於一件事物，但求降低其成本，結果可能犧牲了更大的功效，
得不償失。所以在現代化愈來愈複雜的企業機構中，超然性的分析人員漸漸增
加了重要性。

價值分析的理論並不高深，但是只有真正的去實施才能得到它的好處。實
施價值分析的方法並無一定之標準，茲就專家們一般之意見，綜合彙編如表，
提供讀者參考。

→價值分析進行之程序→

三個階段	決定價值分析的對象		評定其功用		激發創造性的思想	
五大問題	這是什麼東西？	究竟有些什麼功用？	生產成本是多少？	有無任何代替之可行方案？	代替方案之生產成本如何？
具體的工作	詳細分析各項有關因素，找尋 ①降低成本 ②增大功用 ③增加價值 之各種可行方案		評定功用可循 ①不同產品規格來作比較 ②品質特性作研究 ③數量化的方法計算 ④收集意見 來與生產成本比較		創造性的思想來自 ①擬就的檢核表逐項檢定 ②強制的去比擬和聯想 ③應用想像力	
反覆供作參考之原則	三個階段及五大問題在進行中可就下列各點參考比較： ①是否為當務之急的重點所在？ ②有無適宜之分析能力？ ③應以構造（或關係）比較複雜之對象為優先。 ④在競爭中已佔優先的產品為優先。 ⑤發展期間比較短的應予優先。 ⑥價格比較穩定的應予優先。 ⑦設計已歷久未作修改者應予優先。					

表內「具體的工作」欄中最後一項是「應用想像力」，這是一個比較新穎的名
詞。比較具體一點的解釋，是把過去的經驗加上一點想像去創造一個新的主意以
便完成未來的目標。應用想像力這個名詞是美國奧斯朋博士 (Dr. Alex F. Osborn)
於一九五三年所首創，已經引起普遍的重視。想像力的孕育來自四個泉源：

㈠創造新知識的來源是古老的經驗。因此，在構思想像的過程中，愈能考
慮較廣泛的經驗來作參考者，愈能得到更佳的新主意；

㈡新主意不會在人腦中自動產生，必待集中心力苦苦思索以後才可能出現；

㈢創造性的思考能力可以藉不斷的鍛鍊而增強；

㈣創造性的思考力可以帶給我們無比的愉快，使我們得到對於工作的滿足感和征服感。

對於創造性思考能力最不利的因素比較少，但是卻非常頑固，其中最嚴重的一點，是我們心裏根本不願意有創新的局面出現，於是我們不動腦筋，因而也就沒有什麼新主意了。關於應用想像力之運用在本書中第一章已作介紹。請參閱。

價值分析實用技術介紹

如上面所述，可知價值分析並無一定的標準程序，本文為求讀者可以得到比較確實一點的概念起見，特根據有關資料將數項比較實用的技術介紹如下：

㈠**多元配合法**──某種設計列出其主要變數的可能變化，一一組合可以得到許多不同的配合方式。其成本不同，形式也不相同，可供選用。例如某一產品可作如下之分析：

設計變數

	形　狀	材　料	動作方式
可供選擇的組合	長　柱　型 扁　圓　型 球　　　型 ……	壓克力塑膠 金　　屬 玻　　璃 ……	用　手　操　作 電　動　操　作 壓縮空氣操作 ……

表中三種形狀，三種不同材料，三種動作方式之配合，一共可有 $3 \times 3 \times 3 = 27$ 種不同配合。有時我們就實際上既有之任一事物，自己試行練習並追問：「為什麼要這個樣子？」「為什麼要用這種材料？」「為什麼要這樣製造？」我們自己提出的答案所組合得到的結果，可能會有意想不到的境界。

㈡**特性評點法**──某一件事物可就其特性一一列舉寫在一張表中，將表分發給參加評核者，各自就其對此事物之認識給予評分，在適當格子中作「✓」記號。最後將所有評分表收集計算，可以評定各項特性之相對優劣。評分表格式如下：

品質特性	評　　分										加　權	合　　計
	1	2	3	4	5	6	7	8	9	10		
容易拆卸												
容易清洗												
作用確實												
耐　　久												
外　　觀												
成　　本												
……												

　　㈢**數學分析法**——有些事物之功用及其成本，可以利用數學方法確定其中函數關係，頗便於分析人員了解其價值之因素作用。此法係英國學者方登 (Roy E. Fountain) 所首創。茲假定待分析之對象係某機械裝置上的一根傳動軸，傳動軸的功用是傳遞「扭力」，我們想要知道，利用這根傳動軸所傳送的扭力，花了多大代價，可以經由嚴謹的數學方法確定如下：

　　扭力的關係是 $T = \dfrac{1}{16}\pi Sd^3$　　　　　　　　　　　　　　　　　　　　㊿⑥⑧

　　式中 T 為扭力，單位係「磅·吋」

　　　　π 為圓周率，約值 3.1416

　　　　S 為傳動軸所用材料之最大剪應力，單位係「磅／平方吋」

　　　　d 為傳動軸的直徑，單位是「吋」。傳動軸假定是一實心的圓棒（如為空心軸，可據應用力學理論修正）

　　成本的關係是 $C = \dfrac{1}{4}\pi d^2 Lpg$　　　　　　　　　　　　　　　　　　⑥⑨

　　式中 C 係成本，單位是「元」

　　　　L 係傳動軸之長度，單位是「吋」

　　　　p 係傳動軸所用之材料的價格，單位是「元／磅」

　　　　g 係材料的密度，單位是「磅／立方吋」

　　現將⑥⑧⑥⑨兩式中的 π 消去，以 T 表示 C，得

　　　　$C = (4TLpg)/(Sd)$　　　　　　　　　　　　　　　　　　　　　　　　⑦⓪

　　⑦⓪式即表示 T 扭力與 C 成本之直接關係。當其他各規格已知時，我們可知設計時，為每單位扭力必須付出代價若干。

　　㈣**百分比成本分析法**——將某一事物按零件一一分開，列出其「主要功用」

與「附屬功用」，計算其每一零件之成本百分比，可以檢討「主要功用」究竟是否同時也是「主要成本」。茲以一支鉛筆為例，示其格式如下：

功 用	零 件	成 本	百分比	比 較
畫 寫	石墨芯	元	%	主要功用
保護鉛心	木 材	元	%	附屬功用
表示特徵	印 字	元	%	附屬功用
外 觀	油 漆	元	%	附屬功用
擦 跡	橡 皮	元	%	附屬功用
共 計		元	100%	

㈤檢核表——就一般問題而言，可以編擬一個詢問表來逐項檢核。各項內容並無一定標準，通常可以利用英文 "W" 一一列舉。例如：

Who　　　　　誰做？

Whom　　　　對象是誰？

What　　　　做什麼？

When　　　　何時做？

Where　　　　在何處做？

Why　　　　　為什麼要做？

Which　　　　做那一個？

How　　　　　究竟怎樣做？

How many　　要做多少？（產量多少可以決定生產的方式）

How much　　以什麼代價完成工作？

最後還有一個

If　　　　　　假若的話，那麼……

案例研討

利用風力發電

　　七十六年十月台電公司決定投資 2,500 萬元，在澎湖七美鄉中和村東方高地，興建全國首座風力發電廠。該電廠將設置兩座風力發電機，每座容量為一百瓩，總共發電容量為二百瓩。風力機塔架高二十公尺，塔架上裝置發電機。發電機軸前面裝有三個葉片，每個葉片長約十公尺。風力吹動葉片帶動發電機產生電能，電由地下電纜通往變電室，經控制站，然後輸往現有的七美柴油發電廠，與柴油發電機併聯供電。風力發電機將完全採取電腦自動化控制，無人管理。在風速太大時，電腦自動控制會停止運轉，風向轉變時，亦可經由電腦自動控制風力發電機葉片，隨風向轉變至向風面受風運轉。

　　台電公司將儘速完成土地徵購事宜後，預定年底招標施工，至七十八年底完工運轉發電。

案例研討

在公海上建造「新香港」

　　民國七十二年十二月，報上有一段新聞：

　　為了香港一九九七年大限，曾經有人提議購買荒島，建新的香港；也有人正在策劃集體移民往發展中的國家，建造「小香港」。

　　目前最新鮮的一個構想，莫如在香港對面的公海建第二個香港。先由香港建一條巨型堤壩，伸出大海至二十公里以外，避過中共的十二或二十哩領海範圍，然後在堤壩末端築一個長方形防波堤，抽乾中心的海水後，大量倒入廢料，加上三合土，便可造成一個一千五百平方公里的人造島，再在島上建設大城市。

　　提出這個構想的是荷蘭一間公共關係公司的董事牟域奇，他於七十二年底前將建議書寄給英國首相柴契爾夫人。

　　牟域奇曾經在接受長途電話訪問時稱，他曾於七十一年一月隨荷蘭一個貿易促進團訪問香港，對香港的成就印象深刻。他認為香港如果交給中共，實在很可惜，所以想出建「第二香港」的構想，可利用荷蘭人建堤、挖河床及建深水港等高度技術，為港人建造新的居所，一方面亦可製造就業機會，緩和失業。

　　建議書的內容是，英國政府應主動邀請各主要的團體，包括美、日政府及西方國家、香港的銀行、建築公司、大財團等，組成合作組織，然後動工建造巨堤，人造島興建完成後，趕在一九九七年之前，可以將巨堤徹底炸斷。

　　任何香港居民都有權遷往「第二香港」，為避免將來的競爭，到時可將「舊香港」夷平。

　　「第二香港」建成後，中共收回「舊香港」，便不會失面子，而且為了商業利益，中共亦可能會容許「第二香港」存在，英國亦可以有一個新的殖民地，保留其在遠東的貿易地位，另外，「第二香港」亦可為自由世界提供戰略上的重要地位。

　　香港的環境問題，到時也可以一掃而空，「第二香港」不但是最現代化的城市，而且還可能是世上最吸引遊客的地方。

　　牟域奇認為其他有利之處包括對英國的聲譽、英鎊、國際金融基金，甚至宗教信仰亦受惠。

　　他估計人造香港的計畫、資金相當龐大，至少 10 億英鎊（約 110 多億港元）。

案例研討

澎湖缺乏淡水

　　民國七十七年暑期中，各報紙曾連續登載了有關澎湖各島缺乏淡水的消息。現在雖然事過境遷，但是，有些構想雖然是匪夷所思，卻屬「腦力激盪」的最好範例。爰一一列述如下文。

　　首先傳出的是說，澎湖縣政府當局考慮將海水加熱，利用蒸餾方法得到淡

水，製取淡水的代價大概是 60 元臺幣一噸淡水，加熱的方法是燃燒。燃燒用油估計每噸淡水需美金 5 元（當年報紙資料，已無法查考）。報紙上有短評，認為澎湖當局太奢侈、太天真。因為利用石油作燃料以淡化海水的只有中東等盛產石油的國家才有能力做到。石油對他們來說，是最廉宜的原料，淡水卻非常寶貴，因為全年降雨量非常少。

澎湖雖然各島上沒有淡水水源，可是降雨量遠多於中東地區。於是，有讀者在報紙上建議：解決澎湖淡水供應的問題，最好的辦法是利用逾齡的油輪自臺灣運水過去。用四萬噸級的油船，最好是逾齡已不再跑外洋航線的舊船，從臺灣各河流中汲取淡水，船運到馬公，利用泵機將水抽送到岸上水庫中。一星期運送十二萬噸，足數澎湖應用。至於舊油船大概花 500 萬美金可以買一艘。用來運水，每一噸淡水的成本大概是美金 2 角錢罷！

奇妙的是，七十七年夏天澎湖久旱不雨。報上刊出運水奇招不久，縣長歐堅壯先生不得不向上蒼祈禱。當時，電視上也曾報導，就在歐縣長祈雨膜拜神明之際，滂沱甘霖，傾盆而下。估計那次降雨量多達八百億噸，可惜的是澎湖各島上蓄水設施不夠，結果能儲蓄留下的雨水不到 1%，99% 都流進大海，非常可惜。

於是，又有熱心的讀者在報紙上建議，歐縣長祈雨之前不妨興建水庫蓄水，才是長遠之計。

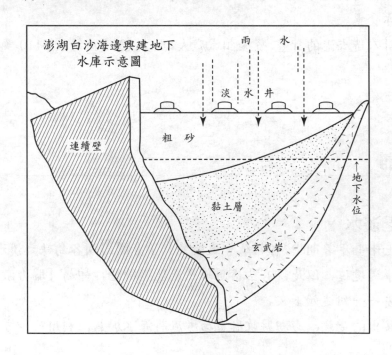

澎湖白沙海邊興建地下水庫示意圖

　　原來早在七十一、二年，行政院農業委員會曾經多次撥款在澎湖建造地下水庫。白沙、成功、興仁及東衛等水庫的總儲水量可達八百七十五萬噸，足可供澎湖一年之需用。但是，澎湖雨量稀少，水庫不能儲滿。因此，仍然鬧水荒。

　　據說，澎湖每年降雨量差異很大。平常狀況是降雨量少，三年中卻會有一兩場極充沛的大雨，因此，蓄水量應以三年的需求量為標準。至於說到無處可建水庫，有人建議認為：澎湖有些島嶼的海灣底層是整片玄武岩，只要在海灣口建築一道堤壩，隔斷海水，再將灣內海水抽乾，就可用來儲蓄淡水了。

　　民國七十三年我國第一座實驗性的地下水庫，經過省水利局在中興、逢甲等大學學術單位協助下，已於澎湖縣白沙鄉赤崁地方興建完成。施工狀況和蓄水效能，均較日本在宮古島上興建的首座地下水庫，尤為顯著良好。因此這項水利工程的成就，不僅為飲水缺乏的澎湖，增添了一項豐富水源，為本省其他缺水地區開闢了一條新的水源途徑，而且也為我國水利史上寫下傲視東亞的嶄新一頁。

　　多年前，澎湖曾經發生嚴重水荒，當時，蔣總統經國先生指示行政院和省府，必須研究設法徹底解決此一問題。當時省建設廳及水利局等單位工程人員，在行政院農發會專家們的支援下，先後探討了不少解決辦法的可能性。最後以「成功」水庫為例，選定惟有多建水庫，才是從基本上解決澎湖居民飲水的正途。因而相繼於民國六十八年及七十年，先後興建了「興仁」、「東衛」兩座水庫，使水荒威脅大為解除。但是由於澎湖地區氣候特殊，平均年蒸發量較年平均降雨量為高，也大為削減水庫的蓄水功能。民國六十七年，日本在缺水的琉球宮古島上，試建了第一座定名為「皆福」的地下水庫成功後，國內的水利工程專家，就決定以試建地下水庫作為徹底解決澎湖缺水的優先努力方向。因為澎湖縣白沙鄉赤崁至後寮之間，擁有一片沙質平坦地帶，頗適宜於興建地下水庫。於是乃在行政院邀請專家指導，及省水利局規劃總隊執行之下，經過長達一年多的時間，於七十三年底完成試建「赤崁」、「後寮」兩座地下水庫的規劃報告。旋經有關主管單位審查評估，決定優先興建「赤崁」水庫，並於七十四年七月間，由省水利局第六工程處完成工程設計發包興工。

　　這座創試性的地下水庫，也就是一座隱藏於地底下的水庫，表面上除了幾個抽水設備之外，什麼也看不見。水庫本身是利用該地下面宛如一只大碗的特殊地形，以及最底層是不透水的玄武岩的特殊地質構造等兩項主要條件而建成的。整個水庫上面是一片滲水性的粗砂層，下面是不透水的黏土層。所有落雨，

滲入地層後，即完全儲存在玄武岩的大碗裏，只要碗型的邊緣沒有缺口，地下水庫的蓄水就不致外流。經由抽水設備把地下雨水抽出來，可以補充飲用水源。水庫的工程是在赤崁盆地臨近海岸線處，建一條寬零點五五公尺，長八百二十公尺的混凝土連續壁，從表層開挖灌漿直達最底層的玄武岩，形成一道地下水壩，以防止淡水外溢或海水侵入。另外在廣達二點一四平方公里的水庫集水區內，開鑿七口十六吋口徑抽水井，井上裝設著抽水設備，可以用以汲水到輸水管線之中。

這座花用經費僅六千餘萬元，預計每年可供水量在七十萬至八十萬公噸的地下水庫，由於採取「BW 鑽機置換灌漿法」施工，工程完工後，觀測井水位已穩定上昇，證明了已收到蓄水功效。比較日本「皆福」地下水庫長度五百多公尺截水牆，卻花費工程費高達新臺幣 1 億 5,000 餘萬元，節省工程費約為五分之三，我公私參與施工的水利工程人員頗引為自豪。

第四節　系統分析的意義

「系統分析」這個名詞譯自英文的 "Systems Analysis"。首先使用這一個名詞的是美國的蘭特公司 (RAND corp.)。但是，由於這個名詞代表一種很廣泛的概念，而且其中又沒有一定的方法。因此，也就沒有正式的定義。簡單的一句話，系統分析是為可用的資源尋求最合理的分配。

一九六四年元月，美國國防部長麥納瑪拉在美國第八十八屆國會武裝部隊委員會的撥款聽證會上，曾舉例說明系統分析的意義。後來，美國軍方戲稱這段話就是「系統分析」的「聖經」。他說：

「『我們是不是需要最好的兵力？』問題不能這樣問，我們應該問：『我們是否真正需要再增加一點兵力？如果要的話，再增加的一點兵力是否係以最低的代價換得的？』」

他舉了一個例子：假定有甲乙兩種飛機可供選用。兩種飛機的重要性能完全一樣，都能符合空軍的需求。只是甲機每小時較快十哩，其每架的造價也較貴 10,000 元。如以採購一千架飛機考慮，則兩種飛機的選擇相差 1,000 萬元。

對於這一個問題可以有兩種看法。第一種是以額外的 1,000 萬元所能購得的「效益」來看，例如：甲機速度較快的戰鬥效益，多買幾架乙機所增加的效益，用以改良空用機槍增進效益，用於建造幾艘軍艦，或者可以用來多蓋幾幢

軍眷房屋鼓勵士氣，……。

　　另外一種看法是就一定的戰鬥能力來考慮。則應權衡是否應以較廉宜的代價購買較多的乙機，還是換用其他武器。

　　因此，甲機比乙機每小時快十哩的這一點並不足以影響決策。真正值得要追究的是較高的速度是否值得較多的支出。

　　至此，我們可以知道所謂「系統分析」，在基本理論上是非常淺顯易明的。困難的所在是如何衡量「效益」，尤其是「預測一種未來的效益」，其中涉及「效益本身的程度」還有「效益出現的機會」。尤其在國防的問題上，例如：幾種不同的部隊如何比較其效益？幾種不同的武器如何比較其效益？幾種不同的裝備如何比較其效益？

　　一九六一年，「系統分析」一經美國國防部實施後，美國的企業界也立刻就接受了此一觀念。有許多大企業中都設置了這一種類似的組織，在組織中隸屬的地位可能不同，使用的名稱可能不同，但是其功能作為大致都是一樣的，隨時隨地為決策當局提供種種可行的方案——作最小的投資以圖最大的可能贏利。

　　如就「系統分析」與「成本效益分析」是同義的這一個觀點來看，有些人以為：一篇工程經濟的研究報告就是系統分析的結果，那是以偏概全，顯然是不正確的。我們可以說：系統分析要靠工程經濟來填充，系統分析可以利用工程經濟的計量結論，作為其中論證的主要理由之一，系統分析還有其他非計量因素的考慮。

　　舉例來說：某地方政府預備以一筆預算發展某地的觀光事業，經過種種投資分析、工程經濟研究、……，找到了投資最有利的所在。這時，忽然某鄉政府建議上來要求緊急撥款建造一座橋梁，附有詳細的工程經濟研究，建議一種最適宜的結構興建橋梁。而地方政府預算有限，無法同時進行這兩案。這時就必須衡量「觀光」和「造橋」這兩件事的效益孰大、成本孰低來作決定。這才是系統分析！

　　在企業體系中實施「系統分析」有一點遠比國防問題簡單的是：在絕大部分的企業問題之中，所謂「效益」幾乎可用同一的貨幣單位來表示。國家安全，社會治安，團體士氣等效益就沒有單位可以表示，無法量化。

　　例如：有某一運輸公司準備採購運輸卡車時，必然面臨著卡車有種種不同的廠牌可供選擇。不同廠牌的卡車性能不相同，其代價也不相同。而每一種廠牌的卡車今後在使用時所需定期維護保養作業費用也不相同，較貴的卡車也許

定期費用較少，較便宜的卡車也許定期費用較多，這種情形也可能完全與實際情形不符。不過總而言之，我們可以就每一種廠牌的卡車比較「平均每年成本」。我們可以發現這一個數字是卡車「使用年數」的函數。換句話說，使用卡車的年數不同，則其平均每年成本也不同。繪出座標圖上的曲線來是一個凹面向上的曲線。曲線最低的一點，表示「平均每年成本」最低，當時的「使用年數」就是該一廠牌卡車的「經濟壽命」。分析報告的結論中應該建議，此種廠牌的卡車使用至其「經濟壽命」時應立即汰舊換新。由此，我們可以體會到：無論任何資產，在其經濟壽命期中的成本結構各不相同。所謂性能最好的東西不一定是最經濟的。這種計算在本書前面已有介紹，計算之結果就可以供作進一步系統分析的論據。

一般說來，系統分析的進行有三個研究程序。第一，對決策者的目標須從事系統分析，並提供準則，以便在可能完成某些目標的各種行動方案中加以選擇。第二，各種行動方案須一一分析其可行性，並進一步比較其效益與成本，考慮其所需之時間以及有無任何風險。第三，如果發現原先的分析有缺點，則必須設法構思更佳的行動方案，甚至於修正目標。因此系統分析的內涵，應有下列五項：

1. **目標 (objectives)**　系統分析是幫助決策者選擇一項政策或行動方針，故系統分析重要的任務之一是發現決策者所企圖達到的目標是什麼？究竟要做什麼？並如何測定其達成的程度？

2. **可行方案 (alternatives)**　可行方案就是可以達成目標的種種方法。為達成一定目標，所能採行的方案可能甚多，對於每一個可行的方案，在系統分析中均須詳細予以研究。

3. **成本或資源 (costs or resources)**　我們選定某一特定的方案以達成目標時，必須使用某種資源，或支付相當的成本。大部分的成本都能以貨幣計算，但是合理而正確的計算中應考慮機會成本，即資源使用於某一方案時，即無法再使用於其他的方案。

4. **模型 (models)**　模型是對我們所要研究的問題之中，各主要因素之間的關係所作的一種抽象表示。所謂模型可能是一組數學方程式、一篇計算機的程式設計、一張流程圖或者僅僅是一段簡單的文字敘述。在系統分析中，模型的主要作用是估計各種可行方案所引起的後果（即成本），以及每一可行方案可能達成目標的程度（即效益）。

5.準則 (criterion)　　所謂準則就是一項標準或規則，按可行方案之可行性一一分成等級，以表出其中最具價值者。

在系統分析中，由於目標本身可能是多重性的、可能是互相衝突的，甚至於是模糊不明的，各個可行方案不一定能很適當的達成此項目標，對效益的計算也許不能真正測定目標所達成的程度。由模型所獲得的預測常充滿不確定性；以及不同的準則也可能將各種可行方案排列成不同的優先次序；因此對任何問題，一次分析往往是不夠的。系統分析應如下圖所示，是一個連續的循環，由「確定具體的問題」開始，各項假定與資料進行檢查，重行考慮目標，直到「構思新的可行方案」為止，不斷重複循環。直到獲得滿意的結果，或是到達了時間或金錢的限制為止。

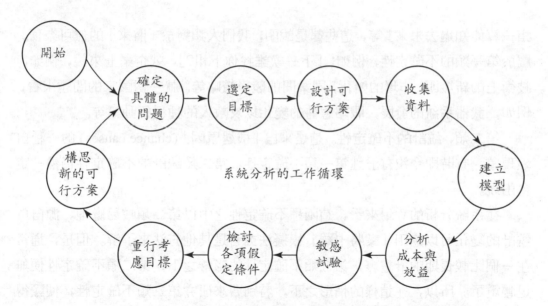

系統分析的工作循環

從事系統分析時，各種可行方案應根據模型一一加以考察，模型告訴我們由每一方案可能產生何種預期效果，以及其成本如何，每一目標能完成至何種程度；然後再依據準則將每一方案的效益與成本加以比較，而將各個可行方案，按優先次序予以排列，以供決策者採擇。此一程序可利用下頁圖解說明。

幾乎大多數的決策問題都面臨著「不確定性」。所以，「不確定性」的確是一個非常重要的問題，同時也可以說是一個非常有趣的問題。系統分析是替決策者選擇「成本最低、效益最高」方案的，當然更不能不面對「不確定性」。

「不確定性」主要可以分作兩大類。

第一類，**將來的不確定性**。平常我們所謂「天機不可洩漏，到時自知」「屈

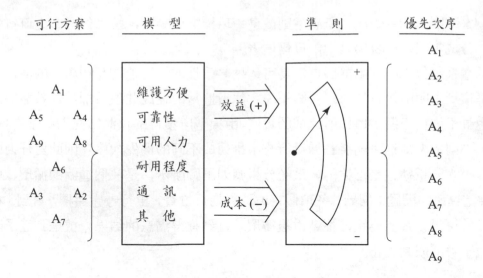

| 可行方案 | 模　型 | 準　則 | 優先次序 |

指一算能知過去未來」等，這些都是說明：我們人類對於「將來」的無可奈何。屬於第一類的不確定性，例如：「下一次誰找你下棋?」。就企業上來說，例如，技術上的新發明，市場的變化，同業間的競爭策略等。就一個國家的問題來看，例如，武器系統的發展，戰略態勢的變化以及敵人的種種行動等等。

第二類，**統計的不確定性**。這是來自「機遇原因」(chance causes) 的一種自然現象。有時即令沒有上述第一類不確定性，第二類統計的不確定性仍然一定會出現。

在系統分析的立場來看，這兩種不確定性之中以第二類較易處理。源自於統計的變化可以應用「蒙特卡羅」模擬法或者是其他方法來了解。但是，通常在一個比較長期的計畫裏，第一類不確定性的影響之下，第二類不確定性便無足輕重了。所以，在這樣的情形之下，特別要來研究第二類不確定性，便顯得吹毛求疵、過分浪費了。

第一類不確定性是很難以處理的，美國人從事系統分析以來的經驗中，提出四種可用的方法：「敏感分析」、「意外分析」、「不必分析」及「構思新方案」。略述如下：

㈠**敏感分析** (Sensitivity Analysis)　在一個分析案中可能有一些重要的因素是我們所不能確實掌握的。對於這些因素的出現，我們除了設法找到它的期望值以外，必要時應以「最樂觀」「最悲觀」「最好的」等數字一一重複計算，看看所得結論之變化的幅度如何。固然，這樣三組的重複計算可能繁複不堪；因此，有時也需要作一點判斷，是否有這種對「不確定性」取全面包圍態勢的必要。

㈡**意外分析 (Contingency Analysis)** 我們在從事一個分析研究之時，通常要先行假設許多不變的狀況（假設某些變數是常數），最後得到了結論。這時，我們不妨再回過頭來看看那些假定的條件。如果其中一些變成了相反的情形，則結論如何。例如，某廠商在制訂推銷政策時，假定另外兩家競爭的同業是各自推銷的。如果那兩家聯營合併了，怎麼辦？

㈢**不必分析 (A Fortiori Analysis)** 在某一個決策的計畫過程之中，有一部分人在直覺上都贊成說甲案比較好。而另外又有些有關的人員可能會以為，甲案實在不如乙案好。那麼在作進一步分析甲乙兩案時，可以盡量選取對甲案有利的因素來與乙案比較。最後，如果發現仍然是乙案較好。這時乙案的論點當然更為堅強而值得採用了。

㈣**構思新方案** 這一點實在不是一個方法。上述三項倒是在分析研究之中有直接作用的。有時候在從事敏感分析或意外分析之時，分析人員會由於深入問題之故，對於不確定性啟發了一層新的認識。因此，分析人員可能會觸發想出另外一個新的方案。這種情形的確是難得出現，不過，這種新方案一定是面對不確定性最好的對策。而新方案的產生又有賴於「腦力激盪」所得到的「頓悟」。請參閱本書第一章第九節。

「系統分析」的實施過程應屬「遠程整體規劃」，與「目標管理」、「施政方針」、「方針管理」等有關，其進行方式，架構制度，本書限於篇幅不可能作詳細介紹，但是，整個系統分析過程中的「成本／效益」計算，大部分卻是本書中所介紹的方法。

第五節 系統分析實例研討

茲為提高讀者學習興趣，就每日報紙上所見新聞，涉及「系統分析」觀念者，將之部分改寫轉載重刊。供作實例研究題材，殆為建教合作之一途也。尤其多年來，有些本書中案例已成事實，學者討論有切身感覺，必然更能投入。

案例研討

臺灣省南北高速公路

五十九年六月八日，交通部臺灣區高速公路工程局正式成立，積極展開醞釀多年的我國第一條劃時代的高速道路的興建工作。

公路為內陸交通的主要動脈，與國家經濟、國計民生息息相關。臺灣省內由於數年來農工商業迅速成長，因此對於運輸量的需求日益迫切。以西部幹線而言，在五十九年的狀況下，每日的容量是二萬三千餘輛汽車，已形擁塞現象。交通主管機關聘請國外顧問工程公司作可行性研究，咸認為，北起基隆，南至高雄，實有必要闢建高速公路。交通機關將結論呈報上級政府，政府為了慎重其事，再約聘美國帝力凱撒顧問工程公司作可行性研究。研究達九個月，完成了南北高速公路可行性研究報告，肯定了這一條高速公路的價值。

路線概要 研擬中的南北高速公路，北起基隆，南迄鳳山。全長三百七十五公里。路面設計完全符合國際標準。設計之行車速率平均在每小時一百公里以上。故由臺北市直達高雄僅需時三小時。全線已定於六十年八月開工，分三期施工，六十六年底全線通車。

財務分析 南北高速公路的總概算約為新臺幣 190 餘億元之巨。如此巨額投資，財務上究應如何籌措的確是相當複雜的事。僅以第一期工程預算而言，需款 59 億元（第一期工程計：內湖至楊梅，臺南至高雄，基隆至內湖等三段，六十二年底完工）。其中 27%（十六億元）分由亞洲開發銀行貸款美金 2,550 萬元（約 17.2%），日本貸款美金 1,450 萬元 (9.8%)。交通運輸建設本身並無目標，只是為了配合其他經濟部門的需要，因此交通建設的最高原則應該是需要至上。對於南北高速公路與環島鐵路之間的選擇，建築費用的多寡便不是一個考慮的因素。假如有此需要，費用再大，如在負擔能力範圍之內，亦在所不惜；反之，假如無此需要，則費用再小，亦屬浪費。從經濟發展的需要看，投資多少的差距並不很重要，重要的應是那一條路線的效用最大，能夠滿足需要、解決問題。

了解了這一點，剩下來的還有兩個問題：一是有無大量擴建交通設施的需

要；一是能否以環島鐵路代替南北高速公路。關於前者，由於最近十年的快速
經濟發展，特別是農工業與對外貿易的發展，使得所有與此有關的配合措施，
包括以電力與交通運輸為主的基本設施，教育與科學研究、都市化、社會建設，
乃至財政金融……等等，都落後了，配合不上經濟發展的需要，成為經濟發展
的瓶頸。這種落後、這種瓶頸，政府決策者感覺到，民間工商業者更身受其苦。
其中尤其是交通運輸，更是毫無伸縮緩和的餘地。貨運不出就是運不出，車開
不快就是開不快。

　　關於能否以環島鐵路代替南北高速公路的問題，則我們必須要了解這是兩
種性質不同的交通工具。就貨運來說，鐵路貨運利於長程大宗貨物，公路則利
於短程起卸方便之貨物，這是經濟原理。臺灣以一千四百萬人口集中於三萬六
千平方公里土地上，五里一鎮、十里一城，到處都是貨物集散場，都是消費中
心；而在西部平原，如不是工廠林立，便是良田萬頃，也到處都是生產中心，
這必然是一個公路運輸頻繁的環境。再就客運來說，則鐵路利於都市地區之捷
運系統及都市與都市間之高速運輸，其餘客運則鐵路不如公路。不但如此，隨
著國民所得之提高，與生活水準之改善，個人交通工具勢必大量增加，而成為
公路之沉重負擔。準此而論，故不能以環島鐵路代替南北高速公路，其理至明。

　　大量擴建交通運輸設備既為進一步經濟發展所必需，而在經濟原理上與實
際需要上又不能以環島鐵路代替南北高速公路，故除立即實施建築南北高速公
路計畫外，實無其他選擇餘地。交通當局興建此一高速公路，確為正確之決定。
據聞聯合國運輸經濟專家普倫悌斯經過十個月之調查研究，並對運輸經濟效益
作過縝密之分析後，向我政府提出五項交通建設方案，以闢建高速公路列為第
一，而環島鐵路並不在五項之內，此一專家意見值得我們重視。

　　這條公路就是今天的中山國道。

案例研討

鐵路電氣化

貫穿臺灣西部的南北高速公路一旦興建完成，鐵路客貨運業務，會不會受到影響？會不會因為鐵路公路的發展失去均衡而影響經濟發展？這是交通當局極為關切的問題。

鐵路局認為足以應付競爭的法寶是鐵路動力電氣化。如能早日淘汰蒸汽或柴油動力，改用既能節省經營成本，又能提高運轉效率的電力，預料縱貫鐵路仍將在內陸運輸中，維持相當重要的地位。

鐵路電氣化是台鐵研究了十多年的方案，其重要性雖已為大家所承認，但是因財源無著，電力供應未能配合，一直沒有定案。後來，政府著手運輸經濟的通盤研究，並規劃整體運輸系統，發現台鐵動力電氣化極有必要。行政院財經會報於六十年三月間，指示有關部門從速規劃辦理鐵路電氣化計畫。

英國甘迺迪鄧肯顧問公司的「台鐵幹線電氣化可行性研究」之結論認定臺灣幹線鐵路電氣化的經濟效益，其預期報酬率達 20.4%。交通部和經合會謹慎評估後，認為這份研究報告相當合理。

台鐵縱貫線過去十八年間客運量每年平均成長率為 7.1%。甘迺迪鄧肯顧問公司研究電氣化可行性時，預測至民國六十九年以前，台鐵客運量成長率每年平均為 4.5%，貨運量成長率為 3.95%。此項預測數字，與南北高速公路可行性報告、聯合國運輸經濟專家普倫悌斯的報告，及經合會長期經濟發展計畫所作的運量預測均極為接近。按此項預測的成長趨勢，則十年後，台鐵縱貫線現有的運輸能量，已無法適應發展需要，勢必要增加軌道或就現有雙軌狀況下提高運能。經研究比較各可行方案後，以實施電氣化增加運輸能量，較為理想。

臺灣鐵路電氣化以後可以使旅客列車的時速，從當時的九十公里提高至一百五十公里，機車牽引能力可以由目前的九輛客車增加為十五輛。貨物列車的時速則可提高至七十五公里，載重可達二千噸。

鐵路電氣化另一項重大貢獻，是節省國家之能源消耗。當時鐵路柴油動力，

須依賴進口油料，國際油價波動，在研擬當時七個月以來已調整三次，加上國際局勢瞬息萬變，將來原油之進口，有受到影響之可能，台鐵實施電氣化，不必依賴進口油料。

　　專家估計自完成電氣化全線通車起，全年所節省之機車車輛維修費用、燃料費用、機班人員費用、旅客時間，及額外運量之收入等，可獲取淨利益約 4 億 3,900 萬元。

　　鐵路電氣化亦將帶給公眾種種利益，比較顯著的是縮短行車時間！從臺北至高雄，最快只需三小時五十分，且電氣化後車身穩定，旅客較為舒適，另外，不再有黑煙污染空氣，有益公眾健康。

　　臺灣鐵路幹線電氣化計畫的實施，已獲中央方面支持，交通當局目前亟待研究解決的是資金籌措方法，與施工技術問題。

　　據初步估計，台鐵辦理電氣化，七年內約需投資 58 億 3,600 萬元。其中國內自籌部分約 16 億 8,800 萬元，另外 43 億多元需依賴國外貸款。投資數目極為龐大，但是台鐵進一步分析後，認為籌措資金並無困難，因為外幣部分已有國外財團願意支援，除了可向世界銀行、歐洲金融機構洽借貸款外，日本方面不但肯提供長期低利的日圓貸款，並願作技術協助。至於臺幣部分，在開始施工的前三年，僅需自籌 3 億 7,000 萬元，臺灣省鐵路當局自信有此能力，並可依靠投資以後所得效益償還貸款。

◎討　論

　　1.台鐵電氣化以後所得效益如何？所得效益如何衡量？

　　2.南北高速公路完成後，鐵路局除了以電氣化應付競爭之外，是否尚有其他可行方案？

案例研討

破紀錄的一次空運

六十年七月,台灣全島乾旱的現象仍然繼續下去,而每年正常的枯旱季節是到五月就結束了。

台灣電力公司於七月十二日宣布:枯旱缺水現象迄無好轉,自七月十三日起,限制用電數量將增加為二十三萬九千五百六十瓩。

電力公司說:限電對象擴大為已有承諾之用戶儘先停供五萬八千八百一十七瓩,其餘為電石業三萬四千六百二十瓩、鋼鐵業七萬三千八百八十九瓩、鋁業四萬瓩及肥料工業三萬二千二百三十四瓩。

電力公司懇切呼籲用戶共體時艱,盡量節省不必要用電,以免影響工業生產。

截至十二日為止,限電為二十萬瓩,限電對象為電石、肥料、鋼鐵,自該日起再增加鋁業及其他有承諾的契約用戶。

電力公司說:目前發電量雖有減少,但火力全力運轉,尖峰發電仍在二百萬瓩以上,平均發電也在一百八十萬瓩左右。

電力公司指出,林口第二號機的承製廠商一再延誤交貨時間,致發電量未能趕上用戶的需要。

台灣電力公司正在加緊推動長期開發電源計畫。估計五年內,將由當時的二百七十二萬瓩,增至六百十六萬瓩,平均每年投資新臺幣 130 餘億元。

在林口火力發電廠第一號機及大林火力發電廠第一號機相繼完成後,台灣電力公司以為今後不該再有限制用電的情形了。

不過意外情形難以逆料,因為台灣電力公司的裝置容量二百七十萬瓩中,只能滿足正常需要,並無多餘的備用,而其中水力裝置佔了三分之一,還不能完全擺脫天候的影響。

台電公司九十萬瓩水力發電裝置中,三十八萬瓩是川流式水力發電,沒有水庫蓄水,必須依賴天雨維持發電用水,因此在豐水季節,川流式發電可以高達四十萬瓩,水少時只能維持十六萬瓩,相差之數超過目前限電的數量。

　　據台電公司紀錄：六十年自六月以來的河川流量，過去二十年來沒有過如此低的紀錄，可見枯旱情形之嚴重。

　　往年最枯旱的月份為一、二月，然後轉趨緩和到五月底結束，但六十年卻延長到了七月，降雨量極少，旱象猶未解除，這種情形對電力調度造成極大的困擾。

　　台電公司自五月底開始動用水庫的存水，當時可供發電的存水，以日月潭為例，只剩下七點八公尺（滿庫為二十公尺），因此，不得不採取緊急措施，如果等到水庫存水用光，突然大幅度的限制用電，必然引起更嚴重的不良後果。

　　最令人擔心的是一百八十萬瓩的火力發電機組，通常都在五月底枯水季節結束後開始輪流歲修。現在不但不能休息，而且必須全力運轉，這些疲勞已達到極點的發電機，一旦發生故障，限制用電的數量勢須再度昇高擴大。

　　如果要探究六十年供電失調的原因，台電公司認為林口發電廠第二號機延期交貨，應該算是最主要的原因。

　　原訂於六十年五月間發電的林口第二號機，裝置容量三十五萬瓩，自民國五十七年即向英國一家名廠訂貨，原訂於五十九年五月交貨，但因當地發生罷工而一再延誤。

　　據電力公司說：如果延誤一兩個月應不會發生問題，不料一延再延，最後拖延了十二個月以上。

　　如果承製廠商提早通知延誤多久，台電公司也好趁早打算，但是承製廠商是在一延再延的情形下，台電公司到五十九年年初才決定投資 1,000 多萬美元，緊急採購十三部柴油發電機（每部六千瓩，十三部共七萬八千瓩），柴油發電機的營運成本高昂，全是賠本生意，但為應付緊急需要，只能不計成本取其速裝速成的優點。

　　十三部柴油機原計畫到六十年五月應可次第完工，不料在採購時困擾重重，也是一拖再拖，延到五十九年五月才決標，六十年七月才裝好第一部，六十年年底可裝好十部，其餘陸續在六十一年四月底完成。

　　十三部柴油機的發電量不過七萬八千瓩，即使全部趕在六十年七月完成，也不能達到當時的限電數量，但是電力公司的調度人員認為如果早數月完成，應可遲緩動用水庫存水的時間，預料當可縮小目前的限電幅度至相當程度。

　　林口第二號機，較之預定完成的時間，整整延誤了一年以上。

　　新的電廠趕不上，用電量的增加速度也超過預估幅度，據台電公司統計：

六十年六月份的用電量較之上年六月份增加 18.9%，六十年上半年比上年同期增加 17.9%，比預估的全年增長率 16.5% 又提高了 2% 以上，估計在四萬瓩以上。

據台電公司臺北區管理處統計：六十年四、五月間，雖然天氣不是很熱，但臺北區的負載量增加了一萬五千瓩。

都市的負載量增加，可能以冷氣機佔大多數，以如此炎熱的天候，六、七月間的負載增加，必然是可觀的。

旱象自六十年元月延續下來，農田乾旱情形嚴重，為了維持農作物的生長，灌溉用電也需要甚殷。

據估計，冷氣及灌溉兩種用電，估計增加六、七萬瓩。

國際貿易局副局長邵學錕同時表示：由於國內工業限電影響生產，原限由國內供應，加工外銷原料，決定准予進口，現已批准南亞塑膠公司進口 PVC 原料。今後，凡因受限電影響生產的原料，將一律批准進口，以免影響外銷交貨。

現在只有祈求老天幫忙，快點下雨，發電量可以增加，用電負載也可減輕。

台灣電力公司只好不惜工本為林口第二號機催生，先後曾包用四架波音 707 飛機運送零件，另外，還有一批也計畫採用空運，如果確能順利在月中交貨，最快也要到明年六月才能發電。

台灣電力公司為趕早完成林口發電廠第二號機，投資新臺幣 2,000 萬元以上，僱用一種世界上最大最新型的飛機——美軍的 C5－A 型機銀河號（一九六九服役），從英國空運兩件重達七十公噸的主要機件來臺。

台電公司估計：空運速度較之船運提早兩個月，如因此而免於限制用電，工業生產減少損失，台電公司何能斤斤計較於運費的損失。

裝置容量三十五萬瓩的林口第二號機，如能將主要機件空運來臺，可望在六十一年最缺電的三月間竣工試車，如延期兩個月完成，就可能要實施兩個月的限電。

當時尚未交貨的兩件主要機件之一是低壓汽輪，直徑達十四英尺，截至當時為止，全世界沒有一種運輸飛機，可以裝得下整件如此龐大的傢伙（C5－A 可載貨二十九萬磅）。

經過多方打聽，才找到美國政府新近採用的一種編號 C5－A 的巨型飛機。可是當台電公司向美國方面提出租用的要求時，美方深以責任重大而遲遲不肯答應，經過多次交涉，始告達成協議。

不過開出來的租價令人大吃一驚，美方開出的條件是從美國啟程後按每小時 5,000 美金計價，估計自美國飛英國再轉臺灣，連同裝運時間在內將超過一百小時，全部租金將逾 50 萬美元。

據台電公司說：英國及臺灣都只有一處機場容得下這種巨型的飛機，因此，從發電機製造廠到啟運機場，以及從到達機場到林口電廠，還要經過一番細心的陸上運輸安排。

台電公司估計：租用這種巨型飛機的租金，較之租用一般飛機的費用，多出五倍以上，但是為了救燃眉之急避免其他損失，就不能只顧經營成本了！

英國承製廠商已答應在六月二十三日交貨，幸而英國工廠罷工平息。結果是二十五日起飛，二十九日中午安抵臺中清泉崗機場。

（本節資料取材自臺北市各大報紙）

◎討　論

請問台電支付這筆龐大的運費，所得效益如何？這些效益應如何衡量計算？

案例研討

六年十四項基本建設

政府自七十三年開始推動六年基本建設計畫，分三大類：

第一類　公共建設，下分八項工作計畫；

第二類　基本工業建設，下分三項工作計畫；

第三類　提高國民生活素質，下分三項工作計畫。

以上十四項基本建設計畫，六年內共需投資 7,500 億元，平均每年要負擔 1,250 多億元。

全部投資金額直接來自國庫的只有 3,000 多億元而已，其他資金另有籌款的財務計畫。例如：有關部門與事業單位自籌，向國外政府、銀行、財團貸款，國營事業（台電、中油、中鋼）以盈餘轉投資，以及發行建設公債向民間貸款等。

這些計畫雖然所費不貲,但是全部完成以後,其對整體經濟建設的貢獻以及國民生活素質之提高,將有極大的效益。

十四項基本建設概要

壹、公共建設類 八大計畫

1. 電信現代化

計畫項目包括:都市電信現代化、鄉村電話普及化、電信網路高級化。預定達全臺灣地區每百人有電話機三十七具的目標。本計畫自七十四年開始實施,預計七十九年完成,建設投資總額達二千多億元。

2. 鐵路擴展,有二個子計畫

2–1 繼續完成南迴鐵路

南迴鐵路通車後,全省沿鐵路各地區客貨都不需轉運而可一車直達。本計畫預定七十九年十二月全部完工通車,投資為二百億元。

2–2 高屏鐵路雙軌及電化工程

目標係將高雄至屏東間鐵路,按電化標準擴建雙軌,使與西部幹線劃一標準。計畫的第一階段,自七十二年七月開工,定七十九年六月底完成,需投資三十三億六千九百多萬元。

3. 公路擴展,有三個子計畫

3–1 北區第二高速公路

因臺灣北部都會區內現有主要公路幹道,到七十五年交通容量呈現飽和,中山高速公路北段也不例外,因此為解決容量不足問題,而建第二高速公路。七十六年七月開始施工,八十年度完成。總經費為五百五十八億元。

3–2 西部濱海縱貫公路

為改善地區性交通,帶動沿海各城鎮經濟開發及發展海岸觀光事業。計畫分二期,第一期自七十四年起至八十年完成。經費一百零三億元。

3–3 第三號省道縱貫公路

臺三號省道,北起臺北,南至屏東。有國防、觀光、經濟多方面的價值。計畫自七十四年七月起施工,至八十年完成第一期工程,經費七十億元。

4. 臺北市區鐵路地下化計畫

本計畫可解決臺北市交通擁塞問題,工程自七十二年七月動工,預計七十八年六月完成,總經費為一百七十七億元。

5. 臺北都會區大眾捷運系統初期計畫

北區捷運系統總投資估計超過二千億元,初期只完成優先路線,需款七百億元。

6. 防洪排水計畫,有四個子計畫

6-1 臺北地區防洪二期工程

目標為減除臺北縣市的洪災，因而在符合安全條件下，採用二百年頻率洪水為保護及設計標準，分二期實施。本工程自七十五年開工，三年內完成，經費四十三億七千六百萬元。

6-2 繼續興建河堤海堤

為減輕因洪水海浪所造成的災害,因而在臺灣一百二十九條河川及各沿岸，興建海堤、河堤。本計畫定自七十五年至八十年六年內完成，共需經費一百四十七億元。

6-3 繼續整建區域排水

區域排水系統完成後,可改善八萬七千七百公頃農地排水不良及淹水情形。本計畫自七十五年起分六年實施完成，經費需五十八億元。

6-4 東部及蘭陽地區治山防洪

本項工程完成後,可對東部及蘭陽地區做好完整的水土保持，免於山洪，崩坍等造成的災害。工程預定自七十五年至八十年分六年實施，資金估計需要八十二億四千七百萬元。

7.水資源開發計畫，有三個子計畫

7-1 鯉魚潭水庫

鯉魚潭的興建，預期可以解決大安溪下游之灌溉區及大臺中區水源短缺的問題。工程分二期進行，本計畫為第一期，自七十五年起施工，八十年完成，經費七十五億元。

7-2 南化水庫

南化水庫的興建，可以解決臺南地區經常春冬缺水的問題，以及工商業發達後，公共給水及工業用水日增的需求。預定自七十六年至八十一年六年內完成，總工程費九十九億五千七百萬元。

7-3 四重溪水庫

計畫解決核三廠、後壁湖漁港、特定營業區、墾丁國家公園、五里機場等水源不足的問題。本計畫於七十五年完成規劃，將於五年時間完成興建，經費約為二十六億七千萬元。

8.鄉鎮基層公共建設

本計畫地區包括臺灣省、臺北市、高雄市及金馬外島，計畫建設新闢道路、公共設施、普及自來水供應設施……等，以提昇基層民眾的生活素質，平衡都市與農村建設發展。本工程自七十四年七月至七十七年六月底止，計畫年期三年，預計三年投入經費將達四百億元。

貳、基本工業建設類 三大計畫

9.中國鋼鐵公司第三階段擴建計畫

計畫自七十三年七月一日開始進行，預定七十七年六月全部完工。總投資為五百五十四億四千二百萬元。擴建目標是希望早日達到最經濟規模、提高生產力、降低生產成本、強化競爭能力。

10.電力發展重要計畫，有三個子計畫

10-1 核能四廠發電計畫

位於臺北縣貢寮鄉。台灣電力公司預估到民國七十九年，臺灣現有的電力供應將發生不足的現象，並基於減少石油輸入並獲得廉價電力的考慮，乃設計繼續開發核能發電。本計畫年發電量一百零九億五千二百萬度，需投資一千七百八十四億元。

10-2 明潭抽蓄水力發電計畫

由於離峰時段電力過剩的情形日益嚴重，因此希望把剩餘的離峰電力轉變為發電的能源，以用來支援尖峰電力不足或在發電系統發生故障時提供緊急電源。本計畫預定八十四年全部完成，預估需要總資金四百七十億元。

10-3 臺中火力發電廠計畫

為因應中部工商業加速發達的趨勢，乃決定在中部設置一大型火力發電廠。本計畫自七十四年起施工，定於八十二年六月完成，年發電量一百二十五億四千六百萬度，需要投資九百零二億二百萬元。

11.油氣能源計畫，有二個子計畫

11-1 輕油裂解更新計畫

為求充分供應國內石化基本原料與穩定國內石化基本原料的供應量，以及因應產油國所製石化產品的優勢競爭，我們必須對現有輕油裂解工場予以汰舊換新，才能在競爭中保持優勢。本計畫總投資金額為一百五十三億元，於七十五年七月正式開工。

11-2 液化天然氣專用接收站

由於臺灣地區天然氣的蘊藏量非常有限，不得不靠進口，來滿足實際的需求。完成後每年可進口液化天然氣一百五十萬公噸。本計畫自七十三年七月開工，預定七十八年十二月完成，總投資金額為三百二十八億五千二百萬元。

參、提高國民生活素質類 三大計畫

12.自然生態保護及國民旅遊重要計畫，有二個子計畫

12-1 玉山、太魯閣、墾丁、陽明山四個國家公園

國家公園為一種特殊性土地資源，在維護自然生態及自然景觀，保護文化

古蹟，並可提供國民旅遊及傳遞知識與教育研究的場所。本計畫已自七十四年七月開始執行，預定在八十年六月全部完成，預定經費約一百三十七億九千一百多萬元。

12–2 東北角海岸風景特定區

隨著經濟的發展與生活品質的提昇，除國家公園外，也將東北角如鼻頭角、福隆、萊萊、鶯歌石等列入風景區的建設開發之目標。全部計畫預定在八十年六月完成，總經費為十億零八百餘萬元。

13. 都市垃圾處理計畫

隨著工商業的繁榮和進步，在各大都市，建立一垃圾處理之整體性規劃及觀念宣導。本計畫自七十四年至七十九年，分六年辦理，預計經費需二百七十九億五千四百萬元。

14. 醫療保健計畫，有五個子計畫

14–1 擴建臺大醫學院暨附屬醫院

臺大醫學院的改善目標是，一方面配合新建房屋與設備，改進醫學研究環境，一方面注意研究素質，提高我國醫學水準，並結合基礎醫學與臨床醫學相互支援，使臺大醫學體系化而成為完整之醫學中心。本計畫自六十九年至七十八年分九年實施，總經費為九十一億九千八百萬元。

14–2 擴建榮民總醫院

本計畫預計興建醫療大樓一棟及動力中心一座，因此完成後病房之配置可依各科部需要而集中一處，可便於醫師工作。全部工程預定至七十七年九月竣工，預定經費為八十六億四千六百萬元。

14–3 設立榮民總醫院高雄分院

可使南部榮民、榮眷受到妥善醫療照顧，及減輕北部與中部榮民及眷屬病患待床之苦，並能以百分之四十的病床為一般民眾病患服務，提高南部醫療水準。計畫自七十四年起施工，定七十八年完成，經費四十一億七千九百萬元。

14–4 設立成功大學醫學院暨附屬醫院

可減少臺灣地區醫師之不足及平衡嘉南地區醫療服務之發展。醫學院已自七十二年起設立醫學系，預計七十七年三月可以完成，總經費為七十一億零八百萬元。

14–5 籌建臺灣地區醫療網

這項工作可使衛生保健事業、醫療保健設施及醫事人員，平衡均勻地遍及臺灣鄉村每一角落。本計畫係一五年計畫，自七十四年七月至七十九年六月止，總經費初步估計一百四十三億三千六百萬元。

案例研討

桃園煉油廠要不要拆遷？

　　九十三年一月二十一日，臺北市報紙刊登一項政府的重大決策，桃園煉油廠不搬了。原來在九十二年二月十日經濟部部長林義夫對桃園縣民代表承諾要把桃園煉油廠搬走，一年之內完成評估報告。

　　報上說，經濟部曾與中國石油公司共同找尋六處工業區作為遷移新址，結果都不理想，不是面積不夠大就是太接近人口眾多的住宅區。

　　原來中國石油公司的煉油廠全在高雄附近，北部地區使用的石油油品全靠鐵路和公路運輸，颱風季節或因其他狀況影響陸地交通時就利用飛機空運。石油油品除了經濟上的需求更是國防上一項極重要的戰略物資。那時經國防部部長黃杰與經濟部部長孫運璿會議決定北部應有一座煉油廠。後來在桃園縣南崁找到一處三面坵陵的高地建廠，佔地四百八十公頃。五十九年開始規劃，六十三年動工，施工二十一個月，花費 50 億，六十五年四月完成。煉油廠採一貫作業，每天可煉製十萬桶的原油，且可直接變成各種最後產品，中間不必儲存半成品。因此工廠雖然佔地較小，效率卻很高，用人也較少。

　　其實利用這地建煉油廠並不很合理想，因為附近沒有深水碼頭可供巨型油輪停泊。於是在竹圍外海建造二座卸油浮筒，運油輪繫住浮筒把原油經海底輸油管輸送上岸，另外在沙崙海岸建造巨型的儲油槽儲油。北部海峽每年十月到次年四月，季節風強烈，海面上波濤洶湧，浮筒輸油險象環生，發生過好幾次設備損毀情事。

　　總而言之，許多事情不可能盡善盡美，在許多條件限制之下還是要動腦筋找出可行方案。

案例研討

興建停車大廈

　　某市政府。

　　某年元月份，大家剛好放了年假回來上班沒多久，市長召開了一次小型會議。會議的主題是討論要不要興建一座停車大廈。

　　參加會議的一共六人。市長是主席，到會的有市政府主計長、交通大隊大隊長、停車管理處處長、市政府計畫處處長以及停車管理處的分析員陳道敦先生。他們開會目的主要討論的是停車大廈興建所需的成本以及今後的收益。

　　陳道敦首先提出報告，他說了下面這些。

　　各位長官，二個月以前，市長交下這個研究案件，要在中央路那塊市有土地上興建一座多層式的停車大廈，市長要求本處收集所有有關資料，提供今天會議的參考。現在我把已經得到的資料報告如下（陳道敦在牆上布置了一張地圖）：

　　中央路上這塊市有土地，現在仍由從前的「皇賓電影院」業主租用。皇賓電影院去年六月間失火燒毀，電影院老闆拿了一筆保險公司的賠償金在南郊外另開了一家電影院；中央路的這塊地的租期，是今年十二月三十一日屆滿，他們不準備再租了；所以，市政府到期收回後，我們可以自行處理這塊地。

　　我們計算了一下：拆除清理那個舊戲院大約要花 40 萬元。興建一座可容停放六百輛轎車的多層停車大廈大約要 2,000 萬元。大廈停車估計可用五十年。

　　興建所需的財源可由市政府發行建設公債募得。財政局長告訴我，也許我們可以發行一種二十年期、年利率 5% 免徵所得稅的一種公債。公債發行後三年開始還本，以後每年陸續收回原來發行公債數的十七分之一。

　　有一個企業機構已經前來聯繫，表示願意管理這個停車大廈。他們建議的辦法大致是：每年實收管理費 30 萬元；估計員工薪俸約需 175 萬元一年，另外水電、機械保養、保險等約為 65 萬元，以上共計每年是 270 萬元。停車大廈每年收入如果超過 270 萬元的話，多餘部分市政府得 90%，該公司得 10%。如果全年收入不足 270 萬元，那麼市政府就得要負擔其間的差額。

　　我個人的建議是：公開讓幾家公司來投標，取得管理權，以後每三年重行議價商定或者是另外再開標。

　　停車大廈的地面上一樓沿馬路闢為小型零售商店出租，每年可收租金五萬元。

　　以停車管理處過去所有的資料來看，我們尚無把握估計停車大廈的收入。因為我們迄今所管理的停車場地，都是利用路邊開闢的。不過，離中央路這塊土地三條街口處，有一家私人經營的停車大廈，我們曾經向他們請教過，得到一點資料可供參考。

　　那個私人經營的停車大廈，其營業時間是每日清晨七點到半夜，收費如下：第一小時收費 15 元，第二小時 10 元，以後每一小時 5 元，最高收費以 50 元為限。他們那停車場中可以停放四百輛車，我們曾經作過一次調查，發現在每天上班時間中他們那裏大概有 75% 的顧客是停放全天的。也就是說，那些駕車人及車中乘客大概都是在市區一帶工作的。另外，在星期一到星期五的五天中，平均停放三小時的，每天大約有四百輛車子。星期六及星期日的情形，我們沒有作過調查，不過業主方面提出的資料是：星期六平均二小時的短時間停車，使用率大概是 75%，直到夜間各百貨公司打烊後，停車場中便幾乎空了；另外在夜間電影院開場以前，停車場又開始熱鬧，晚上八點到半夜之間幾乎是客滿。星期日多半是很冷清的，一直要到晚上才有車來停，六點到半夜的顧客大概是 60%。

　　此外，我們參考了一份報告，這報告是市立大學經濟學系在去年提出來的。報告中指出：星期一到星期六，每天進入市中心商業區的車輛大約是五萬輛。報告中比較了與我們相同大小的都市以後建議：我們在市中心一帶應有三萬個停車位子。這個結論與交通大隊去年所作的估計非常接近，交通大隊認為需要二萬九千個停車位置。

　　現在我們在市中心一帶的停車位置是二萬二千個。其中 5% 是沿著路邊的（其中剛好一半是裝有計時收費表，最高限額是 20 元停放二小時），65% 是露天停車場，另外 30% 是私人投資經營的室內停車。

　　我這裏還有一個資料表示，星期一到星期五之中，所有駕車乘車進入市中心區的，60% 是來上班，20% 是逛百貨公司，20% 是談生意協調業務的。平均每一輛車中的人數是一點七五個人。

　　很抱歉的是我們還來不及運用這些資料去估計停車大廈建成後，可能有多少收益。

中央路這塊土地的位置非常理想，就在商業區中心，距離各大百貨公司以及幾幢辦公大樓都不遠。預計三年後可以通車的那條跨越全市的高速公路，有一個進出口離此正好五個街口。上星期，市長親自主持破土典禮的市立戲劇音樂中心，離此是三個街口。

各位都知道，在這一帶想要找個地方停車，這幾年來真是愈來愈難，而且也不可能會有馬上改善的跡象。停車的需求是非常明顯、非常迫切的。所以，停車管理處的建議是：立刻決定，興建一座停車大廈。

市長向陳道敦表示謝謝，然後向與會的其他各位徵詢意見。

主計長首先表示意見，他說：

我非常贊成消除市中心的停車擁塞；不過，我另外想到一點是：中央路這塊土地的其他使用辦法。舉例來說，市政府如果把這塊地賣給一家地產開發公司的話，至少可以賣得 1,000 萬元。在這塊地上蓋成商業大樓，再以現行稅率來計算，每年可以徵收財產稅 20 萬元。商業大樓必須以其地下層闢作停車間。這樣的話，我們開闢了稅源，增加收入，同時市政府也可以不費一文解決一小部份停車的問題。此外在那地方建起一幢商業大樓以後，附近環境改善了；蓋停車大廈的話，附近環境不但不能改善，反而會更冷清下去。

計畫處處長接著發言，他先對主計長說：

很抱歉，我不能完全贊成你的看法。合法的准許停車，可以在某種範圍之內增加土地的價值。恰當的、有效率的停車場所可以使得人們逛街買東西、上班或是進入娛樂場所都更為方便，因此，土地的價值相對提高。主計長提議的辦法是在商業大樓地下層供作停車場，我想那個停車場恐怕只能專供那幢大樓裏上班的人應用，對整個市中心地區的停車困難仍然無補於事。

我以為市政府的作法應該是：設法限制長時間的停車，而鼓勵短時間的停車；特別是要鼓勵那些進城來逛街、買東西的讓他們停車方便。當然，這是為了要保持商業區的繼續繁榮。剛才陳道敦報告中提到的那家私人經營停車場，他們的收費辦法顯然是鼓勵長時間停車。因此，我認為如果市政府要在中央路興建停車大廈的話，將來的收費率應該是鼓勵短時間停車的。至於進城來上班的人，鼓勵他們利用公共捷運系統和公共汽車。

主計長接著又表示了一點意見，他說：

對了，正好你提到了捷運系統，這裏又是一個問題！各位知道我們市政府的這個地底下的公共電車，生意一直不太好，一直是靠市政府補貼才能維持。

最近為了配合戲劇音樂中心的興建，在中心前面興建的車站花了 200 多萬元，尚未完全結案。我們如果在戲劇音樂中心三條街口處再蓋這個停車大廈，豈不是會更增加捷運系統的虧損嗎？每一個進城的人如果都是自己開車而不乘坐捷運系統的電車的話，表示捷運電車要減少收入 50 萬元（以平均來回各一次計算）。我最近曾經看到一篇研究報告說道：自行開車進城的人們，如果發現不方便自己開車進城的話，至少會有三分之二改乘地下電車進城來。

這時，市長插進來表示意見了，他說：

我正好有個相反的看法，我以為上街買東西的人們，是寧願自己駕車而不願乘坐電車的；尤其是要買很多的東西的話，誰會願意大包小包的抱著紙袋擠電車？

市商會曾經給我一份資料提到：在商業區中每增加一個停車席位，那麼一年中平均可以增加零售業的銷貨額是 7 萬元。這裏可以看出利潤之高，我猜想在繳稅以後仍可有 3% 以上的利益。因此，佔本市收入的 5% 的零售稅也可從此得到挹注。

交通大隊長講話了，他問道：

我想請教一下一個反面的問題，就是說當進入商業區的車輛增加了，停車的數目增加了，費用方面發生什麼變化呢？我想到的是，例如市區道路損壞會更嚴重、車輛擁塞、駕車人時間的浪費、坐在車中的不耐煩、市區道路阻塞、噪音、空氣污染等等。在我們制定決策之前，這一類問題的真正代價應該如何計算呢？

停車管理處處長看看時間不早了，站起來說：

我看在今天這個會議上，我們是沒法作決定的。我建議是否可請陳道敦先生就今天的會議紀錄為依據，回去再深入一下，做一個比較完整的分析，而且對下面幾個問題提出答案：

一、根據已知資料，建議本市應否興建此停車大廈？主要的理由是些什麼？

二、如果要興建的話，收費辦法如何？

三、在我們作最後決定之前，是不是還需要些什麼資料？能不能在短期內收集得到？

市長說：

「對，我想大家也都同意罷！

那麼我們就請陳先生再作深入一點的分析，在下個月召開的會議上提出報

告，好不好?」

　　開會討論到此為止，現在假定你就是陳道敦的話，請你按照市長的意思準備答案。

附註：筆者的經驗覺得，上面這個「實例」頗受一般同學的歡迎。為求討論效果更佳，其中有一些地方最好在指定學生研讀前略作解釋，特別是在我們的生活習慣中比較陌生的。例如：有些城市的商店營業時間，星期六是休息的，星期日是上教堂或是全家出去郊外野餐的日子，路邊停車計時收費處罰的嚴格執行情形，以及所謂的大眾化捷運系統等等。這些概念的意義了解後，如果有機會讓討論者到臺北市的峨眉街或洛陽街上參觀一下大型「停車大廈」實況，那麼在教室中討論起來一定非常熱烈!

案例研討

修補機場跑道破洞

　　一九七一年十月，加拿大軍方決定在 Cold Lake 基地建造一條長達三千公尺，寬四十五公尺，厚三十公分的高級跑道。

　　一九七二年初開工，一九七三年秋完成。

　　由於此一工程計畫決定得相當倉促，工程預算不足，缺乏良好的督導，工人素質欠佳，以及受到鐵路罷工的影響使水泥的取得時常中斷等因素，工程雖勉強完成，但是跑道面的品質僅達最低標準，其後果是，不到二年內，跑道面即出現很多破洞。

　　一九七六年，軍方決定將跑道面破洞用環氧樹脂 (Epoxy) 拌沙予以修補，在往後三年中，整條跑道上大約補了二十萬個破洞。從完成修補開始，每年大約又有三百多個修補過的破洞，飛機高速通過時其中的修補材料會自破洞中飛出。此種情況不僅使維護造成極大不便，同時也導致飛行安全的極嚴重的潛在危機。

　　一九八一年，經過一次詳細的實地檢查，發現使用樹脂修補的破洞百分之八十以上均不夠牢固，由於該跑道起降之飛機愈來愈頻繁，以及高性能新型戰鬥機即將進駐，整個跑道面之重新整修，刻不容緩。

　　根據專家們的報告：跑道面破損的原因實為使用樹脂修補之效果欠佳所致，改進的方法有下列三項方案：

　　　　甲案、重新用水泥混凝土翻修整條跑道；

　　　　乙案、整個跑道面用柏油予以覆蓋；或者

　　　　丙案、將現有的破洞換以較適當的材料重行修補。

　　經檢討結果，重新翻修整條跑道，總工程費用約為 400 萬元加幣，需時二年始能完成。不論從整體資源與使用時程之緊迫來考量，均非上策。因此，重新翻修的甲案不予考慮。

　　使用柏油覆蓋跑道面：全跑道如覆蓋一層十公分厚柏油，所需費用約為 200 萬加幣，從 Cold Lake 基地過去經驗得知：柏油跑道面之使用壽命僅約十年；另一項考慮因素，在覆蓋柏油前，所有破洞上之樹脂如不先行除去，則柏油與樹脂間之黏合力量頗值懷疑。同時洞中樹脂塊接觸到滾熱的柏油就會膨脹，一旦柏油冷卻凝固後，樹脂塊又會收縮而留下隙縫，勢必再度造成跑道面的破裂。因此，在覆蓋柏油前必須清除所有破洞中的樹脂。

　　經驗顯示，跑道面經過一層薄薄的覆蓋後，在跑道面下層縱向與橫向接縫處通常在一年內就會產生反射狀的裂紋。每二年就需花費 12 萬 5,000 元加幣來整修這些裂紋。總之，由於昂貴的維護費用，以及高性能新飛機進駐時程急迫，最後，以柏油覆蓋道面的乙案亦予以否決。

　　基於上述各種理由，整修計畫乃予確定，即使用較適合的材料修補跑道。找到的材料是泥灰聚合劑 (Polymer Cement Mortar)。

　　雖然過去從無使用此項材料修補水泥跑道面之實際經驗，但曾以類似結構作試驗，證實其性能良好。整條跑道的修補工程費用，估計約需 50 萬加幣。

　　由於跑道上有超過二十萬個大小不一的破洞，使得所需修補材料的估算倍加困難，初步估計約佔總工程費 50～60%。此外，為配合飛行任務之需，此項修補工程進行時必須十分機動。

　　因需配合年度軍事演習，此項整修工程必須在二個月內完成。同時，整修期間每日早上八點到下午二點時，跑道仍需開放供飛機起降使用，所有整修用之裝備必須自跑道上移開至足夠距離，以免妨礙飛行安全。

　　由於施工時間無法確定，工程進行中隨時可能暫停，故決定以請臨時工方式從事此項工程。

　　為使能在二個月內完成全跑道之整修工作，工程計畫小組人員決定每天必

須至少清除五千個破洞上之舊有填材，清除所用之裝備均需選用輕便手提式機械，俾施工時獲得高度機動能力。

為簡化施工技術，減少工作技能之需求與滿足上述時間之緊迫，有關整修破洞材料之選用必須符合下列之條件：

1. 高強度快乾性能；

2. 易於附著在光潔堅固的底質上，並可使用於任何厚度；

3. 能自行使得水平達到零度；

4. 具有與水泥相同之熱膨脹係數；

5. 無毒性，非可燃；

6. 用錐形漏斗量測，流量不超過三十秒鐘；

7. 無蒸發障礙，吸水性必須少於 10%；

8. 在正常情形下，破洞上之修補材料無須灑水以防龜裂。

公認為最符合上列條件的 AC 型聚合劑，經選定後，即進行跑道實地試驗，以測試該項材料實際性能。

一九八一年十一月中旬，在跑道上選取了一小段，進行調查有關使用 SIKATOP 111 及 112 修補跑道面之可行性。

被選定之測試區域環境遠較理想狀況為佳，氣溫為 −15°C 有強風，約定允許將跑道關閉二十四小時。無懼於惡劣的氣候，測試站乃在強風中建立，由於前一天下過大雨，整個跑道面被一層冰所覆蓋，工作人員在測試區，飛機著陸地帶，搭建了一座長寬各八公尺的帳幕，促使冰面溶化。

測試小組發現了一個重要的事實，SIKATOP 111 及 112 兩者均不適用於此一修補工作。測試結果顯示有必要找出一種性能介於二者之間的產品，經與 SIKA 公司共同努力的結果，發展出一種新的產品供 Cold Lake 基地跑道整修之用，這種產品上市後正式的名稱，是 SIKATOP 111–CL。

由於時間緊迫，廣泛及冗長的試驗計畫實不可能，雖然對新材料的試驗稍嫌短促，但其測試時之環境要求卻相當嚴苛，在如此不正常的試驗境況下，實驗室與實地測試所得資料均顯示新材料對修補跑道面可提供相當不錯的效果。

跑道面修補計畫在預算額度內達成，八週內共使用了一百五十噸 SIKATOP 111–CL 泥灰聚合劑。由於控制得當，整個工程費用較預估節省了很多，區分如下：

材料費——Polymer Cement Mortar	$211,500
裝備費——購買或租用	$ 80,000
人工費——	$100,000
總　　計	$391,500

材料費計佔總費用 54%

此項工程所發現之重要事實：

1. SIKATOP 111–CL 材料已證實為修補破損的水泥道路面具有多方面優點的材料。例如無毒性、非可燃性、容易混合，可使用於任何厚度，且無須澆水以防龜裂，同時亦可快速施工，在正常天候情況下，十小時內即可供飛機起降之用；

2. SIKATOP 111–CL 能自行使其平整與良好的結合性能，與傳統的用水泥修補淺洞的方法相較，可大大地簡化了施工的程序。它毋需鋸切，不必實施修補區域之整形以及工後收尾，而這些都需依靠高度技巧與工人精密的步驟來完成。

　　Cold Lake 基地跑道之情況是絕無僅有的，我們所致力者，無論就經濟理由或飛行作業上之理由，總希望能保存一個常新可用的水泥道面。通常水泥道面出現破洞，絕大多數破損面積直徑均為二點五公分至十五公分。如以傳統的使用水泥補淺洞的方法，想要在二個月內完成此一修補工作，實在是不切實際，亦是不可能的事；而且用薄薄的一層水泥來補，其牢固方面亦大有問題。

　　Cold Lake 跑道使用 SIKATOP 111–CL 材料修補的計畫，從短期來看其所獲的利益是成本輕、人力需求少、技術要求不高、不耽誤跑道的使用。

　　一九八三年，曾對整修後的跑道作了一次全面大檢查，發現所有經修補的破洞，除五個外，全部堅牢，情況良好，沒有任何損壞。五個受損的補綻，其原因均為洞內與水泥之接觸面有不潔之雜物存在。二十萬個破洞，僅五個補後損壞，套句建築界的行話：「那已是好得不能再好了！」

（改寫自中正理工學院航空安全管理講習班教材）

第六節　本章摘要

　　「工程經濟」的整個內容，可說是就「達成一個目標的種種可行方案之間，

作經濟性的比較」。其實在這個達成經濟性的過程中，仍有種種不同的觀點和不同的進行路徑。例如：「價值分析」和「系統分析」。

在我國教育部頒訂的課程標準內，各級專科學校或大學的工業管理或工業工程科系中，「工程經濟」、「價值分析」以及「系統分析」常是獨立的三門課目。本書主旨是「工程經濟」，但是，筆者希望讀者們不要「鑽牛角尖」地只看一點，尤其是一個現代化的工程師更必須要有廣博的知識，運用的時候又應該把各門知識變成渾然一體，才可以孕育成自己的創思。

表面上看來，「價值分析」比較具體，與一件「工程的最後成品」（無論是製造品或是土木建設）有關，學習工程的大都學過，分析所得的種種正好提供「工程經濟」作進一步的分析之用。

「系統分析」卻抽象得多了（「系統分析」一詞又是在不同的學術領域中代表不同意義的名詞，特別是電腦資訊管理等，此處不贅）。本書介紹的意義，是指在一個事業機構中，就所有可用的資源尋求一個使用後所得效益之總和為最大的分配計畫。許多資源，不僅是「可用」而已，有些是「非用掉」不可。例如：時間、已核定的預算、已加工的原料等。

系統分析過程中有許多分析比較，那些活動其實就是「工程經濟」。筆者經驗中曾經遇見些「大官」（公民營機構中都可能會有一些人，自以為階級很高、權很大，所謂是「官大學問大」者），口口聲聲要「系統分析」，其實是要趕時髦；可是又罷斥「工程經濟」，因為計算過程很客觀，會得到「大官」不喜歡的結論。

總而言之，各位如果已經了然「工程經濟」的功能作用，再有一點「系統分析」的概念，說不定會有一種感覺：「大丈夫當如是也！」（註：漢高祖劉邦本來在泗水地方擔任亭長，相當於現代的鄉里長，有一次出公差到了京城咸陽，遇著皇帝出巡，場面浩大。劉邦看了感慨得很，說了這句話，立志要做大事。）

國父　孫中山先生告訴我們要立志「做大事，不要做大官」。筆者以為：為大眾國民做的事就是「大事」，例如：修橋、造路、建水壩、開闢道路；如果是「做大官」的話，就會只就眼前「頭痛醫頭」做做表面功夫。

「工程經濟」最有價值的運用是在協助「系統分析」的完成。「系統分析」中要做的事，讓「工程經濟」來證明的確是值得做！

習 題

10-1. 任意選定一件商品，然後檢討一下，人們究竟要它來做什麼？

10-2. 任意選定一件商品，然後想像一件代用品；再為這件代用品另想一件代用品；依此類推，到想不出時暫停，下次再繼續想下去。

10-3. 假定你在某公司服務，有一天秘書處經理忽然對你說：「每個月原子筆的消費簡直不得了。」你看該怎麼辦？

10-4. 假定你在某公司服務。公司總管理處的新廈落成，總經理忽然找你，要你替他去物色一張辦公桌。請問如何進行此任務？

10-5. 假定你中獎，得到一筆相當可觀的獎金。全家的初步意見是：用來提高生活素質。那麼有哪些項目可以支配獎金？

10-6. 辦公室中的影印機故障頻頻。管理部原則上同意換一臺新的，希望提出詳細的計畫和理由。

第十一章
決策與決策的模式

第一節　狹義的「工程經濟」的結論

　　本書前面第一章至第九章是「工程經濟」的核心，第十章可以說是通往現實世界與此核心間的重要交通橋梁，橋梁之一是「價值分析」，另一是「系統分析」。

　　本章是就狹義的「工程經濟」而言的一個結論篇。

　　工程經濟是企業決策過程中所採取的一種手段、一種途徑、一種邏輯。工程經濟本身並無目的，工程經濟只是協助決策人制定決策的一種工具而已。

　　至於說什麼是決策？似乎很難以三言兩語解釋得清，而且也非本書範疇所及；但是我們不妨彙集一些專家們的意見來看看應該如何進行決策，同時也作為本書的結束。

　　決策，最明白的一種說法：是對於可用的資源作不可挽回的分配；是決心肯定要做的事；是做與不做的判斷。

　　國內外管理專家學者對於如何進行決策的看法，意見上大同小異。茲以一個生產方面的問題為例，綜合普遍的意見，條舉決策程序的原則九項如下：

　　㈠**了解環境**　從閱讀生產紀錄開始，接觸現場領班人員，了解工廠維護狀況等；

　　㈡**界定問題**　生產數字低落、維護費增加、曠工日多、士氣消沉。從確確實實的數字證據中去發現問題，了解問題的真相；

　　㈢**解決什麼**　究竟那一件事必須採取行動？有的時候問題雖然找到了，但是不一定面臨的問題就是必須解決的目標；

　　㈣**病灶診斷**　機器實在是太老了，所以產量日低，保養日頻，實際上是機器磨耗了導致的低效率引起其他影響。也可能是調整錯誤；也可能是使用了錯

誤的材料；也可能只是一個非常小的零件引起的故障；也可能是……;

(五)**列舉方案**　任何一件事的可行方案有無限多，舉例來說：

1. 聽其自然
2. 訓練人員
3. 購買全新的全自動機器
4. 購買全新的同樣機器
5. 現有機器予以大修
6. ……

(六)**方案篩選**　假定上面 1. 2. 方案不可行；那麼是不是 3. 4. 5. 6. 等各方案的可行性較大？各方案進入工程經濟分析的階段；

(七)**方案評值**　各個可行方案一一再經研究分析，比較其相對的價值，進行細密的工程經濟分析；

(八)**發現佳案**　假定發現上述各方案中之某一案之投資報酬率最高，乃可暫時選為最佳案；

(九)**修正決策**　決定採購，準備安裝事宜，進行各項跟催以確保最佳案的經濟價值符合理想。

以上九道步驟可說是決策程序的一個模式。對於不同的問題，九道步驟之間也許不能有極明確的某一步驟存在，但是原則上不致相差太遠，值得我們熟悉，隨時應用。

美國著名的管理學家，杜拉克 (Peter Drucker) 曾經說過一段話：

「在決策過程中，最需要時間的倒不是如何去制定決策，而是如何有效地去執行那個決策。除非能夠把決策變成實際的工作,否則那就不能算是決策」❶。

「反敗為勝」一書的作者，美國克萊斯勒汽車公司總裁──李‧艾可卡說得更清楚：「可以利用電腦取得種種資料，最後必須自己訂下時間表切實去執行。」所以，真正去做就是決策。

---

❶　*Harvard Business Review,* Nov. 1967.

案例研討

停止生產輕便發電機

一九三○年代後期，荷蘭的飛利浦公司便開始找尋一種新的電源供應方法。因為，飛利浦公司所生產的無線電及通訊器材全球暢銷。那些設備在沒有充分電力供應的地方，例如：中東、遠東、非洲內陸偏遠地區，所需電力必須由巨大笨重的鉛酸蓄電池供應電力。那時，那些電訊設備使用真空管，耗費電力不貲。

一九四八年，飛利浦公司發展成功一種輕便發電機，手提就可以搬動，以煤油為燃料，發電二百瓦。飛利浦公司經過詳細的市場研究，發現這種發電機可以全部取代大型笨重的鉛酸蓄電池。於是，擬訂了大量生產的計畫。

但是，想不到規劃多年的宏才大略，一夜之間全成了廢物。一夜之間雖然是誇大其詞，但是，消息的來到令飛利浦公司高階層決策人士大吃一驚，的確是事實。不過，他們的判斷非常正確，決策制定也非常敏捷：輕便發電機計畫立刻停止。

他們當時得到的消息，是美國貝爾實驗室發表「電晶體」(Transistor) 發展成功，開始量產。飛利浦公司除了停止發電機的生產以外，同時也立刻開發，使用電晶體的無線電收音機，取代原來產製的真空管式無線電收音機。

第二節　機會成本

人類社會的生活可說是不斷地追求滿足種種慾望，對於食衣住行各方面都希望滿足得更好。這個實現滿足的過程，在經濟學中稱為「消費」。人類經由「消費行為」而滿足自己的願望。

今天的社會，由於高度的科技文明，變得非常複雜。雖然說，我們利用「生產」來滿足「消費」；但是「生產行為」和「消費行為」糾纏在一起以後，更促使今天的文明多姿多采，令人眼花撩亂。

不過在人類社會中，自然而然也形成了一種規則，所謂是「一隻看不見的

手」在操縱社會上各種經濟活動。這隻看不見的手，就是經濟學中所稱的「價格功能」。

我們今天大家都習慣了會使用貨幣。我們以貨幣作為媒介，促進各項「生產行為」和「消費行為」。

當我們只為了自己消費而支付的一些貨幣，我們稱之為「費用」。當我們為了支應某項「生產」而必須確認其中的某些費用時，我們稱那些費用為「成本」。

例如：每天的零用金、生活費、交通費，甚至於學費等支出，不再用來作比較分析的支出都是費用。

在生產的場合上，因為生產所得的產品是要上市銷售的，而銷售過程中有一定之價格。銷售結果要求有利潤。因此，我們必須在生產過程中認定各項支付的代價。例如，材料若干、加工若干、機器設備若干、……，這些就稱為成本。

成本有其通俗的意義，也有著經濟學中極重要的概念。清晰正確的成本概念有助於作正確的判斷。

會計帳冊上所見的許多紀錄數字，許多是分類以後的成本。例如：材料成本、人工成本或是直接成本、間接成本等。

就成本的概念來說，其中最重要的是「機會成本」。機會帶來的不一定非是成本不可。也有可能是「利益」或是「損失」。於是，也有「機會利益」或「機會損失」。其實那都是「機會」。實現的數字可能是正，可能是負。

什麼是「機會成本」？茲舉例說明其意義。

有一項「生產因素」可用於生產甲產品，也可用於生產乙產品；但是只能用於一種而已。生產甲即不能生產乙，生產乙即不能生產甲。於是，甲為乙的「機會成本」；同樣，乙為甲的「機會成本」。

為達成同一目標，假定有 A、B 兩個方案可行。兩個方案中各有不同的收益和支出。最後，兩方案比較：A 案可以多收入 10 萬元。如果，決策是採用了 B 案，則 B 案其實負擔了 10 萬元的「機會損失」。

如果 A、B 兩案原來在比較時，差異不大，一般看好 B 案。但是，決策者別具慧眼，力排眾議，實施 A 案，結果多賺 10 萬元。這 10 萬元可說是「機會利益」。

上面例子中得到的原則是：決策時務求機會損失最小。

上面的解釋比較抽象。經濟學上為了可以作進一步的計算分析，為機會成本作另一種解釋。上例說某生產因素用於甲就不能用於乙；那麼為了保留生產

因素於甲的生產之中而支付的代價，就是生產甲的機會成本。這時，機會成本就可以用貨幣作為單位了。

假定銀行對存款支付百分之六的年利息。某君把現款留置在家裏，那麼這筆現款就有百分之六的「機會損失」。

第三節　沉沒成本

影響決策判斷的一項成本概念是「沉沒成本」。其實這句話有語病，嚴格地說，「沉沒成本」是不影響決策的一項成本。顧名思義，「沉沒成本」一詞譯自英文的 Sunk Cost，坊間一般譯為「沉入成本」或「埋沒成本」，似乎未及「沉沒」之傳神貼切。

「沉沒成本」，簡單地說，是以前已經支付過的代價，表面上看來似乎與進一步決策有關，其實石沉大海已經完全無關。

某處老舊社區為了市政建設必須拆除，此一決策不能因為社區去年花了一筆整修費而改變。那筆整修費是「沉沒成本」。

某公司自有一套通訊設備，多年來每年陸續投入維護費。最近面臨國外客戶的需求，必須採用人造衛星系統通訊，這時有二家廠商前來報價。公司的決策只能就二家廠商中作選擇，原有系統不再列入考慮。因為，無論選哪一家，原有系統所支付的是一樣的，與決策無關，那是沉沒成本。

常見的例子是公務機構中的更換裝備問題。例如：學校、警察單位、三軍部隊等改換新的設備或裝備時，有些負責人表現的心態是：又要新的又捨不得舊的。即因未認識「沉沒成本」之故。

這裏也是一個重要的觀念，公共經濟與私人經濟性質不同。私人經濟是：留在家裏的東西都是有用的，直到不能使用了才捨得丟棄。公共經濟則是循一定的工作計畫，有定額的預算支用，決策應就眼前的資源作最適當的分配。

◎討　論

請就您個人工作經驗中，舉出一項有關抉擇成敗的實例來。

第四節　決策的限制因素

　　增進管理功能的另一途徑，是從強化各級管理人員的決策能力著手。所謂決策是指經由客觀的比較分析後的選擇；換句話說，決策不應是個人憑其經驗或好惡所作的判斷，而應該是從許多可行方案中，理性地選定其中最佳一項予以實施。決策之後果影響組織目標之達成極大，不可不慎重。

　　專家們認為，在決策形成的過程中有三項活動：

　　㈠自環境中發掘出有待決策的情勢，這是智慧的活動；

　　㈡探索各種可行方案，予以一一分析，這是設計的活動；

　　㈢在可行方案中作一判斷選擇，這是選擇的活動。

　　事實上，決策分析是一項理性的科學方法之應用。工程經濟的過程包含這三項活動，也正是一項科學方法的應用。因此，在一些大型工程機構中不乏聽見高級主管要求技術出身的工程幹部應經嚴格的工程經濟訓練。

　　決策形成的程序應該是一項合乎理性 (rational) 的行為。不過，事實上，人的行為常常不能完全理性，凡是人必有感情的成分存在。因此，所謂理性，應有某種程度的區別。有人說，凡是為了達到某一目的之行為，便是理性的行為。但在事實上為達某一目的之行為，並不一定就能達到此項目的；而為了達成目的而不擇手段的行為，則屬不可取。因此，又有人說，自許多可行方案中選擇最佳之一案，應為理性。可是事實上由於認知的關係，此項最佳方案是否就是「最佳」，往往也變成一項爭論。因此，又有一些決策學派的管理學者認為：只要選定了能達到期望目的的適當方法，自然就會有理性的決策。可是實際上所謂方法和目的又常常難以區別。由於一種思維上推理的關係，任何一項目的都可說是達成另一項目的的手段。

　　總之，自決策形成的程序架構來看，所謂理性，只是一項相對的名詞，究竟理性與否，常常視該項特定情況及當事人而定。各人之立場不同，價值觀念不一，其「理性」的發揮就可能不相同。

　　另外，在許多實況中，許多主管都認為決策的主要憑藉是其個人經驗，許多高階層主管人亦以其具有多年實際經驗而自豪。經驗是一種主觀的判斷；雖然，經驗可說是累積了過去的客觀而形成。但是，在科學發達、技術進步神速的今天，人際關係變化劇烈的社會中所發生的問題，沿用一成不變的辦法應付

幾乎是不可能的。所以，以過去的經驗應付新的問題，必須要不斷注入新的觀念、新的對策才可能有效。

以經驗作為決策基礎，尚有一項宜特別慎重者，即是由於人性的關係，能夠慨然承認過去錯誤的人不一定很多，換句話說，對這些人來說，其所持有的經驗根本是毫無價值的，如果再憑藉那些錯誤經驗作為決策基礎，豈不是會形成一錯再錯的結果？

民國七十五年，國內高科技資訊產業發展面臨策略上的抉擇。當時決定發展半導體。二年以後，即明顯看出，如果當時捨半導體而取硬式磁碟機，今天電子工業的情勢會完全不同。

影響決策的限制因素大致有下列各項：

(一)人的因素 所謂人的因素包括決策者的理性、價值觀以及其認知與經驗的運用能力。所謂價值觀念實在是非常難以交代得清楚的抽象概念。每一個民族、社會、團體、個人皆有其獨特的價值觀，其中尤以負責決策的領導人物皆有其自己的一套價值觀，往往會於無形中，影響其決策形成。學者們指出影響個人判斷的個人價值觀，至少有：①經濟價值，②唯美價值，③理論價值，④社會價值，⑤政治價值，⑥宗教價值等項。

(二)環境的因素 環境的因素包括組織內部與來自外界環境的各項限制，於是，常使得決策的結果變成一項折衷妥協的方案，而不是一個全然「最佳」的方案。

(三)資訊的因素 任何一項決策必然涉及未來，如若能對於未來情況之預測愈正確則愈可能得到最佳的決策。故加強收集資訊，即可能減少未來情況中的不定因素。理論上來說，如能得到充分的資訊，進而可以完全掌握未來情況，消除不定因素，成為確定情況。所以，增加資訊，可以增加決策的正確性。

(四)動態的因素 決策形成的過程中，各項因素並非固定不變。尤其因為決策形成的整個程序中的各項步驟，都是在一段時間的軌跡中進行，有關問題的認定與判斷，以至於資料的收集，可說都是過去的種種，至於研擬中各項可行方案以及其中最佳方案之選定，則係指向未來。因此，決策形成程序中的許多動態因素不可不予注意。

◎討論一

臺灣四面環海，資源不多，北部地層下有煤礦。有人從能源應自足的觀點，認為應繼續開採。何況，過去每年有七十多萬噸的產量，有二萬多煤礦工人賴以為生。但是，臺灣煤礦煤層很薄，深達海面下數公里，尤其對礦工人身安全威脅極大，開採成本極高。應如何決策？

◎討論二

臺灣嘉義、臺南一帶沿海產鹽，但生產方式效率不佳。應如何輔導？（臺灣鹽業轉型成功，值得深入研究。）

案例研討

森林遊樂區

森林學專家們說：森林美學是研究森林「美的價值」及「美的事業」的科學。

森林對於人類生活之重要性，日益受到肯定。重視森林必須從一般國民的理念改變開始，直到舉出實際作業的種種方法一一逐步實施不可。

實際作法可分兩大方面：一是經由教育使國民認識森林，另一方面是整理森林、建設森林。然後綜合二者來發揚森林美學，經由科學的美的事業，讓國民大眾能夠欣賞森林之美。

一般森林事業應循二大原則：

第一、注重森林中自然生態的平衡，因此，不得破壞森林；第二、尋求增進森林公益的方案促進生產功能。

假設：在上述理念的進行中，人們發現中部某一山區，如果規劃開闢成為森林遊樂區，不僅可提供感性方面的觀賞以及輕鬆的休閒娛樂活動，更可經由現場引導解說等徒步活動進行知性的探究，達成森林的教育使命。

但是，在很多年前，為了開發深山中的林材所開闢的一條運材道路，正好
貫穿本區。現在，深山中砍伐已經停止，運材道路上已經不再見到運材車輛。
部分人士認為，要在本區建設森林遊樂區，向政府有關單位提出了建議方案，
方案中提到必須廢除運材道路，拆除區內運材設施以及車輛場站等許多設施。

建議案在會知過程中得到不少反對意見。道路主管當局認為，開闢一條山
路很不簡單，不可輕易說廢就廢，何況當年曾經投下鉅資，花費不少人力物力。
物資主管當局也反對拆除林場設施，他們說：「雖然這些東西現在都沒有用，可
是當年都是花了上千萬元所購置的，公家的東西豈可隨便拆除？」

（按：所謂公家的東西用經濟學的術語來說，是「公共經濟的支出」。「公共經濟」與
「私人經濟」不同。每人自己家裏留著些東西，修修補補，一年過一年，那是
「私人經濟」。「公共經濟」是因為「需要」而向國民課稅得到公款來達成「需
要」。「需要」一旦滿足或完成，整筆「公款」也就報銷了！有些人對此公私觀
念分辨不清，就會影響決策。）

案例研討

飛機場導航設施

某島國，國內民航用飛機場依重要性分為 ABCD 四級。A 級是供國際航線
客機起降用，設置有最先進的大型導航設施。D 級是鄉郊的備用機場，幾乎沒
有定期的民航飛機起落，BC 兩類機場則是國內航線所使用的機場。

社會繁榮，經濟發達，國民所得提昇，使用民航飛機的機會大增。民間紛
紛設立小型航空公司，專飛國內航線，空中交通突然間繁忙起來。為了安全起
見，民航主管機構首先想到要改善的是各機場附近空域中的交通管制。於是，
四座 C 級機場裝置一種最新發展的數位式電子自動控制導航設備，雷達掃描半
徑一百二十浬。這個建議在決策過程中可說相當順利，唯一的意見是說：這樣
一來，B 級機場的導航設備顯然就落後很多了。不過，這意見並沒有影響到決
策；主要的原因：C 級機場在以前可說是什麼都沒有。所以，後來上級政府機
構撥發了預算，就購置了四套新型的導航設備。

　　接下來，民航當局就考慮到 B 級機場設備的更新，一般意見認為採用與 C 級機場的相同設備就很不錯了。但是，也有意見認為，B 級機場原有的設備才使用了三年，採購的時候，算是第一流的最新設計，估計要用八年的。現在要淘汰拆除，豈不可惜？

案例研討

該花八億元拓寬一條巷子嗎？

　　民國九十三年二月初，臺北市報紙陸續報導一個消息：交通部民用航空局擬邀請世界民航組織來臺評估臺灣各處機場。民航局於是要求臺北市政府拓寬濱江街的一百八十巷。臺北市政府編列八億元支應，市議會已經同意，其中五億多是工程費用，施工期是三年。工程目的是促進航空安全和改善行車秩序和行人安全。

　　這條巷子全長大約是五百公尺南北走向，東側面不遠處就是松山機場跑道西端，平日常有許多人佇足觀看起降的飛機低飛呼嘯通過，數十年來這條巷子有一個別號叫做「飛機巷」。鄰近的濱江市場有許多大型運貨卡車要經過這裏去大直連接高速公路，行車流量很大，路上汽車機車爭道，險象環生；尖峰時段更會堵塞。尤其夜間車輛頭燈照射很遠，據說這些都會影響到低飛的飛機，威脅飛航安全。市政府早在民國七十八年就計畫把這條巷子地下化，並且拓寬為二十二公尺，可以讓運貨卡車和大型遊覽車通行，隧道中兩側並專闢機車行駛道。因此，工程費才會高達每一公尺要 100 多萬元。

　　臺北市政府經常表示經費拮据，可是為了這個案子要花八億元。

　　輿論界認為這個工程未經深入評估，有許多地方令人不解。例如：巷子變成地下通路後仍然會有人在那裏觀看飛機；菜市場的卡車大都是在午夜與黎明之間通行的，那個時段幾乎沒有飛機起落；地上行駛的一般卡車不會影響到空中的飛機通過；機車汽車爭道在平面上有足夠的空間可以重新規劃路線予以改善；而且最重要的一點，是一百八十巷東側不遠的復興北路正在施工，從地下深處通過機場跑道可與高速公路銜接，計畫道路可以容納相當大的行車流量，

完工後必然會有許多車輛改從那條路駛往高速公路去，地下道工程還有二年就完工了，到時一百八十巷的交通負荷必然減輕；……。因此何必要以這種方式來花這八億元呢？一百八十巷的居民又何必忍受三年工程期中的種種不便？

有些航空界人士曾經表示：市政府要改善交通，當然是正當理由，不過拓寬一百八十巷以改善交通的理由說明並不堅強，這點不予討論；所謂要維護飛航安全的理由則是根本不能成立，因為就世界民航組織所訂頒的有關飛機起降安全標準來看，拓寬濱江街一百八十巷完全是不必要的，所以並沒有飛航安全的顧慮。至於跑道頭有人佇立觀看飛機起降的情形則是世界各地都有的，傳統觀念認為「站在旁邊看飛機起飛會威脅飛航安全」早已落伍，觀看飛機起降其實也是一種市民的休閒樂趣，有些國家還在機場附近設置專門看飛機的地方，臺北市政府應該倒過來思考如何可以保障「看飛機的市民安全」？因此何不在濱江街一百八十巷尾端花一點小錢（也許要不到 8 億元的 1‰）建造一處可以欣賞飛機低飛的看臺，或者甚至於設置咖啡座。豈不是一方面節省公帑，一方面又可以一種創新的作法服務市民呢？

二月二十一日報紙報導，臺北市政府新建工程處邀請相關單位開會後決定：濱江街一百八十巷拓寬工程暫停，等候復興北路地下道完工後再行檢討。

第五節 敏感分析

重大決策過程中會面臨一些「不確定」的狀況。我們希望了解其中某因素對決策的影響，可進行敏感分析 (Sensitivity Analysis)。茲以實例說明敏感分析，並且用圖解表示各因素對決策的影響。

例題11.1

以現值為準的敏感分析

某公司考慮設置一項系統，市場利率為12% 時，預估各因素的最佳條件為：

期初投資，K	13,500 元
每年收益，$A1$	5,800
每年支出，$A2$	1,700
期末殘值，L	2,500

預期壽命, n　　　　　　　　　　　　　　七年

解：首先就上述數字計算 $n=0$ 時之現值 PW。現值應是愈大愈好。

$$PW = -K + A1 - A2 + L \quad \cdots\cdots\cdots\cdots\cdots\cdots\cdots\cdots\cdots\cdots\cdots ①$$

①式是基本關係，將數字代入並計入複利關係 $(12\%, 7)$

$$PW = -13,500 + 5,800[P/A] - 1,700[P/A] + 2,500[P/F]$$

查 12% 複利表　$PW = -13,500 + 5,800 \times 4.4573 - 1,700 \times 4.4573 + 2,500 \times 0.4317$

$\qquad\qquad PW = 4,071.2$，這是該項決策的現值，數字愈大愈值得投資。

取一張方格座標紙，適當位置畫一個直角座標。縱軸表「12% 之現值」，水平軸表各項因素變化的程度，以 % 表示。

這個投資涉及五個因素。預期壽命暫不考慮，其他事項每次只考慮一個發生變化，變化後模仿上面計算現值。

(一)期初投資 K 如有加減 10% 的變化則其現值變成為

$+10\% \quad -13,500(1 + 10\%) + 5,800[P/A] - 1,700[P/A] + 2,500[P/F]$

$\qquad = -14,850 + 5,800 \times 4.4573 - 1,700 \times 4.4573 + 2,500 \times 0.4317$

$\qquad = 2,721.2$

$-10\% \quad -13,500(1 - 10\%) + 5,800[P/A] - 1,700[P/A] + 2,500[P/F]$

$\qquad = 5,421.2$

在座標紙上，點出 $(+10\%, 2,721.2)$ $(0, 4,071.2)$ $(-10\%, 5,421.2)$ 三點。此三點可連成一直線，圖中 K–K 線。

(二)每年收益，$A1$ 可能有變化。仿上面計算

$\quad -13,500 + 5,800(1 + 10\%)[P/A] - 1,700[P/A] + 2,500[P/F]$

$= -13,500 + 6,380 \times 4.4573 - 1,700 \times 4.4573 + 2,500 \times 0.4317$

$= 6,656.4$

同樣　$-13,500 + 5,800(1 - 10\%)[P/A] - 1,700[P/A] + 2,500[P/F]$

$\quad = 1,486$

(三)同樣方法計算其他因素得到結果列表如下：

一個因素加減 10% 之現值

變化	K, 期初投資	$A1$, 每年收益	$A2$, 每年費用	L, 殘值
+10%	2721	6656	3135	4179
-10%	5421	1486	5007	3963

(四)仿 $K - K$ 線作法，畫出 $A_1 - A_1$、$A_2 - A_2$、$L - L$ 三線

圖中可見四條交叉直線，集中之一點是利率為 12% 時之現值。愈陡峭的直線表示該一

因素愈敏感，對現值的影響很大。我們可用直線的斜率來說明敏感度。

直線延長至接觸水平軸時表示投資全案現值為0。圖中可見 *K–K* 線向右下角延長至約為+30%變化程度時其現值趨於 0，意思是使 *K* 值增至 13,500(1 + 30%) = 17,550 投資額趨大，全案現值趨於負值，沒有投資的價值了。

圖中可見 *L–L* 是最不敏感的，也就是說殘值大小對於投資的影響作用不大。

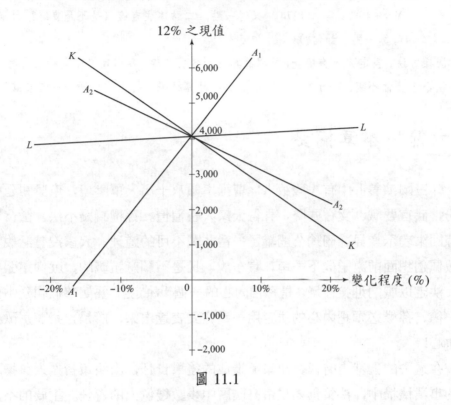

圖 11.1

例題11.2

以年金為準的敏感分析

有一個計畫，期初投資 *K* = 10,000 元，五年內每年年末收益 3,000 元，期望報酬率 *r* = 12%。這些資料都有一點風險。試就年金收益來考慮各別變數的影響如何？

解：利用年金法表示全案

$$A = -10,000[A/P] + 3,000 \quad\cdots\cdots\cdots②$$

$$= 174$$

(一)考慮年收益可能有變化

$$A = -10,000(0.2826) + 3,000(1 + X)$$

X 表示變化程度，可為 10%, 20%, 30%, 40%，現令 X = 40% 則

$$A = -10,000(0.2826) + 3,000(1 + 0.4)$$

$$= 1,374$$

在方格座標紙上，以縱軸表示年金 A，以橫軸表示變化程度 X，單位是 %。

作圖　　X = 0,　　　　A = 174　　得一點

　　　　X = +40%　　　A = 1374　　又得一點，二點連成直線（是不是直線？再取一個 X 計算一點，如何？）

同樣方法，假定 K, r 有變化，可以計算得到各別直線，各別直線在縱軸上通過同一點。

試令各條件不變，令年期 n = 4, 5, 6, 7, … 計算結果，畫出來就不是一條直線了。

第六節　本章摘要

「三國演義」中有一段故事：曹操率領八十萬大軍壓境，東吳朝廷中議論紛紛，武官要戰、文官要降，弄得大家人心惶惶。孫權猶疑不決，徵召周瑜自前線回來表示意見。周瑜公開講了一番非戰不可的道理，大家沒有話說了，孫權拔佩劍把面前桌子砍下一角，宣布說，凡是不願意抗戰的，就像這張桌子！

決定以戰鬥迎接曹操，是孫權內心的一個「決定」；要讓整個朝廷中群臣一心一德，孫權必須把內心的決定用一種方式表達出來，於是，拔寶劍砍桌子以示決心！

在過去的獨裁者時代，決策所造成的後果責任，由決策者個人負擔。現代化的事業機構中，決策仍然是最高階層中少數幾個人的責任。主要的不同點在於：作最後裁決之前的「決策分析」應該有一個「合理的」程序，所謂是透明的，也就是說可以公開討論的。從前的「決策分析」過程常常是不公開的，方法是直覺多於科學的。現代化的「決策分析」應該是「可以公開的應該盡量公開」，「決策分析」基於其內容，有時不得不保守機密；「決策分析」的方法應該儘可能的客觀，採取科學的途徑。

以現代的事例來看：寫「反敗為勝」一書的美國汽車工業怪傑——李·艾可卡 (Lee Iacocca)，寫「決斷」一書的日本汽車工業鉅子——豐田英二，我國創建中國鋼鐵公司的趙耀東先生等，以及其他許多在各行各業中有成就的人物，在回憶其往事中，都會提到一些如何「當機立斷」，而事後又有事實證明，當時的那個判斷的確非常高明。

　　當然，我們也遇見過一些「決策錯誤」的糟糕場面，輿論評為「決策品質低劣」。決策固然不免有點「機運」，但是，事先過程中的分析不容疏忽。這個原則在社會上是愈來愈重要的！

　　有一句成語「舊瓶裝新酒」正好可以借來進一步說明影響決策的一些狀況。

　　有些私人企業在生產過程中，重複利用舊器材舊包裝，是求節省成本。最常見的情形，是裝配性的工廠把包裝零件的防護材料、紙盒或塑膠板架等退回供應零件的衛星工廠，讓衛星工廠用「舊瓶裝新酒」，以節省成本。在公共經濟體系中，這種行事方式就要推敲一番了。因為事關利益輸送，那些防護材料、紙盒或塑膠板架等都具有相當的貨幣價值。所以，工務機構採購絕對不允許「舊瓶裝新酒」的情況；除非契約上有合法的說明。

　　讀者諸君也許有人會「突發奇想」說，我們的菸酒公賣局不是一向都以回收的玻璃瓶裝新鮮啤酒應市嗎？菸酒公賣局現在已經民營化變成一種私有經濟體系了，經營方式完全不同，不作討論。至於說到從前，理論上當然是應該用「新瓶裝新酒」，只是罐裝啤酒全部採用新玻璃瓶的話，菸酒公賣局必須投資建造一座大型玻璃瓶生產廠。菸酒公賣局的投資計畫必須要先經過財政部同意，才有機會向立法院報告、要求預算。這個過程的確是一個活生生的工程經濟實例，只是事過境遷今天再來討論這些已不再有什麼意義了！不過今天我們如從另一個觀點來看這個問題，也許會引發一些完全意料不到的狀況出現。根據國際間一些有關人類食物現代化的準則要求來說：裝填供人飲用飲料所使用的瓶子是不可以重複再用的！

　　這個討論已經超出工程經濟範疇。

　　本書到此，主要觀念大致介紹完畢，就此結束。

習 題

11-1. 教室中視人數分為數組。每一組再分為甲乙兩隊,每隊至少應有三人。

試從最近的報章雜誌中,尋找國內有關的經濟新聞主題,兩隊分別收集正反兩方面的資料,舉行小型辯論。

主題題材舉例如下:

　　a.國內該不該發展乳牛事業?

　　b.國內該不該發展超高速環島鐵路系統?

　　c.某公司該不該開發某種新產品? 等等。

11-2. 新聞報導中不難發現重大經濟建設案有「決策錯誤」的實例,試討論其「決策過程」中的缺失為何?

11-3. 好山水建設公司考慮購置一套鏟土機械。陽春機械要 700,000 元,好山水建設公司要添加的附件需另付 180,000 元,鏟土機械使用四年後可以由賣方以 300,000 元收回。鏟土機械並不能直接產生利益,只能用來替代人力,估計每年可以節省勞工費用 350,000 元。假如最低期望報酬率是 18%,上述各項數字都可能有變化,試進行敏感度分析。

11-4. 某機械公司一條生產線上擬購入一臺懸臂鑽床,相同規格的懸臂鑽床有二種廠牌可供選擇,最低期望報酬率是 25% 的話,應如何判斷?

	甲 牌	乙 牌
期初投資	6,000 元	8,500 元
每年操作費用	500	1,000
期末殘值	700	520
使用壽命	8 年	10 年

問: a.此二種廠牌,應如何選擇?

　　b.如果甲乙二案兩者的數據都可能有變化,那麼會影響決策改變的狀況為何?

第十二章
工程經濟之報告寫作

——這是實用價值最高的一章——

本章主旨 建議採用一種新的報告寫作方法。其型態如下：

第一部分　綜合報告
一　主題
二　分析之目的
三　說明
四　達到目的的可行方案
五　建議事項

第二部分　報告本文
一　主題及有關之需求及條件
二　分析之目的及有關之考慮，遠程目標之配合
三　分析進行之準則及方法
1. 假設之條件
2. 非數量化分析
3. 數量化分析
4. 綜合比較
四　結論
五　具體的建議
六　其他

第三部分　計算與參考資料
一　應用方法之一般理論
二　模式
三　解答步驟
四　計算部分
五　資料附表

第四部分　附錄及引得

說明 詳見本章

上面所介紹的這種格式，再以列表方式詳細說明如下：

報告格式	說　明
第一部分　綜合報告 　一　主題 　二　分析之目的 　三　說明 　四　達到目的的可行方案 　五　建議事項	第一部分可在第二、第三等部分完成後再寫，這一部分是一個獨立的撮要。文字應力求簡潔，意義明確。
第二部分　報告本文 　一　主題及有關之需求及條件 　二　分析之目的及有關之考慮，遠程目標之配合 　三　分析進行之準則及方法 　　1.假設之條件 　　2.非數量化分析 　　3.數量化分析 　　4.綜合比較 　四　結論 　五　具體的建議 　六　其他	從此部分開始才是正式報告。 列舉問題中的：人、物、財、時、事、地等因素。可行方案可以各案分別列舉，也可以綜合列舉並論。 採用的方法有何限制應作說明。 條列各案之優點、缺點及報酬率或者特別的效益。 支持結論的重要理由。 建議事項的詳細說明。 有關結論的直接及間接的影響以及財務負擔等。
第三部分　計算與參考資料 　一　應用方法之一般理論 　二　模式 　三　解答步驟 　四　計算部分 　五　資料附表	直接的資料、電子計算機計算報告等。
第四部分　附錄及引得	間接的資料、書籍、雜誌、圖片等。 整個報告的名詞引得。必要時中英文應分別編輯，俾閱讀人一索即得。

第一節　新的需要

交換消息、交換經驗可說是人類文明中極重要的活動，交換的方法很多，用文字表達的書面形式可說是最重要的，因為文字的記載是永久性的。

文字記載交換經驗構成為知識傳播的主體之外，文字記載之為用日益隨人

類社會之發達而更繁。今天，可說每一個人做每一件事，或多或少，都受著某種形式文字記載的影響，例如雜誌、刊物、報紙、海報、便條、廣告、郵寄廣告信……。

就學校來說，學生的知識主要來自書本，學校為了明瞭學生對於知識接受之效果如何，學生必須以文字表示反應理解的程度。所有的作業、測驗、報告等非利用文字不可。

就企業來說，決策負責人面臨的狀況愈來愈複雜，許多問題勢必就教於專家，或者幕僚智囊。簡單的問題可由口頭會商獲致結論，重大的問題勢非採用文字形式的報告不可。

工程經濟所探討的問題，本質上是替決策者提供各種可能的方案以便抉擇。所以，是很適宜作為一種文字形式的報告之用。基於此點，本章特別提出此一問題來作討論。

嚴格的說起來，書面報告因事而異，格式內容都不一定。會計師使用資產負債表和損益表來報告財務狀況，數學家用代數模式來報告他的理論，化學家用符號來報告他的發現，研究文學的在報告中會舉出許多事例來敘述某一位作者，他的生平、他的時代背景、引用他著作中的片段予以抒論。醫生們在會診一個病人的時候，也以有關的病歷報告作為重要的參考。

工程經濟需要什麼樣的報告呢？上面所列舉的許多種報告，在其職業圈內已經因習慣而定型了。工程經濟所需要的報告與上面列舉的各種都不太相同。

一九六九年六月號的 *Chemical Engineering* 雜誌上有一篇專論如何撰寫技術報告的文字頗饒興味，雖然是數十年前寫的，但是其價值迄今不減，反而因「知識爆發」而更值得我們注意。茲摘譯部分如下：

一位工程師（甲）和一位效率專家（乙）在一家公司裡裏遇見了，他們談起公司最近的活動。

甲：你看過我的報告嗎？

乙：是的，拜讀過了。

甲：請問你對這篇報告有何指教？

乙：我先說好的部分。你是一位很好的寫作者，除了偶而一些技術名詞之外，我不難了解你所說的，你不像一般典型的職業作家那樣，把重點寫得華而不實和抽象得不可捉摸。

甲：過獎了！那麼我的報告有些什麼缺點呢？

乙：有的，不客氣地說：你犯了許多其他專門技術報告作者同樣的毛病。你寫了一篇八九十頁冗長的報告。換句話說，你的大綱與理論不相符合。

甲：請解釋一下好嗎？

乙：我用閱讀其他各種文章（小說、新聞、故事、雜誌）的方式來讀你的報告，一口氣把它讀完。

甲：怎樣？

乙：在這裏我特別提出應當改善的是那傳統方式的「如何閱讀技術報告」的步驟。首先要翻到最後一節「結論」纔能獲知這篇報告的要點，等到知道了作者的目的是什麼，報告的過程怎麼樣，再慢慢地從頭細讀大堆的細節。

甲：哦！在前面我寫了一段簡介。你有沒有看到那篇報告前面第一頁的摘要？

乙：一點不錯，我讀過那頁摘要。而且事實上我是非常仔細地讀了兩三遍。不過就我所見，你只講到一般概況。你指出公司正想實行一項新計畫，然後你指出你研究的結果就是第四、六、七等節所討論的「利益及其限制條件」。

你估計「原料與工資」，然後叫讀者去參考附錄裏那些繁雜的計算過程和圖表，你暗示如果這計畫行得通的話，公司可能發現奇蹟。簡單地說你並沒有說服你的讀者，因為在文字中你沒有設法肯定你自己的目標。

甲：我沒有打算在那篇摘要裏那樣做。摘要不就是一篇報告的一般概況嗎？

乙：並不完全正確。摘要應該比概況特別些。在理論上它不但要簡明地介紹報告的全貌，而且應該扼要地提出有關主題的結論和建議。但實際上卻常常不是這麼回事。如果請一位典型的報告作者寫一篇摘要，他也一定會寫得像你的一樣細緻而又極為平凡。

甲：我的這種寫法絕不是閉門造車，我找到從前在大學裏的課本，並且依照書中所提供的大綱去寫，我想你大概對 Jones 教授所著的「我所知道的技術報告」那本書不太熟悉吧！

乙：不但那一本，還有其他一二十本同樣性質的書我都看過，其實它們說的都是那一套：「送給較高級主管的報告，前面應當有一篇摘要，然後依照下列順序討論你的主題：(1)緒論，(2)主題討論，(3)結論和建議。再附上適當的附錄和必要的參考資料，完成這篇報告。」

甲：是呀！難道有什麼不對嗎？

乙：讓我用幾個問題來回答你，如果你建議你的公司採用這個計畫，你要求公司投下大筆資金。那麼，當你的老闆拿起你的報告，首先想知道的是什麼？

甲：那很簡單！他要知道我們是否應該創辦這種新事業，假使應該的話，要花費公司多少錢。

乙：你的報告在哪裏回答這個問題呢？

甲：我在摘要裏簡單地提了一下，但是在結論裏說得很詳細。

乙：第七十八到八十頁對吧？在這裏你採用了好像是寫偵探小說的技巧，把最重要的留在最後，使讀者在不知後事如何的狀態中直到讀完最後一章為止。另外還有一個問題是當你的老闆認為你的建議「可行」或「不可行」時，他想知道的下一件事是什麼？

甲：我認為他要知道的是：我們採用的理由，我的報告結論，以及這種計畫能使公司獲得多少利益等問題。

乙：對極了，他要接受你的建議，就想要知道這計畫的「利潤及其限制條件」。他想知道費用節省、產品增加、銷售能力和勞務節省等的確切數字。這些雖然你的報告裏都有，但卻在三十九、五十六、六十五和七十三等頁纔討論到，為什麼不把這些組合在一起，放在你認為「可行」的建議前面讓他一目了然呢？

甲：告訴你吧！因為人家不允許我這樣做。我同意你的看法！困難在於我們公司所要的，正是你剛纔提到的那種傳統的大綱。即使我心裏想這麼做，但事實上我又不能超出這個範圍。

乙：那是工程師們的老調。坦白說，你們公司錯了。如果我不這樣說，那我就不能算是一個效率專家了。我很樂意介紹你一種更合理的報告寫法。

甲：問題是老闆們同意不同意這種新穎的報告格式呢？

在上面這段假設的對話以及下面文字裏，我向必須寫技術報告的人，尤其是那些決定報告格式的人呼籲，我認為現時一般報告都沒有產生它們應有的衝力，只因為它們的結構不合理，寫報告的人還用過去的那種老套，在寫文章。

我們需要的構造是一種完全和傳統文學的文章寫法不同的新格式，只為了換換花樣而改變是沒有意義的，我仍要強調這種新格式至少有二種好處：(1)幫助讀者能更快更自然的獲得報告的重點；(2)不僅幫助寫報告的人輕易地完成他的工作，而且使得這個建議對他的讀者能發生更大的說服力。技術報告絕對不

可以寫得像推理小說一般，不斷的要讀者去猜後事如何。

第二節　報告的性質

所謂報告可以說是對某一項問題的一個答案，或是對一連串問題的一連串答案。

據筆者的經驗所知，今天，有些人，特別是在校的學生或者是剛離開學校的年輕工程師，常有一種想法，認為自己完全沒有寫報告的經驗，所以不會寫也不願寫。

不過如果我們能夠確實認清報告只不過是對某一項問題的一個答案而已；或者當我們又想起在日常生活中的所說所寫，絕大部分也都是為了回答問題而做的時候，前述的這種不正確的想法，就會慢慢消失。因此，我們應該切實認清這一點，好好地把不必要的疑慮轉變為信心，沒有寫過並不是不會寫！

假如說，上級主管要我立刻查查看是不是在明天早上十點鐘約好了打電話給史先生。我查清楚了，馬上回到他辦公室回答說：「是的！」這就是一個簡潔完整的報告。

但是，如果我受命以後，必須要一兩個小時以後才能獲得答案。那麼，我向他報告時應說：「明天早上十點鐘，史先生將會打電話來。」這樣才是一個完整的報告。

前面的兩種情況裏，不但問題完全一樣，答案本身的意義也完全一樣。那麼，為什麼「是的！」這句話在第一種情況下能成為完整的答案，而在第二種情況下就不能成為一完整的答案了呢？同樣的，為什麼「明天早上十點鐘，史先生將會打電話來。」這句話能適合於第二種情況，卻不能合於第一種情況呢？因為在第一種情況下，我知道當我查明答案時，老闆還記得他的問話，於是我就回答「是的！」就可以了，再增加任何說明，就顯得多餘了。這時候如果回答第二種情況用的答案的話，不但是浪費辭句，反而會影響辭句的完整而顯得有不太肯定的意味了。相反地，在第二種情況裏，由於老闆的腦海已為別的事情所佔，如果這時回答他「是的！」一定會使得他有如丈二金剛摸不著頭般奇怪的反問：「什麼是的？」

由上面的兩個例子看來，我們知道在兩種不同的情況下，雖然問話完全一樣，回話本身的意思也完全一樣，但是由於環境情況的差異，回話的詳盡與完

整情形，也必須要有相當的改變才能適合不同的時間和不同的環境的需要。**報告也可藉書面、口頭或手勢來表達。**

手勢也經常是最有效的傳遞答案的方式。就日常所用而言，手勢是完全足以應付的。它能不折不扣、逼真傳神地傳送答案的意念。

譬如說，我聽到屋外有一汽車經過，我叫一小孩到窗口去看看汽車朝什麼方向去；小孩看清楚之後（同時也看到我還在望著他）朝著我把大拇指順著汽車走的方向一比，這就夠了。大拇指這一比就是在這種情況下的完整的答案、完整的報告。為什麼是完整的呢？因為它已回答得足夠完全了，它不但方向正確，而且在這種情況下，它也是最快、最確實、最容易的表達方式。

意念的口頭表達更常藉手勢加強。當我們對一個我們所沒有看到的人——如在黑暗中的人、隔壁房間的人或是電話裏的人——談話時，手勢的幫助更覺明顯。在我們無法使用手勢時，我們勢必更謹慎選用些更恰當的字句來表達我們的意思，以期收到預期的效果。當然，在我們無法看到對方時，另一感到困擾的就是無法看到對方聽了我們的陳述後的臉部表情。

在我們面對面談話時，除了手勢，我們還可以用語調來幫助我們。但是我們無法看到對方時，語調就成為唯一的幫助了。有許多人在打電話時，語調異於日常談話，毫無疑問的，他是想藉語調的改變來彌補無法比畫的手勢。同時，也因為他無法確知對方是否在注意他所說的話。

利用書面文字來表達時，就沒有手勢和語調的幫助了。我們如果想要和用口頭表達的一樣清楚地，用書面來表達我們的意念的話，就勢必謹慎又謹慎的來選用更恰當的字眼。這時候，唯一能幫助表達的，就是希望印刷先生把我們的報告印刷得清楚一點而已。

環境情況決定回話方式的選擇。如前所述，手勢常常協助口頭陳述；而在許多書面報告裏，也可以再配合口頭的補充說明。

因此，**報告只是一種情況的簡要說明，或是一個問題的答覆。**

第三節　向誰報告

我們受命調查一事。調查完畢，必將調查結果作成報告，呈送上級主管。報告的主要目的，是向主管敘述調查的結果——也就是正確地回答問題。

除了敘述結果之外，報告中尚須：⑴將調查的對象作一完整的描述，使主

管的心中，產生一調查的對象的清晰情形——這就是問題。(2)詳盡地列出調查的情形及方法等資料，以便(A)主管知道報告人已徹底地了解並調查了問題；(B)同時也能使主管很詳細地了解每一道調查步驟。

一個報告還有另外一個目的，就是將調查的有關資料，通知主管以外的有關人員。

調查項目不論是大是小——大的如決定一大都市的水源，小的如決定一條排水溝的費用，其報告都應該(1)包括所有可能看報告的人所希望看到的所有資料；(2)全篇上下都要寫得使任何可能閱讀的人，輕易就能完全了解他所感興趣的那一部分；(3)報告中所需的細節資料要很容易查得到。

可能閱讀報告的有些什麼樣的人呢？我們可以將這些人依其對報告的興趣不同而作成下列的分類：(1)對該項調查事情僅須有一全盤性的了解即可的人，他所希望看到的，是一個簡單明瞭的調查結果；(2)除了希望了解主要結果之外，還希望了解部分結果及產生這些結果的主要調查過程的人；(3)對於凡能影響最後結果的任何細節問題，都希望了解的人。

對同一篇報告來說，任何一個要用它的人，都可能在某一時間是屬於某一類人，而在另一時間卻又屬於另一類人了。譬如說，有一位經理，在很忙的時候，接到了一位工程師的一份二十頁的書面報告，這時候這位經理屬於第一類人；但是第二天，他比較空了，他就把那篇報告稍微仔細地再看了一遍，這時他成為第二類人。又過了幾天，他可能叫另一位工程師來詳細核算全篇報告和它的附錄，這時候，他又成為第三類人了。

對第一類人來說，有一簡明的觀念就夠了。對第二類人來說，除了簡明的觀念，還要加上報告的主體，至於第三類人，除了上列二項以外，還要加上報告的附錄。除了前述三類之外，我們還可以再分出二類，他們是：(4)將報告視作一整體來閱讀運用的人，(5)將報告視作細節資料——各項資料、程序或結果——來運用的人。

如果使用報告的是第五類人，那麼為了方便起見，報告中的每一單元，最好用一明顯的標題把它們清楚地分開，每一特殊部分的位置也必須標示正確，而且最好有一個詳細目錄或是索引。

但是，如果是第四類人的話，那麼全篇報告的連貫性就比較重要了。為了同時適用於這兩類人，那麼我們不妨在報告中每一主要標題或次要標題的前面或後面，加上適當的連接性的字句就可以了。

　　我們現在來舉例說明上述數點，假如說我們現在受了某一團體的委託，要作某一灌溉系統的經濟分析調查。調查後，我們提出了一份完整的報告。那麼在使用這份報告的人之中，可能有(A)發起人(屬第一類)；(B)發起人的合夥人(屬第一類)；(C)準備投資的銀行家(屬第一類)；(D)銀行家聘請的提供工程意見的工程師(屬第二、四類)；(E)工程師的助手(屬第三類)；(F)銀行家聘請的解決法律問題的律師(屬第三類)；(G)銀行家聘請的土地農作及灌溉專家(屬第三類)；(H)其餘的工程師、律師及專家們，他們都要保有一份參考用的報告副本(屬第五類)。

　　一篇報告，除了要將意見想法由撰寫人的心裏傳到閱讀人的心裏之外，還要插入若干連接語——如單字、片語、句子或節段——以期使讀者很容易的由一個觀念轉入另一觀念，或由一組觀念轉入另一組觀念。

　　撰寫一篇報告，就好像走過一片茂密森林一樣，我們必須隨時知道自己的位置。要知道自己的位置，必須知道我們從何而來，經過了些什麼路，準備再走什麼路，同時更需要知道我們的目的何在。寫報告也是如此，每當我們轉換到別一項新的主題的時候，我們必須把前面說過的稍提一點，而在這一主題結束的時候，也順便把將要繼續談的東西稍提一點，能這樣前後呼應，才是一篇好的報告。

第四節　金字塔原理

　　我們對於一個題目的探討，大概可以分為三個步驟來進行：(1)收集所能得到的關於這一個題目的資料；(2)在廣泛的調查中選出主體資料、技術資料的詳細過節等；(3)獲致結論和建議辦法。

　　這三個步驟的構成可以比喻為一個金字塔(如圖)。

　　圖中金字塔最重要的部分是頂點，也就是一個報告者的思想中心，必須明確表達出來的主要所在。所以，我們在寫一篇報告的時候，**記住千萬不要讓讀報告的人去爬金字塔**。寫報告時，應該先摘錄研究所得的重點，並將結論和建議寫在報告的開端，而把基層的細節用來補充主要的觀念，支持主要的觀念。

　　符合金字塔原理寫成的報告至少有二點好處：

　　(1)讀者可以立刻獲得他想知道的事，或是應作的判斷；

　　(2)讀者一開始就會接受報告者的影響，讀報告時會一直考慮報告者的觀點，

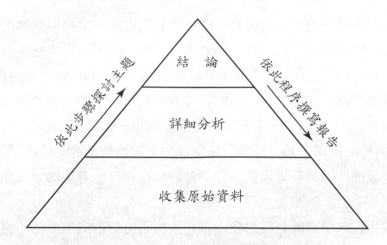

到了最後即使他不同意報告人的見解，但是至少他了解報告的意見。如果按照傳統的形式，把結論放在報告之末；那麼，讀者從開始閱讀時，心裏已漸漸形成結論，等到看完報告很可能已有一種與報告人完全不相同的結論了。

第五節　新聞寫作的例證

　　一篇精采的新聞寫作一定是金字塔式的寫作。

　　為了適應日益繁忙的社會，人們不可能對每一件新聞一一細讀，而只能就自己有興趣的細讀。因此，報紙編輯們便必須採取一種精鍊的方法，在一篇新聞報導中，第一段便把整個事情作簡單的說明。繁忙的人，讀了這一段就夠了；如果有興趣、有時間可以再繼續讀下去。茲就手邊所得報紙資料中任擇範例兩則，各段前面的①②……等符號是筆者所加，用以方便說明的。

範例一

　　政府決定撥貸鉅款

　　增建漁船修建漁港

　　本年度工作實施辦法已核定

①　「本報訊」政府為發展本省漁業，**決定貸款增建遠洋漁船，並運用資金修建漁港，以擴展本省的漁獲量。**

②　由經濟部、經合會及臺灣省政府共同訂定的五十九年度漁業發展工作實施辦法，業已核定，其中包括增建遠洋漁船、輔導漁民就業及修建漁港等多項目標。

③　政府計畫運用亞銀第一次貸款美金 1,000 萬元，建造二百五十噸級鮪釣漁

船四十艘，共計一萬船噸，預計民國六十年底以前完成。

④　同時運用農復會漁船貸款 2,000 萬，建造八十噸級遠洋蝦拖網漁船五艘，五十九年底以前完成。

⑤　另外運用一九七〇年中美基金貸款 6,000 萬元，建造大型圍網漁船兩組（五船制），一千五百噸級冷藏船一艘，二百噸級雙船拖網漁船兩組（四艘），預計五十九年九月以前完成。

⑥　至於國內行庫資金方面之運用，已決定運用行庫資金 3 億元，建造拖網漁船八千船噸，並建造一千五百噸級冷藏船一艘，及為現有雙船拖網漁船五十艘加裝冷藏設備。

⑦　漁港修建方面，決定四項措施：(1)修建澎湖縣潭門漁港、將軍漁港、通樑漁港、嘉義縣布袋漁港、臺北縣野柳漁港。(2)興建大溪第二漁港。(3)修復石梯漁港。(4)辦理下述漁港之復舊工程：青鯤鯓、琉球、蟳廣嘴、七美、赤崁、鎖港、大菓葉、竹海、大池、菓葉、東嶼坪、竹圍、澳底、中芸、白砂崙、龜山、東石、三條崙。

⑧　對漁民之輔導及就業方面，將對一般失業漁民加以輔導就業，並輔導沿岸及近海漁民轉就遠洋漁業。申請社會福利基金，協助沿海貧苦漁民改善生活，推廣掛舵引擎。輔導改進近海及拖網漁業之漁獲物保持新鮮。同時輔導洋菜加工、紫菜加工，提高其品質，以促進外銷。

（五十九年二月一日「中央日報」）

　　範例一的新聞寫作中一共分為八個段落，但其主要意義已為其標題概括無遺。不想了解細節的讀者只讀標題便可知道是怎麼一回事，或者只讀第一段也可以大概知道：目的何在？辦法如何？要知道詳細內容的，再繼續看下去。

　　第①段中提及「政府」，第②段中再說出是「經濟部、經合會及臺灣省政府」。第①段中的「決定」，是第②段中的「共同訂定的五十九年度漁業發展工作實施辦法，業已核定」。

　　接下來第③、④、⑤、⑥等四段詳細列舉第①段中「貸款」和「運用資金」的意義。第③段說明亞洲銀行的貸款運用計畫，第④段說明農復會的漁船貸款計畫，第⑤段是中美基金，第⑥段是國內行庫的資金。

　　第⑦段是解釋第①段中「修建漁港」的詳細情形。最後第⑧段是第①段最後一句話「擴展本省的漁獲量」的詳細說明。

　　整個一段文字，①是最後寫成的。

範例二

採鹽方式財部徹底改善

以工業生產代替天然採鹽

① 「本報訊」財政部計畫徹底改進鹽業生產，該部計畫將現行老式天然生產方式逐漸淘汰，而採工業生產方法大量生產鹽，充分供應工業原料用鹽。

② 財政部長李國鼎昨天說，政府計畫投資設廠，以工業生產方式，以彌補天然採鹽缺陷。

③ 李部長表示：我國鹽田生產鹽受天氣影響很大，不易控制，所謂靠天收，天氣好的時候，一年可產鹽五十萬噸，像去年天氣不好，全年產鹽只有三十幾萬噸，差距太大，影響國內鹽產供求。而鹽除供應民食外，並且大量供應為工業原料，因此，財政部擬訂計畫，除繼續擴充天然鹽田外，還計畫設立工廠，從海洋中吸水，用科學方法直接生產出原鹽來。

④ 關於開放海埔新生地，由私人投資經營鹽田問題，李國鼎認為這種投資划不來，即使政府同意開放，也不會有人去投資，因為投資大，獲利較少，但政府為供應民食及工業原料，將會不顧及成本，投資開發。

⑤ 關於進口工業用鹽課征關稅問題，李部長表示：雖然用鹽工業大部分都是外銷廠家，將來可以沖退，但財政部仍然願意對此問題注意，研究改善，以便利工業發展。

（五十九年二月四日《中央日報》、《中國時報》）

範例二的新聞稿中一共是五段。五段文字之關係如何，請讀者自行玩索。

第六節　附錄的內容

嚴格的說來，附錄應該是報告全文之中篇幅最長的部分。

附錄的資料如果很多，應該另編一個目錄或引得。

就一般情形而言，例如下述各項都應一一列舉在附錄這一章中，以備查考：

1.報告本文中所引用的公式：對公式本身應略作說明，公式中各個符號之意義及其限制條件或極限值等，亦應有所說明。公式若是既有的，則至少應註明其出處或係由何人於何時所發現，或者是有關的參考書。如果是自行推演的，那麼，應將原始數據整理列表，並說明推廣公式所據之方法。

2.報告中提及有使用同一推理或相反推理的兩件事，而僅對一件曾作說明

者，在附錄中應將另一件之情形略作補充，同一推理者，應特別說明其各別之特性；相反推理者，則應特別比較其類似之處。

　　3.收集資料過程中，所得到的不完整的資料，其意義不明不確，又不能構成有系統之情報者；對於那些不利於報告結論的種種資料不可故意刪除。

　　4.計算表：就工程經濟上的問題來說，大部分問題所需的計算是一連串的計算，然後選取其中之最適宜之答案。類此計算過程，亦應編入附錄而不應佔去報告本文的篇幅。

　　5.各種其他來源的原始文件，以及委託別的機構從事的試驗報告、調查報告等。

　　6.利用電子計算機解答問題時，應將全部程式以及流程圖等彙釘成冊作為附錄之一部分。

　　7.有關法律或所有權有關之種種紀錄文件及參考資料等。

　　8.必要時，應為全部報告中重要名詞、重要事件、重要概念編訂一個簡單的索引，俾能供閱讀人迅速找到所在的頁次。

　　9.其他。

第七節　本章摘要

　　本章內容為我國傳統的「應用文」所留下的真空，作一點補足。

　　我們寫文章，傳統上受「起承轉合」的影響，現代化過程中又受有一點「前言、結論」的影響。最後，在社會上，一個技術人員（且不提非技術人員罷！）常常無從表達自己想要說些什麼！

　　本章內容本來完全與「工程經濟」無關。但是，實際上「工程經濟」分析結束，最後必然要以「報告」的形式出現，無論是口頭的或者是書面的。

　　早期，筆者了解這種表達方式的優點以後，開始在國內推介，可說受到不少冷嘲熱諷，視為叛逆。多年以後，許多當年學生見面後，常常談到的反而是本章介紹的形式。說是越來越覺得很有道理。

　　報告應求精簡，這種觀念已愈益普遍，最近坊間也有專書討論「一頁報告」、「一頁計畫書」等。可見本章內容的確符合時代的需求，彌久愈新。

　　本章內容可以單獨利用，並不一定非要排在「工程經濟」之末！

　　其實不僅是報告而已，許多新式用品的使用手冊、說明書等的寫作也都應

該參考本章所述原則寫成。

習　題

12–1. 試在最近的報紙上，找尋一段你認為寫作得很好的新聞稿，模仿前面範例一，以金字塔原理分析之。

12–2. 試找尋一篇以前以傳統格式寫成的報告，予以改寫。

12–3. 找一份「看不懂」的技術文件（使用手冊等），予以改寫。

附　錄

e^x 數值表

用法舉例

已知：現值 P，利率為 i，期數 n；則按連續複利關係可得其終值 F

$$F = Pe^{ni}$$

⑫

設 $i = 10\%$，n 為五年；則 $ni = 0.5$

查下表中，每組兩個數值，上面數值為 x，其下為 e^x。

可見 0.5 之下為 1.6486，故

$$F = 1.6486P$$

本表數值係著者當年親自利用 SEIKO–S301 計算機計算，承臺北市正中貿易公司蕭國華兄慨允借用，卓茂蓁兄指導，特此誌謝。

多年來，技術飛躍進步，今天要算本表中任何一數值，使用掌中計算機，手指頭點幾個鍵，不消三秒鐘，即有答案，在計算過程中非常方便。但是有時要實施多方案比較時，將各案列表一次計算，直接查閱表中數值便較省事；另外如有利用座標圖上描圖必要時，表中印就的數字取用也較方便。

---

e^x 數值表

0.1	0.2	0.3	0.4	0.5	0.6
1.1051	1.2213	1.3498	1.4916	1.6486	1.8220

0.01	0.11	0.21	0.31	0.41	0.51	0.61
1.0100	1.1162	1.2335	1.3632	1.5065	1.6651	1.8401

0.02	0.12	0.22	0.32	0.42	0.52	0.62
1.0202	1.1274	1.2459	1.3770	1.5218	1.6819	1.8587

0.03	0.13	0.23	0.33	0.43	0.53	0.63
1.0304	1.1387	1.2585	1.3907	1.5371	1.6987	1.8773

0.04	0.14	0.24	0.34	0.44	0.54	0.64
1.0408	1.1502	1.2712	1.4048	1.5525	1.7158	1.8961

0.05	0.15	0.25	0.35	0.45	0.55	0.65
1.0512	1.1617	1.2839	1.4189	1.5680	1.7331	1.9152

0.06	0.16	0.26	0.36	0.46	0.56	0.66
1.0618	1.1734	1.2968	1.4331	1.5839	1.7504	1.9347

0.07	0.17	0.27	0.37	0.47	0.57	0.67
1.0725	1.1852	1.3098	1.4475	1.5997	1.7679	1.9540

0.08	0.18	0.28	0.38	0.48	0.58	0.68
1.0832	1.1971	1.3230	1.4621	1.6160	1.7859	1.9738

0.09	0.19	0.29	0.39	0.49	0.59	0.69
1.0941	1.2091	1.3362	1.4767	1.6322	1.8037	1.9934

e^x 數值表

0.7	0.8	0.9	1.00	1.50	2.00	2.50
2.0134	2.2253	2.4594	2.7183	4.4814	7.3885	12.1818
0.71	0.81	0.91	1.05	1.55	2.05	2.55
2.0336	2.2475	2.4838	2.8573	4.7110	7.7672	12.8063
0.72	0.82	0.92	1.10	1.60	2.10	2.60
2.0541	2.2702	2.5090	3.0037	4.9525	8.1657	13.4629
0.73	0.83	0.93	1.15	1.65	2.15	2.65
2.0749	2.2929	2.5341	3.1578	5.2062	8.5840	14.1530
0.74	0.84	0.94	1.20	1.70	2.20	2.70
2.0957	2.3160	2.5598	3.3200	5.4734	9.0244	14.8791
0.75	0.85	0.95	1.25	1.75	2.25	2.75
2.1167	2.3393	2.5854	3.4900	5.7540	9.4870	15.6415
0.76	0.86	0.96	1.30	1.80	2.30	2.80
2.1379	2.3629	2.6113	3.6688	6.0496	9.9736	16.4437
0.77	0.87	0.97	1.35	1.85	2.35	2.85
2.1594	2.3865	2.6375	3.8569	6.3591	10.4850	17.2868
0.78	0.88	0.98	1.40	1.90	2.40	2.90
2.1813	2.4105	2.6642	4.0548	6.6854	11.0226	18.1734
0.79	0.89	0.99	1.45	1.95	2.45	2.95
2.2031	2.4347	2.6910	4.2624	7.0281	11.5874	19.1044

e^x 數值表

3.00	3.50	4.00	4.50	5.00	6.0
20.0852	33.1142	54.51	89.89	148.28	402.7
3.05	3.55	4.05	4.55	5.10	6.1
21.1145	34.8120	57.30	94.47	163.86	443.7
3.10	3.60	4.10	4.60	5.20	6.2
22.1968	36.5973	50.21	99.35	181.05	489.5
3.15	3.65	4.15	4.65	5.30	6.3
23.3347	38.4731	63.33	104.43	200.13	540.5
3.20	3.70	4.20	4.70	5.40	6.4
24.5317	40.4462	56.53	109.75	221.25	597.3
3.25	3.75	4.25	4.75	5.50	6.5
25.7893	42.5199	70.00	115.45	244.46	662.4
3.30	3.80	4.30	4.80	5.60	6.6
27.1116	44.6999	73.57	121.35	270.17	729.4
3.35	3.85	4.35	4.85	5.70	6.7
28.5014	46.9915	77.34	127.53	298.60	808.0
3.40	3.90	4.40	4.90	5.80	6.8
29.9630	49.4013	31.29	134.12	330.06	894.5
3.45	3.95	4.45	4.95	5.90	6.9
31.4988	51.9338	85.50	140.98	364.71	989.4

e^x 數值表

7.0	8.0	9.0	10.0
1093.6	2977.5	8103.0	22026.345
7.1	8.1	9.1	12.0
1207.6	3289.3	8955.2	162754.735
7.2	8.2	9.2	14.0
1334.6	3632.3	9897.0	1202602.968
7.3	8.3	9.3	16.0
1473.6	4012.6	10920.4	8886100.901
7.4	8.4	9.4	18.0
1627.9	4430.2	12053.9	65659968.707
7.5	8.5	9.5	20.0
1803.4	4902.8	13343.6	485165068.960
7.6	8.6	9.6	
1989.0	5411.7	14731.6	
7.7	8.7	9.7	
2199.8	5989.2	16289.6	
7.8	8.8	9.8	
2434.5	6625.7	18018.6	
7.9	8.9	9.9	
2691.4	7322.8	19921.1	

e^{-x} 數值表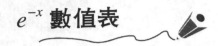

用法舉例

已知：期末終值 F，利率為 i，期數為 n；則按連續複利關係可得現值 P

$$P = Fe^{-ni} \tag{⑬}$$

設 $i = 10\%$，n 為 15 年，則 $ni = 1.5$，即 $x = 1.5$

查表中 -1.5 之下，為 0.22313，故

$$P = 0.22313$$

本表數值在進行經濟分析時極為有用，故特編列備用。係利用臺北市正中貿易公司 SEIKO–S301 桌上電腦計算，承蕭國華兄借用，謹此誌謝。

e^{-x} 數值表

			-1.0
			0.367879441
-0.001	-0.01	-0.1	-1.1
0.999000500	0.990049834	0.904837418	0.332871084
-0.002	-0.02	-0.2	-1.2
0.998001999	0.980198673	0.818730753	0.301194213
-0.003	-0.03	-0.3	-1.3
0.997004490	0.970445533	0.740818220	0.272531793
-0.004	-0.04	-0.4	-1.4
0.996007990	0.960789440	0.670320046	0.246596964
-0.005	-0.05	-0.5	-1.5
0.995012480	0.951229425	0.606530659	0.223130160
-0.006	-0.06	-0.6	-1.6
0.994017964	0.941764534	0.548811636	0.201896518
-0.007	-0.07	-0.7	-1.7
0.993024443	0.932393820	0.496585303	0.182683524
-0.008	-0.08	-0.8	-1.8
0.992031915	0.923116346	0.449328964	0.165298888
-0.009	-0.09	-0.9	-1.9
0.991040379	0.913931184	0.406569660	0.149568619

e^{-x} 數值表

−2.0	−3.0	−4.0
0.135335284	0.049787070	0.018315641
−2.1	−3.1	−4.1
0.122456429	0.045049204	0.016572674
−2.2	−3.2	−4.2
0.110803159	0.040762205	0.014995576
−2.3	−3.3	−4.3
0.100258845	0.036883166	0.013568559
−2.4	−3.4	−4.4
0.090717953	0.033373271	0.012277341
−2.5	−3.5	−4.5
0.082085000	0.030197383	0.011108997
−2.6	−3.6	−4.6
0.074273579	0.027323723	0.010051836
−2.7	−3.7	−4.7
0.067205512	0.024723526	0.009095278
−2.8	−3.8	−4.8
0.060810064	0.022370773	0.008229748
−2.9	−3.9	−4.9
0.055023220	0.020241911	0.007446583
		−5.0
		0.006737947

常用對數表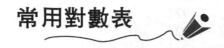

用法舉例

壹、真數求對數

例一　log 49.9 = ?

　　解：定位部為 1.000，定值部 499 查表得 69810，故

　　　　log 49.9 = 1.69810

例二　log 0.00499 = ?

　　解：定位部為 −3.000，定值部 499 查表得 69810，故

　　　　log 0.00499 = −3.000 + 0.69810 = $\overline{3}.69810$ = 7.69810 − 10

貳、對數求真數

例三　antilog 3.48287 = ?

　　解：定值部 48287 查表中可得真數 304，定位部應為 3 + 1 = 4，

　　　　故 antilog 3.48287 = 3040.0

例四　antilog−3.48287 = ?

　　解：定值部為負數不得查表，故 −3.48287 = 4.51713，查表 51713 得真數

　　　　329，故 antilog−4.51713 = 0.000329

參、比例法

例五　log 285.63 = ?

　　解：表中可見 log 285.00 = 2.45484

　　　　　　　　　log 286.00 = 2.45637

　　　　見表中最右一欄 D = 0.00152, 0.00152 × 0.63 = 0.0009576

　　　　故 log 285.63 = 2.45484 + 0.0009576 = 2.4557976

例六　antilog−2.84788 = ?

　　解：−2.84788 + 1 − 1 = −3 + 0.15212

　　　　表中可得 antilog 0.14922 = 141

antilog 0.15229 = 142

$$\frac{15212 - 14922}{15229 - 14922} = \frac{290}{307} = 0.94,\ \text{故}$$

antilog−3.15212 = 0.0014194

例七　antilog 6.537 = ？

解：定值部表中可見 antilog 0.53656 = 344

antilog 0.53782 = 345, *D* = 126

$$\frac{44}{126} = 0.348,\ \text{故}$$

antilog 6.537 = 3443480

常用對數表

N	0	1	2	3	4	5	6	7	8	9	D
0	$-\infty$	00000	30103	47712	60206	69897	77815	84510	90309	95424	...
10	00000	00432	00860	01284	01703	02119	02531	02938	03342	03743	*
11	04139	04532	04922	05308	05690	06070	06446	08819	07188	07555	*
12	07918	08279	08636	08901	09342	09691	10037	10380	10721	11059	*
13	11394	11727	12057	12385	12710	13033	13354	13672	13988	14301	*
14	14613	14922	15229	15534	15836	16137	16435	16732	17026	17319	*
15	17609	17898	18184	13469	18752	19033	19812	19590	19866	20140	*
16	20412	20683	20952	21219	21484	21748	22011	22272	22531	22789	*
17	23045	23300	23553	23805	24055	24304	24551	24797	25042	25285	*
18	25527	25768	26007	26245	26482	26717	26951	27184	27416	27646	*
19	27875	28103	28330	28556	28780	29003	29226	29447	29667	29885	*
20	30103	30320	30535	30750	30963	31175	31367	31597	31806	32015	212
21	32222	32428	32634	32838	33041	33244	33445	33646	33846	34044	202
22	34242	34439	34635	34830	35025	35218	35411	35603	35793	35984	193
23	36173	36361	36549	36736	36922	37107	37291	37475	37659	37840	185
24	38021	38202	38382	38561	38739	38917	39094	39270	39445	39620	177
25	39794	39967	40140	40312	40483	40654	40824	40993	41162	41330	170
26	41497	41664	41830	41996	42160	42325	42488	42651	42813	42975	164
27	43133	43297	43457	43616	43775	43033	44091	44248	44404	44560	158
28	44716	44871	45025	45179	45332	45484	45637	45788	45939	46090	152
29	46240	46389	46538	46687	46835	46982	47129	47276	47422	47567	147
30	47712	47857	48001	48144	48287	48430	48572	48714	48855	48096	142
31	49136	49276	49415	49554	49693	49831	49969	50106	50243	50379	138
32	50515	50651	50786	50920	51056	51188	51322	51455	51587	51720	134
33	51851	51983	52114	52244	52375	52504	52634	52763	52892	53020	130
34	53148	53275	53403	53529	53656	53782	53008	54033	54158	54283	126
35	54407	54531	54654	54777	54900	55023	55145	55267	55388	55509	122
36	55630	55751	55871	55991	56110	56229	56348	56467	56585	56703	119
37	56820	56937	57054	57171	57287	57403	57519	57034	57749	57864	118
38	57978	58092	58206	58320	58433	58546	58659	58771	58883	58995	116
39	59106	59218	59329	59439	59550	59660	59770	59879	59988	60097	110

定位參考

$\log\ \ 2 = 0.30103$ $\qquad\qquad \log\ \ 0.2 = \overline{1}.30103 = -0.69897$

$\log\ \ 20 = 1.30103$ $\qquad\qquad \log\ \ 0.02 = \overline{2}.30103 = -1.69897$

$\log\ \ 200 = 2.30103$ $\qquad\qquad \log\ \ 0.002 = \overline{3}.30103 = -2.69897$

$\log\ 2000 = 3.30103$ $\qquad\qquad \log\ 0.0002 = \overline{4}.30103 = -3.69897$

（續）

N	0	1	2	3	4	5	6	7	8	9	D
40	60206	60314	60423	60531	60638	60746	60853	60959	61066	61172	107
41	61278	61384	61490	61595	61700	61805	61909	62014	62118	62221	105
42	62325	62428	62531	62634	62737	62839	62941	63043	63144	63246	102
43	63347	63448	63548	63649	63749	63849	63949	64048	64147	64246	100
44	64345	64444	64542	64640	64738	64836	64933	65031	65128	65225	98
45	65321	65418	65514	65610	65706	65801	65896	65992	66087	66181	96
46	66276	66370	66464	66558	66652	66745	66839	66932	67025	67117	93
47	67210	67302	67394	67486	67578	67669	67761	67852	67943	68034	91
48	68124	68215	68305	68395	68485	68574	68664	68753	68842	68031	90
49	69020	69108	69197	69285	69373	69461	69548	69636	69723	69810	88
50	69897	69984	70070	70157	70243	70329	70415	70501	70586	70672	86
51	70757	70842	70927	71012	71096	71181	71265	71349	71433	71517	84
52	71600	71684	71767	71850	71933	72016	72099	72181	72263	72346	83
53	72428	72509	72591	72673	72754	72835	72916	72997	73078	73159	81
54	73239	73320	73400	73480	73560	73640	73719	73799	73878	73957	80
55	74036	74115	74194	74273	74351	74429	74507	74586	74663	74741	78
56	74819	74896	74974	75051	75128	75205	75282	75358	75435	75511	77
57	75587	75664	75740	75815	75891	75967	76042	76118	76193	76268	76
58	76343	76418	76492	76567	76641	76716	76790	76864	76938	77012	74
59	77085	77159	77232	77305	77379	77452	77525	77597	77670	77743	73
60	77815	77887	77960	78032	78104	78176	78247	78319	78390	78462	72
61	78533	78604	78675	78746	78817	78888	78958	79029	79099	79169	71
62	79239	79309	79379	79449	79518	79588	79657	79727	79796	79865	70
63	79934	80003	80072	80140	80209	80277	80346	80414	80482	80550	68
64	80618	80686	80754	80821	80889	80956	81028	81090	81158	81224	67
65	81291	81358	81425	81491	81558	81624	81690	81757	81823	81889	66
66	81954	82020	82086	82151	82217	82282	82347	82413	82478	82543	65
67	82607	82672	82737	82802	82866	82930	82995	83059	83123	83187	64
68	83251	83315	83378	83442	83506	83569	83632	83696	83759	83822	63
69	83885	83948	84011	84073	84136	84198	84261	84323	84386	84448	62
70	84510	84572	84634	84696	84757	84819	84880	84942	85003	85065	62
71	85126	85187	85248	85309	85370	85431	85491	85552	85612	85673	61
72	85733	85794	85834	85914	85974	86034	86094	86153	86213	86273	60
73	86332	86392	86451	86510	86570	86029	86688	86747	86806	86864	59
74	86923	86982	87040	87099	87157	87216	87274	87332	87390	87448	58
75	87506	87564	87622	87679	87737	87795	87852	87910	87967	88024	58
76	88081	88138	88195	88252	88309	88366	88423	88480	88536	88593	57
77	88649	88705	88762	88818	88874	88930	88986	89042	89098	89154	56
78	89209	89265	89321	89376	89432	89487	89542	89597	89653	89708	55
79	89763	89818	89873	89927	89982	90037	90091	90146	90200	90255	55

（續）

N	0	1	2	3	4	5	6	7	8	9	D
80	90309	90363	90417	90472	90526	90580	90634	90687	90741	90795	54
81	90849	90902	90956	91009	91062	91116	91169	91222	91275	91328	53
82	91381	91434	91487	91540	91593	91645	91698	91751	91803	91855	53
83	91908	91960	92012	92065	92117	92169	92221	92273	92324	92376	52
84	92428	92480	92531	92583	92634	92686	92737	92788	92840	92891	51
85	92942	92993	93044	93095	93146	93197	93247	93298	93349	93399	51
86	93450	93500	93551	93601	93651	93702	93752	93802	93852	93902	50
87	93952	94002	94052	94101	94151	94201	94250	94300	94349	94399	50
88	94448	94498	94547	94596	94645	94694	94743	94792	94841	94890	49
89	94939	94988	95036	95085	95134	95182	95231	95279	95328	95376	49
90	95424	95472	95521	95569	95617	95665	95713	95761	95809	95856	48
91	95904	95952	95999	96047	96095	96142	96190	96237	96284	96332	48
92	96379	96426	96473	96520	96567	96614	96661	96708	96755	96802	47
93	96848	96895	96942	96988	97035	97081	97128	97174	97220	97267	47
94	97313	97359	97405	97451	97497	97543	97589	97635	97681	97727	46
95	97772	97818	97864	97909	97955	98000	98046	98091	98137	98182	46
96	98227	98272	98318	98363	98408	98453	98498	98543	98588	98632	45
97	98677	98722	98767	98811	98856	98900	98945	98989	99034	99078	45
98	99123	99167	99211	99255	99300	99344	99388	99432	99476	99520	44
99	99564	99607	99651	99695	99739	99782	99826	99870	99913	99957	44

中文參考書目

1. 王伯蛉譯　價值分析　水戶誠一原著　前程企業管理公司
2. 林大介譯　價值分析與價值工程　Lawrence D. Miles 原著　協志工業叢書
3. 林燿東、魏燕君譯　工程經濟學　Anthony J. Tarquin 原著　中興管理顧問公司
4. 孫啟霞、金寧合著　價值工程　海天出版社
5. 陳　進　系統分析　三民書局
6. 陳光辰譯　工程經濟與決策分析　千佳正雄等四人原著　中興管理顧問公司
7. 黃　藿譯　價值學導論　Risieri Frondizi 原著　聯經出版公司
8. 張國揚、曾耀煌譯　工程經濟學　John R. Canada 原著　復漢出版社
9. 蔣寬和、梁添富譯　工程經濟學　Leland T. Blank, Anthony J. Tarquin 原著　麥格羅希爾公司
10. 賴士葆著　工程經濟資金分配理論　華泰書局

英文參考書目

1. American Tele-Co.   *Engineering Economy*

2. Blank, Leland T.   *Engineering Economy* (McGraw-Hill)
   Tarquin, Anthony J.

3. Bonbright, J. C.   *Valuation of Property* (McGraw-Hill)

4. Bullinger, C. E.   *Engineering Economy* (McGraw-Hill)

5. Carson, G. B.   *Production Handbook* (Ronald)

6. Chamberlain, N. W.   *Micro-Economic Planning and Action*

7. Dean, Joel   *Mangerial Economics* (Prentice-Hall)

8. DeGarmo, E. Paul   *Engineering Economy* (Prentice-Hall)
   Sullivan, William G.
   Bontadelli, James A.
   Wicks, Elin M.

9. Eschenback, Ted G.   *Engineering Economy* (Irwin)

10. Fallon, C.   *Value Analysis*

11. Fish, J. C. L.   *Engineering Economics* (McGraw-Hill)

12. Gallagher, P. F.   *Project Estimating by Engineering Method*

13. Grant, E. L.   *Principles of Engineering Economy* (W. G. Ireson)

14. Grant, E. L.   *Depreciation*
    Norton, P. T.

15. Grant / Ireson / Leavenworth   *Principles of Engineering Economy* (John-Wiley)

16. Happel, J.   *Chemical Process Economics* (John-Wiley)

17. Lutz, F.   *The Theory of Investment of the Firm*
    Lutz, V.

18. *MAPI Replacement Manual*   (Machinery and Allied Products Institute, Washington D. C.)

19. McKean R. N.   *Efficiency in Government Through System Analy-*

sis (John-Wiley)

20. Morris, W. T.   *The Capacity Decision System* (Irwin)

21. Morris, W. T.   *The Analysis of Managerial Decisions* (Irwin)

22. Park, Chan S.   *Comtemporary Engineering Economics* (Addison-Wesley)

23. Reisman, Arnold   *Managerial and Engineering Economics*

24. Riggs, James L.   *Engineering Economics* (McGraw-Hill)

25. Rosenthal, S. A.   *Engineering Economics and Practice* (MacMillan)

26. Rudwick, B. H.   *Systems Analysis for Effective Planning*

27. Smith, Gerald W.   *Engineering Economy*

28. Smith, W. G.   *Engineering Economy*

29. Spencer, M. H. Siegelman, L.   *Managerial Economics*

30. Steinberg Glendinning (Bayside)   *Engineering Economics and Practice*

31. Steiner, Henry M.   *Engineering Economics Principles* (McGraw-Hill)

32. Sullivan, William G. Wicks, Elin M. Luxhoj, James T.   *Engineering Economy* (Prentice-Hall)

33. Taylor, G. A.   *Managerial and Engineering Economy* (Van Nostrand)

34. Terborgh, G.   *Business Investment Policy* (Machinery and Allied Products Institute)

35. Terborgh, G.   *Dynamic Equipment Policy* (McGraw-Hill)

36. Thuesen, H. G.   *Engineering Economy* (Prentice-Hall)

37. Tyler, C.   *Chemical Engineering Economics* (McGraw-Hill)

38. Vaughn, R. C.   *Introduction to Industrial Engineering*

39. White, John A.   *Principles of Engineering Economic Analysis*

Case, Kenneth E.　　　　　(John-Wiley)

Pratt, David B.

Agee, Marvin H.

40. Winfrey, R.　　　　　*Statistical Analysis of Industrial Property Retire-ments*(Iowa Engineering Experiment Station)

41. Woods and DeGarmo　　*Introduction to Engineering Economy* (MacMillan)

中文名詞引得

八　畫

英文名詞引得

管理數學　　戴久永／著

　　面對快速變遷、競爭激烈的時代，管理者必須運用系統概念來分析問題、整合問題、建立數學模式，從中找出答案以作為決策參考的依據，以使有限資源能被最佳利用，而管理數學正是有關決策的數量化方法。本書主旨在示範如何將複雜的管理問題轉化為數學模式，並解說如何運算與分析各種模式。

線性代數　　謝志雄／著

　　本書特點是列入主軸定理、廣義反矩陣及特徵值在穩度與決策上的應用，另一特點是重視矩陣的操作與應用。全書內容取材豐富，涵蓋大專程度線性代數課程的重要理論，具備良好的啟發性，並明示如何將理論應用於實際，適合對線性代數有興趣之讀者研讀與參考。

作業研究　　廖慶榮／著

　　本書的解說方式及數學符號的使用均力求簡單易讀，以避免讀者因深奧的數學理論而無法瞭解作業研究所強調的應用性。因此，本書包含了許多有趣的應用例題，以使讀者能充分瞭解如何將作業研究的各項技巧應用於實際問題上。

生產與作業管理　　潘俊明／著

　　生產與作業管理範圍涵蓋甚廣，而本書除將所有重要課題囊括在內，更納入近年來新興的議題與焦點，並比較東、西方不同的營運管理概念與作法，研讀後，不但可學習此學門相關之專業知識，並可建立管理思維及管理能力。因此，若欲瞭解此一學門，本書可說是內容最完整的著作。

品質管制　　劉漢容／著

　　當今全球在產品製造及商品服務上，最重要的競爭利器不外品質和成本，而品質管制正是提升品質和降低成本的一門學問。本書定位於大專院校教材及工商企業界實用參考書籍，從企業外購材料的管理、生產過程的作業管理，到分配過程及消費者使用的售後服務，在此一整體的供應鏈中提供品質的理念、技術和制度，也提供其分析和持續不斷改善的方法。

成本會計（上）（下）　　費鴻泰、王怡心／著

　　本書依序介紹各種成本會計的相關知識，並以實務焦點的方式，將各企業成本實務運用的情況，安排於適當的章節之中，朝向會計、資訊、管理三方面之整合型應用。不僅可適用於一般大專院校相關課程使用，亦可作為企業界財務主管及會計人員在職訓練之教材，可說是國內成本會計教科書的創舉。

管理學　　榮泰生／著

　　近年來企業環境的急劇變化，著實令人震撼不已。在這種環境下，企業唯有透過有效的管理才能夠生存及成長。本書的撰寫充分體會到環境對企業的衝擊，以及有效管理對於因應環境變化的重要性，提供未來管理者各種必要的管理觀念與知識；不管是哪種行業，任何有效的管理者都必須發揮規劃、組織、領導與控制功能，本書將以這些功能為主軸，說明相關課題。

策略管理　　伍忠賢／著

　　本書作者曾擔任上市公司董事長特助，以及大型食品公司總經理、財務經理，累積數十年經驗，使本書內容跟實務之間零距離。全書內容及所附案例分析，對於準備研究所和 EMBA 入學考試，均能遊刃有餘。以標準化圖表來提綱挈領，採用雜誌行文方式寫作，易讀易記，使讀者輕鬆閱讀，愛不釋手。並引用著名管理期刊約四百篇之相關文獻，讓讀者可以深入相關主題，完整吸收。